国家出版基金项目
NATIONAL PUBLICATION FOUNDATION

聚集诱导发光丛书

唐本忠　总主编

聚集诱导发光聚合物

胡蓉蓉　等　著

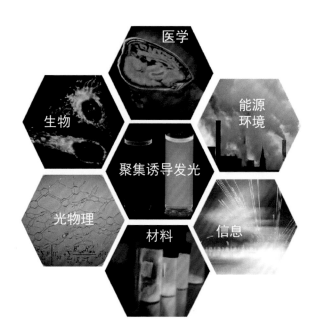

科学出版社

北　京

内 容 简 介

本书为"聚集诱导发光"丛书之一。本书系统总结了聚集诱导发光（AIE）聚合物领域的发展现状，全面介绍了 AIE 聚合物的合成、结构和功能应用方面的前沿进展，并阐述了当前的主要挑战及未来发展趋势。具体内容包括 AIE 聚合物的合成与结构、具有 AIE 特性的超分子聚合物和非芳香族超支化聚合物、刺激响应性 AIE 功能高分子、AIE 分子在高分子材料可视化检测中的应用、基于高分子聚集体的圆偏振发光和电致化学发光材料，以及 AIE 聚合物在化学传感和检测、生物诊疗和传感等领域中的应用。

本书可供高等研究院校及科研单位从事高分子化学与材料、发光材料研究的相关科研与从业人员使用，也可作为高等院校材料科学与工程、化学及相关专业研究生的参考书。

图书在版编目（CIP）数据

聚集诱导发光聚合物 / 胡蓉蓉等著. —北京：科学出版社，2024.6
（聚集诱导发光丛书 / 唐本忠总主编）
国家出版基金项目
ISBN 978-7-03-078361-5

Ⅰ. ①聚… Ⅱ. ①胡… Ⅲ. ①发光材料－研究 Ⅳ.①TB34

中国国家版本馆 CIP 数据核字（2024）第 070826 号

丛书策划：翁靖一
责任编辑：翁靖一 高 微 / 责任校对：郝璐璐
责任印制：徐晓晨 / 封面设计：东方人华

科学出版社 出版
北京东黄城根北街 16 号
邮政编码：100717
http://www.sciencep.com
北京中科印刷有限公司印刷
科学出版社发行 各地新华书店经销
*
2024 年 6 月第 一 版 开本：B5（720×1000）
2024 年 6 月第一次印刷 印张：26
字数：519 000
定价：238.00 元
（如有印装质量问题，我社负责调换）

聚集诱导发光丛书

◆◆ 编 委 会 ◆◆

总 序

光是万物之源，对光的利用促进了人类社会文明的进步，对光的系统科学研究"点亮"了高度发达的现代科技。而对发光材料的研究更是现代科技的一块基石，它不仅带来了绚丽多彩的夜色，更为科技发展开辟了新的方向。

对发光现象的科学研究有将近两百年的历史，在这一过程中建立了诸多基于分子的光物理理论，同时也开发了一系列高效的发光材料，并将其应用于实际生活当中。最常见的应用有：光电子器件的显示材料，如手机、电脑和电视等显示设备，极大地改变了人们的生活方式；同时发光材料在检测方面也有重要的应用，如基于荧光信号的新型冠状病毒的检测试剂盒、爆炸物的检测、大气中污染物的检测和水体中重金属离子的检测等；在生物医用方向，发光材料也发挥着重要的作用，如细胞和组织的成像，生理过程的荧光示踪等。习近平总书记在 2020 年科学家座谈会上提出"四个面向"要求，而高性能发光材料的研究在我国面向世界科技前沿和面向人民生命健康方面具有重大的意义，为我国"十四五"规划和2035 年远景目标的实现提供源源不断的科技创新源动力。

聚集诱导发光是由我国科学家提出的原创基础科学概念，它不仅解决了发光材料领域存在近一百年的聚集导致荧光猝灭的科学难题，同时也由此建立了一个崭新的科学研究领域——聚集体科学。经过二十年的发展，聚集诱导发光从一个基本的科学概念成为了一个重要的学科分支。从基础理论到材料体系再到功能化应用，形成了一个完整的发光材料研究平台。在基础研究方面，聚集诱导发光荣获 2017 年度国家自然科学奖一等奖，成为中国基础研究原创成果的一张名片，并在世界舞台上大放异彩。目前，全世界有八十多个国家的两千多个团队在从事聚集诱导发光方向的研究，聚集诱导发光也在 2013 年和 2015 年被评为化学和材料科学领域的研究前沿。在应用领域，聚集诱导发光材料在指纹显影、细胞成像和病毒检测等方向已实现产业化。在此背景下，撰写一套聚集诱导发光研究方向的丛书，不仅可以对其发展进行一次系统地梳理和总结，促使形成一门更加完善的学科，推动聚集诱导发光的进一步发展，同时可以保持我国在这一领域的国际领先优势。为此，我受科学出版社的邀请，组织了活跃在聚集诱导发光研究一线的十几位优秀科研工作者主持撰写了这套"聚集诱导发光丛书"。丛书内容包括：聚集诱导发光物语、聚集诱导发光机理、聚集诱导发光实验操作技术、力刺激响应聚集诱导发光材料、有机室温磷光材料、聚集诱导发光聚合物、聚集诱导发光之簇发光、手性聚集诱导发光材料、聚集诱导发光之生物学应用、聚集诱导发光之光电器件、聚集诱导荧光分子的自组装、聚集诱导发光之可视化应用、聚集诱导发光之分析化学和聚集诱导发光之环境科学。从机理到体系再到应用，对聚集诱导发光研究进行了全方位的总结和展望。

　　历经近三年的时间，这套"聚集诱导发光丛书"即将问世。在此我衷心感谢丛书副总主编彭孝军院士、田禾院士、于吉红院士、秦安军教授、王东教授、张浩可研究员和各位丛书编委的积极参与，丛书的顺利出版离不开大家共同的努力和付出。尤其要感谢科学出版社的各级领导和编辑，特别是翁靖一编辑，在丛书策划、备稿和出版阶段给予极大的帮助，积极协调各项事宜，保证了丛书的顺利出版。

　　材料是当今科技发展和进步的源动力，聚集诱导发光材料作为我国原创性的研究成果，势必为我国科技的发展提供强有力的动力和保障。最后，期待更多有志青年在本丛书的影响下，加入聚集诱导发光研究的队伍当中，推动我国材料科学的进步和发展，实现科技自立自强。

唐本忠

中国科学院院士

发展中国家科学院院士

亚太材料科学院院士

国家自然科学奖一等奖获得者

香港中文大学（深圳）理工学院院长

Aggregate 主编

◼◼ 前　　言 ◼◼

聚集诱导发光（AIE）聚合物是一类具有独特发光性质的高分子材料，它们在聚集态时呈现显著的发光。AIE 聚合物材料代表了一类新型的发光材料，具有分子结构设计的灵活性、功能构建的多元性、聚集态高效稳定的发光性质等。随着近年来高分子合成化学的快速发展，一大批具有独特新颖结构和功能的 AIE 高分子涌现，针对在健康、环境、能源、国防安全等领域的实际应用需求而设计发展的功能高分子材料被一一报道。它们相比于 AIE 小分子具有更好的加工性质，相比于其他发光聚合物具有更高的聚集态发光效率，因此在实际应用中更具优势。目前，大批新颖丰富的 AIE 聚合物已经被报道，该领域呈现较好的发展势态，然而相比于 AIE 小分子的飞速发展而言，AIE 聚合物的发展仍需进一步加强。

本书是针对 AIE 高分子的合成方法、新颖结构和独特功能等方面近年来的一系列原创性成果的系统归纳和整理，对 AIE 高分子乃至光电功能高分子材料领域的发展具有推动作用和学术参考价值。本书以近年来在 AIE 聚合物领域的热点研究方向和突破性研究进展出发，筛选了它们的合成方法、独特化学和拓扑结构，以及能体现聚合物特性和优势的刺激响应材料、生物传感和诊疗应用、化学传感应用等方面的代表性工作，希望能启发相关交叉领域的研究，促进这一领域的蓬勃发展。希望在不久的将来，通过对高分子结构功能的设计，AIE 聚合物材料的独特优势可被充分发掘，在材料科学领域发挥重大作用。

在本书中，将围绕 AIE 聚合物的合成、结构、功能与应用展开，分章节详细介绍 AIE 聚合物的发展现状和未来展望。全书共分为 10 个章节，第 1 章针对 AIE 聚合物的发展历程，以及一些具有突出代表性的工作进行介绍。第 2 章重点介绍了 AIE 聚合物的合成，包括分别将 AIE 基元以侧链形式或主链结构形式引入聚合物中所得的 AIE 聚合物，主要介绍用于制备 AIE 聚合物的单组分聚合、双组分聚合和多组分聚合等。第 3 章针对 AIE 聚合物不同的化学结构和拓扑结构分别对其结构和性质进行介绍，主要包括含各类功能基元的 AIE 聚合物，以及线型的 AIE 聚合物、之字形的 AIE 聚合物、星型的 AIE 聚合物、超支化的 AIE 聚合物、交联的 AIE 聚合物、具有多孔结构的 AIE 聚合物等。第 4 章重点介绍具有 AIE 特性的超分子聚合物，包括基于氢键、金属配位、π-π 堆积相互作用、静电相互作用、范德华力、主客体相互作用等的 AIE 超分子聚合物。第 5 章重点介绍不含传统生色团或大的共轭体系的 AIE 超支化聚合物，包括超支化聚硅氧烷、聚酰胺-胺、聚氨基酯、聚乙烯亚胺等。第 6 章重点介绍具有 AIE 特性的刺激响应性功能聚合物，主要是对环境刺激进行荧光响应的 AIE 聚合物，包括对气体、pH、爆炸物、离子等化学刺激响应，以及对机械力、光、温度、电及其他物理刺激响应的 AIE 聚合物。第 7 章介绍 AIE 分子在高分子材料可视化检测中的应用，包括对高分子链结构和高分子凝聚态结构的检测。第 8 章介绍 AIE 聚合物在传感和检测领域中的应用，包括对二氧化碳、易挥发有机物等气体的荧光传感，对质子、金属离子、氟离子等水相溶液中离子的荧光传感，以及对生物大分子或小分子等信号分子的荧光传感等。第 9 章介绍高分子聚集体的圆偏振发光和电致化学发光材料，包括具有 AIE 活性的手性高分子和 AIE 聚合物点的 CPL 和 ECL 研究。第 10 章主要介绍 AIE 聚合物在生物传感和诊疗领域的应用，包括 AIE 聚合物在生物传感与检测、细胞成像与长程示踪，以及在生物诊疗等方面的应用。

在本书的撰写过程中得到了各章节作者的大力协助和支持。感谢安徽大学魏培发教授（第 4 章），西北工业大学颜红侠教授（第 5 章），深圳大学韩婷特聘研究员（第 6 章），东华大学朱美芳院士、成艳华教授（第 7 章），华南理工大学曹德榕教授、汪凌云教授（第 8 章），南京大学成义祥教授、徐静娟教授（第 9 章），华南理工大学秦安军教授、王俪蓉博士（第 10 章）对本书撰写工作的大力支持。感谢参与本书文献查找、资料整理和校对工作的胡洋、林桦、晏贺伟、王康、范冬阳、苏湘、葛一帆、张雨霞、姚昆、高杭等同学的帮助。最后，作者特别感谢丛书总主编唐本忠院士、常务副总主编秦安军教授、科学出版社丛书策划编辑翁靖一等对本书出版的支持。

本书全体作者衷心感谢读者的厚爱，由于时间仓促及作者水平有限，书中难免有不妥之处，期望读者批评和指正！

胡蓉蓉

2024 年 3 月于华南理工大学

◉◉◉ 目 录 ◉◉◉

第1章 >>

绪 论

1.1 ▶ 引言

　　光对宇宙和人类文明至关重要，在漫长的文明史中，人们为探索光的知识进行了不懈的努力。鉴于光在科学发现和技术创新中的重要作用，联合国宣布2015年为光和光基技术国际年。发光材料的发展推动了高科技创新，通过对发光过程的理解和应用，促进了科技进步和社会发展。发光材料的发展对健康、环境、能源、安全等方面都将产生巨大影响。例如，绿色荧光蛋白（GFP）使我们能够"看到"生化结构和过程，从而获得对生理过程的深入理解，GFP的发现和研究因而获得了2008年的诺贝尔化学奖。

　　作为一类重要的发光材料，有机发光材料在有机发光二极管（OLED）、荧光传感与成像等高科技领域发挥着重要作用。与无机材料相比，有机发光材料具有一系列显著优势，如成本低、加工简单、有望实现大面积和柔性器件、可以具有宽视角、实现弯曲和透明显示，满足日新月异的现代科技对材料的需求。另外，通过基于有机发光材料的荧光响应和成像应用，往往具有灵敏度高、选择性高、响应快、无毒或低毒、背景噪声低、抗干扰、易携带、可原位检测等优点。因此，发展新型有机发光材料对于推动这一系列新兴科技具有重要意义。

　　近年来，有机发光材料在机理探索和技术开发方面所取得的成果，体现出这一领域正处在快速发展阶段，并且已经引起了学术界和产业界的广泛关注。对有机发光材料的绝大部分机理研究，均是着眼于溶液状态下的发光分子行为，常考虑发光分子与溶剂之间的相互作用，而很少涉及发光分子之间的相互作用。然而，对于绝大多数的实际应用，发光分子常通过染料间的相互作用等形成聚集态。例如，在有机发光二极管和有机电致场效应晶体管（OFET）中，发光材料作为固体薄膜或晶体进行应用；当疏水的发光分子应用于水相体系中的化学传感检测及生物应用领域时，常通过它们的聚集颗粒来实现各种功能。因此，对材料的聚集态发光性质研究具有重要意义。在光电器件或荧光传感器等应用中，有机材料通常在固体状态或水相介质中使用，因此需要在固态或聚集态下具有强烈的可见光发射的有机生色基团。然而，许多有机发光材料在聚集状态下，其激发态易通过非辐射跃迁的方式耗散激发态能量，带来聚集导致荧光猝灭（aggregation-caused quenching，ACQ）的问题。为了减缓 ACQ 效应带来的问题，复杂的化学、物理及工程的方法和处理过程已经被设计，如结构设计中引入大位阻的脂肪族环，用两亲性的表面活性剂来抑制聚集，或掺杂到聚合物中以抑制发光分子间的聚集等。然而，这些尝试效果和适用范围有限，并常伴随着对发光的其他复杂影响。

2001 年以来，唐本忠教授课题组报道了一系列具有螺旋桨形状结构的分子，如 1,1,2,3,4,5-六苯基噻咯（HPS）和四苯乙烯（TPE）等，它们溶解在良性溶剂中时是不发光的，但是在不良溶剂或在固体状态下就会具有强发光。在该系列材料体系的发光过程中，不同于传统发光材料，荧光分子的聚集起到了建设性的作用。这种特殊发光现象被定义为聚集诱导发光（AIE）。针对 AIE 效应的机理，国内外众多研究组提出的各种观点，包括分子内旋转受限、分子内共平面、形成 J 聚集体、疏水作用、异构化作用、扭曲的分子内电荷转移等。通过一系列精心设计的实验和理论计算模拟，其中分子内旋转受限机理是目前被广泛接受的。

尽管目前在 AIE 小分子方面已经取得了长足进展，然而具有 AIE 性质的聚合物及相关高分子材料的研究仍相对滞后。结构 AIE 性质与高分子材料丰富多样的功能，可为发光功能高分子带来机遇。许多针对 AIE 聚合物合成方法、多维度化学结构和丰富功能的研究工作已经展开。大量兼具 AIE 活性与高分子性质的线型、超支化和交联的聚合物被设计和合成，并展现出小分子化合物所不具备的性质。这种独特的性质使 AIE 聚合物在化学传感器、生物探针、光电器件等高科技应用领域具有很大的潜能。这些工作将在很大程度上拓展对 AIE 现象的机理理解、对 AIE 聚合物的构效关系研究、指导发光功能高分子的设计合成，并带来一系列性能优异的功能高分子材料。

1.2 聚集诱导发光概述

在许多传统的有机发光材料中，与稀溶液相比，在聚集状态下，它们的发光强度可能会降低或猝灭。自 1954 年 Förster 发现浓度猝灭效应以来，ACQ 现象已经被记录了半个多世纪[1]。人们对 ACQ 现象展开了广泛的研究，深入探索了 ACQ 现象的光物理过程和工作机理。1970 年，Birks 在他的经典著作《芳香族分子的光物理》中总结，人们普遍认为许多芳香族生色团会存在 ACQ 效应[2]。传统的发光分子通常在溶液中作为孤立的分子发出强光，但当它们分子间发生聚集时，则会产生不同程度的 ACQ 效应。具有圆盘状或棒状的芳香生色团间往往存在强烈的分子间 π-π 堆积作用，易于发生分子聚集。这种聚集体的激发态通常通过非辐射跃迁通道回到基态，导致荧光猝灭。ACQ 现象非常普遍[2-4]，在大多数情况下它会对实际应用产生不利影响，在固态或聚集状态下难以充分发挥潜力[5-9]。

为了解决传统有机发光材料在固态或水相聚集态中存在的 ACQ 问题，2001 年唐本忠院士课题组首次提出新的聚集诱导发光概念[10]。他们发现一类结构特殊的螺旋桨状有机分子，在溶解状态下不发光，只有当分子聚集时才会发出强的荧光，并将这一反常的光物理现象命名为聚集诱导发光。聚集诱导发光化合物的报道使得有机材料的固态发光性质和应用得到了新的突破。

在过去二十多年间，在世界范围内众多研究课题组的共同努力下，发展了结构丰富多样的 AIE 化合物体系。除了典型的 AIE 活性分子 TPE 和 HPS 衍生物外，还有许多其他荧光分子被报道。它们分子结构中往往具有一个共轭的定子，并在其周围连接着许多能自由旋转的芳香环，如丁二烯、吡喃和亚芳香基等结构。其他更为新颖的 AIE 体系，包括含杂原子的 AIE 化合物、含噻吩和磷杂环戊二烯等杂环的 AIE 化合物，以及含氰基取代基和氢键的 AIE 荧光分子等也逐渐被报道。

1.3　聚集诱导发光机理

针对 AIE 现象的机理的深入研究对于探索光物理的基本原理具有重要意义。自 2001 年 AIE 概念诞生以来，研究人员推测了许多可能的 AIE 机理，包括构象平面化、J 聚集体的形成、E/Z 异构化、扭曲的分子内电荷转移（TICT）和激发态分子内质子转移（ESIPT）等。但这些机理往往是针对特殊分子体系提出的，对于大部分已报道的 AIE 体系并不具有普适性。经过研究人员不断地深入研究，分子内运动受限（RIM）被认为是产生 AIE 效应的主要原因，包含分子内旋转受限（RIR）和分子内振动受限（RIV）。

RIR 机理是针对 HPS 等典型 AIE 化合物提出的。在单个 HPS 分子中，噻咯杂环核上通过单键连接了六个苯环，外围的苯环和中心的硅杂环戊二烯平面之间存在大的扭转角，因此分子呈现螺旋桨状结构。相邻苯环间的空间排斥力导致其高度扭曲的构象，难以形成紧密的面对面堆积结构，因此，HPS 分子在固态中几乎没有 π-π 堆积作用。在溶液中，HPS 分子中的六个苯环转子可以通过单键的自由旋转，为激子的衰减提供一个非辐射途径。而在其聚集体中，这种分子内自由旋转受到抑制，其无辐射跃迁通道被阻塞，从而实现发光[11]。因此，HPS 的 AIE 效应被归因于 RIR 机理。

随着 AIE 研究的不断深入，新的 AIE 化合物体系被不断报道，部分化合物的

AIE 过程不能通过 RIR 机理来解释。例如，在 10, 10′, 11, 11′-四氢-5, 5′-双二苯并 [a, d] [7]轮烯亚基（THBA）结构中[12, 13]，外围的四个苯环被乙烯链锁住了，因此没有可自由旋转的芳环基元。然而，它却表现出 AIE 活性：在溶液中不发光，但在聚集状态下呈现强发光。THBA 分子中虽不具有分子内旋转基元，但分子内振动也同样可以消耗能量。鉴于此，RIV 被认为是 THBA 产生 AIE 效应的原因。

当分子结构中同时存在可旋转和振动的基元，由于 RIR 和 RIV 两种机制同时作用，也能产生 AIE 效应[14-17]。例如，吩噻嗪衍生物具有非平面蝶形分子构象，吩噻嗪核上连有可旋转的苯并噻吩二唑和苯环。在溶液中的孤立分子状态下，主要通过苯并噻吩二唑和苯环之间的旋转运动，以及吩噻嗪核的振动运动这两个主要的无辐射通道耗散激发态能量。而在固态或聚集状态下，聚集体的形成限制了可旋转和可振动基元的分子内运动，从而诱导了发光。

而对于已被广泛研究的 AIE 明星分子 TPE，其分子的中心烯烃双键核由四个外围苯环转子包围。在稀溶液中，孤立的 TPE 分子几乎不发光，芳香转子绕单键轴对烯烃定子旋转，激发态能量通过无辐射跃迁耗散。除此之外，在激发态下，中心烯烃双键可以被打开，产生两个二苯基亚甲基单元。在聚集体形成时，由于上述无辐射跃迁通道被抑制，TPE 的发光被激活。

经过二十多年的不懈努力，除了上述提到的 AIE 核心基元外，研究人员还开发了二苯乙烯蒽（DSA）[18, 19]、四苯基吡嗪（TPP）[20]和四苯基苯（TPB）[21]等一系列 AIE 基元。这些化合物通常具有螺旋桨状结构，在稀溶液中不发光或微弱发光，但在聚集态或固态时呈现明显发光现象。目前 AIE 现象被广泛接受的机理是聚集态下的分子内运动受限，使得分子结构刚硬化，抑制激发态能量的非辐射衰减[22, 23]。

1.4 聚集诱导发光聚合物

当将具有 AIE 性质的结构基元引入高分子链中时，大部分情况下可保持聚集诱导发光性质。与 AIE 小分子相比，由高分子链连接的 AIE 基元的分子内运动受到更大限制，即使在溶液状态下，也在一定程度上受到高分子链的限制，因此 AIE 聚合物的溶液通常具有弱发射。AIE 聚合物可充分利用聚合物的结构和性质特点，带来更多材料应用的机会，例如相比于小分子，具有更高的热稳定性、良好的加工性能、高机械性能、荧光信号放大以及特殊聚合物结构赋予的多功能性等[24, 25]。此外，由于高分子材料结构的特点，除 AIE 功能基元之外，还可以对其连接基元、链结构、拓扑结构、组装结构等进行调控，以及进行功能后修饰等，对聚合物结构和性能进行多维度的调控，展现出材料设计方面的巨大优势。

从 2003 年唐本忠院士课题组报道了第一例 AIE 聚合物开始，经过二十多年的不懈努力，结构丰富的 AIE 聚合物不断涌现，并已经广泛应用于荧光传感、智能材料、生物医学和光电器件等领域[25-28]。已报道的 AIE 聚合物如聚烯烃系列、聚乙炔系列、聚亚苯基系列、聚三唑系列等，将在本书后面的章节详细介绍。近年来的研究表明，即使是非共轭的高分子结构，只要富含氮/氧原子、具有多对孤对电子，也可具有 AIE 活性。AIE 聚合物设计合成的核心策略是将 AIE 功能基元引入高分子骨架中。典型的构建聚合物的方法包括：直接将含有 AIE 基元的单体进行聚合；将含有 AIE 基元的单体与普通单体共聚；将不具备 AIE 性质的单体聚合，在聚合后形成具有 AIE 性质的功能单元；将侧链具有 AIE 基元的单体进行聚合，或将其与其他单体进行共聚，形成侧链含有 AIE 基元的聚合物；采用含有 AIE 基元的引发剂，通过链式聚合获得末端带有 AIE 基元的聚合物。除了上述直接聚合方法，不具备 AIE 性质的高分子也可以通过功能后修饰而获得 AIE 性质，主要方案包括：将 AIE 基元通过反应连接到聚合物侧链上将不具备 AIE 性质的高分子通过反应构建 AIE 基元；通过将大位阻的分子与聚合物产生强分子间相互作用，形成具有 AIE 性质的高分子末端具有反应位点的高分子与具有 AIE 活性的化合物进行反应，将 AIE 基元引入高分子链末端。

通过将 AIE 性质引入高分子材料中，可以获得具有许多独特性质的新型高分子材料。例如，在具有共轭结构的 AIE 聚合物体系中，激子可以在共轭高分子链上进行离域，带来材料在荧光传感过程中的高灵敏性；当结合 AIE 性质与聚合物的其他功能基元设计，可获得对各类外界刺激（如光、热、化学刺激等）具有荧光响应性的高分子材料，或具有良好的加工性能和机械性能等。基于上述优势，对于 AIE 聚合物结构和功能的探索成为备受关注的研究领域。

1.5　总结与展望

AIE 在 2001 年被报道后吸引了学界的广泛关注。这一领域迅速发展，Thomson Reuters 在 2013 年宣布"聚集诱导发光特性和化合物"被评选为自然科学和社会科学的 100 个顶尖方向之一，在化学和材料科学领域排名第三。目前通过在高分子链的侧链、主链、中心、端基或外围引入 AIE 活性基元的方法，已有结构丰富的非共轭型、共轭型、线型、星型和超支化的 AIE 聚合物被报道。与 AIE 小分子相比，AIE 高分子材料具有可加工性、易功能化、结构多样性、热稳定性好等优点，具有更大的实际应用潜力。因此，AIE 聚合物极大地扩展了 AIE 材料的应用范围，并在若干实际应用中展示出优异性能。

AIE 聚合物的设计与合成、结构与拓扑、功能与应用等方面的研究现状，在该领域大量的综述和专著中进行了总结，例如，针对含 TPE 或 silole 的 AIE 聚合物（如聚乙炔、聚苯、聚三唑等）的结构和发光性能[24]，针对 AIE 聚合物的设计原理、合成方法、拓扑结构、功能和应用[25]，针对基于 AIE 聚合物的发光纳米材料的设计策略和生物医学应用[29]，以及针对 AIE 聚合物的光物理研究进展等的专题综述被报道[30]。随着该领域的快速发展，越来越多关于 AIE 聚合物的合成、性能和应用等方面的前沿进展被总结在最新的综述论文中[24-31]。

近二十多年来，对 AIE 聚合物这一新兴领域的关注一直呈现指数增长趋势。本书将围绕该领域的前沿进展，为广大读者提供关于 AIE 聚合物结构、合成方法，以及其在刺激响应、生物诊疗和传感、化学传感、超分子领域、非传统发光等方面最新进展的介绍。希望通过加深读者对 AIE 聚合物的设计合成策略及结构性能关系的深入了解，为 AIE 聚合物功能材料的发展提供新的思路，为发光功能材料领域未来的探索提供参考。

（胡蓉蓉）

参 考 文 献

[1] Förster T，Kasper K. Ein konzentrationsumschlag der fluoreszenz. Zeitschrift für Physikalische Chemie，1954，1（5/6）：275-277.

[2] Birks J B. Photophysics of Aromatic Molecules. London：Wiley，1970.

[3] Zhelev Z，Ohba H，Bakalova R. Single quantum dot-micelles coated with silica shell as potentially non-cytotoxic fluorescent cell tracers. Journal of the American Chemical Society，2006，128（19）：6324-6325.

[4] Bakalova R，Zhelev Z，Aoki I，et al. Silica-shelled single quantum dot micelles as imaging probes with dual or multimodality. Analytical Chemistry，2006，78（16）：5925-5932.

[5] Thompson R B. Fluorescence Sensors and Biosensors. Boca Raton：CRC Press，2006.

[6] Tang C W，van Slyke S A. Organic electroluminescent diodes. Applied Physics Letters，1987，51（12）：913-915.

[7] Geddes C D，Lakopwicz J R. Advanced Concepts in Fluorescence Sensing. Norwell：Springer，2005.

[8] Jares-Erijman E A，Jovin T M. FRET imaging. Nature Biotechnology，2003，21（11）：1387-1395.

[9] Saigusa H，Lim E. Excited-state dynamics of aromatic clusters：correlation between exciton interactions and excimer formation dynamics. Journal of Physical Chemistry，1995，99（43）：15738-15747.

[10] Luo J D，Xie Z L，Lam J W Y，et al. Aggregation-induced emission of 1-methyl-1, 2, 3, 4, 5-pentaphenylsilole. Chemical Communications，2001（18）：1740-1741.

[11] Chen J W，Law C C W，Lam J W Y，et al. Synthesis，light emission，nanoaggregation，and restricted intramolecular rotation of 1, 1-substituted 2, 3, 4, 5-tetraphenylsiloles. Chemistry of Materials，2003，15（7）：1535-1546.

[12] Luo J Y，Song K S，Gu F L，et al. Switching of non-helical overcrowded tetrabenzoheptafulvalene derivatives. Chemical Science，2011，2（10）：2029-2034.

[13] Leung N L C，Xie N，Yuan W Z，et al. Restriction of intramolecular motions：the general mechanism behind aggregation-induced emission. Chemistry：A European Journal，2014，20（47）：15349-15353.

[14] Yao L，Zhang S T，Wang R，et al. Highly efficient near-infrared organic light-emitting diode based on a butterfly-shaped donor-acceptor chromophore with strong solid-state fluorescence and a large proportion of

radiative excitons. Angewandte Chemie International Edition，2014，53（8）：2119-2123.

[15] Liu J，Meng Q，Zhang X T，et al. Aggregation-induced emission enhancement based on 11,11,12,12-tetracyano-9, 10-anthraquinodimethane. Chemical Communications，2013，49（12）：1199-1201.

[16] Sharma K，Kaur S，Bhalla V，et al. Pentacenequinone derivatives for preparation of gold nanoparticles：facile synthesis and catalytic application. Journal of Materials Chemistry A，2014，2（22）：8369-8375.

[17] Banal J L，White J M，Ghiggino K P，et al. Concentrating aggregation-induced fluorescence in planar waveguides：a proof-of-principle. Scientific Reports，2014，4：4635.

[18] Lu H G，Su F Y，Mei Q，et al. A series of poly[N-(2-hydroxypropyl)methacrylamide] copolymers with anthracene-derived fluorophores showing aggregation-induced emission properties for bioimaging. Journal of Polymer Science Part A：Polymer Chemistry，2012，50（5）：890-899.

[19] He J T，Xu B，Chen F P，et al. Aggregation-induced emission in the crystals of 9, 10-distyrylanthracene derivatives：the essential role of restricted intramolecular torsion. Journal of Physical Chemistry C，2009，113（22）：9892-9899.

[20] Chen M，Li L Z，Nie H，et al. Tetraphenylpyrazine-based AIEgens：facile preparation and tunable light emission. Chemical Science，2015，6（3）：1932-1937.

[21] Xu Z，Gu J B，Qiao X F，et al. Highly efficient deep blue aggregation-induced emission organic molecule：a promising multifunctional electroluminescence material for blue/green/orange/red/white OLEDs with superior efficiency and low roll-off. ACS Photonics，2019，6（3）：767-778.

[22] Hong Y N，Lam J W Y，Tang B Z. Aggregation-induced emission：phenomenon，mechanism and applications. Chemical Communications，2009（29）：4332-4353.

[23] Mei J，Hong Y N，Lam J W Y，et al. Aggregation-induced emission：the whole is more brilliant than the parts. Advanced Materials，2014，26（31）：5429-5479.

[24] Qin A，Lam J W Y，Tang B Z. Luminogenic polymers with aggregation-induced emission characteristics. Progress in Polymer Science，2012，37（1）：182-209.

[25] Hu R，Leung N L C，Tang B Z. AIE macromolecules：syntheses，structures and functionalities. Chemical Society Reviews，2014，43（13）：4494-4562.

[26] Hu Y B，Lam J W Y，Tang B Z. Recent progress in AIE-active polymers. Chinese Journal of Polymer Science，2019，37（4）：289-301.

[27] Zhou S Y，Wan H B，Zhou F，et al. AIEgens-lightened functional polymers：synthesis，properties and applications. Chinese Journal of Polymer Science，2019，37（4）：302-326.

[28] Hu R，Qin A J，Tang B Z. AIE polymers：synthesis and applications. Progress Polymer Science，2020，100：101176.

[29] Zhang X Y，Wang K，Liu M Y，et al. Polymeric AIE-based nanoprobes for biomedical applications：recent advances and perspectives. Nanoscale，2015，7（27）：11486-11508.

[30] Rodrigues A C B，de Melo J S S. Aggregation-induced emission：from small molecules to polymers-historical background，mechanisms and photophysics. Topics in Current Chemistry，2021，379（3）：209-346.

[31] Zhan R Y，Pan Y T，Manghnani P N，et al. AIE polymers：synthesis，properties，and biological applications. Macromolecular Bioscience，2017，17（5）：1600433.

聚集诱导发光聚合物的合成

2.1 引言

随着 AIE 聚合物的功能应用的不断深入探索，以及高分子合成方法学的快速发展，一系列具有新颖化学结构的 AIE 聚合物成功被合成。AIE 聚合物合成的核心设计原则是将 AIE 基元引入聚合物骨架中，这包括利用含 AIE 基元的单体或引发剂将 AIE 基元引入聚合物的主链或侧链中，在反应过程中原位构筑 AIE 基元，或通过后修饰的方法使原本不具有 AIE 性质的聚合物通过结构修饰后成为 AIE 聚合物。随着聚合方法的快速发展，自由基聚合、易位聚合、开环聚合、点击聚合、过渡金属催化的偶联聚合、多组分聚合等各类聚合反应被应用于合成 AIE 聚合物。本章综述了基于单组分、双组分、多组分单体的聚合合成 AIE 聚合物的最新进展，希望能够对设计开发新型 AIE 聚合物提供帮助。

2.2 单组分聚合

单组分聚合是基于单一单体合成高分子产物的聚合反应，具有体系简单、操作方便、无须严格控制单体间化学计量比等优点。在高分子合成化学家的共同努力下，目前已经建立了通过单组分单体的自由基聚合、阳离子聚合、炔烃易位聚合、烯烃易位聚合、开环聚合等制备 AIE 聚合物的方法。

2.2.1 自由基聚合

自由基聚合通常是采用含有 AIE 基元的烯烃单体或引发剂合成具有高分子量的 AIE 聚合物。例如，徐建伟、唐本忠及其合作者以含 TPE 基元的丙烯酸酯 **1** 作为单体，以四氢呋喃（THF）作为溶剂，偶氮二异丁腈（AIBN）作为引发剂，利用自由基聚合合成了重均分子量（M_w）高达 609600 的 AIE 聚合物 P1 [图 2-1 (a)] [1]。该聚合物在 THF 溶液中具有微弱发光，荧光量子产率（Φ_F）为 0.09%，而在水含量为 90 vol%[①]的 THF/H$_2$O 混合溶液中发光强度明显增强，Φ_F 为 9.90%，显现出典型的 AIE 特性。由于在聚集态下，在聚合物骨架上通过共价键连接的 TPE 基元能够更好地聚集，相比于单体，聚合物 P1 显示出更强的 AIE 活性和更高的荧光强度，其在 THF/H$_2$O（1∶9，v/v）混合溶液中的发光强度是单体 1 的 9.3 倍。同时，P1 可在 THF/H$_2$O 混合溶液中形成稳定的 AIE 纳米颗粒，对于一系列硝基化合物具有明显的荧光猝灭响应，可用于爆炸物检测。此外，谢鹤楼、余振强及其合作者实现了 TPE 基元修饰的苯乙烯单体的自由基聚合成高分子量的 AIE 聚合物 P2a～P2f [图 2-1 (b)] [2]。单体和聚合物均表现出 AIE 特性，在 THF/H$_2$O 混合溶液中，随着水含量的增加，荧光强度逐渐增大，其最大发射波长均为 476 nm。但是在 TPE 基团摩尔浓度相同的溶液中，聚合物比单体显现出更大的荧光强度。同时，聚合物在固体状态下的 Φ_F 值随着烷基链长度的增加从 51.9%降低至 18.1%。柔性的烷基链会使 TPE 基元分子内运动的灵活性增加，不利于抑制非辐射跃迁，导致发光减弱。因此，通过对单体合理的分子设计能够有效调控 AIE 聚合物的光物理特性。

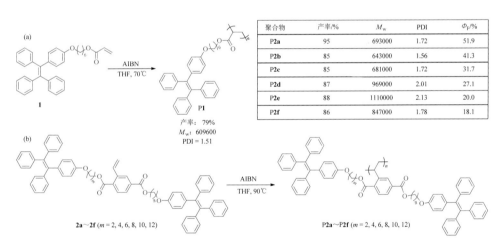

聚合物	产率/%	M_w	PDI	Φ_F/%
P2a	95	693000	1.72	51.9
P2b	85	643000	1.56	41.3
P2c	85	681000	1.72	31.7
P2d	87	969000	2.01	27.1
P2e	88	1110000	2.13	20.0
P2f	86	847000	1.78	18.1

图 2-1　通过自由基聚合[1-2]合成 AIE 聚合物

通过自由基聚合实现对聚合物分子量、结构和功能的调控一直是高分子化学领域追求的目标[3-5]。活性/可控自由基聚合，也称为可逆失活自由基聚合（RDRP），

---

① vol%表示体积分数；mol%表示摩尔分数；wt%表示质量分数，全书同。

兼具活性聚合和自由基聚合的优点，是一种精确构筑各种拓扑聚合物的有效方法，能够合成分子量可控、富有功能化端基、拓扑结构多样的嵌段共聚物或接枝共聚物。其中，原子转移自由基聚合（ATRP）和可逆加成-断裂链转移（RAFT）聚合被广泛用于 AIE 聚合物的合成。利用可控自由基聚合合成 AIE 聚合物主要采用含 AIE 基元的烯烃单体或引发剂。聚合产物通常以 AIE 基元作为末端基团或作为侧基连接在聚合物主链上。例如，Hadjichristidis 及其合作者设计了 TPE 功能化的聚乙烯（PE）基引发剂 P3，以 CuBr 和五甲基二乙烯三胺（PMDETA）作为催化剂，用于单体丙烯酸叔丁酯 3 的 ATRP，得到了如图 2-2（a）所示的嵌段共聚物 P4[6]。P4 具有典型的 AIE 特性，最大发射波长位于 483 nm。将水逐渐添加到 P4 的 THF 溶液中，其发光强度逐渐增大；当水含量达到 90 vol% 时，其发光强度最大，约为 THF 溶液发光强度的 12 倍。同时，将 P4 溶于 N, N-二甲基甲酰胺（DMF）中可以通过自组装得到发光的胶束溶液。TPE-PE 片段会聚集成核，限制了 TPE 中苯环的分子内旋转，从而提高荧光强度。路建美、徐庆锋及其合作者设计了一种具有红光发射特性的双官能度引发剂 4，以甲基丙烯酸叔丁酯 5 作为单体，CuBr 和 PMDETA 作为催化剂，在 DMF 溶液中进行 ATRP，生成了 M_w 为 22400 的疏水聚合物 P5，然后经三氟乙酸（TFA）水解得到亲水聚合物 P6 [图 2-2（b）][7]。P5 和 P6 均表现出 AIE 特性，在 DMF 溶液中的最大发射波长分别位于 629 nm 和 614 nm，Φ_F 分别为 0.79% 和 0.89%；而在水含量为 50 vol% 的 DMF/H$_2$O 混合溶液中，P5 的发射强度显著增加，最大发射波长蓝移至 598 nm，Φ_F 为 15.45%；由于 P6 的侧链上存在大量亲水性羧基，在水含量为 90 vol% 的 DMF/H$_2$O 混合溶液中的发射强度相比于在纯 DMF 中略有增加，Φ_F 为 1.71%。

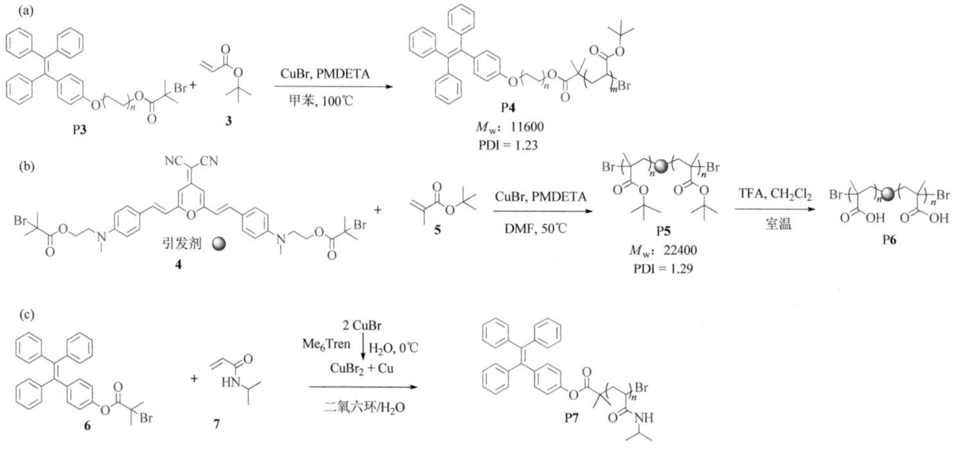

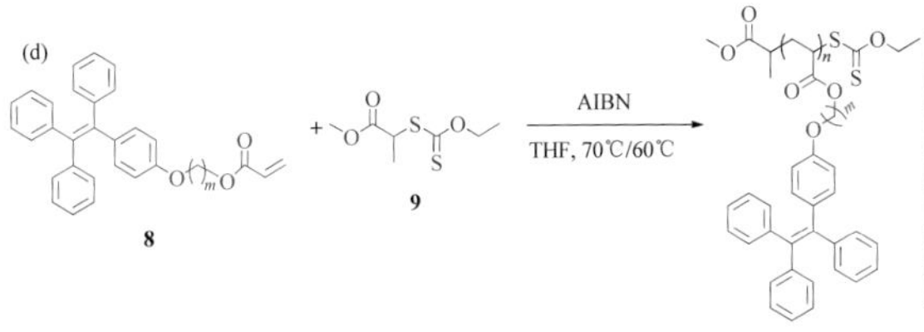

聚合物	产率/%	M_w	PDI	Φ_F/%
P8a	81	15800	1.37	25.0
P8b	82	17800	1.28	22.3
P8c	86	18600	1.29	21.7
P8d	89	20100	1.23	20.9
P8e	90	20200	1.20	18.5
P8f	90	20900	1.21	16.9

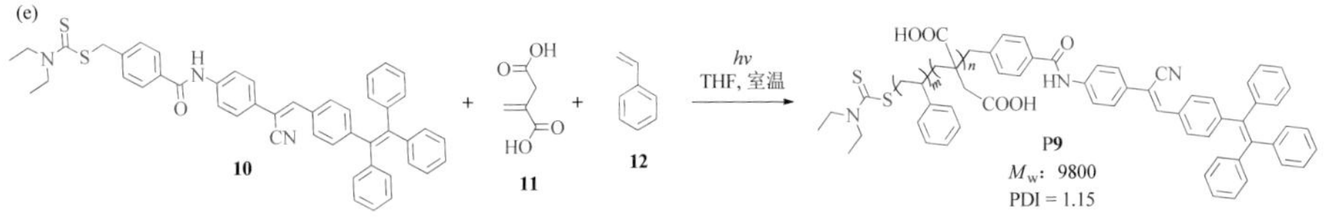

图 2-2　通过 ATRP（a～c）[6, 7]、RAFT 聚合（d，e）[10, 11]合成 AIE 聚合物

为了制备功能性、窄分散的水溶性 AIE 聚合物，Haddleton 及其合作者在低于室温的水介质中利用 Cu 介导的 RDRP 合成了水溶性的 AIE 聚合物[8]［图 2-2（c）］，包括 N-异丙基丙烯酰胺 **7** 在内的多种丙烯酰胺单体均能够在 1 h 或 2 h 内几乎能够实现定量地聚合，且能出色地控制聚合物链长（聚合度为 50～1000）和分子量分布（PDI 为 1.08～1.17）。由于 ATRP 通常使用过渡金属作为催化剂，聚合产物中残留的过渡金属物种可能会导致荧光猝灭，且具有生物毒性并对环境不友好。因此，毒性低、成本低廉和环境友好的无金属催化的 ATRP 引起了广泛的关注。例如，危岩、张小勇、欧阳辉及其合作者采用具有 AIE 活性的引发剂同时作为光催化剂进行无金属光介导的 ATRP，在室温条件下合成了双亲性的 AIE 嵌段共聚物[9]。

RAFT 聚合也被广泛用于合成 AIE 聚合物。例如，谌东中及其合作者利用 RAFT 聚合合成了如图 2-2（d）所示的一系列 TPE 基元在侧链上的聚丙烯酸酯 **P8a**～**P8f**[10]。聚合物 P8a～P8f 在良溶剂［THF、二氯甲烷（DCM）、氯仿或甲苯］的溶液中几乎不发光，随着不良溶剂水的加入在 470 nm 处均可以观察到明显的发光现象，表明其具有典型的 AIE 特性。以 P8a 为例，在水含量为 95 vol% 的 THF/H_2O 混合溶液中，聚合物的荧光强度大约是其在 THF 溶液中的 274 倍。同时，随着烷基链长度增大，Φ_F 值在水含量为 99 vol% 的 THF/H_2O 混合溶液中的聚集态下从 19.0% 降低至 12.3%，在固体薄膜状态下从 25.0% 降低至 16.9%。此外，聚合物在略高于玻璃化转变温度（T_g）的条件下退火处理 8 h 后的 Φ_F 均显著增加。例如，P8a 经过退火处理后，其 Φ_F 上升至 34.4%。这是因为经过退火处理后，分子链内和链间的堆积更加紧密导致荧光显著增强。

此外，光引发 RAFT 聚合也被用于合成 AIE 聚合物，避免了使用过氧化物或偶氮化合物作为引发剂。如图 2-2（e）所示，张小勇、曹迁永、田建文及其合作者合成了一种含 TPE 的光引发剂 **10**，通过室温条件下进行紫外光照射，成功实现

了衣康酸 **11** 和苯乙烯 **12** 的无催化光引发 RAFT 聚合,得到了分子量分布仅为 1.15 的双亲性共聚物 **P9**[11]。聚合物 **P9** 在水含量为 90 vol% 的 DMF/H$_2$O 混合溶液中可以发射波长为 516 nm 的绿色荧光,其发光强度约是在纯 DMF 溶液中的 60 倍,表明其 AIE 特性。

2.2.2 阳离子聚合

阳离子聚合因具有引发剂种类多、毒性低、活性高、可控性好等优点,也被用于 AIE 聚合物的合成。例如,李晓芳、董宇平及其合作者利用异腈单体的无金属催化的阳离子聚合开发了一系列具有良好溶解性和 AIE 特性的高分子量的聚芳基异腈[12-14]。这一聚合方法的突出特点是具有很高的反应活性,反应通常在极短的时间(1~3 min)内完成。例如,他们利用不含金属的四(五氟苯基)硼酸盐化合物 [Ph$_3$C]$^+$[B(C$_6$F$_5$)$_4$]$^-$ 作为单组分引发剂,在室温条件下引发芳香异腈 **13** 的阳离子聚合,得到 M_w 高达 163600 的聚合物 **P10** [图 2-3 (a)][12]。其反应机理研究表明,阳离子 Ph$_3$C$^+$ 是芳香异腈聚合的真正引发剂,而聚合反应的链终止过程则可以简单表述为芳香异腈单体的一个邻位碳氢键活化产生质子(H$^+$),质子(H$^+$)作为新的阳离子引发剂进一步引发单体聚合。**P10** 在 THF/H$_2$O 混合溶液中荧光强度随着水含量(0%~30%)的增加而增大,表明其具有典型的 AIE 特性。此外,他们也发展了以 [(Et$_3$Si)$_2$H]$^+$[B(C$_6$F$_5$)$_4$]$^-$ 作为新的单组分阳离子引发剂,引发异腈单体 **14** 的阳离子聚合获得高分子量的聚芳基异腈[13]。在相似的聚合条件下,[(Et$_3$Si)$_2$H]$^+$[B(C$_6$F$_5$)$_4$]$^-$ 作为阳离子引发剂的反应活性要高于 [Ph$_3$C]$^+$[B(C$_6$F$_5$)$_4$]$^-$,两者的聚合机理也呈现相似的特征。在单体和溶剂的存在下,[(Et$_3$Si)$_2$H]$^+$ 首先解离成 Et$_3$Si$^+$ 和副产物 Et$_3$SiH,然后 Et$_3$Si$^+$ 作为真正的阳离子引发剂引发单体聚合。同时,他们也将阳离子聚合和氢化硅烷化反应结合起来,在室温条件下制备了具有 AIE 活性的末端官能化、含硅烷端基的聚芳基异腈 **P11** [图 2-3 (b)][14]。在聚合反应过程中,相对于引发剂过量的三乙基硅烷不仅充当链转移剂的角色,而且在链转移过程中产生的 Et$_3$Si$^+$ 将作为新的阳离子引发剂进一步引发单体聚合。

上述基于异腈的阳离子聚合在反应形式上与卡宾聚合具有相似性。卡宾聚合又称 C$_1$ 聚合,这种聚合物的主链由一个碳原子作为结构单元,通常在聚合物主链上的每个碳原子上都有取代基。过渡金属催化的卡宾聚合也可用于合成 AIE 聚合物。例如,谌东中及其合作者以 TPE 修饰的重氮乙酸酯 **16** 为单体,在 Rh(Ⅰ)的催化下室温合成了 AIE 聚合物 **P12** [图 2-3 (c)][15]。**P12** 在 THF、氯仿、二氯甲烷、甲苯、N,N-二甲基甲酰胺和乙酸乙酯等良溶剂溶液中的荧光发射可忽略不计,而在聚集态下则具有明亮发光。在水含量为 99 vol% 的 THF/H$_2$O 混合溶剂中,其发光强度是 THF 溶液中的 152 倍,最大发射波长为 478 nm,Φ_F 为 13.7%。

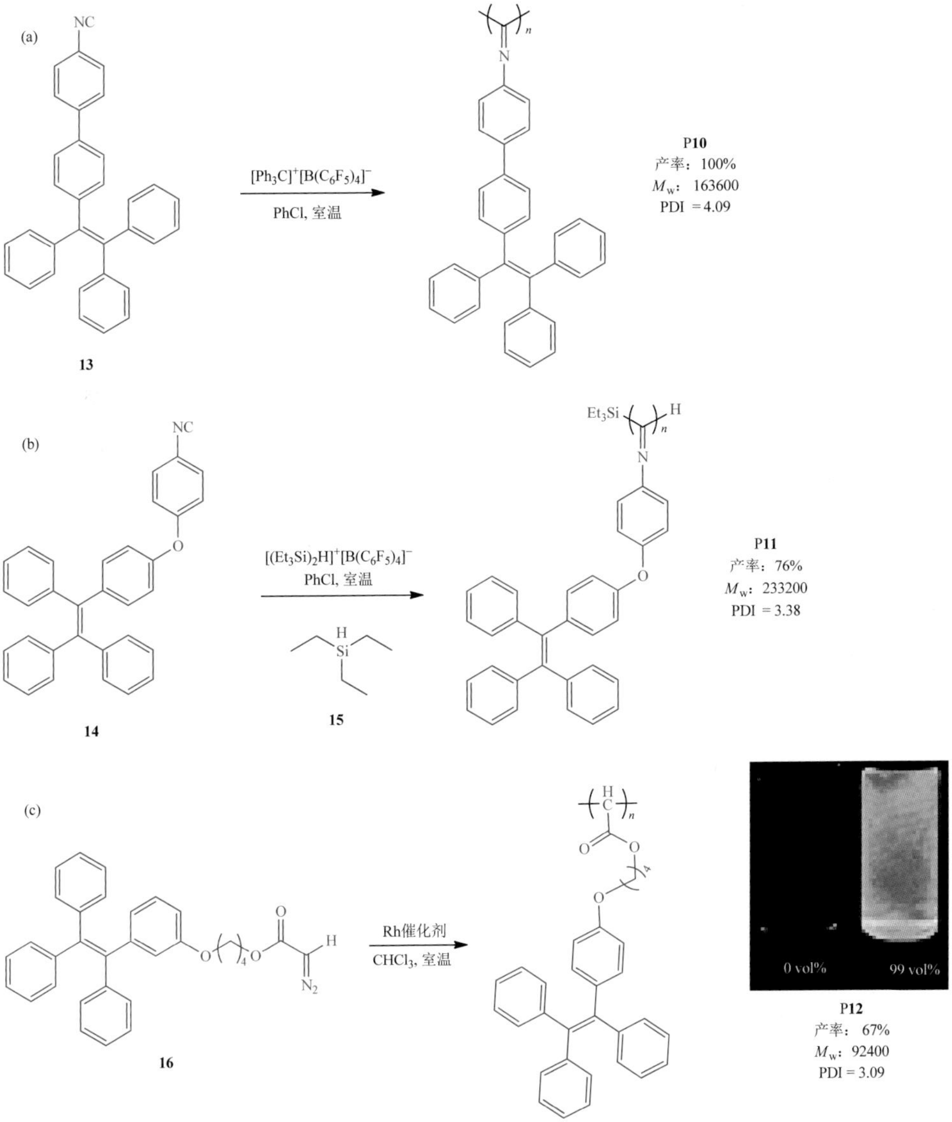

图 2-3 通过阳离子聚合[12, 14]（a，b）和卡宾聚合[15]（c）合成 AIE 聚合物

（c）中插图为在 365 nm 紫外光照射下 **P12** 的 THF 溶液（左）和 THF/H₂O 混合溶液（体积比为 1∶9）（右）的荧光照片

2.2.3 炔烃易位聚合

利用炔类单体的易位聚合将 AIE 基元引入聚合物的侧链中可得到具有 AIE 活

性的共轭聚合物。唐本忠等采用含 AIE 基元的单取代和双取代的乙炔单体通过易位聚合合成了一系列 AIE 聚合物[16-18]。例如，他们利用双取代乙炔 **17** 作为单体，以 WCl$_6$ 和 Ph$_4$Sn 作为催化剂在非极性溶剂甲苯溶液中合成了黄色粉末状的 AIE 共轭聚合物 **P13**［图 2-4（a）］[17]。体积庞大的 TPE 基元提供了大的空间位阻，在一定程度上改善了聚合物的溶解度。**P13** 在 THF 溶液中于 493 nm 处发出微弱的荧光，在水含量为 90 vol% 的 THF/H$_2$O 混合溶液中的荧光强度大约是其纯 THF 溶液的 4.5 倍，表现出明显的 AIE 特性。为了改善聚合物的溶解性从而获得更高分子量的共轭聚合物，唐本忠、孙景志及其合作者在聚合物的主链和 TPE 基元之间引入了柔性的酯基。同时，他们新开发的 Pd(OAc)$_2$/AgOTf 催化体系可以适用于高极性、大空间位阻的 1-氯-2-苯基乙炔衍生物 **18** 的易位聚合，得到 M_w 高达 109800 的 AIE 聚合物 **P14**［图 2-4（b）］[18]。**P14** 在水含量小于 10 vol% 的 THF/H$_2$O 混合溶液中发出微弱的绿光（λ_{em} = 485 nm）；当水含量高于 20 vol% 时，**P14** 溶液的发射峰出现了明显的变化，在 400 nm 左右出现新的发射峰，而原发射峰则蓝移至 470 nm；在水含量为 80 vol% 的 THF/H$_2$O 的混合溶液中，400 nm 处的荧光强度是其纯 THF 溶液的 134 倍，具有明显的 AIE 特性。

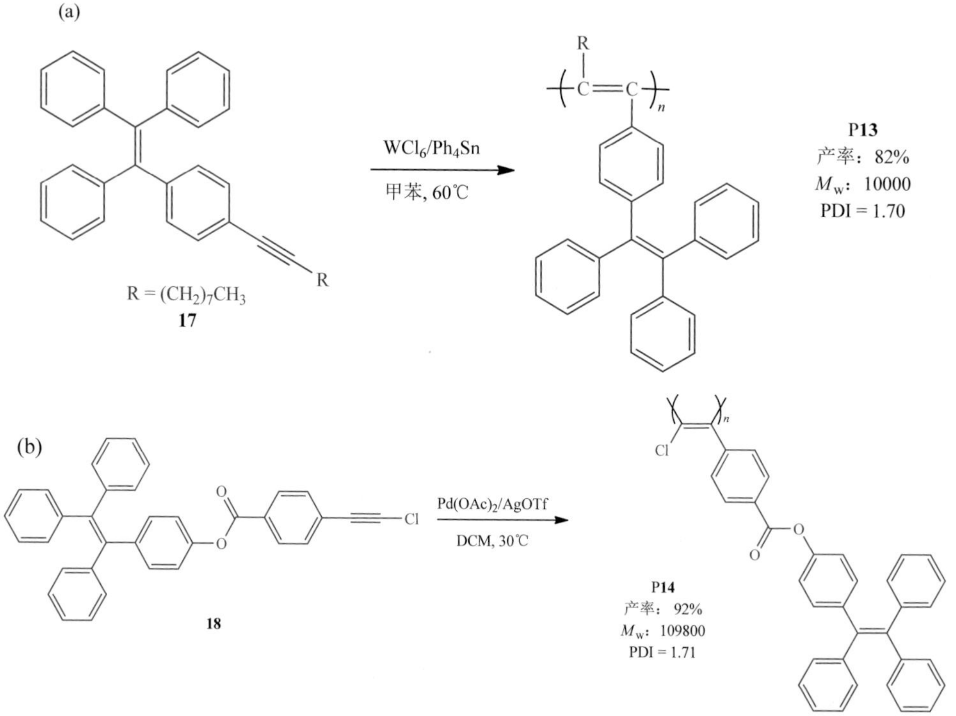

图 2-4　炔的易位聚合[17, 18]合成 AIE 聚合物

2.2.4　烯烃易位聚合

环状烯烃的开环易位聚合也可用于制备 AIE 聚合物。例如，武英及其合作者利用含有 9,10-二乙烯基蒽、五苯基噻咯和四苯乙烯等不同 AIE 基元的降冰片烯衍生物 19～21 作为开环易位聚合的单体，在第三代 Grubbs 催化剂的作用下在室温合成了结构明确、分子量可控、PDI 小于 1.20 的 AIE 聚合物 **P15a**～**P15c**［图 2-5（a）］[19]。**P15a**～**P15c** 在 THF 溶液中发光较弱，但在 THF/H$_2$O 混合溶液中发出较强荧光，其最大发射波长分别为 550 nm、510 nm 和 600 nm。

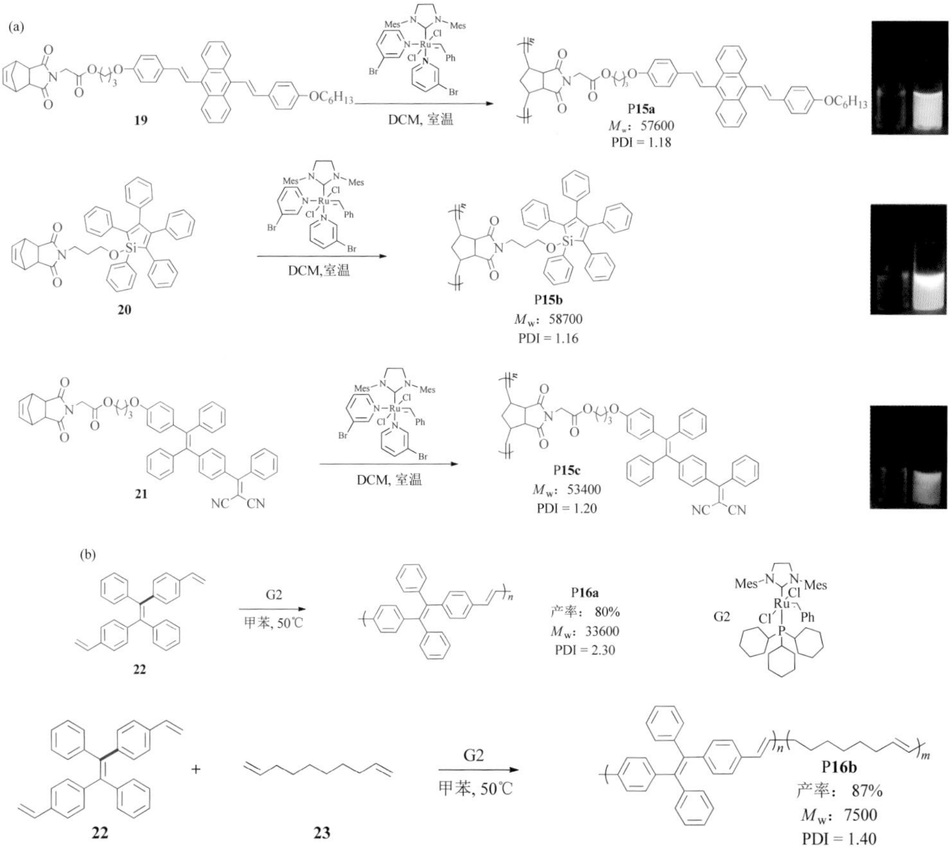

图 2-5　开环易位聚合（a）[19]和非环二烯易位聚合（b）[20]合成 AIE 聚合物

（a）中插图为紫外灯下 **P15a**～**P15c** 的 THF 溶液（左）和 THF/H$_2$O 混合溶液（体积比为 1∶9）（右）的荧光照片

除环状单体外，非环二烯的易位聚合也可用于构筑 AIE 聚合物。例如，陈忠仁及其合作者以含 TPE 的二烯 **22** 为单体，在第二代 Grubbs 催化剂（G2）的催化下通过非环二烯易位聚合合成了具有 AIE 特性的共轭聚合物 **P16a**［图 2-5（b）][20]。为了提高聚合物溶解度，他们还采用市售的 1, 9-癸二烯 **23** 作为共聚单体合成了无规共聚物 **P16b**。在 THF 溶液中，**P16a** 和 **P16b** 发光较弱，其最大吸收波长分别为 388 nm 和 374 nm。在水含量为 90 vol% 的 THF/H$_2$O 混合溶液中，**P16a** 和 **P16b** 发出强烈荧光，其最大发射波长分别为 532 nm 和 524 nm，相应的 Φ_F 值分别为 54.2% 和 31.8%。

2.2.5 开环聚合

近年来，开环聚合也被广泛用于制备 AIE 聚合物，主要策略包括利用含有氨基、羟基或羧基的 AIE 化合物作为引发剂诱导开环聚合，或直接利用含有 AIE 基元的杂环单体进行开环聚合得到侧链含有 AIE 基元的杂链聚合物。例如，Gowd 及其合作者利用羟基官能化的 TPE 单体 **24** 作为引发剂，在辛酸亚锡［Sn(Oct)$_2$］的催化下诱导 L-丙交酯 **25** 进行开环聚合合成具有 AIE 活性的四臂星形聚（L-丙交酯）**P17**［图 2-6（a）][21]。**P17** 在良溶剂氯仿中几乎没有发光，随着不良溶剂正己烷的加入，发光强度逐渐增大，并在不良溶剂的含量为 75 vol% 时达到最强发光。同时，与单臂或双臂的聚（L-丙交酯）相比，**P17** 显示出更强的荧光发射。类似地，吴传德、张震及其合作者利用 1, 1, 2, 2-四（4-羧基苯基）乙烯 **26** 作为引发剂，在有机强碱 7-甲基-1, 5, 7-三氮杂二环[4.4.0]癸-5-烯（MTBD）的催化下诱导 2-甲基-N-甲苯磺酰基氮杂环丙烷 **27** 的开环聚合，合成了四臂星形 AIE 活性聚合物 **P18**［图 2-6（b）][22]。在紫外光激发下，随着 THF/H$_2$O 混合溶液中水含量的增加，**P18** 的发光强度也逐渐增大。同时，其荧光发射波长从 THF 溶液中的 494 nm 蓝移至 454 nm。此外，周辉及其合作者利用 α-亚烷基环状硫代碳酸酯 **28** 作为单体，在叔丁醇钠（t-BuONa）的催化下通过阴离子开环聚合合成了聚硫醚 **P19**［图 2-6（c）][23]。通过将 TPE 基元引入聚合物侧链中，使得 **P19** 具有典型的 AIE 特性。相比于 **P19** 在稀溶液中弱的荧光发射（$\Phi_F = 0.6\%$），其固体粉末在紫外光照下能发出较强绿色荧光，Φ_F 升至 16.2%。

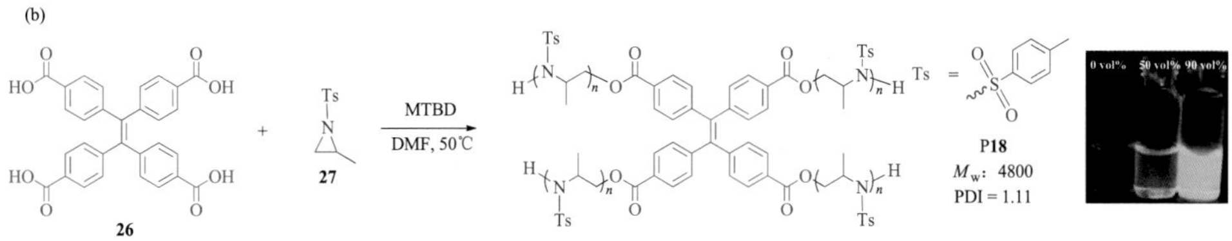

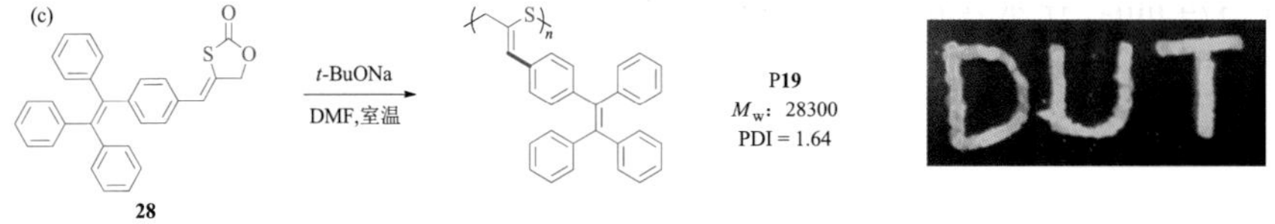

图 2-6　（a）羟基官能化的 TPE 引发 L-丙交酯开环聚合合成 AIE 聚合物[21]；（b）羧基官能化的 TPE 引发氮杂环丙烷开环聚合合成 AIE 聚合物，插图为在 365 nm 紫外光照射下 P18 在 THF 溶液和 THF/H₂O 混合溶液（水含量分别为 50 vol% 和 90 vol%）中的荧光照片[22]；（c）环状硫代碳酸酯开环聚合合成 AIE 聚合物，插图为在 365 nm 紫外光照射下其固体粉末的荧光照片[23]

2.2.6　其他单组分聚合

　　上述聚合反应大部分在高分子侧链引入 AIE 基元，而主链含 AIE 基元的高分子往往通过其他聚合反应制备得到。例如，作为端炔自身的氧化偶联反应，Glaser-Hay 偶联被广泛应用于构筑含联二炔基元的功能共轭高分子。唐本忠及其合作者分别利用含有 TPE 基元的芳香二炔 **29** 和 **30** 作为单体，在氯化亚铜（CuCl）和 *N*, *N*, *N'*, *N'*-四甲基乙二胺（TMEDA）的催化下通过 Hay-Glaser 偶联反应合成了聚合物主链上含有 TPE 基元的共轭聚合物 **P20** 和 **P21**（图 2-7）[24]。它们都具有

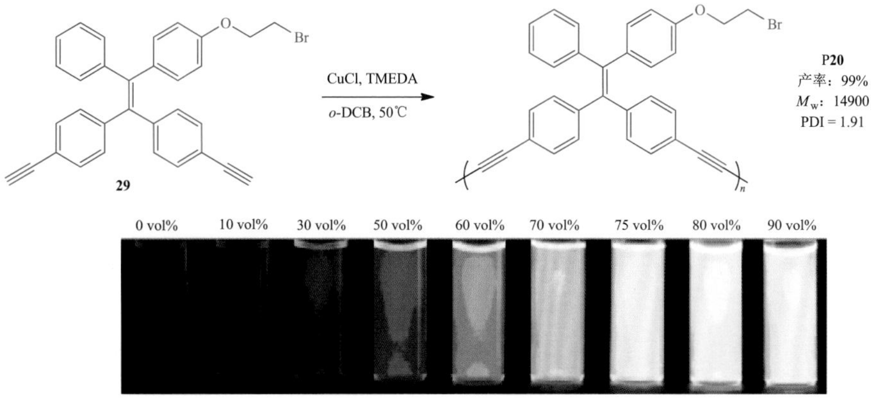

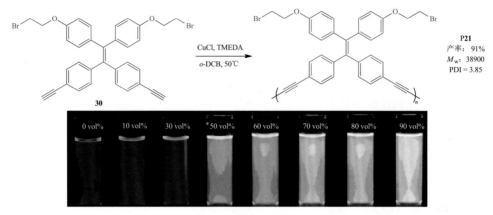

图 2-7 Hay-Glaser 偶联反应[24]合成 AIE 聚合物

插图为在 365 nm 紫外光照射下 P20（上）和 P21（下）在 THF 溶液和不同水含量的 THF/H$_2$O 混合溶液中的发光情况

典型的 AIE 特性：P20 在 THF 溶液中几乎不发光，当在水含量大于 70 vol%的 THF/H$_2$O 混合溶液中，可以观察到 536 nm 处有黄色发光；当水含量达到 90%时，其发光强度达到最大，是在纯 THF 溶液中发光强度的 65 倍。P21 的 THF 溶液在 536 nm 处有弱的黄色发光，溴乙氧基的空间位阻可能在一定程度上抑制了 TPE 基元的分子内旋转，从而使聚合物在溶液中发光。当水含量大于 30 vol%时，其发光强度逐渐增大；当水含量达到 90 vol%时，其发光强度达到最大，是在 THF 溶液中发光强度的 15 倍，同时还伴随着最大发射峰的蓝移，这与 P21 在聚集态下更为扭曲的分子结构有关。

无过渡金属催化的高效聚合由于合成成本低、金属残留少，对于提高材料的性能十分有利，受到高分子化学家们的广泛关注。唐本忠、林荣业及其合作者采用含有 TPE 基元的二碘代炔单体 31 在 KI 的介导下合成了具有高折射率的共轭聚二炔 P22（图 2-8）[25]。由于其分子结构中存在大量的苯环、不饱和炔键及共轭结

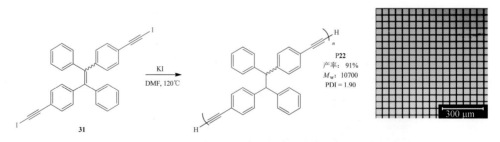

图 2-8 卤代炔烃的单组分聚合[25]合成 AIE 聚合物

插图为 P22 在紫外光（330～385 nm）照射下的荧光图案

构，**P22** 在 400～900 nm 波长范围内显示出高折射率（2.1125～1.7747），且在 632.8 nm 处的折射率为 1.8070。此外，**P22** 是光敏聚合物，其薄膜经紫外光照射 20 min 后，在 400～900 nm 波长范围内的折射率显著下降至 1.7524～1.4044，在 632.8 nm 处折射率下降了 0.3263。鉴于其良好的成膜性、发光的 TPE 基元和光敏性，可通过光刻法制备高分辨率的荧光光刻图案。

过渡金属催化的 Yamamoto 偶联反应也被应用于 AIE 聚合物的合成。例如，Scherf 及其合作者利用 Yamamoto 偶联反应合成了两种基于 3, 6-咔唑重复单元且侧链上含有 TPE 基元的 AIE 聚合物 **P23a** 和 **P23b**（图 2-9）[26]。该聚合反应以弱配位的双（1, 5-环辛二烯）镍［Ni(COD)$_2$］为催化剂，辅以 2, 2′-联吡啶（bpy）、1, 5-环辛二烯（COD）为配体，在无水无氧的条件下通过微波加热短时间内就能得到聚合产物。**P23a** 和 **P23b** 在固体薄膜状态下的最大吸收波长分别为 314 nm 和 310 nm，无论是在 THF 溶液中或者在固体薄膜状态下，它们都在 495 nm 处具有明显绿色荧光，**P23a** 和 **P23b** 在稀的 THF 溶液中的 Φ_F 分别为 1.1% 和 0.8%，而在固体薄膜状态下的 Φ_F 明显增加，分别为 20% 和 21%，显示出典型的 AIE 特性。与均聚物 **P23a** 相比，共聚物 **P23b** 的 AIE 特性更加显著。

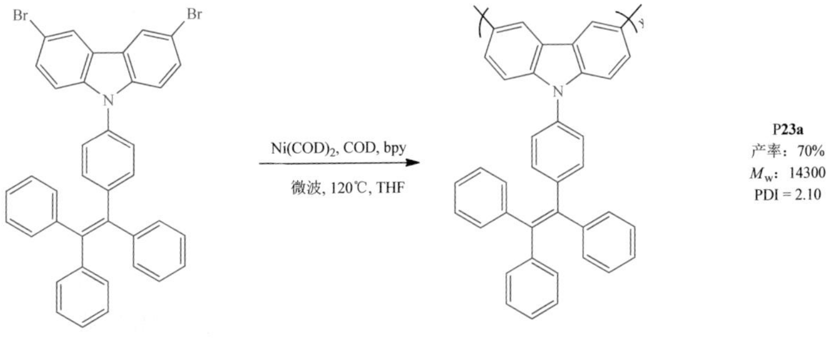

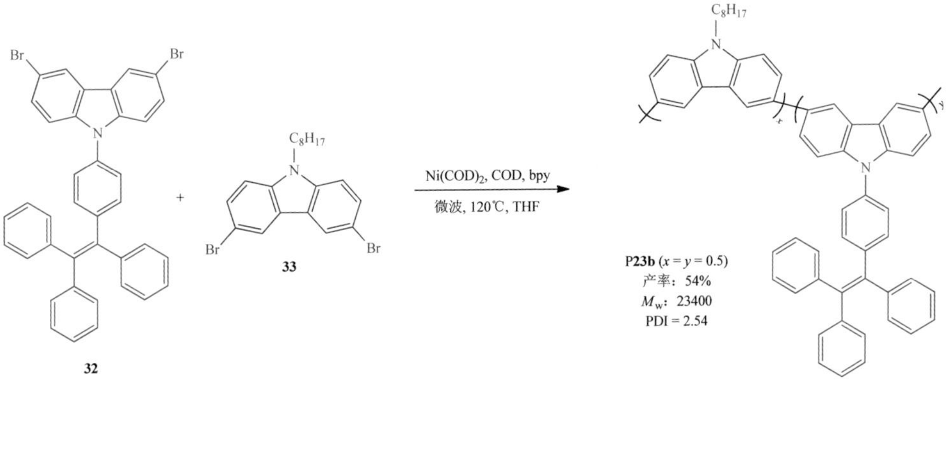

图 2-9 Yamamoto 偶联反应[26]合成 AIE 聚合物

插图为在紫外光照射下 **P23b** 在不同水含量的 THF/H$_2$O 混合溶液中的发光情况

环化聚合也是一种构筑共轭聚合物的高效方法，常通过形成新的环状结构将单体基元连接起来，其中最具代表性的是炔类单体的环三聚反应，由三个碳碳三键生成一个新的苯环。例如，唐本忠及其合作者利用 TPE 二炔 **34** 在 TaBr$_5$ 的催化下室温合成了含有两种三取代苯环结构（1, 3, 5-三取代和 1, 2, 4-三取代）的超支化共轭聚合物 **P24** [图 2-10（a）][27]。相比于需要严格控制单体化学计量比的 A$_2$ + B$_n$（$n \geqslant 2$）型聚合反应，炔的环三聚反应合成超支化聚合物更为便捷高效。虽然 **P24** 是全芳香结构的共轭聚合物，但是它在氯仿、甲苯、二氯甲烷和四氢呋喃等常见有机溶剂中却显示出良好的溶解性。这可能是由于 TPE 基元的扭曲结构和大的空阻导致了较大的分子间距，从而易与溶剂分子相互作用。**P24** 也显示出优异的热稳定性，其在氮气气氛中的热分解温度（T_d）高达 462℃。同时，它的 THF 溶液在 501 nm 处有着微弱的荧光发射，Φ_F 为 3.05%，随着水含量的增加，发光强度逐渐增大；当水含量达到 90 vol%时，其 Φ_F 升高至 45.4%，而其固体粉末的 Φ_F 进一步提高至 47%，表现出明显的聚集诱导发光增强（AEE）特性。目前报道的炔类单体的环三聚所使用的主要是末端炔烃，而内炔单体由于空间位阻大、反应活性较低，其环三聚报道相对较少。李红坤及其合作者发展了 RhCl$_3$·3H$_2$O 和 N, N-二异丙基乙胺（DIPEA）催化的酯活化内炔单体的环三聚反应，制备了溶解性好、分子量高（M_w 为 14800）的超支化聚三苯基苯甲酸酯 **P25** [图 2-10（b）][28]。

除了炔类单体外，唐本忠、秦安军及其合作者利用二异腈单体 **36** 在乙酸银（AgOAc）的催化下，通过环二聚反应在室温下合成了具有 AIE 特性的聚咪唑 **P26** [图 2-10（c）][29]。该聚合可以在温和条件下进行，聚合产物的 M_w 可达 15600。同时，这种聚合仅使用二异腈作为唯一单体，避免了双组分或三组分聚合中单体的化学计量比控制问题。由于异腈基元在构筑咪唑环时有两种不同参与反应的形式，造成单体片段在聚合物骨架上存在三种不同化学环境。它的 DMF 溶液几乎不发光，随着水含量的增加，发光强度逐渐增大，当水含量达到 50 vol%时，发光强度达到最大，是在 DMF 溶液中的 129 倍，Φ_F 达到 31.8%。

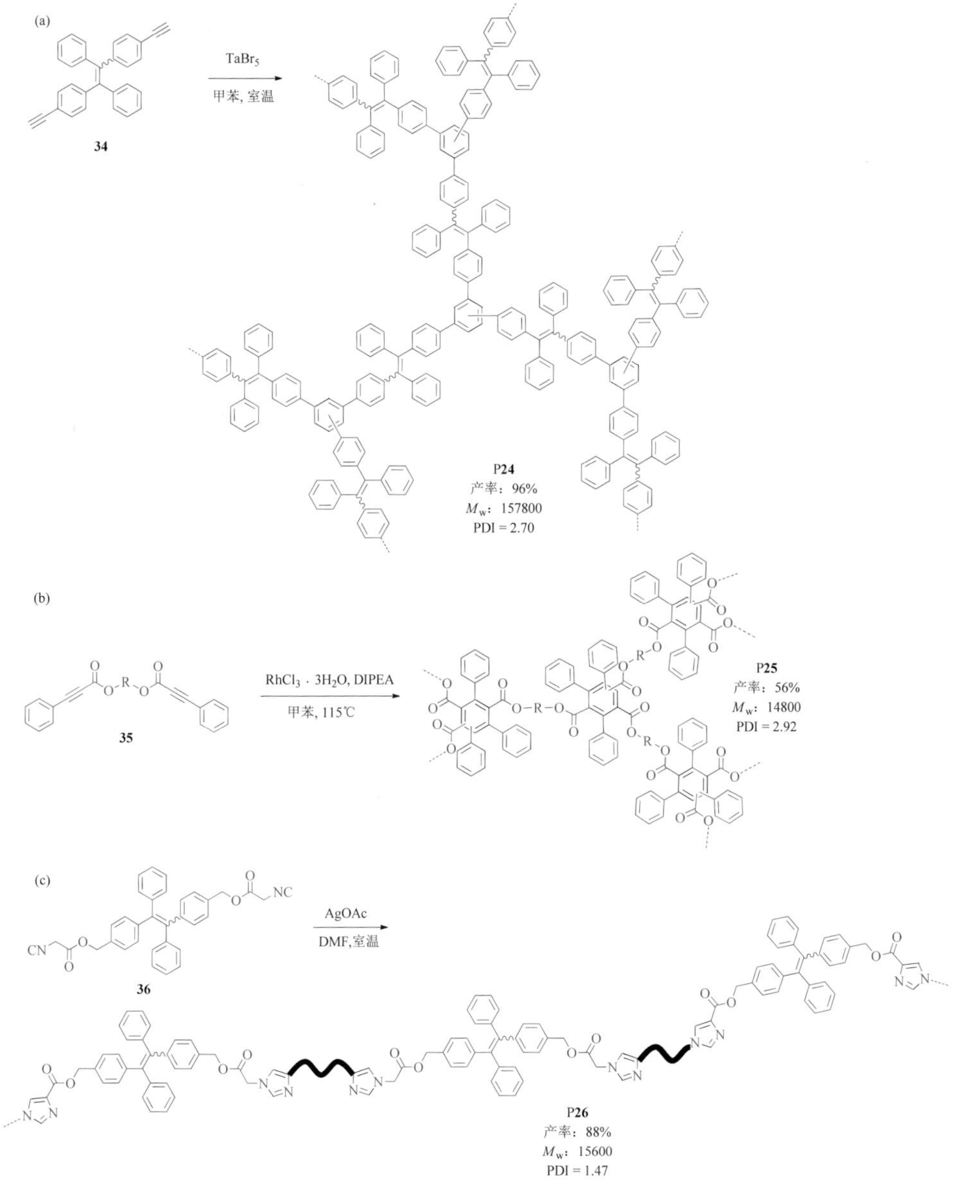

图 2-10　二炔的环三聚反应（a，b）[27, 28]和二异腈的环二聚反应（c）[29]合成 AIE 聚合物

　　单组分单体还可以通过电化学聚合制备 AIE 聚合物薄膜。例如，江东林及其合作者设计了一个含 TPE 核和外围咔唑基元的单体 37，并在电解质溶液中进行电聚合，合成了多孔有机聚合物薄膜 P27（图 2-11）[30]。该聚合发生在液相-电极界面，仅需少量单体，且快速省时。其薄膜的厚度可以通过改变循环伏安（CV）测

试的循环次数来控制，每次循环可使薄膜厚度增加约 1.7 nm。该薄膜在 524 nm 处发出强烈的绿色荧光，Φ_F 高达 40%。此外，它也具有高的孔隙率，比表面积高达 1020 m^2/g，孔径为 1.5 nm，孔体积为 0.61 cm^3/g。

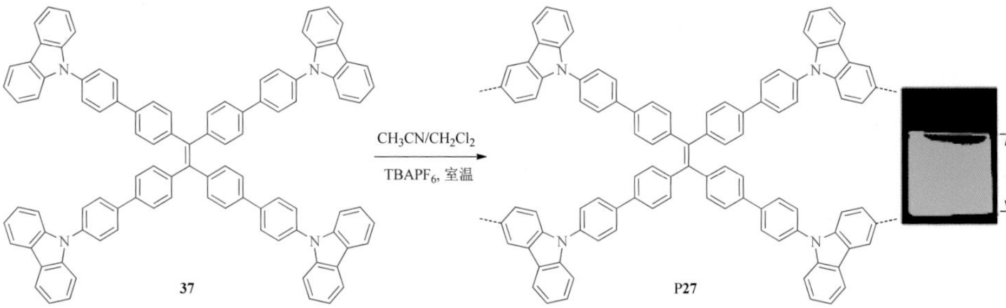

图 2-11　电化学聚合[30]合成 AIE 聚合物薄膜

插图为多孔有机聚合物薄膜 **P27** 在紫外光照射下的荧光照片

2.3　双组分聚合

在 AIE 聚合物的合成方法中，最为广泛使用的是基于两种双/多官能度单体的双组分聚合，这类聚合可对 AIE 聚合物的结构进行丰富多样的调控。许多经典的聚合反应如点击聚合、Suzuki 偶联聚合、Sonogashira 偶联聚合、Heck 偶联聚合和 Wittig 偶联聚合等都被用于合成 AIE 聚合物。本章内容将重点介绍基于炔类单体的双组分聚合。

2.3.1　叠氮和炔的聚合

点击反应具有反应条件温和、操作简单、官能团耐受性强、反应效率高、原子经济性高、区域选择性高等优点，在制备线型、超支化等多种拓扑结构及聚合物主链上含有杂原子的功能聚合物方面展示出巨大潜力，近年来被广泛用于 AIE 聚合物的合成。在众多点击聚合中，铜催化的叠氮-炔点击聚合合成 1, 4-区域选择性的聚三唑，是目前研究最多的点击聚合之一，已成为一种高效的功能高分子合成方法。例如，唐本忠、秦安军及其合作者开发了一种高效的 Ru(Ⅱ) 催化叠氮-炔点击聚合反应，其区域选择性可以通过 Ru(Ⅱ)催化剂上的配体进行切换[31]。以 $RuH_2(CO)(PPh_3)_3$ 作为催化剂，可制备 1, 4-取代的聚三唑 **P28a**，其产率为 92%，M_w 为 15300；而以 $Cp^*Ru(PPh_3)_2Cl$ 为催化剂，可制备 1, 5-取代的 **P28b**，其产率为 98%，M_w 为 15500 ［图 2-12（a）］。**P28a** 与 **P28b** 具有相似的溶解性和热稳定性，都能溶于 THF、二甲基亚砜（DMSO）、DMF 等常见有机溶剂，T_d 分别为 375℃ 和 368℃。由于 1, 4-取代三唑的空间位阻相对较小，结构平面性更好，更有利于聚合物链的紧密堆积，导致 **P28a** 的 T_g（143℃）比 **P28b** 的 T_g（104℃）高接近 40℃。**P28a** 和 **P28b** 的 THF 稀溶液的最大吸收波长分别位于 333 nm 和 325 nm，在紫外光照射下，**P28a** 的最大发射波长位于 501 nm，相比于 **P28b** 红移了 10 nm。而它们在水含量为 90 vol% 的 THF/H_2O 溶液中的发光强度相比于 THF 溶液分别增强了 18 倍（**P28a**）和 10 倍（**P28b**）。他们还设计了同样具有 AIE 活性的四苯基吡嗪的二炔单体 **39**，并通过 Cu(Ⅰ) 催化的叠氮-炔点击聚合将其引入聚合物结构中制备了具有 AIE 活性的聚三唑 **P29**［图 2-12（b）］[32]。

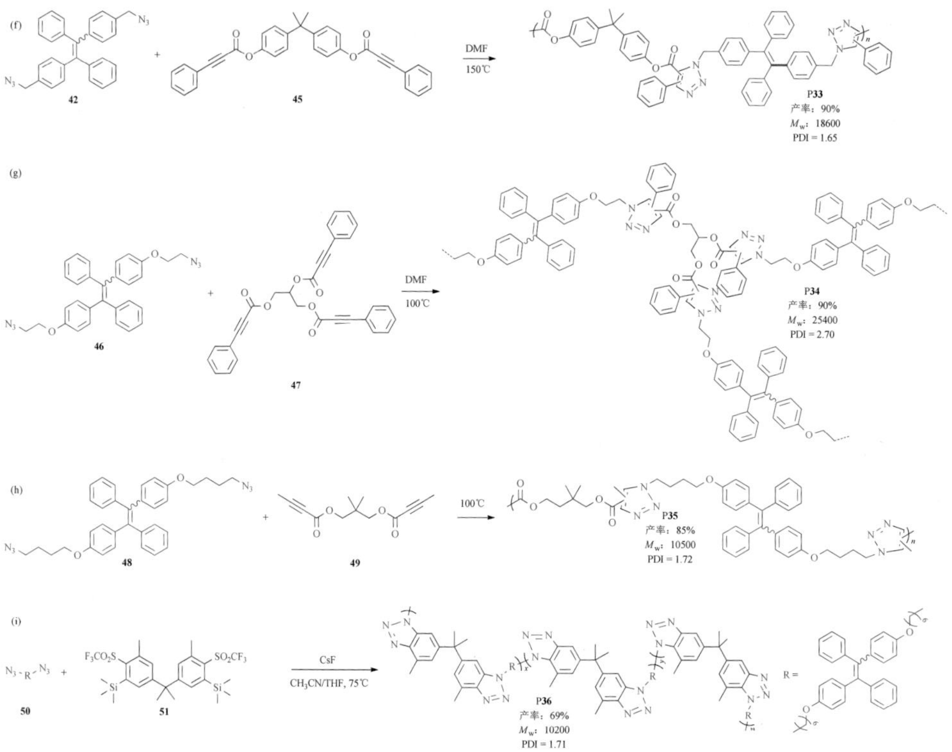

图 2-12 过渡金属催化的叠氮和炔的聚合（a，b）[31, 32]、活化叠氮和炔的聚合（c）[33]、叠氮和活化炔的聚合（d～h）[35-39]和叠氮和苯炔的聚合（i）[40]合成 AIE 聚合物

为了开发无金属催化的叠氮-炔聚合反应，唐本忠、秦安军及其合作者设计了活化炔或活化叠氮化物。例如，将吸电子基团连接到叠氮基团上可增强其反应活性，他们由此开发了一种高效的无金属催化的全氟苯基叠氮化物 **41** 与炔的聚合反应，在 DMF 中加热至 100℃，即可以 90% 的产率得到具有良好溶解性和热稳定性的 AIE 聚合物 **P30**［图 2-12（c）］[33]。在该聚合中，**34** 的芳基与 **41** 的全氟芳基的相互作用有利于在聚合过程中诱导形成 1，5-区域选择性异构体（占比 56.1%）。**P30** 在 THF 溶液中和固体薄膜状态下的 Φ_F 分别为 0.6% 和 29.1%。

相比于活化叠氮与炔的聚合，活化炔与叠氮的聚合具有更好的区域选择性[34]。唐本忠及其合作者利用吸电子的羰基提高炔基发生 1，3-偶极环加成反应的活性，成功实现了高产率（达到 85%）、M_w 高达 16300、高区域选择性（1，4-区域规整度达 95%）的聚三唑 **P31** 的合成［图 2-12（d）］[35]。唐本忠、秦安军及其合作者还利用醛活化的芳基炔 **44** 通过无金属催化的叠氮-炔聚合合成了含醛基的 1，4，5-三取代聚三唑 **P32**［图 2-12（e）］[36]。

相比于羰基或醛活化炔，酯基活化炔的制备更简单，因此在叠氮-活化炔聚合中得到更多的关注。唐本忠、李红坤及其合作者利用酯活化的芳基炔 **45** 通过无金属催化的叠氮-炔聚合实现了聚三唑 **P33** 的合成，其产率为 90%，M_w 为 18600 [图 2-12（f）][37]。同时，他们通过该聚合合成了具有高产率（90%）、高分子量（M_w 为 25400）和高区域规整度（78.7%）的超支化聚三唑 **P34** [图 2-12（g）][38]。**P34** 在二氯甲烷、THF、氯仿、DMF 和 DMSO 等常见有机溶剂中具有良好溶解性，其热稳定性高，T_d 为 310℃。此外，酯活化的脂肪炔也可用于与叠氮发生环加成聚合生成聚三唑。唐本忠、李永舫及其合作者报道了酯活化脂肪内炔 **49** 在无溶剂、无催化剂条件下的叠氮-炔环加成聚合反应，制备了聚三唑基羧酸酯 **P35** [图 2-12（h）][39]。唐本忠、秦安军及其合作者进一步设计使用 CsF 作为活化剂从单体 **51** 原位生成高活性的二苯炔，并使其与二叠氮化物在无金属催化条件下高效聚合制备聚苯并三唑 **P36** [图 2-12（i）][40]。**P31**～**P36** 都具有典型的 AIE 特性。此外，由于 **P32** 结构中存在高活性的醛基，还可通过醛基的反应带来聚合物发光性质的变化，将其设计为检测肼的荧光探针。

2.3.2　胺和炔的聚合

由于胺类化合物来源丰富且价格低廉，胺和炔的聚合是制备含氮聚合物的理想方法。尽管氨基和炔基的反应即使在催化剂作用下或在高温条件下仍难以发生，采用活化炔的策略也能显著降低反应能垒，使反应自发进行[34]。例如，唐本忠、凌君、秦安军及其合作者发展了一种基于酯活化炔的自发氨基-炔点击聚合反应，用于高效制备聚（β-氨基丙烯酸酯）**P37** [图 2-13（a）][41]。相比于他们前期利用酯活化的内炔与芳香胺在 140℃ 和无溶剂条件下实现的 Cu(Ⅰ)催化氨基-炔点击聚合[42]，该聚合将活化内炔单体替换为反应活性更高的活化端炔单体，实现了无需催化剂，在室温下通过混合活化炔和脂肪二级胺便可自发进行的温和反应，聚合产物具有更高的立体选择性，得到反马氏加成、双键 100% 为 *E* 式结构的聚合产物，并且该聚合的原子利用率为 100%。在该聚合中，脂肪族伯胺也能与活化端炔自发进行聚合反应，但活性更低的芳香胺不适合该聚合。其反应机理主要涉及两个过程：第一步即胺的孤对电子进攻乙炔基的末端碳，第二步即质子转移。从质子转移步骤的热力学角度来看，*E*-异构体比 *Z*-异构体更稳定，同时，*Z*-异构体能够在室温下通过"氮激活双键旋转"的过渡态转变为 *E*-异构体，从而产生立体选择性。随后，他们又将该自发的氨基-活化炔点击聚合反应用于合成超支化聚（β-氨基丙烯酸酯）**P38** [图 2-13（b）][43]。**P38** 具有良好的溶解性和热稳定性，可完全溶解于 THF、二氯甲烷、氯仿、DMSO、DMF 等多种常用有机溶剂中，其热分解温度（T_d）为 338℃。线型聚合物 P37 和超支化聚合物 P38 的 THF 溶液都是几乎不发光的，但在水含量为 90 vol% 的 THF/H$_2$O 混合溶液中发光显著增强。

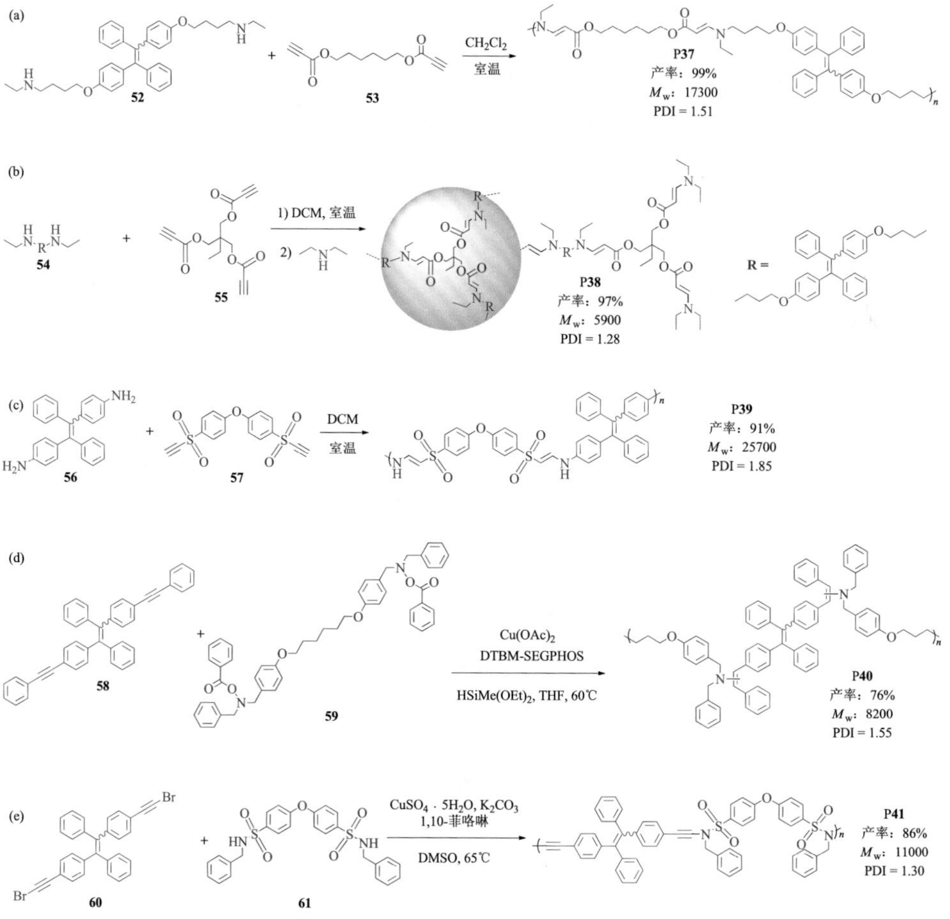

图 2-13　胺和炔的聚合[41, 43-46]合成 AIE 聚合物

磺酰基活化的炔也可高效地与胺进行自发聚合。唐本忠、秦安军及其合作者设计合成了双（乙炔基砜）活化的二炔 57，并实现了高效的自发氨基-炔点击聚合 [图 2-13（c）][44]。与酯活化炔相比，吸电子能力更强的磺酰基活化炔不仅可以与脂肪二胺聚合，还可以与芳香二胺聚合。同时，伯胺和仲胺均表现出较高的聚合活性。由于磺酰基具有很强的吸电子能力，聚合过程中形成的 β-氨基乙烯基磺酰基表现出动态特性，使得聚（β-氨基乙烯基砜）P39 可以进行胺交换反应，在加入单官能度的胺时发生降解。

上述氨基-炔聚合都是通过亲核加成实现的，唐本忠、秦安军及其合作者还利用芳基内炔 **58** 和苯甲酸羟胺酯 **59** 为单体，以 Cu(OAc)$_2$ 为催化剂，成功实现了内炔单体的亲电氢胺化聚合反应［图 2-13（d）］[45]。该方法能够在温和的反应条件下制备具有良好溶解性和热稳定性的聚烯胺 **P40**。而该亲电氢胺化聚合的区域选择性则可以通过单体结构设计，调整与炔基相连的基团来实现。

此外，卤素活化的炔卤化合物也具有高的反应活性，可与磺酰胺反应生成主链中含有 N—C≡C 的聚合物，其独特的 N—C(sp) 键是在高分子结构中鲜有报道的。为了增加炔胺产物的稳定性，一种有效的方法是在氮原子上引入吸电子基团，因此设计以磺酰胺作为单体以平衡产物结构稳定性和反应活性。唐本忠、胡蓉蓉及其合作者由此开发了炔溴单体 **60** 和磺酰胺 **61** 在 CuSO$_4$·5H$_2$O 和 1, 10-菲咯啉分别作为催化剂和配体的温和条件下的偶联聚合［图 2-13（e）］[46]。聚（炔磺酰胺）**P41** 具有良好的溶解性，易于溶解在 THF、DMSO、甲苯、1,4-二氧六环、二氯甲烷等常见的有机溶剂中；具有良好的热稳定性（T_d = 270℃）和化学稳定性，在加入乙酸、HCl 或三氟乙酸等后，未观察到分子量显著降低。聚合物中大量三键的存在使其可以与金属试剂进一步反应生成有机金属化合物，然后通过加热将其转化成具有高磁化强度和低矫顽力的磁性陶瓷材料。**P41** 的 THF 溶液在 430 nm 处具有较弱发光，而在水含量为 95 vol% 的 THF/H$_2$O 混合溶剂中发光波长红移至 495 nm，且其 $\varPhi_F$ 达到最大，为 24.7%。

2.3.3　醇/酚和炔的聚合

含羟基的单体与炔的聚合也是一种典型的双组分聚合，近年来也被用于合成 AIE 聚合物。唐本忠、秦安军及其合作者在磷腈碱（*t*-BuP$_4$）的催化下成功实现了含 TPE 基元的芳香二炔 **34** 和脂肪族二元醇 **62** 的聚合，合成了高产率（高达 99%）、高分子量（M_w 高达 40600）的聚（乙烯基醚）**P42**［图 2-14（a）］[47]。*t*-BuP$_4$ 易将羟基去质子化，所生成的烷氧基阴离子中间体将按反马氏规则亲核进攻乙炔基的碳原子。为了实现在更温和条件下合成聚（乙烯基醚），唐本忠、秦安军及其合作者发展了酯活化炔和脂肪族二醇在常用有机碱 1, 4-二氮杂二环[2.2.2]辛烷（DABCO）催化下的高效聚合反应[48]，酚羟基也可在相同条件下与二炔高效聚合［图 2-14（b）］。这表明 DABCO 催化的点击聚合不仅适用于脂肪族二醇，也适用于二酚，拓展了羟基-炔点击聚合的进一步应用。此外，羰基活化的端炔也可与二酚在 4-二甲基氨基吡啶（DMAP）的催化下室温聚合生成聚（乙烯基醚）[49]。**P42** 的 THF 溶液在 516 nm 处具有微弱发光，其 $\varPhi_F$ 为 0.9%，而在水相混合液中的聚集态的 $\varPhi_F$ 值为 5.2%。**P43** 的水相混合液的发光强度相比于纯 THF 溶液中提高了 125 倍，表明其 AIE 特性。

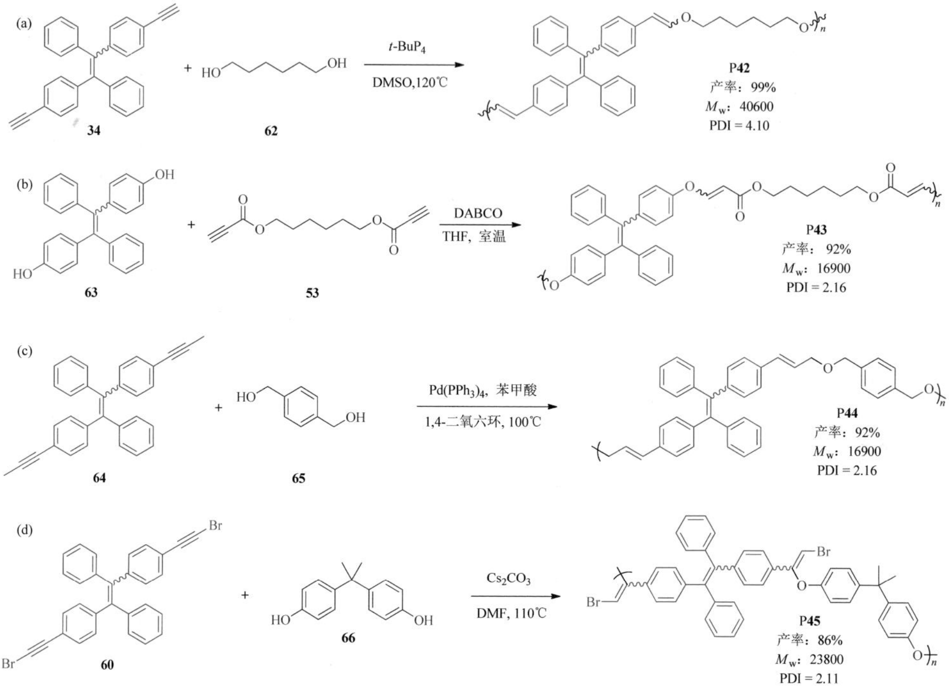

图 2-14　醇/酚和炔的聚合[47, 48, 50, 51]合成 AIE 聚合物

此外，唐本忠、凌君、秦安军及其合作者还发展了基于 C(sp³)—H 活化的内炔与醇类单体的聚合反应，并制备了聚丙烯基醚 **P44**［图 2-14（c）］[50]。该聚合以四三苯基膦钯/苯甲酸为催化体系，C(sp³)—H 活化的内炔与醇类单体聚合生成了全 E 式的聚烯丙基醚。同时，他们也发展了无过渡金属催化的炔溴和酚的双组分聚合反应［图 2-14（d）］[51]。二炔溴 **60** 和二酚 **66** 的聚合反应在碳酸铯的催化下可顺利进行，生成具有溴乙烯基结构的 **P45**，并可在苯硫酚的存在下发生亲核取代反应进行聚合物后修饰。由于聚合物结构中含有 TPE 基元，**P44** 和 **P45** 都表现出典型的 AIE 特性。

2.3.4　硫醇和炔的聚合

除胺和醇以外，硫醇也是一类强亲核试剂，可与炔进行高效反应。巯基-炔聚合是构建具有线型和拓扑结构的含硫功能聚合物的常用方法之一，也被用于合成新的 AIE 聚合物。同时，由于硫原子的引入，其聚合物材料都显示出相比于传统商业塑料（聚甲基丙烯酸甲酯、聚碳酸酯、聚苯乙烯等）更高的折射率，为其在光学元件等领域带来应用前景。唐本忠、秦安军及其合作者成功开发了一种具有高区域选择性和立体选择性的新型无过渡金属催化的硫醇-炔点击聚合反应 [图 2-15（a）][52]。在 K_3PO_4 的存在下，芳香二炔 **34** 和芳香二硫醇 **67** 在 *N*-甲基-2-吡咯烷酮（NMP）中顺利聚合，得到具有高分子量（M_w 为 15800）和高立体规整度（*Z* 型异构体占 100%）的聚（乙烯基硫醚）**P46**。由于 **P46** 中的芳香环和硫原子的含量高，所得聚合物具有高的热稳定性（$T_d = 358℃$），并显示出高的折射率（在 632.8 nm 处的折射率为 1.735）。另外，李红坤及其合作者开发了酯活化的内炔和硫醇之间无催化剂的点击聚合反应，聚合产物以 *Z* 型异构体为主（占 81%）[图 2-15（b）][53]。通过对其机理的研究表明，硫醇与活化内炔的无催化剂点击聚合机理不是自由基反应，而可能是硫醇与缺电子炔基元的亲核加成反应。**P47** 在普通有机溶剂中具有良好的溶解性和较高的光学透明度，其聚合物薄膜在 632.8 nm 处也表现出较高的折射率（1.6915）。由于 **P46** 和 **P47** 的聚合物结构中都含有 TPE 基元，它们也显示出明显的 AIE 特性。

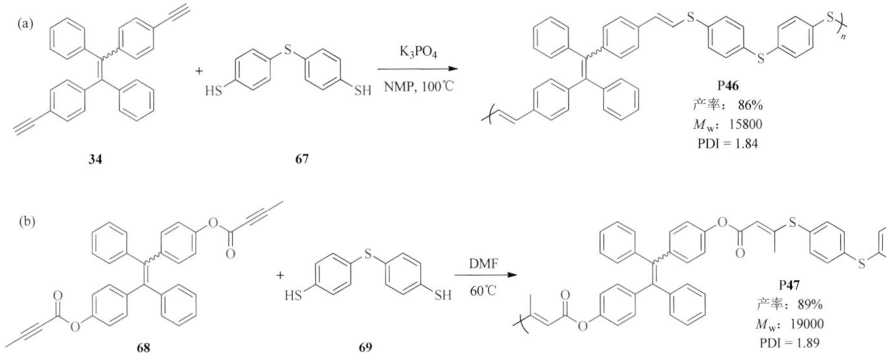

图 2-15　硫醇和炔的聚合[52, 53]合成 AIE 聚合物

2.3.5　过渡金属催化的偶联聚合

除了上述基于炔类单体的点击聚合反应外，还有众多炔类单体参与的双组分聚合合成 AIE 聚合物的报道。例如，唐本忠、林荣业及其合作者开发了一种具有高区域和立体选择性的共轭聚（对亚芳基二溴代二烯）**P48** 的新型合成策略 [图 2-16（a）][54]。在 $PdBr_2$ 和 $CuBr_2$ 存在下，含 AIE 基元的末端炔烃 **34** 的聚合反应能在空气气氛中顺利进行，在室温下以高产率（83%）生成具有高分子量（M_w 高达 413100）的聚合物。低成本的无机盐 $CuBr_2$ 同时作为共聚单体和助催化剂，且可使用过量的 $CuBr_2$ 用于聚合反应，无须严格控制单体化学计量比。由于聚合物结构中存在溴乙烯基官能团，**P48** 可与硼酸衍生物等进行后官能化反应以转化为新的聚合物。同时，具有扭曲结构的单体赋予了聚合物良好的溶解性

和可加工性。**P48** 的纯 THF 溶液在 510 nm 处显示出微弱的发光。这是由于刚性的聚合物链在一定程度上限制了 TPE 基元的分子运动。随着水含量的增加，其发光强度逐渐增大，表现出明显的 AEE 特性。**P48** 的聚合物薄膜具有较高的折射率（1.7149~1.7245），可用于制备高分辨率的荧光光刻图案。此外，唐本忠、林荣业、韩婷及其合作者开发了一种非光敏单体的二卤代炔 **60** 和二磺酸 **70** 的无催化剂自发聚合原位生成光响应性聚磺酸酯的高效聚合反应。该聚合反应在室温条件下和空气气氛中以 100% 的原子经济性合成了可光降解的聚磺酸酯 **P49** [图 2-16（b）]。含卤素聚磺酸酯的光降解可能是由于紫外光照射下，光诱导的 S—O 键均裂产生自由基对，然后生成的磺酰基与水反应生成磺酸产物。在该反应体系中，溶剂的选择至关重要。二氯甲烷（DCM）是卤代炔的良溶剂，但不是磺酸的良溶剂；而六氟-2-丙醇（HFIP）由于强氢键相互作用，不仅增加了二磺酸单体在聚合体系中的溶解度，而且增加了磺酸的反应活性，但它不是卤代炔的良溶剂。因此，为了溶解两种单体，采用具有不同含量的 HFIP/DCM 混合溶液用于聚合。其反应机理被认为是首先从二磺酸到二卤代炔的质子转移，生成乙烯基碳正离子中间体；然后中间体经历二磺酸根离子的亲核进攻，形成烯基磺酸酯。**P49** 的 DCM 溶液在 502 nm 处发光微弱。随着 DCM/正己烷（hexane）混合溶液中正己烷含量的增加，其发射强度逐渐增大，表现出明显的 AIE 特性，同时伴随着最大发射波长轻微蓝移至 487 nm。

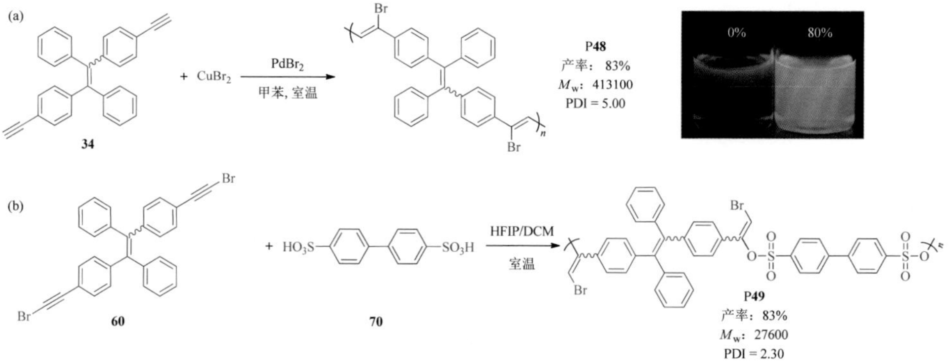

图 2-16　（a）芳香二炔和 CuBr₂ 聚合合成 AIE 聚合物，插图为在紫外灯照射下 **P48** 的 THF 溶液和 THF/H₂O 混合溶液（水含量为 80 vol%）的荧光照片[54]；（b）二炔溴和二磺酸聚合[55]合成 AIE 聚合物

除传统基于炔的点击聚合外，其他点击聚合也被报道用于合成 AIE 聚合物。例如，唐本忠、张永明、袁望章及其合作者发展了以三乙胺（Et₃N）为催化剂的硫醇-溴聚合反应 [图 2-17（a）][56]。在该聚合中，三乙胺不仅发挥着催化剂的作

用，同时也作为缚酸剂消耗反应过程中生成的溴化氢，促进了聚合反应的进行。在 THF 溶液中 **P50** 不发光，而在水含量达到 90 vol% 的 THF/H$_2$O 混合溶液中，其发光强度达到最大，是 THF 溶液中发光强度的 230 倍，最大发射波长为 480 nm。其在溶液和固体薄膜状态下的 $\varPhi_F$ 分别为 0.17% 和 60.7%，证明了它具有明显的 AIE 特性。此外，由于 **P50** 高的聚集态发光效率，在水含量为 90 vol% 的 THF/H$_2$O 混合溶液中的纳米聚集体可作为爆炸物的荧光化学传感器，其发射强度随着苦味酸浓度的增加而降低，最低检测限为 0.5 ppm。作为一类高效点击反应，硫（Ⅵ）氟交换（SuFEx）反应可在温和条件下进行（如耐水、耐氧、无需金属催化剂），快速生成高产率、高分子量、低分散度的聚硫酸酯。路建美、徐庆锋及其合作者利用 SuFEx 反应合成了超支化的聚硫酸酯 **P51**［图 2-17（b）］[57]。**P51** 在氯仿溶液中的特征吸收峰分别位于 315 nm 和 450 nm，可归因于 TPE 的 $\pi\text{-}\pi^*$ 跃迁及吡唑啉环和萘酰胺环之间的分子内电荷转移。**P51** 在氯仿溶液中的最大发射波长为 515 nm，$\varPhi_F$ 为 31.86%；在 DMF 溶液中的最大发射波长为 534 nm，$\varPhi_F$ 为 3.54%。这可归因于较高的溶剂极性增强了聚合物的分子内电荷转移，导致荧光强度减弱和最大发射波长红移。其固体粉末的最大发射波长为 564 nm，$\varPhi_F$ 为 12.92%。相比于线型聚合物，超支化聚合物主链上 TPE 基团的局部环境空阻更大，具有更高的溶液态和固态发光效率。

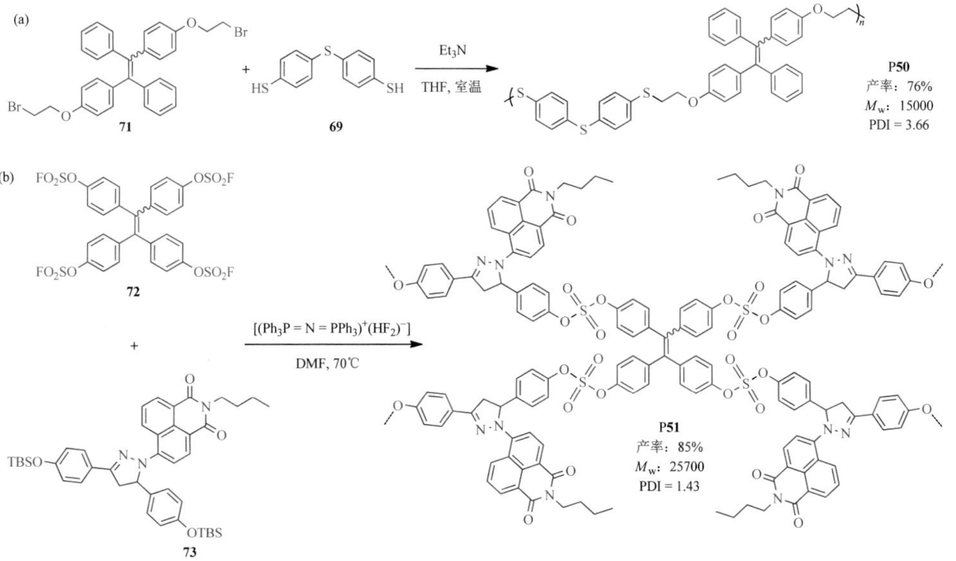

图 2-17　（a）硫醇-溴聚合[56]合成 AIE 聚合物；（b）硫（Ⅵ）氟交换聚合[57]合成 AIE 聚合物

　　过渡金属催化的偶联反应包括 Suzuki、Sonogashira、Heck 偶联反应等，被广泛应用于构筑具有独特光电性质的共轭化合物。通过简单的单体设计就可以合成通过 C—C、C≡C、C≡C 连接 AIE 基元形成的共轭 AIE 聚合物。例如，徐建伟、唐本忠及其合作者利用 Suzuki 偶联反应合成了两种具有特殊结构的 AIE 聚合物 **P52a** 和 **P52b**，其主链上的 AIE 基元是反应过程中原位生成的 [图 2-18（a）][58]。**P52a** 和 **P52b** 的 THF 溶液几乎不发光，Φ_F 分别为 0.04% 和 0.74%；而在水含量为 90 vol% 的 THF/H_2O 混合溶液中的 Φ_F 分别为 14.39% 和 18.07%，证明其具有明显的 AIE 特性。唐本忠、Ortiz 及其合作者利用二溴代 TPE**77** 和 TPE 二硼酸 **78** 通过 Suzuki 偶联聚合合成了主链上只含有 TPE 的聚合物 **P53** [图 2-18（b）][59]。**P53** 高分子链间距离较大，虽然具有共轭结构，不含柔性烷基链，但仍具有良好的溶解性。这种刚性共轭结构也赋予聚合物很高的热稳定性，T_d 高达 528℃。**P53** 在 THF 溶液中的最大发射波长为 506 nm，但发光强度较弱；随着水含量的增加，发光强度逐渐增大；当水含量达到 90 vol% 时，其发光强度达到最大，是 THF 溶液中发光强度的 68 倍。**P53** 在溶液和聚集态下的 Φ_F 分别为 1.2% 和 28.0%，证明了它的 AIE 特性。

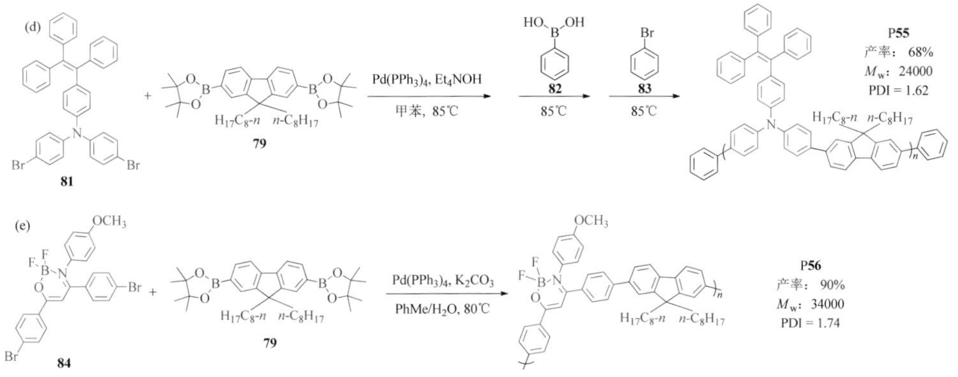

图 2-18 Suzuki 偶联聚合[58-62]合成 AIE 聚合物

在共轭聚合物中引入不同的结构单元，如芴、螺二芴、咔唑和 1, 3, 4-噁二唑，可使聚合物具有独特的光电性质。例如，荧光共振能量转移（FRET）作为电子偶极-偶极耦合的结果，被认为是电子激发从供体到受体的非辐射转移现象。成义祥、全一武、袁弘及其合作者通过 Suzuki 偶联聚合，在 Pd(PPh₃)₄ 和 K₂CO₃ 催化下利用含 TPE 的二溴化物 77 和含芴基元的双硼酸酯 79 合成了 M_w 高达 205900 的 AIE 活性共轭聚合物 P54a［图 2-18（c）］[60]。芴作为 FRET 供体，TPE 作为 FRET 受体和绿色生色团。P54a 的 THF 溶液在 417 nm 处有一个归属于芴基元的发射峰。当 THF/H₂O 混合溶液中水含量逐渐增大到 50 vol%时，417 nm 处的发射峰逐渐减弱直到消失；而当水含量增大到 40 vol%时，在大约 490 nm 处出现了一个新的发射峰，并显示出 AIE 性质，该峰可归属于 TPE 基元；当水含量达到 90 vol%时，Φ_F 为 47%。因此，从芴基元到 TPE 基元的分子内 FRET 过程会增强该聚合物的绿色荧光发射。同时，他们在 P54a 的基础上进一步修饰，将 10%的 TPE 基元替换为 4,7-二噻吩基-2, 1, 3-苯并噻二唑（DTBT）基元合成了 P54b［图 2-18（c）］。此时，由 TPE 充当 FRET 供体，而 DTBT 充当 FRET 受体和红色生色团。P54b 的 THF 溶液在 409 nm（强）和 610 nm（弱）处有两个发射峰，分别归属于芴基元和 DTBT 基元。当 THF/H₂O 混合溶液中水含量逐渐增大到 60 vol%时，409 nm 处的发射峰逐渐减弱直到消失；然而，在水含量在 0～40 vol%范围内，610 nm 处的发射强度逐渐减弱；随后其发射强度随着水含量的增加而增大；当水含量达到 80%时，其发射强度达到最大，Φ_F 为 13%，表现出明显的 AIE 特性。当水含量小于 40 vol%时，P54b 表现出强烈的芴荧光信号。此时由于 TPE 在良溶剂中不发光，TPE 和 DTBT 之间不会发生 FRET。当水含量大于 50 vol%时，P54b 开始形成聚集体，此时 TPE 和 DTBT 之间会发生 FRET，DTBT 基元的红光发射强度会逐渐增大。这表明发生了两种分子内 FRET 机理，从芴基元到 AIE 活性的 TPE 基元，然后进一步转移到红光发射的 DTBT 基元。因此，通过调节分子内 FRET 基元对可以很好地调节共轭聚合物的荧光发射颜色。

此外，秦安军及其合作者还报道了在 Pd(PPh₃)₄ 和四乙基氢氧化铵（Et₄NOH）催化体系中，含 TPE 的二溴化物 **81** 和含芴的二硼酸酯 **79** 发生 Suzuki 偶联聚合，合成了 AIE 基元在聚合物侧链上的共轭聚合物 P55［图 2-18（d）］[61]。为了消除可能的末端缺陷，依次加入苯硼酸和溴苯，使其分别与溴端基和硼酸酯端基反应。P55 在 THF 溶液中的最大发射波长为 495 nm，但发光较弱，Φ_F 为 1.5%；而其固体薄膜状态下的最大发射波长红移至 504 nm，Φ_F 为 31.4%，具有 AIE 性质。

酮亚胺化硼作为 AIE 活性单元也被用于合成 AIE 聚合物。例如，汪联辉、成义祥及其合作者设计并合成了基于酮亚胺化硼的共轭聚合物 P56［图 2-18（e）］[62]。P56 在 THF 溶液中的最大发射波长为 482 nm，但发光较弱，Φ_F 小于 1%；当水含量达到 90 vol%时，最大发射波长红移至 562 nm，其发光强度达到最大，是 THF 溶液中发光强度的 70 倍，Φ_F 为 15%。同时，聚合物在 THF/H₂O 混合溶液中的荧光颜色可通过连接在酮亚胺化硼上氮原子的不同取代基进行调节。

Sonogashira 偶联反应可在末端炔烃与芳基或乙烯基卤化物之间形成碳-碳键，常用于在温和条件下合成含 C≡C 的共轭聚合物。Bunz 及其合作者利用含 TPE 基元的芳基二炔 **34** 和二碘苯 **85** 在 Pd(PPh₃)₂Cl₂ 和 CuI 的催化下，通过 Sonogashira 偶联反应合成了共轭的 AIE 聚合物 P57［图 2-19（a）］[63]。P57 在 THF 溶液中的最大发射波长为 522 nm，Φ_F 为 1.3%；而其在水含量为 95 vol%的 THF/H₂O 混合溶液中的聚集态下的 Φ_F 为 35.0%，证明了其 AIE 特性，且不同侧链会影响聚合物的 AIE 性质，疏水性最强的正己基显示出最佳的 AIE 性质。朱成建、成义祥及其合作者通过简单的单体设计，利用光学活性的(R)-1, 1′-联萘单体构建了具有主链手性的共轭聚合物 P58［图 2-19（b）］[64]。此外，汪联辉、成义祥及其合作者在 Pd(PPh₃)₄ 和 CuI 催化下，通过 Sonogashira 偶联反应合成了含酮亚胺化硼的共轭聚合物 P59［图 2-19（c）］[65]。所获得的共轭聚合物在 THF、甲苯、DCM 和氯仿等常见有机溶剂中均表现出良好的溶解性，这可归因于柔性的正辛基取代基。P59 在 THF 溶液中表现出 460 nm 处的微弱发光，Φ_F 小于 1%；随着水含量从 0 vol%逐渐增加到 50 vol%，发光强度缓慢增加，且最大发射波长红移至 550 nm 左右；当水含量达到 90 vol%时，发光强度最大，是 THF 溶液中发光强度的 18 倍。

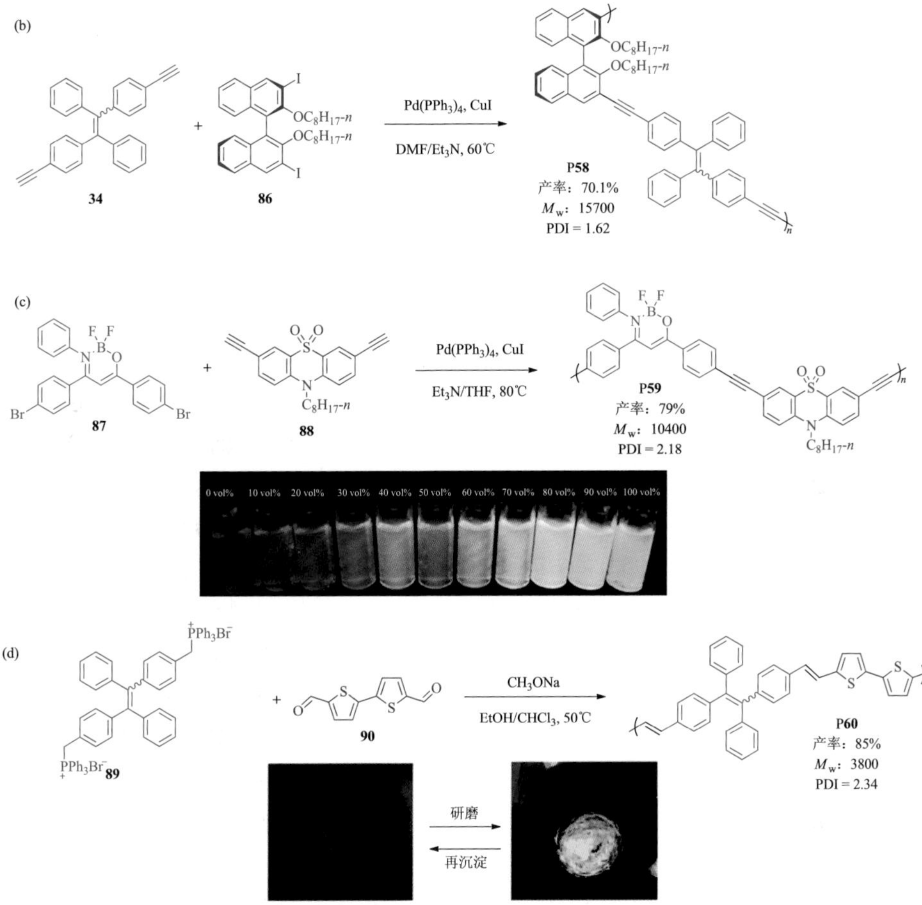

图 2-19 （a～c）Sonogashira 偶联反应[63-65]合成 AIE 聚合物，插图为在紫外光照射下 P59 在不同水含量的 THF/H₂O 混合溶液中的荧光照片；（d）Wittig 偶联反应[66]合成 AIE 聚合物，插图为 P60 的合成样品和研磨样品在 365 nm 紫外光照射下的荧光图像

除过渡金属催化的偶联聚合外，由卤代烃与磷盐反应生成的膦叶立德与醛或酮反应制备烯烃的经典人名反应 Wittig 反应，也可用于合成共轭聚合物。例如，Laskar 及其合作者以含二噻吩的二醛和含 TPE 的膦叶立德为单体，通过 Wittig 偶联反应合成了一种 D-π-A 结构的 AIE 共轭低聚物 P60，其生成的碳碳双键以反式构型为主［图 2-19（d）］[66]。P60 在非极性疏水溶剂（如正己烷）中发绿光，而在高极性溶剂（如 DMF、DMSO 和 NMP）中发黄光和橙光。有趣的是，P60 具有力致变色特性，其固体粉末的发光颜色经过机械研磨后从橙色变为黄色，最大发射波长分别为 575 nm 和 565 nm。这可能是由于含 TPE 的分子具有扭曲构象，外部研磨力使其分子构象发生改变，从而导致发

光光谱的蓝移。研磨后的聚合物粉末经过 DCM 溶解和再沉淀后可以恢复原来的橙色发光。

2.3.6　基于 C-H 活化的内炔偶联聚合

近年来，一系列基于 C-H 活化的过渡金属催化的芳香内炔的聚合被报道，并用于 AIE 聚合物的合成[67-71]。例如，唐本忠、林荣业及其合作者利用含 TPE 基元的芳基内炔 **58** 和 3, 5-二甲基-1-苯基吡唑 **91** 在[Cp*RhCl₂]₂、1, 2, 3, 4-四苯基-1, 3-环戊二烯和 Cu(OAc)₂·H₂O 的催化下，通过偶联聚合反应制备了聚吡唑基萘 **P61** [图 2-20（a）]；利用芳基内炔 **58** 和 1-甲基吡唑 **92** 在 Pd(OAc)₂、Cu(OAc)₂·H₂O 和 2, 6-二甲基苯甲酸（DMBA）的存在下，通过偶联聚合反应制备了聚吲唑 **P62** [图 2-20（b）]；利用芳基内炔 **58** 和碘苯 **93** 在 Pd(OAc)₂、Ag₂CO₃ 和三（2-呋喃基）膦 [P(2-furyl)₃] 的存在下，通过偶联聚合反应制备了聚萘 **P63** [图 2-20（c）]；利用含 TPE 基元的苯硼酸 **94** 和芳基内炔 **95** 在[Cp*RhCl₂]₂ 和 AgOTs 的存在下，通过偶联聚合反应制备了聚萘 **P64** [图 2-20（d）]；利用含 TPE 的羧酸 **96** 和芳基内炔 **95** 在[Cp*IrCl₂]₂ 和 Ag₂CO₃ 的存在下，通过偶联聚合反应制备了聚萘 **P65** [图 2-20（e）]。在这类聚合中，它们都表现出单体非化学计量比促进聚合，过量的羧酸、苯硼酸、苯基吡唑等的存在对聚合反应的进行是有利的，并且都需要催化剂和氧化剂的共同作用才能使聚合反应顺利进行。高含量的芳环结构使得这些聚合物都拥有高热稳定性和高折射率，聚合物骨架中烷基链和四苯乙烯基元的无规分布使得它们都具有良好的溶解性；AIE 基元的引入也使得它们具有明显的 AIE 特性。随后，他们将芳基内炔和芳基硼酸的氧化偶联反应进一步发展成为合成 AIE 聚合物的便捷工具[72]。芳基内炔和芳基硼酸在 Pd(OAc)₂ 和 Ag₂CO₃ 的存在下发生的 "1 + 2" 聚偶联反应，可以在温和条件下生成 **P66a** 和 **P66b** [图 2-20（f）]。与上述聚合一样，该聚合无需严格控制单体化学计量比，过量的硼酸可带来更高产率和更高分子量。此外，他们还利用活化内炔和吡啶作为单体，在无催化剂条件下进行聚偶联，合成了具有 AIE 特性的聚喹嗪 **P67** [图 2-20（g）][73]。

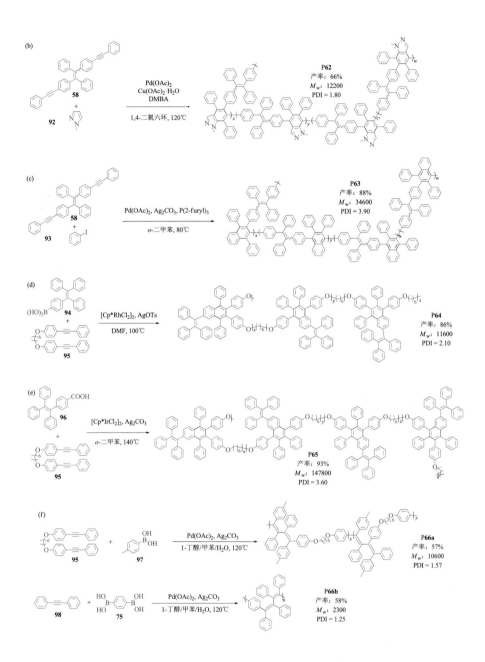

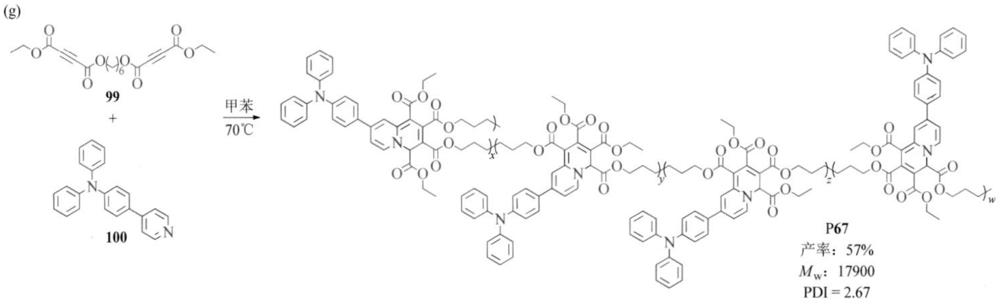

图 2-20 （a）苯基吡唑和内炔的铑催化聚偶联反应[67]合成 AIE 聚合物；（b）甲基吡唑和内炔的钯催化聚偶联反应[68]合成 AIE 聚合物；（c）碘苯和内炔的钯催化聚偶联反应[69]合成 AIE 聚合物；（d）苯硼酸和内炔的铑催化聚偶联反应[70]合成 AIE 聚合物；（e）苯甲酸和内炔的铱催化聚偶联反应[71]合成 AIE 聚合物；（f）芳基硼酸和内炔的钯催化聚偶联反应[72]合成 AIE 聚合物；（g）酯活化内炔和吡啶的无过渡金属催化的聚偶联反应[73]合成 AIE 聚合物

　　类似地，唐本忠、林荣业及其合作者基于内炔的聚偶联反应开发了具有 AIE 特性的杂环聚合物[74, 75]。这些芳杂环的引入有望对聚合物的光电性能带来独特影响。例如，含 TPE 基元的苯甲酸 101 和芳基内炔 95 在[Cp*RhCl₂]₂ 和 Cu(OAc)₂·H₂O 的存在下，通过偶联聚合反应在聚合物主链上原位生成异香豆素环，并合成了杂环聚合物 P68 ［图 2-21（a）］[74]。该聚合反应无需惰性气体保护，并可减少氧化剂的用量，简化操作，使得反应更加经济环保。由于其扭曲的 TPE 基元和柔性的烷基链，P68 易于溶解在常见有机溶剂中，如 THF、DCM、氯仿和 1, 4-二氧六环。此外，他们还利用含 TPE 基元的芳基内炔 58 和苯乙酮肟衍生物 102 在[Cp*RhCl₂]₂ 和 Cu(OAc)₂·H₂O 的存在下，通过偶联聚合生成具有 AIE 特性的聚（异喹啉）P69 ［图 2-21（b）］[75]。

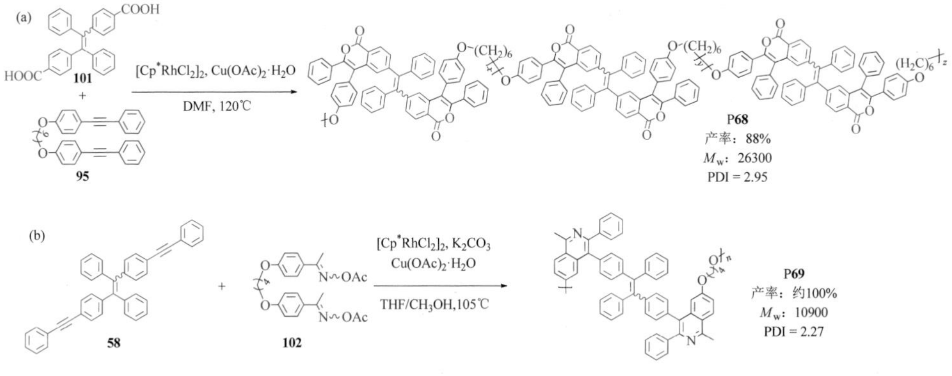

图 2-21 （a）含 TPE 基元的苯甲酸和内炔的铑催化聚偶联反应[74]合成 AIE 杂环聚合物；（b）苯乙酮肟衍生物和内炔的铑催化聚偶联反应[75]合成 AIE 杂环聚合物

2.3.7　其他双组分聚合

Barbier 反应是利用羰基作为亲电试剂，并使卤代烃和活泼金属反应生成的有机金属试剂与其反应，生成二级醇或三级醇。最近，万文明及其合作者基于 Barbier 反应，通过 $A_2 + B_2$、$A + B_2$、AB 和 AB_2 型有机卤化物和羰基化合物，成功开发了系列 Barbier 聚合[76-79]，合成系列主链含三级醇的聚合物。这些聚合物也表现出有趣的 AIE 特性。例如，他们利用单官能度的羧酸单体合成高反应活性的过氧化二苯甲酰 103 和双官能度的芳基溴化物 104 作为反应单体，在 Mg 的存在和室温条件下，通过溴苯与羰基之间的两次 Barbier 聚合制备了具有 AIE 特性的聚二苯甲醇 P70［图 2-22（a）］[76]。在该聚合中，为了抑制潜在的副反应，如格氏试剂的分子内环化和偶联反应，使用了带有苯环的刚性单体。在该聚合中，所有单体都是不发光的，而聚合生成的聚合产物会发光。同时，根据单体的不同连接方式，聚合物可表现出不同发光性质：当采用对二溴苯时，所得聚二苯甲醇具有 AIE 特性；当采用邻二溴苯或间二溴苯时，聚合产物表现出 ACQ 性质。

他们还报道了酰胺 105 和芳基二卤代物 106 在 Mg 的存在下，通过 Barbier 聚合合成 AIE 聚合物 P71［图 2-22（b）］[77]。在聚合过程中，格氏试剂可对单官能度羰基化合物进行两次亲核加成，首先是格氏试剂与酰胺的亲核加成得到 AB 型羰基化合物，然后该化合物的两种官能团发生反应得到 P71，从而使单羰基化合物可作为单体。尽管结构中没有传统生色团，聚合物侧链高密度的取代使得 P71 在固体状态发出强烈的黄色荧光。

此外，他们还报道了 AB 型和 AB_2 型单体通过 Barbier 反应合成 AIE 聚合物。例如，4-溴二苯甲酮 107 在 Mg 和 1,2-二溴乙烷的存在下，通过 Barbier 反应在 THF 溶液中合成了聚二苯甲醇 P72［图 2-22（c）］[78]。他们也将 Barbier 反应用于合成超支化的 AIE 聚合物［图 2-22（d）］[79]。当以 4,4′-二氯二苯甲酮 108 为单体时，聚合体系在聚合前都呈微弱发光，随着聚合时间从 15 min 增加到 4 h、12 h 和 24 h，聚合产物在溶液态下仍然微弱发光，但在固态下开始发出蓝色、天蓝色、绿色和黄色光。相比之下，4-溴二苯甲酮的 Barbier 聚合获得的线型三苯甲醇聚合物在固态下仅呈现天蓝色，表明超支化聚合物结构可对 AIE 聚合物的发光颜色进行调节。P73 在 THF 溶液中的最大发射波长为 496 nm，但发光较弱，Φ_F 为 0.4%；而在固态下，最大发射波长为 596 nm，Φ_F 为 28.8%。其在 THF/H_2O 混合溶液中的发光强度随着水含量的增加而增大，同时伴随着发射蓝移。当水含量为 95 vol% 时，Φ_F 为 43.4%。相比之下，通过 Barbier 聚合获得的线型三苯甲醇聚合物的 Φ_F 小于 15%，表明 P73 超支化结构有效提高了其聚集态发光效率。

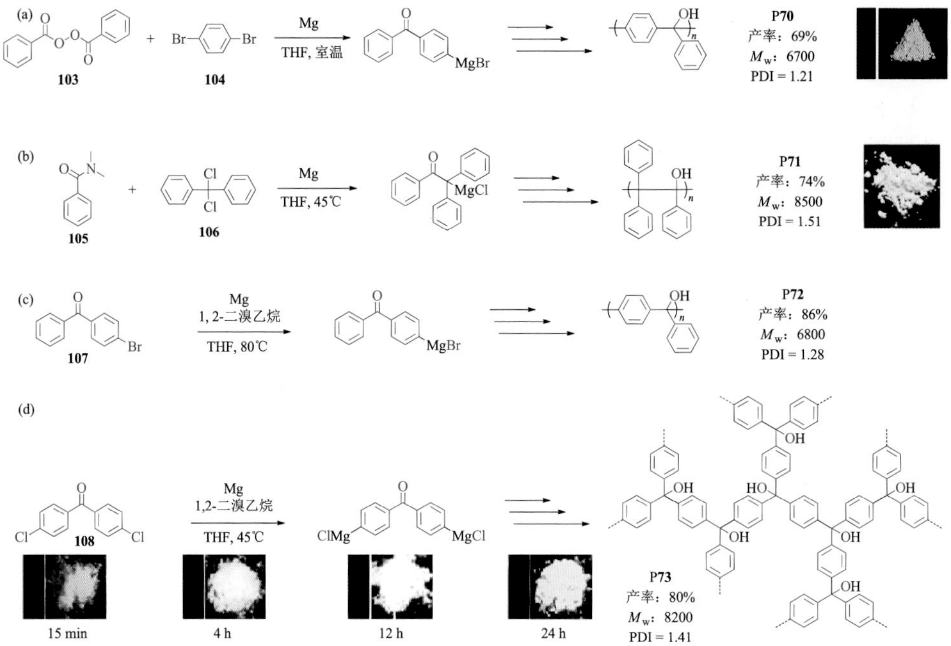

图 2-22 （a）$A_2 + B_2$ 型 Barbier 聚合[76]合成 AIE 聚合物，插图为在紫外光的照射下 P70 的 THF 溶液（左）和固体粉末（右）的荧光照片；（b）A + B_2 型 Barbier 聚合[77]合成 AIE 聚合物，插图为在紫外光照射下 P71 的 THF 溶液（左）和固体粉末（右）的荧光照片；（c）AB 型 Barbier 聚合[78]合成 AIE 聚合物；（d）AB_2 型 Barbier 聚合[79]合成 AIE 聚合物，插图为在 365 nm 紫外光照射下不同聚合时间的 P73 的 THF 溶液（左）和固体粉末（右）的荧光照片

传统的缩合聚合也被用于合成 AIE 聚合物。例如，含 TPE 基元的二胺 109 和二酸 110 的缩合聚合被报道用于合成具有 AIE 活性的聚酰胺 P74 [图 2-23（a）][80]。P74 在 N-甲基吡咯烷酮（NMP）溶液中发光较弱，Φ_F 为 0.6%；而聚合物薄膜发出较强荧光，Φ_F 为 29.3%，表现出明显的 AIE 活性。三苯胺（TPA）和 TPE 基元上的多个苯环在溶液状态下可以自由旋转，因此可通过分子内旋转消耗激发态能量。然而，在聚集态下，分子内的旋转受到限制，抑制了非辐射跃迁，使得聚合物发光。此外，TPA 和 TPE 的高度扭曲结构有效地阻止了常导致发光猝灭的分子间 π-π 堆积相互作用。张艺及其合作者利用含 TPE 基元的二胺 111 和二酸酐 112 合成了具有 AIE 活性的聚酰亚胺 P75 [图 2-23（b）][81]。聚酰亚胺结构中酰亚胺环上的两个羰基是吸电子基团，而氨基则是给电子基团。通常沿聚合物主链或聚合物链之间的分子内电荷转移会猝灭聚酰亚胺的发光，导致 Φ_F 较低。但在 P75 中，由于非平面和刚性的 AIE 基元的存在，以及受抑制的分子内和分子间电荷转移，聚合物可保持 AIE 活性中心的发光特性。P75 在 NMP 溶液中不发光，而其

固体薄膜在 473 nm 处发出强荧光，Φ_F 为 85%。Konishi 及其合作者利用具有 AIE 活性的 9, 10-二(4-羟甲基)哌啶蒽 **113**、三光气 **114** 和双酚 A **115** 共聚，合成了具有 AIE 活性的聚碳酸酯 P76 [图 2-23（c）] [82]。其固体薄膜在 516 nm 处发光，且荧光量子产率 Φ_F 为 62%。Ren 及其合作者利用二乙氧基硅烷 **116** 和硅烷二醇 **117** 在钛酸四丁酯的存在下合成了具有 AIE 活性的聚硅氧烷 P77 [图 2-23（d）] [83]。P77 在水含量为 90 vol% 的 THF/H_2O 混合溶液中的发光强度是其在纯 THF 溶液中发光强度的 1300 倍。P77 在溶液中和水含量为 90 vol% 的 THF/H_2O 混合溶液中的聚集态下的 Φ_F 分别为 0.13% 和 95.5%。

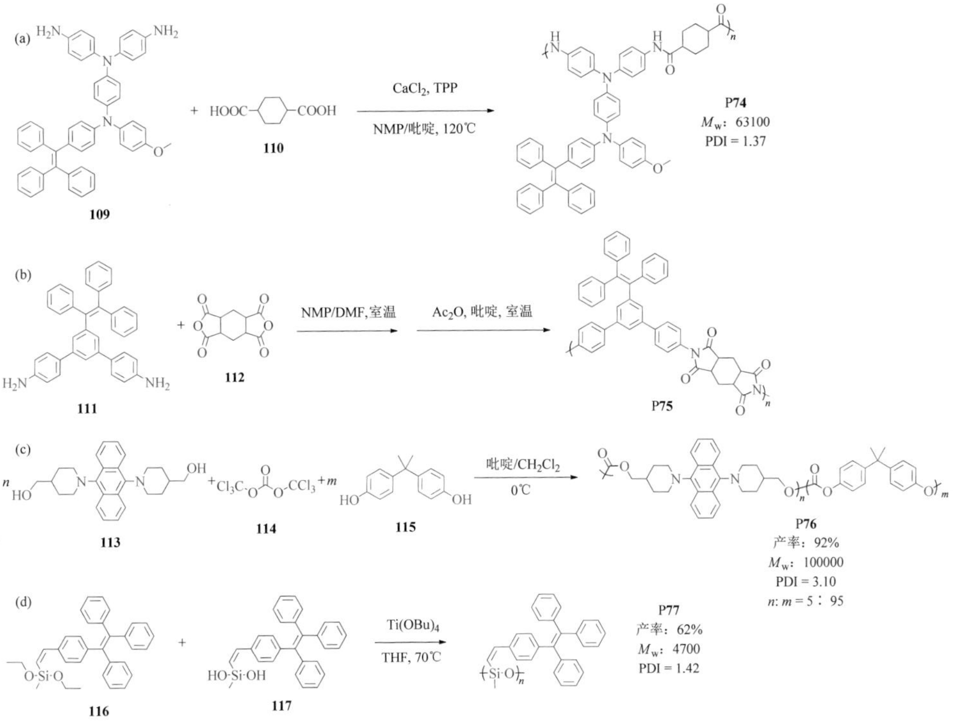

图 2-23 （a）二胺和二酸缩合聚合[80]合成 AIE 聚合物；（b）二胺和二酸酐缩合聚合[81]合成 AIE 聚合物；（c）二醇/二酚和三光气缩合聚合[82]合成 AIE 聚合物；（d）二乙氧基硅烷和硅烷二醇单体缩合聚合[83]合成 AIE 聚合物

此外，异腈作为活性较高的含氮三键基团，可用于具有特殊功能的含氮杂环的制备。异腈基乙酸酯是一类化学性质较为活泼的异腈化合物，可高效地与不饱和键发生[3 + 2]环加成反应生成含氮杂环聚合物。唐本忠、秦安军及其合作者开发了 Cu(I)催化的异腈单体和醛类单体在温和条件下高产率地制备聚噁唑啉的新聚合反应[84]。该聚合反应具有良好的功能基团相容性，在聚合物主链上引入具有 AIE 性质的 TPE 基元所合成的 AIE 聚合物 P78，可用作具有高灵敏度和选择性的 Fe^{3+} 检测的荧光探针（图 2-24）。

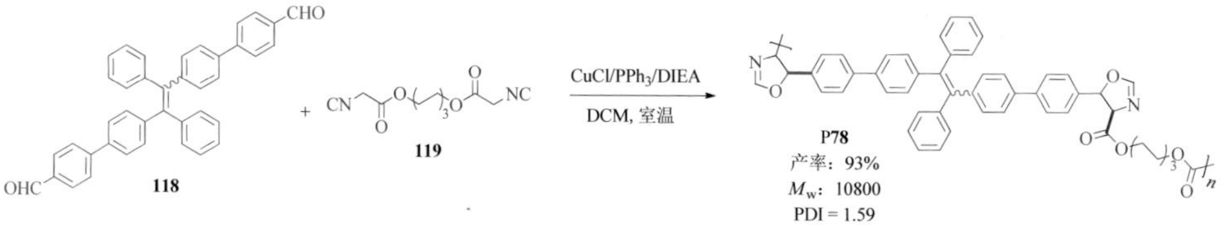

图 2-24 醛和异腈环加成反应[84]合成 AIE 聚合物

2.4 多组分聚合

多组分聚合（MCP），即三个或更多不同类型的单体通过一锅反应，不经过中间分离提纯，获得单一聚合产物的聚合反应。这类聚合具有操作简单、反应条件温和、原子经济性高、反应高效、产物结构多样等独特优势[85]，近年来已逐渐发展成为高分子合成化学的研究前沿，各类 MCP 在多组分反应的基础上被开发，如 Passerini 反应[85]、Ugi 反应[86]、Hantzsch 反应[87]、Biginelli 反应[88]和 A^3 偶联反应[89]。通过 MCP 可以便捷高效地合成结构相对复杂的功能高分子，同时，三种或多种单体结构可赋予聚合产物结构的多样性和可调控的多功能，可以便捷地构筑聚合物结构库，并用于探索功能高分子结构-性能关系。目前，MCP 也被广泛用于合成 AIE 聚合物，构筑了结构丰富多样的 AIE 聚合物，并能通过聚合原位生成 AIE 功能基元，而其中大多数报道是基于炔类单体的聚合[90]。

2.4.1 炔、醛和胺的多组分聚合

经典的 A^3 偶联反应是指炔、醛和胺在过渡金属催化下生成炔丙胺的多组分反应。2013 年，唐本忠、林荣业及其合作者首次基于已报道的 $InCl_3$ 催化的 A^3 偶联反应，开发了含 AIE 基元的二炔、二醛和仲胺的 MCP，合成了具有高产率（95%）、重均分子量高达 30000 的聚炔丙胺 P79［图 2-25（a）］[91]。该聚合反应在 $InCl_3$ 的存在下及 140℃的邻二甲苯溶液中顺利进行，获得了溶解性好的 AIE 聚合物。P79 在 THF 溶液中发出弱的蓝绿色荧光，最大发射波长为 503 nm，Φ_F 为 1.5%;而其固体薄膜发光显著增强，最大发射波长为 516 nm，Φ_F 为 14.3%，

表现出明显的 AIE 特性。该 MCP 具有高的原子经济性，唯一副产品是水。随后，他们采用更廉价易得的 Cu(Ⅰ)催化剂，在更温和的条件下实现了含 AIE 基元的二炔、甲醛和伯胺在 100℃下的 MCP，生成了具有 AIE 活性的聚炔丙胺 P80[图 2-25（b）][92]。在该聚合中所使用的甲醛 122 是水溶液，表明该聚合具有优异的水耐受性。随后，唐本忠、胡蓉蓉及其合作者通过设计羧酸活化的炔类单体，报道了无催化剂温和条件下的丙炔酸、二苄胺、二硼酸和甲醛的四组分聚合反应［图 2-25（c）］[93]。四组分聚合可对聚合产物结构带来更多调控机会，但其反应体系和路径复杂，可能发生的副反应多，目前报道仍非常有限。聚炔丙胺 P81 的 THF 溶液在 484 nm 处有微弱发光；其发光强度随着水含量的增加而逐渐增大；当水含量达到 90 vol%时，其发光强度达到最大，是 THF 溶液发光强度的 75 倍，Φ_F 为 20.0%，最大发射波长也蓝移至 477 nm，表现出典型的 AIE 特性。

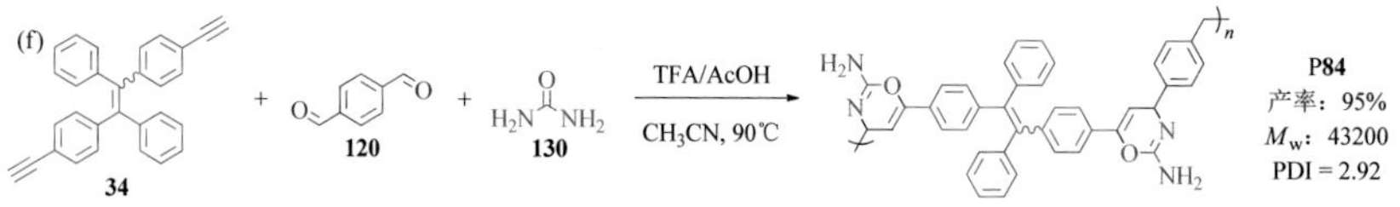

图 2-25 （a）In(Ⅲ)催化的 A³ 偶联聚合[91]合成 AIE 聚合物；（b）Cu(Ⅰ)催化的 A³ 偶联聚合[92]
合成 AIE 聚合物；（c）炔、醛、二胺、二硼酸的无催化四组分聚合[93]合成 AIE 聚合物；
（d）炔、醛、胺的无金属催化的 MCTP[97]合成序列可控的 AIE 聚合物；（e）炔、醛、胺的无
金属催化的 MCTP[98]合成超支化 AIE 聚合物；（f）炔、醛和尿素的无金属催化的 A³ 偶联聚
合[99]合成 AIE 聚合物

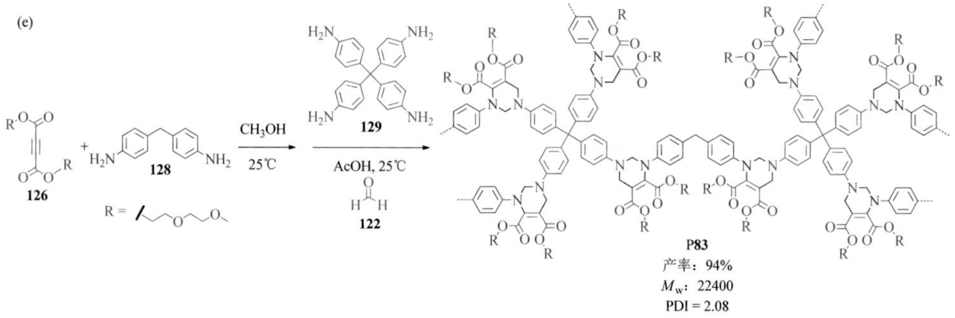

　　为了提高聚合反应的专一性，抑制副反应，唐本忠、胡蓉蓉等在 MCP 的
基础上，发展了系列多组分串联聚合（MCTP），并用于合成 AIE 聚合物[94-96]。
在 MCTP 中，第一步生成的中间体直接与新加入的第三组分单体进行下一步反
应，减少了单体间的副反应，避免了分离纯化，大大简化了合成操作，提高了
效率。利用 MCTP 的独特优势，可以通过设计聚合过程调控聚合产物的结构及
功能基元的序列。例如，唐本忠、胡蓉蓉等报道了一种在乙酸催化下，酯活化
内炔、两种芳香二胺和甲醛的室温无金属催化的四组分串联聚合，合成了高分
子量和高产率的聚四氢嘧啶［图 2-25（d）］[97]。两种芳香二胺单体分别在聚合
的不同阶段加入，从而使其分别与活化炔和甲醛反应生成烯胺和席夫碱中间
体，然后与过量的甲醛反应生成四氢嘧啶，因此从单一聚合中得到了序列可控
的聚四氢嘧啶 **P82**。虽然聚合物结构中没有常见的生色团，但其固体薄膜在
504 nm 处具有明显的荧光发射，Φ_F 为 4%，这可能与聚合物结构中大量的杂原
子、脂肪杂环和酯基等形成的"杂原子簇"有关。类似地，具有 AIE 活
性的超支化聚合物也可以通过 MCTP 来调控主链上功能单元的序列结构。鉴于此，他
们进一步利用该聚合反应，通过不同的单体组合和控制单体的投料顺序，得到
了具有不同拓扑结构及聚合物主链中官能团序列不同的超支化聚合物。例如，
他们采用四官能度的芳香胺 **129**、二官能度的芳香胺 **128**、酯活化的内炔 **126**

和甲醛 **122**，得到了序列可控超支化聚合物 **P83**［图 2-25（e）］[98]。**P83** 在良溶剂中荧光量子产率 Φ_F 为 0.4%；其固体薄膜的最大发射波长为 517 nm，Φ_F 提高至 3%。

最近，唐本忠、林荣业及其合作者开发了一种无金属催化的 A³ 偶联聚合反应制备了多功能含氮杂环聚合物[99]。该聚合路线以简单易得的二炔、二醛和尿素作为单体，在三氟乙酸和乙酸的共同催化下生成产率高达 95%、重均分子量高达 43200 的含氮的六元杂环聚合物 **P84**［图 2-25（f）］。由于 AIE 基元嵌入聚合物主链中，其固体状态下的最大发射波长为 528 nm，Φ_F 为 5.6%。此外，董宇平、石建兵及其合作者合成了含炔和醛的双功能基元单体，并在路易斯酸 $B(C_6F_5)_3$ 的催化下与苯胺衍生物聚合生成聚喹啉[100]。

2.4.2　基于炔和磺酰叠氮的多组分聚合

Cu(Ⅰ)催化的炔、磺酰叠氮和亲核试剂的 MCP 也常用于合成结构新颖的 AIE 聚合物。其反应机理是，炔和磺酰叠氮之间发生环加成反应，生成 N-磺酰三唑铜中间体，随着 N_2 的释放生成关键中间体烯酮亚胺，最后与亲核试剂等第三组分单体反应生成产物[101]。当采用含 AIE 基元的单体进行聚合时，可得到结构丰富的 AIE 聚合物。例如，唐本忠、胡蓉蓉等利用含 AIE 基元的芳香二炔 **34**、磺酰叠氮 **131** 和磷亚胺 **132** 在 CuI 和 Et₃N 催化下，通过室温条件下的 MCP 合成了富含杂原子的聚磷脒 **P85**［图 2-26（a）］[102]。该 MCP 适用于芳香炔和脂肪炔，聚合产生的唯一副产物是氮气，生成的产物分子量高，具有高原子经济性且环境友好。**P85** 在固体粉末状态下的最大发射波长为 525 nm，Φ_F 为 6%。随后，他们在该聚合的基础上采用含 AIE 基元的四炔合成了超支化聚磷脒[103]。含 AIE 基元的芳香二炔 **34**、磺酰叠氮 **131** 和 N, N-二甲基甲酰胺二甲基缩醛 **133** 也可在 CuBr、1, 2-双（二苯基膦）乙烷（dppe）和分子筛的存在下高效发生 MCP。该聚合在室温条件下反应 1 h 合成了高立体选择性、具有 α,β-不饱和脒的杂链聚合物 **P86**［图 2-26（b）］[104]。在该聚合中，膦配体可有效促进聚合，加入分子筛也可提高聚合效率，可能是由于该聚合对水比较敏感。

基于炔和磺酰叠氮的多组分聚合还可构筑 AIE 杂环聚合物。例如，含羟吲哚的聚（N-酰基磺酰胺）**P87** 是由含 AIE 基元的芳香二炔 **34**、磺酰叠氮 **131** 和 1-甲基靛红 **134** 在 CuI、t-BuOH 和 LiOH 的存在下通过 MCP 合成的［图 2-26（c）］[105]。由于磺酰胺上的氮原子与两个强吸电子基相连，N—H 质子表现出强酸性，经过 LiOH/HCl 处理后可实现溶解性的可逆转变。**P87** 溶于 THF、DCM 等常见有机溶剂，但不溶于甲醇、乙醇等亲水性溶剂；而经过 LiOH 处理后得到的聚电解质可溶于甲醇等亲水性溶剂,却不溶于 THF 等常见有机溶剂。P87 的固体粉末在 595 nm 处具有强的橙光发射。他们还利用含 AIE 基元的芳香二炔 **34**、磺酰叠氮 **131** 和水杨醛 **135** 在 CuI 和 Et₃N 的存在下通过室温多组分点击聚合合成了聚(亚氨基香豆素)P88 [图 2-26(d)][106]。类似地,他们还利用芳香二炔 **34**、磺酰叠氮 **131** 和 2-氨基苯甲腈 **136** 在 CuI 和 Et₃N 的存在下合成了含氨基喹啉的聚(*N*-磺酰亚胺)P89 [图 2-26(e)][107]。P89 的固体粉末在紫外光照射下呈现绿光发光,最大发射波长为 513 nm,Φ_F 为 6.2%。在该聚合体系中,将 2-氨基苯甲腈替换为 2-羟基苯甲腈,还可以合成结构类似的含亚氨基香豆素的聚(*N*-磺酰亚胺)。碳二酰亚胺也可以作为第三组分单体与炔和磺酰叠氮进行聚合,制备含四元杂环的聚合物[108]。当二炔、二磺酰叠氮和碳二酰亚胺 **137** 单体及 CuI 催化剂在二氯甲烷中室温下聚合,即可高效生成含有富杂原子的氮杂环丁烷结构的聚合物 P90 [图 2-26(f)][108]。聚合产物骨架中的氮杂四元环结构可以快速高效地发生酸介导的开环反应,在酸性条件下半小时即可以高达 100%的转化率生成具有酰胺和脲基元的新聚合物结构。这一特性既丰富了聚合物结构,也可以调控聚合物材料的性能。其固体粉末在 523 nm 的荧光量子效率 Φ_F 为 11.2%。他们进一步利用多组分聚合单体组合多样性的优势,将碳二酰亚胺单体替换为席夫碱,合成了一系列结构多样的多取代四元氮杂环聚合物,通过改变席夫碱结构中两个取代基的种类就可以便捷地调控该反应的立构选择性[109]。

一系列简单的有机/无机小分子化合物也可作为第三组分单体参与炔和磺酰叠氮的多组分聚合,合成 AIE 聚合物。例如,含 AIE 基元的芳香二炔 **138**、磺酰叠氮 **131** 和具有光学活性的氨基酯 **139** 可在 CuI 和 Et₃N 的存在下,通过室温 MCP 合成聚(*N*-磺酰脒)P91 [图 2-26(g)][110]。P91 的圆二色(CD)光谱在 292 nm 处有明显的 CD 信号,表明聚合物侧基上的手性成功被转移到聚合物骨架上。另外,直接利用安全、清洁、方便和廉价的无机铵盐作为氮源来构建功能性含氮聚合物是兼具重要意义和挑战的。利用含 AIE 基元的芳香二炔 **34**、磺酰叠氮 **131** 和氯化铵 **140** 在 CuI、KOH 和 Et₃N 的存在下,通过室温 MCP 合成聚(磺酰脒)P92 [图 2-26(h)][111]。KOH 可加速聚合反应的进行,与 NH₄Cl 反应生成氨,避免反应产生的 H^+ 抑制烯酮亚胺中间体的产生。P92 在水含量为 60 vol%的 DMSO/H₂O 混合溶液中的最大发射波长为 481 nm,Φ_F 为 8.4%。此外,含 AIE 基元的芳香二炔 **34**、磺酰叠氮 **131**、水和乙醇也可在 CuI 和 Et₃N 的存在下,通过室温 MCP 合成无规共聚物聚(酰胺-*r*-酰亚胺)P93,并通过控制水和乙醇的添加量,便捷地调控聚合物链中酰胺和酰亚胺结构基元的比例 [图 2-26(i)][112]。

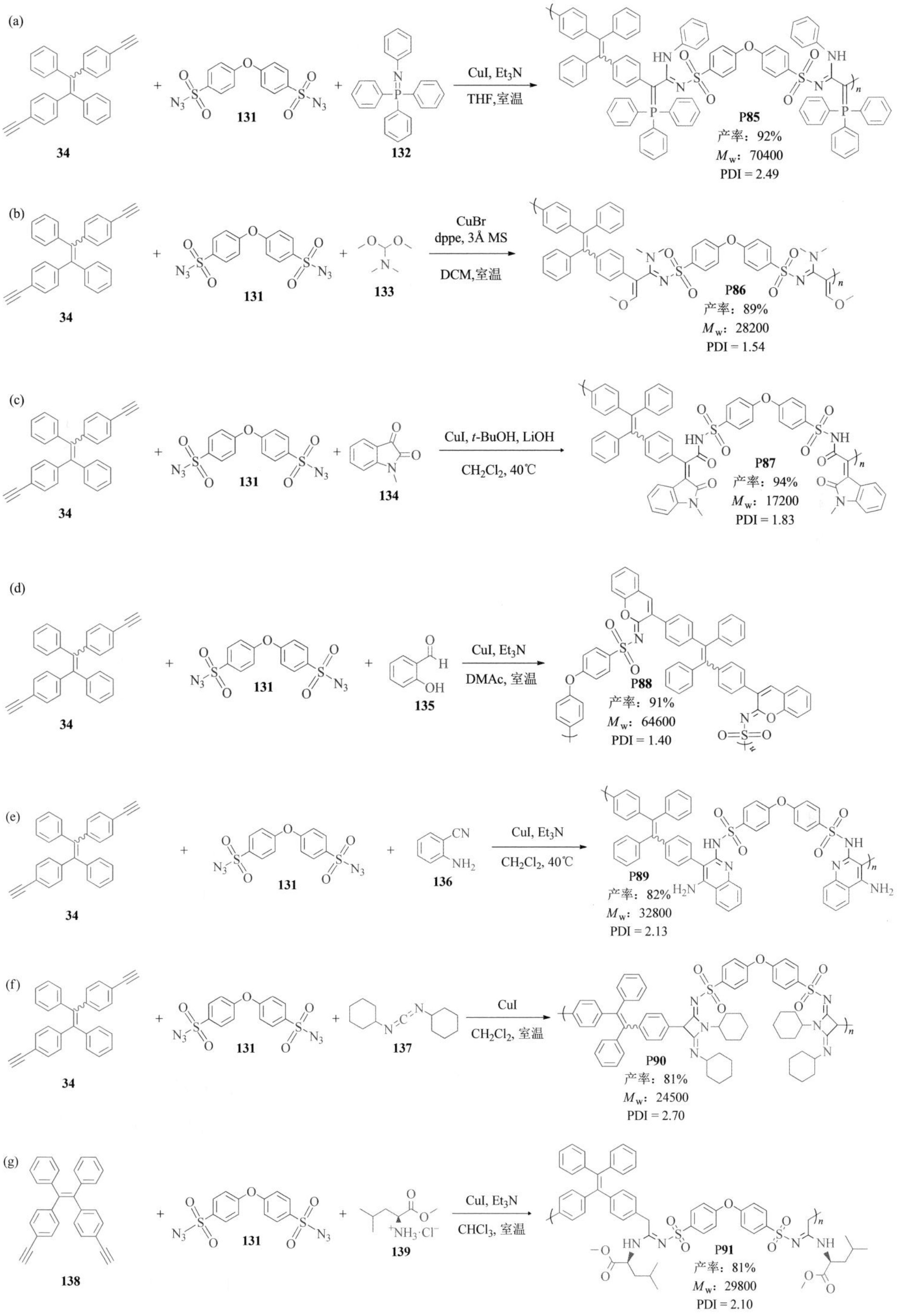
(a)
34
131
132
CuI, Et3N
THF,室温
P85
产率：92%
Mw：70400
PDI = 2.49
(b)
34
131
133
CuBr
dppe, 3Å MS
DCM,室温
P86
产率：89%
Mw：28200
PDI = 1.54
(c)
34
131
134
CuI, t-BuOH, LiOH
CH2Cl2, 40℃
P87
产率：94%
Mw：17200
PDI = 1.83
(d)
34
131
135
CuI, Et3N
DMAc, 室温
P88
产率：91%
Mw：64600
PDI = 1.40
(e)
34
131
136
CuI, Et3N
CH2Cl2, 40℃
P89
产率：82%
Mw：32800
PDI = 2.13
(f)
34
131
137
CuI
CH2Cl2, 室温
P90
产率：81%
Mw：24500
PDI = 2.70
(g)
138
131
139
CuI, Et3N
CHCl3, 室温
P91
产率：81%
Mw：29800
PDI = 2.10

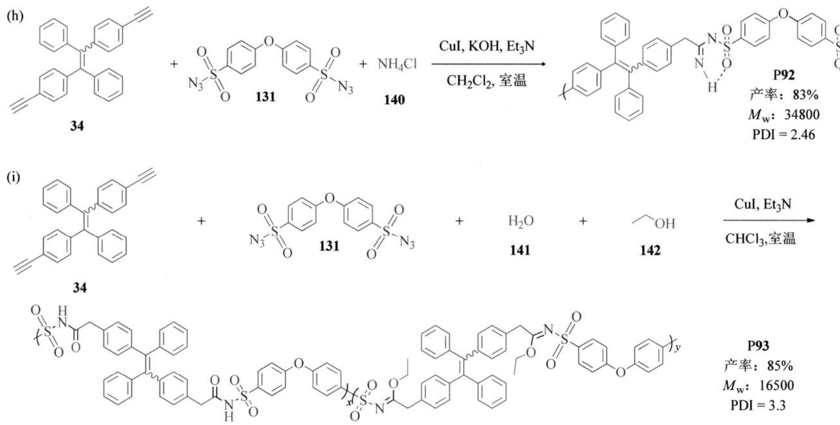

图 2-26　Cu(Ⅰ)催化的炔、磺酰叠氮与磷亚胺（a）[102]、*N, N*-二甲基甲酰胺二甲基缩醛（b）[104]、1-甲基靛红（c）[105]、水杨醛（d）[106]、2-氨基苯甲腈（e）[107]、碳二酰亚胺（f）[108]、氨基酯（g）[110]、氯化铵（h）[111]和水、乙醇（i）[112]的 MCP 合成 AIE 聚合物

2.4.3　基于炔和酰氯的多组分串联聚合

通过多组分串联聚合（MCTP）策略，不仅可以省去烦琐的中间体分离纯化步骤，还可以减少副反应，通过简单的单体合成结构复杂且选择性好的高分子。唐本忠、胡蓉蓉等发展了一系列基于炔和酰氯的多组分串联聚合，通过炔和酰氯的 Sonogashira 偶联反应原位生成高活性的炔酮，然后使其与新加入的第三组分单体进行加成或环化反应，得到共轭聚合物，如聚噻吩、聚吡唑等[113-115]。这些 MCTP 不仅将单体中的功能基元连接在一起，同时还构建了嵌入聚合物主链中的新功能基元，生成高产率、高分子量、高区域选择性和高立体选择性的含杂原子或杂环的共轭聚合物。例如，他们通过结合炔和酰氯的 Sonogashira 偶联反应，以及缺电子炔酮中间体的硫氢加成反应，开发了炔、酰氯和脂肪族/芳香族硫醇的 MCTP［图 2-27（a）][114]。该聚合可在接近室温的温和条件下高效进行，得到具有高分子量、高产率、高区域选择性和良好立体选择性的含硫聚合物。通过单官能度和双官能度单体的不同组合，可以获得主链结构可调的聚合物 **P94a**～**P94c**。因为通常硫醇与 C＝C 的加成反应活性高于与 C≡C 的加成反应活性，硫醇与 C≡C 的加成反应不会在第一阶段停止，然而，在 *n*-Bu₃P 的催化下，硫醇与 C≡C 的加成反应速率比硫醇与 C＝C 的加成反应速率高，即使使用过量的硫醇，该反应也能生成 C＝C 键保留在聚合物结构中的单一加成产物。**P94a**～**P94c** 的溶液和固体粉末在紫外光照下都不发光，可能是由于硫原子的重原子效应猝灭了 TPE 基元的发光。类似地，当他们采用 2-巯基乙酸乙酯 **148** 作为第三组分单体，与

二炔 **34** 和二酰氯 **143** 在 Pd(PPh₃)₂Cl₂ 和 CuI 催化下，室温条件下进行 MCTP，可通过硫醇的加成和进一步关环得到 M_w 高达 156000 的聚（亚芳基噻吩）**P95** [图 2-27（b）][115]。虽然 **P95** 由共轭芳香族骨架组成，但在 DCM、CHCl₃、THF 等常用有机溶剂中具有良好的溶解性。嵌入聚合物骨架中的 TPE 单元的扭曲构象导致较大的分子间距离和较大的自由体积以容纳溶剂分子，对提高聚合物溶解度也起到了重要作用。

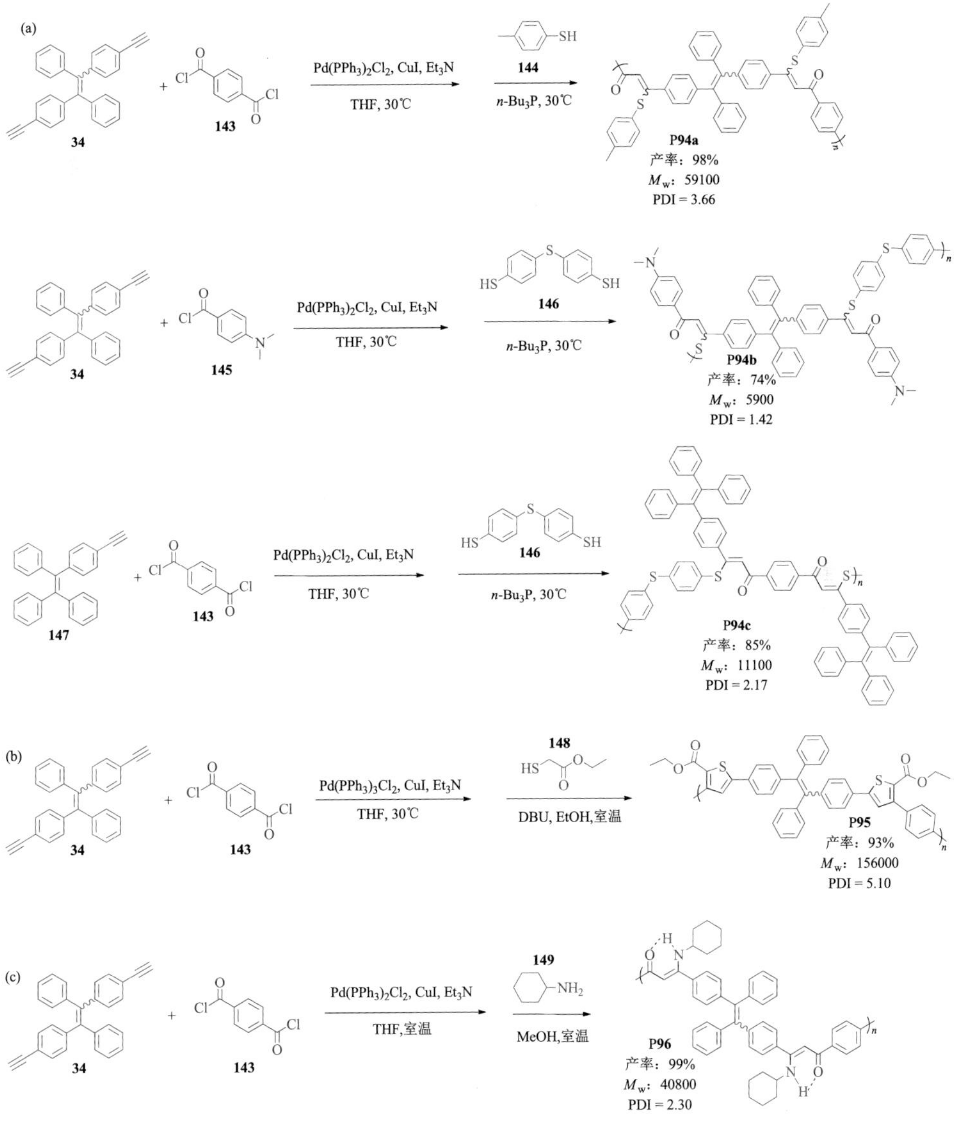

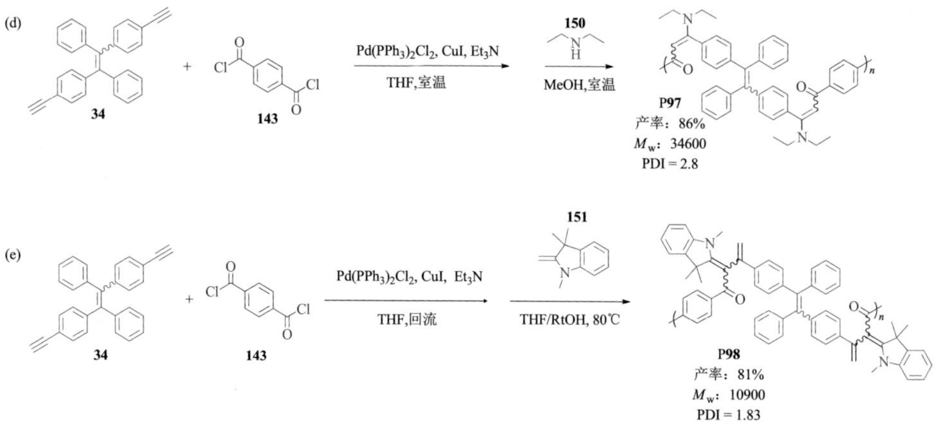

图 2-27 （a）炔、酰氯和脂肪族/芳香族硫醇的 MCP[114]合成 AIE 聚合物；（b）炔、酰氯和巯基乙酸乙酯的 MCP[115]合成 AIE 聚合物；（c）炔、酰氯和脂肪族伯胺的 MCP[116]合成 AIE 聚合物；（d）炔、酰氯和脂肪族仲胺的 MCP[117]合成 AIE 聚合物；（e）炔、酰氯和 Fischer 碱的 MCP[118]合成 AIE 聚合物

  唐本忠等进一步使用胺代替硫醇开发了在室温条件下 Pd(PPh₃)₂Cl₂ 和 CuI 催化的二炔 34、二酰氯 143 分别与脂肪族伯胺 149 和仲胺 150 的 MCP，合成了具有区域和立体规整结构的胺基取代聚合物 P96 和 P97［图 2-27（c）和（d）］[116, 117]。N—H 键与 C=O 键之间会通过分子内氢键形成稳定六元环结构，使得由脂肪族伯胺合成的 P96 中双键全为 Z 型异构体；而由脂肪族仲胺合成的 P97 的立体构型则以 E 型异构体为主，占 91%。有趣的是，P96 在 THF 溶液中和 THF/H₂O 混合溶液中都具有荧光发射，而 P97 在 THF 溶液中和聚集态下都不发光。这是因为 P96 和 P97 虽然都含有 TPE 荧光生色团，但胺基存在，导致光诱导电子转移（PET）效应。P96 由于潜在的 PET 过程被分子内氢键抑制，从而表现出发光性质；而 P97 的发光则被猝灭。但当 P97 中的胺基氮原子被质子化后，也可以有效抑制 PET 过程并在一定程度上恢复发光。

  唐本忠、胡蓉蓉及其合作者还开发了 Pd(PPh₃)₂Cl₂ 和 CuI 催化的二炔、二酰氯和 Fischer 碱的一锅三组分串联聚合反应，合成了具有 AIE 活性的共轭聚合物 P98［图 2-27(e)][118]。在 Pd(PPh₃)₂Cl₂ 和 CuI 催化下，通过炔与酰氯的 Sonogashira 偶联反应原位生成高活性聚炔酮，使其直接与新加入的 Fischer 碱进行环化-开环反应得到聚合产物。P98 在 THF 溶液中在紫外光激发下不发光，其固体薄膜在 566 nm 处则显示出弱荧光发射，具有 AIE 特性。

2.4.4　其他多组分聚合

  除了上述三类 MCP 外，其他 MCP 也被报道用于合成 AIE 聚合物。例如，2017

年张前、李燕等开发了一种由炔、磺酰肼和二苯基二硒醚之间发生的铜催化三组分反应，能够实现区域和立体选择性的炔烃硒磺化[119]。唐本忠、林荣业及其合作者基于这一反应，将其中的硫族元素拓展至硫与碲，成功实现多组分聚合，获得聚烯砜类聚合物[120]。在过硫酸钾存在下，铜催化的二炔 **34**、双苯磺酰肼 **152** 和二苯基二硒醚 **153** 在室温条件下进行聚合，即可得到富含硫族元素的高区域选择性和立体选择性的聚烯砜 **P99a** [图 2-28（a）]。虽然 **P99a** 具有 AIE 活性，但其固体粉末表现出弱发射，Φ_F 为 2.7%。由于含硒聚合物独特的氧化还原特性，当对其进行过氧化氢后修饰脱硒得到 **P99b**，消除了硒元素的重原子效应，**P99b** 的固体粉末表现出增强的发光，其 Φ_F 为 13.4%。

在乙酸钯（Ⅱ）、双[(2-二苯基膦基)苯基]醚（DPEPhos）和碳酸铯（Cs_2CO_3）的存在下，二炔 **34**、异腈 **154** 和二芳基溴代物 **155** 的 MCP 也被报道用于合成具有 AIE 活性的聚炔丙基亚胺 **P100** [图 2-28（b）][121]。值得注意的是，聚合物结构表征中未观察到与 Sonogashira 和 Hay-Glaser 偶联产物相关的信号，表明该 MCP 具有高的选择性。他们还发展了三氯化硼介导的二炔和单官能度的芳香醛的MCP，在无催化剂的温和条件下，以高立体选择性的方式合成了 AIE 聚合物 **P101** [图 2-28（c）][122]。在该聚合体系中，三氯化硼既是反应单体又是反应介质。该聚偶联反应首先在 0℃下进行，然后升至室温反应，得到(E, Z)-1, 4-戊二烯异构体含量在 95%以上的聚合物。董宇平、石建兵及其合作者开发了 1-甲基咪唑 **92**、二乙炔酯 **53** 和二异氰酸酯 **158** 的 MCP，合成了具有 AIE 特性的聚（β-氨基丙烯酸酯）**P102** [图 2-28（d）][123]。无传统荧光生色团的 **P102** 在溶液中和聚集态下的光致发光现象归因于其聚合物结构上丰富的酯基、酰胺基和咪唑环的相互作用使分子聚集形成杂原子簇。

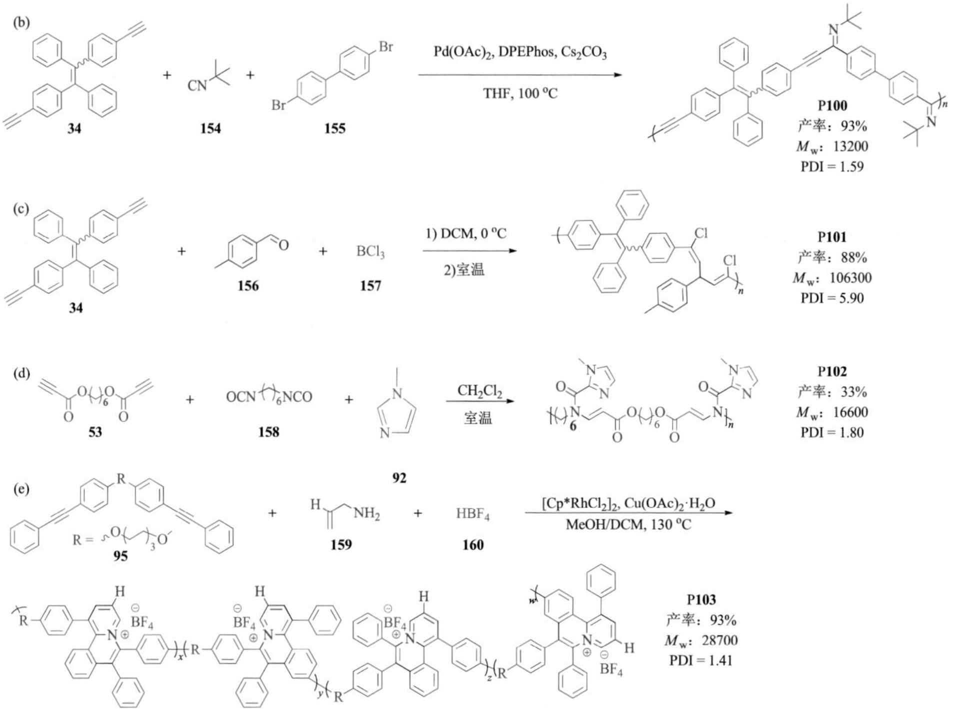

图 2-28 （a）二炔、双苯磺酰肼和二苯基二硒醚的 MCP[120]合成 AIE 聚合物；（b）二炔、异腈和二芳基溴代物的 MCP[121]合成 AIE 聚合物；（c）二炔、醛和 BCl$_3$ 的 MCP[122]合成 AIE 聚合物；（d）二炔、二异氰酸酯和 1-甲基咪唑的 MCP[123]合成 AIE 聚合物；（e）二炔、烯丙胺和氟硼酸的 MCP[124]合成 AIE 聚合物

传统的聚电解质合成方法主要通过对非离子型的聚合物进行后修饰，然而后修饰的产率难以达到 100%，造成聚合物链段缺陷。部分聚电解质还可通过 Heck 和 Sonogashira 偶联反应等得到，但这些方法所需的离子型单体种类有限且昂贵。唐本忠、胡翔龙、林荣业及其合作者开发出一种原位生成含氮阳离子聚电解质的合成方法 [图 2-28（e）][124]。该聚合以简单易得的芳香内炔 **95**、烯丙胺 **159** 和氟硼酸 **160** 为原料，在空气中一锅高效制备了聚电解质 **P103**，产率高达 93%。与传统聚电解质合成方法相比，该方法无需对聚合物进行后修饰，也不需要离子型单体，且在聚合过程中原位生成的氮阳离子稠环有强的吸电子性质，通过引入含不同给电子基团的单体，可调控所得聚电解质的发光波长。此外，他们还发展了商业可得的低成本原料芳基腈、芳基炔、NaSbF$_6$ 和 AcOH 的四组分聚合，原位合成了具有多功能的杂芳环超支化聚电解质[125]。

Passerini、Ugi 等经典多组分聚合也被用于合成 AIE 聚合物。例如，张小勇及其合作者通过简单高效的无催化剂三组分 Passerini 聚合反应合成了两亲性共聚物[126]。

将含 PEG 链的二羧酸 **161**、二醛 **162** 和叔丁基异氰 **154** 在室温条件下混合合成了具有 AIE 活性的 **P104**［图 2-29（a）］。由于亲水性 PEG 链和疏水性 TPE-CHO 的存在，所获得的共聚物 **P104** 可以自组装成具有良好水分散性的荧光聚合物纳米颗粒，其水溶液在紫外灯照射下能发出强的绿色荧光，最大发射波长为 509 nm，Φ_F 为 38.3%。类似地，危岩、张小勇、周耐根及其合作者利用四组分 Ugi 聚合反应，合成了具有 AIE 特性、含有二硫键的两亲性共聚物 **P105**［图 2-29（b）］[127]。3, 3′-二硫代二丙酸 **164** 中具有二硫键，可在生理环境下发生断裂，表现出还原响应性。此外，二硫键还可用于原位形成金属硫化物纳米颗粒，有望用作光热剂。该共聚物在水溶液中可以自组装形成纳米颗粒，其在水溶液中的最大发射波长为 536 nm。

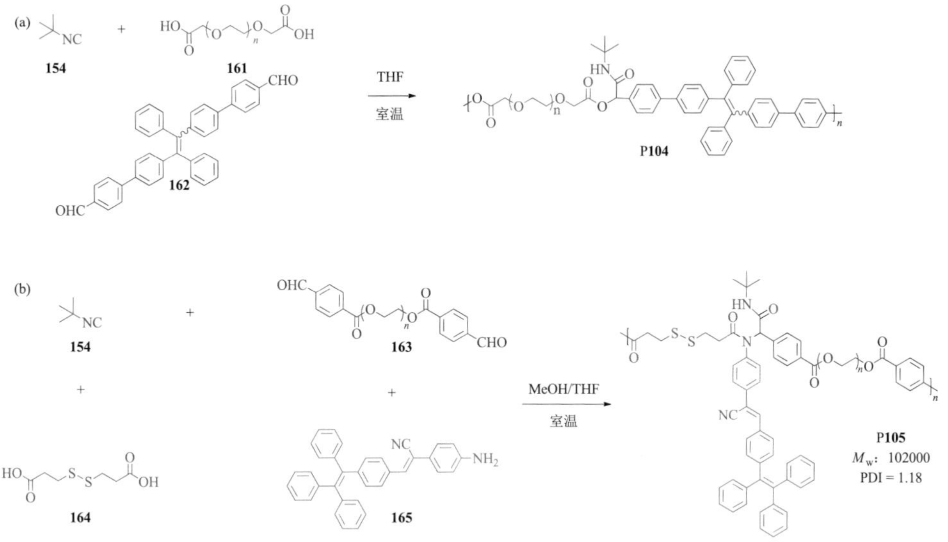

图 2-29　（a）三组分 Passerini 聚合[126]合成 AIE 聚合物；（b）四组分 Ugi 聚合[127]合成 AIE 聚合物

　　相比于传统单体，绿色单体如氧气（O_2）、二氧化碳（CO_2）和水（H_2O）等是一类自然界中广泛存在、来源丰富、可再生、安全无毒、价格低廉的天然原料。近年来，绿色单体参与的多组分聚合反应逐渐发展，并以此制备了系列聚酯、聚氨酯和聚酰胺等功能高分子[128]。例如，唐本忠、胡蓉蓉及其合作者将炔的 Glaser 偶联和 1, 4-二苯基-1, 3-二炔与盐酸胍之间的环化反应结合，开发了在 CuCl、N, N, N', N'-四甲基乙二胺（TMEDA）和 Cs_2CO_3 存在下的炔、盐酸胍、DMSO 和 O_2 的 MCP，制备了重均分子量达 25300 的共轭聚嘧啶 **P106a**［图 2-30（a）］[129]。机理研究表明，DMSO 和空气中的氧气也参与反应。如将反应气氛从空气变为氮气，则聚合产物的含羰基刚性共轭骨架则变为含亚甲基的非共轭聚合物 **P106b**。对 **P106a** 和 **P106b** 的溶解性、疏水性、热稳定性和光物理性质的研究表明，该细微的结构差异可对其物理性质产生较大影响。例如，**P106a** 的发光更强，且比 **P106b** 的疏水性更强。**P106a** 在 DMF 溶液中的最大发射波长为 527 nm，但发光较弱，Φ_F 为 0.9%，其固体粉末的发光显著增强，Φ_F 为 6.9%，最大发射波长红移至 549 nm；而 **P106b** 在 DMF 溶液中不发光，其固体粉末在 537 nm 处显示出弱的发光，Φ_F 为 4.7%。

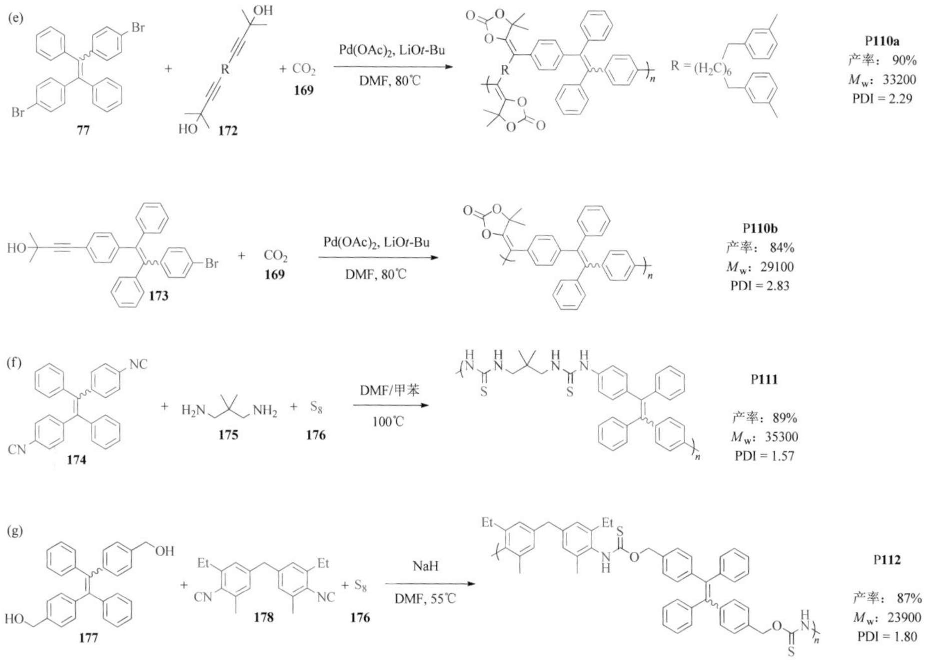

图 2-30　（a）炔、盐酸胍、DMSO 和 O_2 的 MCP[129]合成 AIE 聚合物；（b）溴代炔、异腈和 H_2O 的 MCP[130]合成 AIE 聚合物；（c）炔、卤代物和 CO_2 的 MCP[131]合成 AIE 聚合物；（d）芳基内炔、CO_2 和卤代烷烃的 MCTP[134]合成 AIE 聚合物；（e）卤代芳烃、炔丙醇和 CO_2 的 MCP[135]合成 AIE 聚合物；（f）芳香异腈、脂肪胺和硫的 MCP[136]合成 AIE 聚合物；（g）脂肪醇、芳香异腈和硫的 MCP[137]合成 AIE 聚合物

　　许多聚合反应常需在严格无水条件下进行，而水也常作为副产物或猝灭剂出现以终止聚合反应，因此，使用水作为共聚单体来合成聚合物面临着巨大挑战[128]。唐本忠、秦安军及其合作者开发了在氟化铯的催化下以水、异腈和溴代炔为单体的 MCP［图 2-30（b）］[130]。在温和条件下，获得了重均分子量为 14000 的高立构规整性（Z 异构体占 76%）的具有聚集诱导荧光增强现象的聚酰胺 P107。此外，通过 Sonogashira 反应和亲核取代反应，还可以便捷地对聚酰胺进行后修饰。当通过亲核取代反应进行聚合后修饰时，可采用"一锅法"进行，无需纯化聚合物中间体。

　　CO_2 在化学合成领域的利用是目前的研究热点，利用 CO_2 制备功能高分子材料更是引起了广泛的关注。唐本忠、秦安军及其合作者基于炔和 CO_2 开发了一系列 MCP 合成 AIE 聚合物[131]。例如，他们建立了 Ag_2WO_4 催化的常压下 CO_2、炔类单体及二卤代物的聚合。该聚合利用双功能催化剂 Ag_2WO_4 进行催化，并用 Cs_2CO_3 作为碱，于 80℃反应 12 h 便可以高达 95% 的产率得到重均分子量高达 31400 的聚炔酯 **P108**［图 2-30（c）］。**P108** 固体薄膜的荧光量子产率 Φ_F 值高达 61%。$[WO_4]^{2-}$ 具有较高的电荷密度，并能通过形成 $[WO_4]^{2-}/CO_2$ 加合物活化 CO_2 分子，在温和反应条件下促进 CO_2 转化。所得聚合产物中的乙炔基被酯基活化，因此该聚合物可通过氨基-炔点击反应等进行后修饰，产生含氮的区域和立体选择性产物。基于此，他们在该聚合基础上引入单官能度的脂肪族伯胺或仲胺作为第四组分单体，通过 MCTP 合成了具有 AIE 活性的聚（氨基丙烯酸酯）[132]；还设计合成了四官能度的炔，并将其与 CO_2 及二卤代物在常压温和条件下聚合，得到高分子量、高支化度的超支化聚炔酯[133]。类似地，他们成功发展了一种简单高效的常压 CO_2、含乙酰基的芳基内炔 **170** 和卤代烃单体的 MCTP，并原位制备了具有聚集诱导荧光增强性质的不饱和聚酯 **P109**［图 2-30（d）］[134]。该聚合反应可将不发光的单体原位转化为具有荧光性质的聚合物。此外，他们还建立了 CO_2、炔类单体和芳基卤代物的 MCP，制备了含五元环状碳酸酯的聚合物 **P110a**[135]，或通过 AB 型单体和 CO_2 的聚合得到共轭聚合物 **P110b**［图 2-30（e）］。

含硫聚合物由于良好的金属配位能力、高折光指数、自修复能力和氧化还原能力，近年来受到广泛关注。另外，单质硫作为石油精炼的副产物，是制备含硫高分子的理想原料。唐本忠、胡蓉蓉及其合作者开发了单质硫、脂肪胺和异腈的无催化剂 MCP，在室温下可直接将单质硫转化为具有丰富结构的功能聚硫脲［图 2-30（f）］[136]。该 MCP 具有反应速率快、高效、条件温和、原子经济性高、单体适用范围广等优点。含有 TPE 基元的 **P111** 在 DMF 溶液中和水含量为 50 vol% 的 DMF/H_2O 混合溶液中的 Φ_F 分别为 0.8% 和 13.3%，表现出明显的 AIE 特性。此外，单质硫、醇和异腈的 MCP 也被报道用于合成聚（O-硫代氨基甲酸酯）［图 2-30（g）］[137]。

最后，通过聚合反应在高分子骨架中原位生成 AIE 基元的报道仍十分具有挑战。例如，唐本忠、林荣业及其合作者发展了芳基内炔 **95**、芳基碘化物 **179** 和芳基硼酸 **97** 在 $PdCl_2$ 和 NaF 存在下的偶联聚合反应［图 2-31（a）］[138]。该聚合原位生成的 TPE 基元使得 **P113** 具有典型的 AIE 性质。类似地，他们还发展了乙酸钯和碳酸钠催化的芳基内炔 **95**、芳基溴化物 **104** 和亚铁氰化钾 **180** 的偶联聚合反应［图 2-31（b）］[139]。**P114** 主链上的氰基取代的三苯基乙烯也是典型的 AIE 基元，**P114** 在水含量为 90 vol% 的 THF/H_2O 混合溶液中的发光强度是其在 THF 溶液中发光强度的 16 倍。此外，他们还报道了 $NiCl_2$ 催化的芳基内炔 **95**、芳基碘化物 **179** 和格氏试剂 **181** 的偶联聚合反应，以高产率（88%）在聚合物主链上原位生成 AIE 基元，得到共轭聚合物 **P115**［图 2-31（c）］[140]。

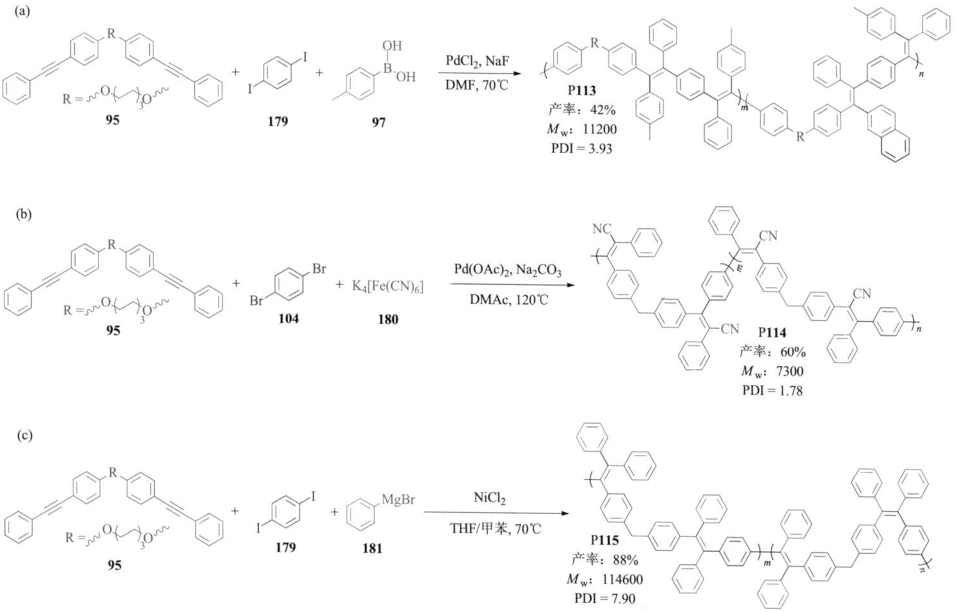

图 2-31 （a）芳基内炔、芳基碘化物和芳基硼酸的 MCP[138]合成 AIE 聚合物；（b）芳基内炔、芳基溴化物和亚铁氰化钾的 MCP[139]合成 AIE 聚合物；（c）芳基内炔、芳基碘化物和格氏试剂的 MCP[140]合成 AIE 聚合物

2.5 总结与展望

    本章介绍了 AIE 聚合物合成方法的最新研究进展，包括新发展的单组分聚合、双组分聚合和多组分聚合，用于构筑结构新颖丰富的 AIE 聚合物，如富含杂原子或杂环结构的复杂聚合物，也包括线型、超支化等不同拓扑结构的 AIE 聚合物。这些合成策略包括直接利用 AIE 活性单体，或在聚合物骨架上原位生成 AIE 基元等。关于 AIE 聚合物的合成，未来还面临着系列挑战。首先，由于聚合产物中金属催化剂的残余可能会对 AIE 聚合物的发光性能产生影响，因此针对条件温和的聚合体系，尤其是无催化剂或无金属催化剂的聚合反应仍需要持续探索。其次，通过双组分逐步聚合或多组分聚合等，可以合成结构功能丰富的 AIE 聚合物，并可通过单体设计，实现 AIE 聚合物多维度的结构调控，从而揭示其结构-性能关系。积极探索结构新颖的 AIE 聚合物的功能应用场景，反馈材料结构设计需求，并进一步设计温和、经济、高效的合成方法，有望为 AIE 聚合物的实际应用奠定基础。

    AIE 聚合物的合成作为 AIE 高分子材料领域的源头，将为这一类新型高分子材料的发展带来机遇，也可能为其在能源、环境和健康相关的实际应用中提供无限可能。本章通过介绍 AIE 聚合物的最新合成趋势，希望为化学、材料等领域的研究人员带来启示，并加速这一跨学科领域的发展。

（胡洋　胡蓉蓉）

参 考 文 献

[1] Zhou H，Li J S，Chua M H，et al. Poly (acrylate) with a tetraphenylethene pendant with aggregation-induced emission（AIE）characteristics: highly stable AIE-active polymer nanoparticles for effective detection of nitro compounds. Polymer Chemistry，2014，5（19）：5628-5637.

[2] Guo Y，Shi D，Luo Z W，et al. High efficiency luminescent liquid crystalline polymers based on aggregation-induced emission and "Jacketing" effect: design, synthesis, photophysical property, and phase structure. Macromolecules，2017，50（24）：9607-9616.

[3] Truong N P，Jones G R，Bradford K G E，et al. A comparison of RAFT and ATRP methods for controlled radical polymerization. Nature Reviews Chemistry，2021，5：859-869.

[4] Corrigan N，Jung K，Moad G，et al. Reversible-deactivation radical polymerization（controlled/living radical polymerization）: from discovery to materials design and applications. Progress in Polymer Science，2020，111：101311.

[5] Teo N K S，Fan B，Ardana A，et al. Aggregation-induced emission polymers via reversible-deactivation radical polymerization. Aggregate，2024，5（1）：e414.

[6] Jiang Y，Hadjichristidis N. Tetraphenylethene-functionalized polyethylene-based polymers with aggregation-induced emission. Macromolecules，2019，52（5）：1955-1964.

[7] Wan H B，Gu P Y，Zhou F，et al. Polyacrylic esters with a "one-is-enough" effect and investigation of their AIEE behaviours and cyanide detection in aqueous solution. Polymer Chemistry，2018，9（28）：3893-3899.

[8] Ma C K，Han T，Niu N，et al. Well-defined polyacrylamides with AIE properties via rapid Cu-mediated living radical polymerization in aqueous solution: thermoresponsive nanoparticles for bioimaging. Polymer Chemistry，2022，13（1）：58-68.

[9] Dong J D，Jiang R M，Wan W M，et al. Two birds one stone: facile preparation of AIE-active fluorescent polymeric nanoparticles via self-catalyzed photo-mediated polymerization. Applied Surface Science，2020，508：144799.

[10] Li Q，Li X，Wu Z Y，et al. Highly efficient luminescent side-chain polymers with short-spacer attached tetraphenylethylene AIEgens via RAFT polymerization capable of naked eye explosive detection. Polymer Chemistry，2018，9（30）：4150-4160.

[11] Jiang R M，Liu M Y，Huang Q，et al. Fabrication of multifunctional fluorescent organic nanoparticles with AIE feature through photo-initiated RAFT polymerization. Polymer Chemistry，2017，8（47）：7390-7399.

[12] Yan X W，Zhang S W，Zhang P F，et al. [Ph$_3$C][B(C$_6$F$_5$)$_4$]: a highly efficient metal-free single-component initiator for the helical-sense-selective cationic copolymerization of chiral aryl isocyanides and achiral aryl isocyanides. Angewandte Chemie International Edition，2018，57（29）：8947-8952.

[13] Liu H，Zhang S W，Yan X Q，et al. Silylium cation initiated sergeants-and-soldiers type chiral amplification of helical aryl isocyanide copolymers. Polymer Chemistry，2020，11（37）：6017-6028.

[14] Belay T A，Chen J P，Xu H，et al. Functionalization methodology for synthesis of silane-end-functionalized linear and star poly(aryl isocyanide)s by combination of cationic polymerization and hydrosilylation reaction. Macromolecules，2021，54（19）：9007-9018.

[15] Li X，Sun Y H，Chen J，et al. Enhanced fluorescence quantum yield of syndiotactic side-chain TPE polymers via Rh-catalyzed carbene polymerization：influence of the substitution density and spacer length. Polymer Chemistry，2019，10（13）：1575-1584.

[16] Yuan W Z，Zhao H，Shen X Y，et al. Luminogenic polyacetylenes and conjugated polyelectrolytes：synthesis，hybridization with carbon nanotubes，aggregation-induced emission，superamplification in emission quenching by explosives，and fluorescent assay for protein quantitation. Macromolecules，2009，42（24）：9400-9411.

[17] Chan C Y K，Lam J W Y，Deng C M，et al. Synthesis，light emission，explosive detection，fluorescent photopatterning，and optical limiting of disubstituted polyacetylenes carrying tetraphenylethene luminogens. Macromolecules，2015，48（4）：1038-1047.

[18] Yang F L，Zhang J，Zang Q G，et al. Poly (1-halogen-2-phenylacetylenes) containing tetraphenylethene units：polymer synthesis，unique emission behaviours and application in explosive detection. Materials Chemistry Frontiers，2022，6（3）：368-378.

[19] Wu Y，Qu L，Li J，et al. A versatile method for preparing well-defined polymers with aggregation-induced emission property. Polymer，2018，158（5）：297-307.

[20] Liu X G，Chen T X，Yu F，et al. AIE-active random conjugated copolymers synthesized by ADMET polymerization as a fluorescent probe specific for palladium detection. Macromolecules，2020，53（4）：1224-1232.

[21] Virat G，Gowd E B. Poly(L-lactide)s with tetraphenylethylene：role of polymer chain packing in aggregation-induced emission behavior of tetraphenylethylene. Polymer Chemistry，2022，13（6）：838-849.

[22] Yang R H，Wang Y，Luo W Y，et al. Carboxylic acid initiated organocatalytic ring-opening polymerization of N-sulfonyl aziridines：an easy access to well-controlled polyaziridine-based architectural and functionalized polymers. Macromolecules，2019，52（22）：8793-8802.

[23] Zhou H，Zhang F，Wang R，et al. Facile access to punctionalized poly(thioether)s via anionic ring-opening decarboxylative polymerization of COS-sourced α-alkylidene cyclic thiocarbonates. Macromolecules，2021，54（22）：10395-10404.

[24] Hu R R，Ye R G，Lam J W Y，et al. Conjugated polyelectrolytes with aggregation-enhanced emission characteristics：synthesis and their biological applications. Chemistry：An Asian Journal，2013，8（10）：2436-2445.

[25] Zhang Y，Zhao E G，Deng H Q，et al. Development of a transition metal-free polymerization route to functional conjugated polydiynes from a haloalkyne-based organic reaction. Polymer Chemistry，2016，7（14）：2492-2500.

[26] Dong W Y，Fei T，Cando A P，et al. Aggregation induced emission and amplified explosive detection of tetraphenylethylene-substituted polycarbazoles. Polymer Chemistry，2014，5（13）：4048-4053.

[27] Hu R R，Lam J W Y，Liu J Z，et al. Hyperbranched conjugated poly(tetraphenylethene)：synthesis，aggregation-induced emission，fluorescent photopatterning，optical limiting and explosive detection. Polymer Chemistry，2012，3（6）：1481-1489.

[28] Fang H K，Huo X Y，Wang L，et al. Rhodium-catalyzed polycyclotrimerization of diphenylpropiolates：a facile strategy toward ester-functionalized hyperbranched polyarylenes. Macromolecules，2022，55（7）：2456-2462.

[29] Cheng T Y，Chen Y Z，Qin A J，et al. Single component polymerization of diisocyanoacetates toward polyimidazoles. Macromolecules，2018，51（15）：5638-5645.

[30] Gu C, Huang N, Wu Y, et al. Design of highly photofunctional porous polymer films with controlled thickness and prominent microporosity. Angewandte Chemie International Edition，2015，54（39）：11540-11544.

[31] Huang D, Liu Y, Qin A J, et al. Structure-property relationship of regioregular polytriazoles produced by ligand-controlled regiodivergent Ru(Ⅱ)-catalyzed azide-alkyne click polymerization. Macromolecules，2019，52（5）：1985-1992.

[32] Chen M, Li L Z, Wu H Q, et al. Unveiling the different emission behavior of polytriazoles constructed from pyrazine-based AIE monomers by click polymerization. ACS Applied Materials & Interfaces，2018，10（15）：12181-12188.

[33] Wu Y W, He B Z, Quan C Y, et al. Metal-free poly-cycloaddition of activated azide and alkynes toward multifunctional polytriazoles: aggregation-induced emission, explosive detection, fluorescent patterning, and light refraction. Macromolecular Rapid Communications，2017，38（18）：1700070.

[34] He B Z, Huang J C, Liu X Y, et al. Polymerizations of activated alkynes. Progress in Polymer Science，2022，126：101503.

[35] Qin A J, Tang L, Lam J W Y, et al. Metal-free click polymerization: synthesis and photonic properties of poly (aroyltriazole)s. Advanced Functional Materials，2009，19（12）：1891-1900.

[36] Li B X, Qin A J, Tang B Z. Metal-free polycycloaddition of aldehyde-activated internal diynes and diazides toward post-functionalizable poly(formyl-1, 2, 3-triazole)s. Polymer Chemistry，2020，11（17）：3075-3083.

[37] Yuan W, Chi W W, Liu R M, et al. Synthesis of poly(phenyltriazolylcarboxylate)s with aggregation-induced emission characteristics by metal-free 1, 3-dipolar polycycloaddition of phenylpropiolate and azides. Macromolecular Rapid Communications，2017，38（5）：1600745.

[38] Chi W W, Yuan W, Du J, et al. Construction of functional hyperbranched poly(phenyltriazolylcarboxylate)s by metal-free phenylpropiolate-azide polycycloaddition. Macromolecular Rapid Communications，2018，39（24）：1800604.

[39] Chi W W, Zhang R Y, Han T, et al. Facile synthesis of functional poly(methyltriazolylcarboxylate)s by solvent-and catalyst-free butynoate-azide polycycloaddition. Chinese Journal of Polymer Science，2020，38（1）：17-23.

[40] Xin D H, Qin A J, Tang B Z. Benzyne-azide polycycloaddition: a facile route toward functional polybenzotriazoles. Polymer Chemistry，2019，10（31）：4271-4278.

[41] He B Z, Su H F, Bai T W, et al. Spontaneous amino-yne click polymerization: a powerful tool toward regio- and stereospecific poly(β-aminoacrylate)s. Journal of the American Chemical Society，2017，139（15）：5437-5443.

[42] He B Z, Zhen S J, Wu Y W, et al. Cu(Ⅰ)-catalyzed amino-yne click polymerization. Polymer Chemistry，2016，7（48）：7375-7382.

[43] He B Z, Zhang J, Wang J, et al. Preparation of multifunctional hyperbranched poly(β-aminoacrylate)s by spontaneous amino-yne click polymerization. Macromolecules，2020，53（13）：5248-5254.

[44] Chen X M, Hu R, Qi C X, et al. Ethynylsulfone-based spontaneous amino-yne click polymerization: a facile tool toward regio- and stereoregular dynamic polymers. Macromolecules，2019，52（12）：4526-4533.

[45] He B Z, Wu Y W, Qin A J, et al. Copper-catalyzed electrophilic polyhydroamination of internal alkynes. Macromolecules，2017，50（15）：5719-5728.

[46] Wu X Y, Wei B, Hu R R, et al. Polycouplings of alkynyl bromides and sulfonamides toward poly (ynesulfonamide)s with stable C_{sp}—N bonds. Macromolecules，2017，50（15）：5670-5678.

[47] Wang J, Li B X, Xin D H, et al. Superbase catalyzed regio-selective polyhydroalkoxylation of alkynes: a facile

route towards functional poly(vinyl ether)s. Polymer Chemistry, 2017, 8 (17): 2713-2722.

[48] Si H, Wang K J, Song B, et al. Organobase-catalysed hydroxyl-yne click polymerization. Polymer Chemistry, 2020, 11 (14): 2568-2575.

[49] Shi Y, Bai T W, Bai W, et al. Phenol-yne click polymerization: an efficient technique to facilely access regio- and stereoregular poly(vinylene ether ketone)s. Chemical: A European Journal, 2017, 23 (45): 10725-10731.

[50] Wang J, Bai T, Chen Y, et al. Palladium/benzoic acid-catalyzed regio-and stereoselective polymerization of internal diynes and diols through $C(sp^3)$—H activation. ACS Macro Letters, 2019, 8 (9): 1068-1074.

[51] Zhang J, Sun J Z, Qin A J, et al. Transition-metal-free polymerization of bromoalkynes and phenols. Macromolecules, 2019, 52 (8): 2949-2955.

[52] Huang D, Liu Y, Guo S, et al. Transition metal-free thiol-yne click polymerization toward Z-stereoregular poly (vinylene sulfide)s. Polymer Chemistry, 2019, 10 (23): 3088-3096.

[53] Du J, Huang D, Li H K, et al. Catalyst-free click polymerization of thiol and activated internal alkynes: a facile strategy toward functional poly(β-thioacrylate)s. Macromolecules, 2020, 53 (12): 4932-4941.

[54] Gao Q Q, Qiu Z J, Elsegood M R J, et al. Regio- and stereoselective polymerization of diynes with inorganic comonomer: a facile strategy to conjugated poly(p-arylene dihalodiene)s with processability and postfunctionalizability. Macromolecules, 2018, 51 (9): 3497-3503.

[55] Liu X L, Liang X, Hu Y B, et al. Catalyst-free spontaneous polymerization with 100%atom economy: facile synthesis of photoresponsive polysulfonates with multifunctionalities. JACS Au, 2021, 1 (3): 344-353.

[56] Zhang Y R, Chen G, Lin Y L, et al. Thiol-bromo click polymerization for multifunctional polymers: synthesis, light refraction, aggregation-induced emission and explosive detection. Polymer Chemistry, 2015, 6 (1): 97-105.

[57] Wan H B, Zhou S Y, Gu P Y, et al. AIE-active polysulfates via a sulfur(Ⅵ) fluoride exchange (SuFEx) click reaction and investigation of their two-photon fluorescence and cyanide detection in water and in living cells. Polymer Chemistry, 2020, 11 (5): 1033-1042.

[58] Zhou H, Wang X B, Lin T T, et al. Poly(triphenyl ethene) and poly(tetraphenyl ethene): synthesis, aggregation-induced emission property and application as paper sensors for effective nitro-compounds detection. Polymer Chemistry, 2016, 7 (41): 6309-6317.

[59] Hu R R, Maldonado J L, Rodriguez M, et al. Luminogenic materials constructed from tetraphenylethene building blocks: synthesis, aggregation-induced emission, two-photon absorption, light refraction, and explosive detection. Joarnal of Materials Chemistry, 2012, 22 (1): 232-240.

[60] Wang Z Y, Wang C, Fang Y Y, et al. Color-tunable AIE-active conjugated polymer nanoparticles as drug carriers for self-indicating cancer therapy via intramolecular FRET mechanism. Polymer Chemistry, 2018, 9 (23): 3205-3214.

[61] Gu J B, Xu Z, Ma D G, et al. Aggregation-induced emission polymers for high performance PLEDs with low efficiency roll-off. Materials Chemistry Frontiers, 2020, 4 (4): 1206-1211.

[62] Dai C H, Yang D L, Fu X, et al. A study on tunable AIE (AIEE) of boron ketoiminate-based conjugated polymers for live cell imaging. Polymer Chemistry, 2015, 6 (28): 5070-5076.

[63] Huang W, Bender M, Seehafer K, et al. A tetraphenylethene-based polymer array discriminates nitroarenes. Macromolecules, 2018, 51 (4): 1345-1350.

[64] Zhang S W, Sheng Y, Wei G, et al. Aggregation-induced circularly polarized luminescence of an(R)-binaphthyl-based AIE-active chiral conjugated polymer with self-assembled helical nanofibers. Polymer

Chemistry, 2015, 6 (13): 2416-2422.

[65] Dai C H, Yang D L, Zhang W J, et al. Boron ketoiminate-based conjugated polymers with tunable AIE behaviours and their applications for cell imaging. Journal of Materials Chemistry B, 2015, 3 (35): 7030-7036.

[66] Dineshkumar S, Laskar I R. Study of the mechanoluminescence and 'aggregation-induced emission enhancement' properties of a new conjugated oligomer containing tetraphenylethylene in the backbone: application in the selective and sensitive detection of explosive. Polymer Chemistry, 2018, 9 (41): 5123-5132.

[67] Gao M, Lam J W Y, Liu Y J, et al. A new route to functional polymers: atom-economical synthesis of poly (pyrazolylnaphthalene)s by rhodium-catalyzed oxidative polycoupling of phenylpyrazole and internal diynes. Polymer Chemistry, 2013, 4 (9): 2841-2849.

[68] Gao Q, Han T, Qiu Z J, et al. Palladium-catalyzed polyannulation of pyrazoles and diynes toward multifunctional poly(indazole)s under monomer non-stoichiometric conditions. Polymer Chemistry, 2019, 10 (39): 5296-5303.

[69] Han T, Zhao Z, Lam J W Y, et al. Monomer stoichiometry imbalance-promoted formation of multisubstituted polynaphthalenes by palladium-catalyzed polycouplings of aryl iodides and internal diynes. Polymer Chemistry, 2018, 9 (7): 885-893.

[70] Gao M, Lam J W Y, Li J, et al. Stoichiometric imbalance-promoted synthesis of polymers containing highly substituted naphthalenes: rhodium-catalyzed oxidative polycoupling of arylboronic acids and internal diynes. Polymer Chemistry, 2013, 4 (5): 1372-1380.

[71] Han T, Zhao Z, Deng H Q, et al. Iridium-catalyzed polymerization of benzoic acids and internal diynes: a new route for constructing high molecular weight polynaphthalenes without the constraint of monomer stoichiometry. Polymer Chemistry, 2017, 8 (8): 1393-1403.

[72] Liu Y J, Lam J W Y, Zheng X Y, et al. Aggregation-induced emission and photocyclization of poly(hexaphenyl-1, 3-butadiene)s synthesized from "1 + 2" polycoupling of internal alkynes and arylboronic acids. Macromolecules, 2016, 49 (16): 5817-5830.

[73] He B Z, Huang J C, Zhang J, et al. In-situ generation of poly(quinolizine)s via catalyst-free polyannulations of activated diyne and pyridines. Since China Chemistry, 2022, 65: 789-795.

[74] Han T, Deng H Q, Yu C Y Y, et al. Functional isocoumarin-containing polymers synthesized by rhodium-catalyzed oxidative polycoupling of aryl diacid and internal diyne. Polymer Chemistry, 2016, 7 (14): 2501-2510.

[75] Liu Y J, Gao M, Zhao Z, et al. Polyannulation of internal alkynes and O-acyloxime derivatives to synthesize functional poly(isoquinoline)s. Polymer Chemistry, 2016, 7 (34): 5436-5444.

[76] Shi Q X, Li Q, Xiao H, et al. Room-temperature Barbier single-atom polymerization induced emission as a versatile approach for the utilization of monofunctional carboxylic acid resources. Polymer Chemistry, 2022, 13 (5): 592-599.

[77] Li S S, Jing Y N, Bao H L, et al. Exploitation of monofunctional carbonyl resources by Barbier polymerization for materials with polymerization-induced emission. Cell Reports Physical Science, 2020, 1 (7): 100116.

[78] Sun X L, Liu D M, Tian D, et al. The introduction of the Barbier reaction into polymer chemistry. Nature Communications, 2017, 8 (1): 1210.

[79] Jing Y N, Li S S, Su M Q, et al. Barbier hyperbranching polymerization-induced emission toward facile fabrication of white light-emitting diode and light-harvesting film. Journal of the American Chemical Society, 2019, 141(42): 16839-16848.

[80] Sun N W, Su K X, Zhou Z W, et al. High-performance emission/color dual-switchable polymer-bearing pendant

tetraphenylethylene（TPE）and triphenylamine（TPA）moieties. Macromolecules，2019，52（14）：5131-5139.

[81] Zhou Z X，Long Y B，Chen X J，et al. Preserving high-efficiency luminescence characteristics of an aggregation-induced emission-active fluorophore in thermostable amorphous polymers. ACS Applied Materials & Interfaces，2020，12（30）：34198-34207.

[82] Sairi A S，Kuwahara K，Sasaki S，et al. Synthesis of fluorescent polycarbonates with highly twisted *N，N*-bis (dialkylamino) anthracene AIE luminogens in the main chain. RSC Advances，2019，9（38）：21733-21740.

[83] Li Q S，Yang Z M，Ren Z J，et al. Polysiloxane-modified tetraphenylethene: synthesis，AIE properties，and sensor for detecting explosives. Macromolecular Rapid Communications，2016，37（21）：1772-1779.

[84] Cheng T Y，Chen Y Z，Ding J，et al. Isocyanoacetate-aldehyde polymerization: a facile tool toward functional oxazoline-containing polymers. Macromolecular Rapid Communications，2020，41（12）：2000179.

[85] Zhang Z，You Y Z，Hong C Y. Multicomponent reactions and multicomponent cascade reactions for the synthesis of sequence-controlled polymers. Macromolecular Rapid Communications，2018，39（23）：1800362.

[86] Kakuchi R. Multicomponent reactions in polymer synthesis. Angewandte Chemie International Edition，2014，53（1）：46-48.

[87] Liu G Q，Pan R H，Wei Y，et al. The hantzsch reaction in polymer chemistry: from synthetic methods to applications. Macromolecular Rapid Communications，2021，42（6）：2000459.

[88] Zhao Y，Wu H B，Wang Z L，et al. Training the old dog new tricks: the applications of the Biginelli reaction in polymer chemistry. Science China Chemistry，2016，59（12）：1541-1547.

[89] Jia T，Zheng N N，Cai W Q，et al. Microwave-assisted one-pot three-component polymerization of alkynes，aldehydes and amines toward amino-functionalized optoelectronic polymers. Chinese Journal of Polymer Science，2017，35（2）：269-281.

[90] Su X，Gao Q Q，Wang D，et al. One-step multicomponent polymerizations for the synthesis of multifunctional AIE polymers. Macromolecular Rapid Communications，2021，42（6）：2000471.

[91] Chan C Y K，Tseng N W，Lam J W Y，et al. Construction of functional macromolecules with well-defined structures by indium-catalyzed three-component polycoupling of alkynes，aldehydes，and amines. Macromolecules，2013，46（9）：3246-3256.

[92] Liu Y J，Gao M，Lam J W Y，et al. Copper-catalyzed polycoupling of diynes，primary amines，and aldehydes: a new one-pot multicomponent polymerization tool to functional polymers. Macromolecules，2014，47（15）：4908-4919.

[93] Wu X Y，Li W Z，Hu R R，et al. Catalyst-free four-component polymerization of propiolic acids，benzylamines，organoboronic acids，and formaldehyde toward functional poly(propargylamine)s. Macromolecular Rapid Communications，2021，42（6）：2000633.

[94] Wei B，Chen L B，Hu R R，et al. Catalyst-free multicomponent tandem polymerizations of aliphatic amines，activated alkyne，and formaldehyde toward poly(tetrahydropyrimidine)s. Macromolecular Chemistry and Physics，2023，224（5）：2200399.

[95] Qi C X，Zheng C，Hu R R，et al. Direct construction of acid-responsive poly(indolone)s through multicomponent tandem polymerizations. ACS Macro Letters，2019，8（5）：569-575.

[96] Hu R R，Li W Z，Tang B Z. Recent advances in alkyne-based multicomponent polymerizations. Macromolecular Chemistry and Physics，2016，217（2）：213-224.

[97] Wei B，Li W Z，Zhao Z J，et al. Metal-free multicomponent tandem polymerizations of alkynes，amines，and

formaldehyde toward structure-and sequence-controlled luminescent polyheterocycles. Journal of the American Chemical Society，2017，139（14）：5075-5084.

[98] Huang Y Z，Chen P，Wei B，et al. Aggregation-induced emission-active hyperbranched poly (tetrahydropyrimidine)s synthesized from multicomponent tandem polymerization. Chinese Journal of Polymer Science，2019，37（4）：428-436.

[99] Hu Y B，Han T，Yan N，et al. Visualization of biogenic amines and *in vivo* ratiometric mapping of intestinal pH by AIE-active polyheterocycles synthesized by metal-free multicomponent polymerizations. Advanced Functional Materials，2019，29（31）：1902240.

[100] Fu W Q，Dong L C，Shi J B，et al. Synthesis of polyquinolines via one-pot polymerization of alkyne，aldehyde，and aniline under metal-free catalysis and their properties. Macromolecules，2018，51（9）：3254-3263.

[101] Yoo E J，Ahlquist M，Bae I，et al. Mechanistic studies on the Cu-catalyzed three-component reactions of sulfonyl azides，1-alkynes and amines，alcohols，or water：dichotomy via a common pathway. Journal of Organic Chemistry，2008，73（14）：5520-5528.

[102] Xu L G，Hu R R，Tang B Z. Room temperature multicomponent polymerizations of alkynes，sulfonyl azides，and iminophosphorane toward heteroatom-rich multifunctional poly(phosphorus amidine)s. Macromolecules，2017，50（16）：6043-6053.

[103] Xu L G，Yang K，Hu R R. Multicomponent polymerization of alkynes，sulfonyl azide，and iminophosphorane at room temperature for the synthesis of hyperbranched poly(phosphorus amidine)s. Synlett，2018，29（19）：2523-2528.

[104] Su X，Han T，Niu N，et al. Facile multicomponent polymerizations toward multifunctional heterochain polymers with α, β-unsaturated amidines. Macromolecules，2021，54（21）：9906-9918.

[105] Xu L G，Zhou F，Liao M，et al. Room temperature multicomponent polymerizations of alkynes，sulfonyl azides，and N-protected isatins toward oxindole-containing poly(N-acylsulfonamide)s. Polymer Chemistry，2018，9（13）：1674-1683.

[106] Deng H Q，Han T，Zhao E G，et al. Multicomponent click polymerization：a facile strategy toward fused heterocyclic polymers. Macromolecules，2016，49（15）：5475-5483.

[107] Xu L T，Zhou T T，Liao M，et al. Multicomponent polymerizations of alkynes，sulfonyl azides，and 2-hydroxybenzonitrile/2-aminobenzonitrile toward multifunctional iminocoumarin/quinoline-containing poly (N-sulfonylimine)s. ACS Macro Letters，2019，8（2）：101-106.

[108] Han T，Deng H Q，Qiu Z J，et al. Facile multicomponent polymerizations toward unconventional luminescent polymers with readily openable small heterocycles. Journal of the American Chemical Society，2018，140（16）：5588-5598.

[109] Wang X N，Han T，Gong J Y，et al. Diversity-oriented synthesis of functional polymers with multisubstituted small heterocycles by facile stereoselective multicomponent polymerizations. Macromolecules，2022，55（11）：4389-4401.

[110] Deng H Q，Zhao E G，Li H K，et al. Multifunctional poly(N-sulfonylamidine)s constructed by Cu-catalyzed three-component polycouplings of diynes，disulfonyl azide，and amino esters. Macromolecules，2015，48（10）：3180-3189.

[111] Huang Y Z，Xu L G，Hu R R，et al. Cu（Ⅰ）-catalyzed heterogeneous multicomponent polymerizations of alkynes，sulfonyl azides，and NH$_4$Cl. Macromolecules，2020，53（23）：10366-10374.

[112] Deng H Q, Han T, Zhao E G, et al. Multicomponent polymerization: development of a one-pot synthetic route to functional polymers using diyne, N-sulfonyl azide and water/ethanol as reactants. Polymer Chemistry, 2016, 7 (36): 5646-5654.

[113] Tang X J, Zheng C, Chen Y Z, et al. Multicomponent tandem polymerizations of aromatic diynes, terephthaloyl chloride, and hydrazines toward functional conjugated polypyrazoles. Macromolecules, 2016, 49 (24): 9291-9300.

[114] Zheng C, Deng H Q, Zhao Z J, et al. Multicomponent tandem reactions and polymerizations of alkynes, carbonyl chlorides, and thiols. Macromolecules, 2015, 48 (7): 1941-1951.

[115] Deng H Q, Hu R R, Zhao E G, et al. One-pot three-component tandem polymerization toward functional poly (arylene thiophenylene) with aggregation-enhanced emission characteristics. Macromolecules, 2014, 47 (15): 4920-4929.

[116] Deng H Q, Hu R R, Leung A C S, et al. Construction of regio- and stereoregular poly(enaminone)s by multicomponent tandem polymerizations of diynes, diaroyl chloride and primary amines. Polymer Chemistry, 2015, 6 (24): 4436-4446.

[117] Deng H Q, He Z K, Lam J W Y, et al. Regio- and stereoselective construction of stimuli-responsive macromolecules by a sequential coupling-hydroamination polymerization route. Polymer Chemistry, 2015, 6(48): 8297-8305.

[118] Tang X J, Zhang L H, Hu R R, et al. Multicomponent tandem polymerization of aromatic alkynes, carbonyl chloride, and Fischer's base toward poly(diene merocyanine)s. Chinese Journal of Chemistry, 2019, 37 (12): 1264-1270.

[119] Liu Y, Zheng G F, Zhang Q, et al. Copper-catalyzed three component regio- and stereospecific selenosulfonation of alkynes: synthesis of (E)-β-selenovinyl sulfones. Journal of Organic Chemistry, 2017, 82 (4): 2269-2275.

[120] Gao Q Q, Xiong L H, Han T, et al. Three-component regio- and stereoselective polymerizations toward functional chalcogen-rich polymers with AIE-activities. Journal of the American Chemical Society, 2019, 141 (37): 14712-14719.

[121] Huang H C, Qiu Z J, Han T, et al. Synthesis of functional poly(propargyl imine)s by multicomponent polymerizations of bromoarenes, isonitriles, and alkynes. ACS Macro Letters, 2017, 6 (12): 1352-1356.

[122] Zhang Y, Tseng N W, Deng H Q, et al. BCl₃-mediated polycoupling of alkynes and aldehydes: a facile, metal-free multicomponent polymerization route to construct stereoregular functional polymers. Polymer Chemistry, 2016, 7 (28): 4667-4674.

[123] Dong L C, Fu W Q, Liu P, et al. Spontaneous multicomponent polymerization of imidazole, diacetylenic esters, and diisocyanates for the preparation of poly(β-aminoacrylate)s with cluster-induced emission characteristics. Macromolecules, 2020, 53 (3): 1054-1062.

[124] Liu X L, Li M G, Han T, et al. In situ generation of azonia-containing polyelectrolytes for luminescent photopatterning and superbug killing. Journal of the American Chemical Society, 2019, 141 (28): 11259-11268.

[125] Liu X L, Xiao M H, Xue K, et al. Heteroaromatic hyperbranched polyelectrolytes: multicomponent polyannulation and photodynamic biopatterning. Angewandte Chemie International Edition, 2021, 60 (35): 19222-19231.

[126] Jiang R M, Chen J M, Huang H Y, et al. Fluorescent copolymers with aggregation-induced emission feature from a novel catalyst-free three-component tandem polymerization. Dyes and Pigments, 2020, 172: 107868.

[127] Huang H Y, Jiang R M, Ma H J, et al. Fabrication of claviform fluorescent polymeric nanomaterials containing

disulfide bond through an efficient and facile four-component Ugi reaction. Materials Science and Engineering: C, 2021, 118: 111437.

[128] Wang J, Qin A J, Tang B Z. Multicomponent polymerizations involving green monomers. Macromolecular Rapid Communications, 2021, 42 (6): 2000547.

[129] Tian W, Hu R R, Tang B Z. One-pot multicomponent tandem reactions and polymerizations for step-economic synthesis of structure-controlled pyrimidine derivatives and poly(pyrimidine)s. Macromolecules, 2018, 51 (23): 9749-9757.

[130] Zhang J, Wang W J, Liu Y, et al. Facile ploymerization of water and triple-bond based monomers toward functional polyamides. Macromolecules, 2017, 50 (21): 8554-8561.

[131] Song B, He BZ, Qin A J, et al. Direct polymerization of carbon dioxide, diynes, and alkyl dihalides under mild reaction conditions. Macromolecules, 2017, 51 (1): 42-48.

[132] Song B, Qin A J, Tang B Z. Green monomer of CO_2 and alkyne-based four-component tandem polymerization toward regio- and stereoregular poly(aminoacrylate)s. Chinese Journal of Polymer Science, 2021, 39 (1): 51-59.

[133] Song B, Zhang R Y, Hu R, et al. Site-selective, multistep functionalizations of CO_2-based hyperbranched poly (alkynoate)s toward functional polymetric materials. Advanced Science, 2020, 7 (17): 2000465.

[134] Song B, Li X Y, Qin A J, et al. Direct conversion from carbon dioxide to luminescent poly(β-alkoxyacrylate)s via multicomponent tandem polymerization-induced emission. Macromolecules, 2021, 54 (19): 9019-9026.

[135] Song B, Bai T W, Xu X T, et al. Multifunctional linear and hyperbranched five-membered cyclic carbonate-based polymers directly generated from CO_2 and alkyne-based three-component polymerization. Macromolecules, 2019, 52 (15): 5546-5554.

[136] Tian T, Hu R R, Tang B Z. Room temperature one-step conversion from elemental sulfur to functional polythioureas through catalyst-free multicomponent polymerizations. Journal of the American Chemical Society, 2018, 140 (19): 6156-6163.

[137] Zhang J, Zang Q G, Yang F L, et al. Sulfur conversion to multifunctional poly(O-thiocarbamate)s through multicomponent polymerizations of sulfur, diols, and diisocyanides. Journal of the American Chemical Society, 2021, 143 (10): 3944-3950.

[138] Liu Y J, Roose J, Lam J W Y, et al. Multicomponent polycoupling of internal diynes, aryl diiodides, and boronic acids to functional poly(tetraarylethene)s. Macromolecules, 2015, 48 (22): 8098-8107.

[139] Qiu Z J, Han T, Kwok R T K, et al. Polyarylcyanation of diyne: a one-pot three-component convenient route for in situ generation of polymers with AIE characteristics. Macromolecules, 2016, 49 (23): 8888-8898.

[140] Qiu Z J, Gao Q Q, Han T, et al. One-pot three-component polymerization for in situ generation of AIE-active poly (tetraarylethene)s using Grignard reagents as building blocks. Polymer Chemistry, 2020, 11 (35): 5601-5609.

第3章

>>

聚集诱导发光聚合物的结构

3.1 ▶ 引言

聚集诱导发光（aggregation-induced emission，AIE）聚合物是指聚集态下的荧光强度高于其稀溶液状态下荧光强度的聚合物。聚集诱导发光的性质首先被发现于小分子化合物中，聚合物由于具有更加复杂的分子构象和聚集态结构，从而展现出独特的发光性质。同时，结合聚合物良好的成型加工性能及与小分子化合物相比更为优异的力学性能，制备具有聚集诱导发光性质的聚合物更有利于发掘其潜在的应用领域，拓展聚集诱导发光材料的实际应用。

近年来，随着高分子合成化学的发展，越来越多结构新颖的聚合物被相继合成报道，其中不乏具有聚集诱导发光性质的聚合物；同时，具有聚集诱导发光性质的结构单元体系也日益丰富，这些结构单元在聚合物中的引入也进一步丰富了聚集诱导发光聚合物的结构库。结合这两个方面，在本章节中，我们根据聚合物结构种类将具有聚集诱导发光特性的聚合物大致分为聚烯烃、聚酯、聚炔、聚酰胺等，并对其结构和性质分别进行介绍。随着结构种类的增加，聚集诱导发光聚合物的性质和功能也在不断更新，从而在生物成像、荧光传感、有机发光材料等领域得以应用。

3.2 ▶ 聚烯烃

通常构筑具有 AIE 性质的聚烯烃的方式是将具有 AIE 活性基元的结构，通过单体设计引入聚合物结构中，如图 3-1 所示。

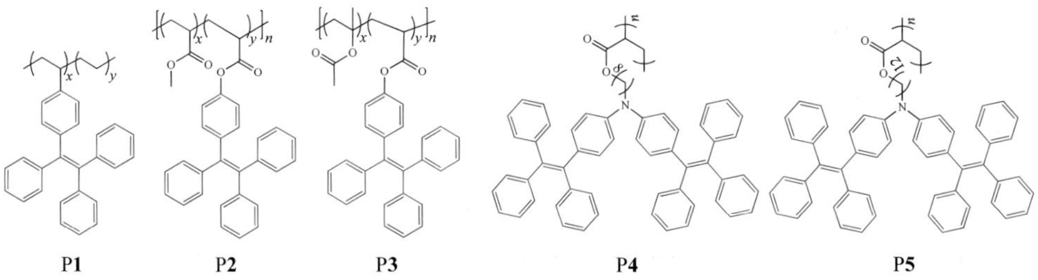

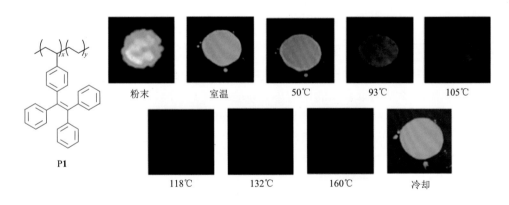

图 3-1　AIE 聚烯烃的化学结构[1-3]

　　最近，一个通过含四苯乙烯（tetraphenylethylene，TPE）基元侧基的烯烃单体和乙烯单体的自由基共聚策略被用于制备带有 TPE 侧基聚烯烃 **P1**。通过核磁谱图分析可以可以证明聚合物 **P1** 是共聚产物，并计算出聚合物中 TPE 侧基的含量[1]。由于聚烯烃中 TPE 基元的含量不高，所以聚合物的结构较规整，在兼具聚合物 AIE 特性的同时又保留着聚乙烯较好的力学和热学性质。随着结晶度的提高，聚合物 **P1** 会显示出显著的荧光增强现象，而当其受热熔融时荧光又会显著减弱（图 3-2）。这是由于通过聚合物的结晶限制了侧链上 TPE 基元的分子内运动。此类 AIE 聚烯烃的合成，提供了从传统聚合物出发便捷构筑 AIE 聚合物的思路。

图 3-2　聚烯烃 **P1** 在不同温度下的荧光发射性质

　　除了传统的聚乙烯结构之外，其他结构丰富的 AIE 聚烯烃也被广泛报道。例如，通过合成含 TPE 的丙烯酸酯单体，并在自由基引发剂偶氮二异丁腈（AIBN）的引发下，将其与丙烯酸甲酯单体或者乙酸乙烯酯单体进行自由基共聚，从而成功得到两种结构不同的具有 AIE 性质的聚烯烃 **P2** 和 **P3**（图 3-1）。聚合物 **P2** 在不同比例的四氢呋喃（THF）和水的混合溶液中光致发光荧光光谱的研究表明：当混合溶液中水含量（f_w）超过 50 vol%时，聚合物 **P2** 在 465 nm 处会有明显的荧光信号增强的现象，说明其是一类典型的 AIE 聚合物[2]。

　　由于聚烯烃 **P2** 中 TPE 基元的摩尔分数仅为 0.47%，因此可以认为聚合物 **P2** 的溶解度参数和聚甲基丙烯酸甲酯（PMMA）相近，同理，聚合物 **P3** 的溶解度参数与聚乙酸乙烯酯（PVAc）相近。结合 **P2** 和 **P3** 在不同溶剂体系中因溶解度降低导致荧光增强的独特 AIE 特点，它们的荧光发射现象通过采用九种溶解度参数不同的溶剂，如二氯甲烷（DCM）、乙酸乙酯、甲苯等来进行研究（图 3-3）。通过荧光强度-溶解度参数曲线可推出聚合物荧光强度最低时溶剂的溶解度参数，进而推测出聚合物的溶解度参数（图 3-4）。通过荧光测试得到聚合物 **P2** 和 **P3** 的结

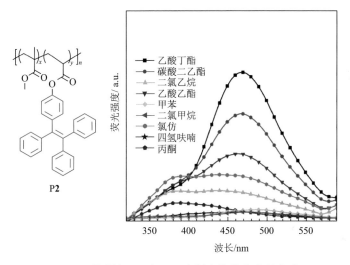

图 3-3　聚烯烃 **P2** 在不同溶剂中的荧光发射光谱

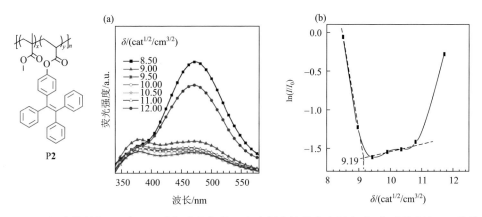

图 3-4　（a）聚烯烃 **P2** 在不同溶解度参数的混合溶剂中的荧光发射光谱；（b）聚烯烃 **P2** 的荧光强度与溶剂溶解度参数之间的关系曲线

果（PMMA 为 9.19 cal$^{1/2}$/cm$^{3/2}$，PVAc 为 9.85 cal$^{1/2}$/cm$^{3/2}$）比使用传统的比浊滴定法测量出来的 PMMA（8.60～12.15 cal$^{1/2}$/cm$^{3/2}$）的溶解度参数更加准确。因此，通过设计这类 AIE 聚烯烃可为测量不同聚合物溶解度参数提供简单可行的新方法。

类似地，一类含有双 TPE 基元的二芳基胺侧基结构的丙烯酸酯单体被设计合成，并用于自由基聚合来制备具有 AIE 性质的聚烯烃 P4 和 P5。在 THF/水混合溶剂中，f_w 从 0 vol%提高到 90 vol%的过程中，聚合物 P4 和 P5 的绝对荧光量子产率（Φ_F）分别从 0%增加到 15%和 16%。当逐渐向聚合物 P4 和 P5 的 f_w = 90 vol%的 THF 溶液中分别加入苦味酸、对硝基甲苯和 2,4,6-三硝基甲苯（trinitrotoluene，TNT）的含量时，其荧光强度均有一定程度的减弱，展示出荧光猝灭现象。聚合物 P4 和聚合物 P5 对苦味酸、对硝基甲苯和 TNT 的斯顿-伏尔莫（Stern-Volmer）常数（K_{SV}）分别为 10220、4450 和 2200（聚合物 P4），15700、12870 和 3410（聚合物 P5）[3]。通过结构的对比可以推测：三种爆炸物对聚合物 P5 的荧光猝灭效果更好，可能是由于长烷基链赋予聚合物更加柔顺的特性，从而有助于在酸存在的条件下使聚合物舒展溶解，进而导致荧光猝灭现象。

立足于较为成熟的聚烯烃体系，目前具有 AIE 性质的聚烯烃的结构和相关的功能应用研究也逐渐丰富。

3.3 聚酯

基于 AIE 活性基元引入聚合物结构策略的普适性和简便性，一系列具有 AIE 性质的聚酯材料也被合成报道。这些聚酯的结构种类较丰富，包括常见的聚酯材料，还有聚碳酸酯及聚硅酯材料等（图 3-5）。

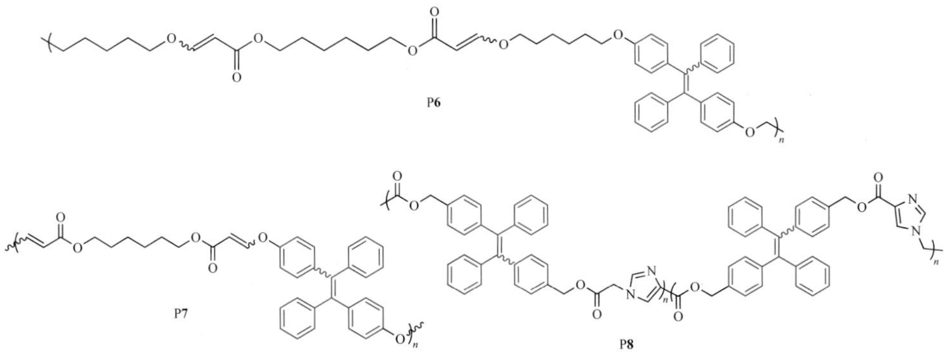

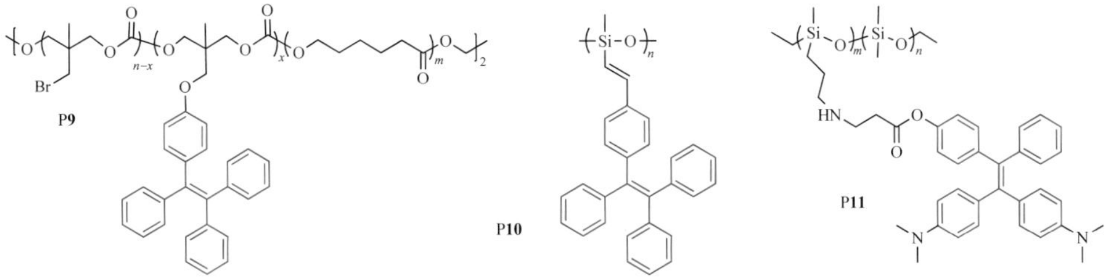

图 3-5　AIE 聚酯的化学结构

图 3-5 中的聚合物 **P6** 和聚合物 **P7** 就是一类结构简单的主链带有 TPE 基元的聚酯材料。该类聚酯的 AIE 活性基元位于主链上，因此其 AIE 性质更加显著：当 f_w 达到 90 vol% 时，聚合物 **P6** 和聚合物 **P7** 的最大荧光强度分别为纯 THF 溶液下的 65 倍和 125 倍[4]。此外，聚合物 **P6** 和 **P7** 结构中的不饱和双键还能赋予其更大的功能拓展空间。类似地，通过点击聚合方法制备含咪唑基元的聚合物 **P8**，因其主链含有 AIE 活性基元，也显示出显著 AIE 性质：当 f_w 达到 50 vol% 时，可以检测出强的荧光发射信号，Φ_F 值达到了 31.8%，而在纯 N, N-二甲基甲酰胺（DMF）中却几乎观察不到荧光发射现象。此时的最大荧光发射峰的强度达到了纯溶剂的 129 倍（图 3-6）。值得一提的是，除了 AIE 活性外，该聚合物结构中的功能咪唑基元也给 **P8** 带来了后续离子化进而形成聚电解质材料的机会，赋予其在生物材料领域的发展潜力[5]。

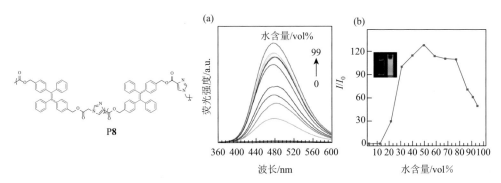

图 3-6　（a）不同水含量下聚酯 **P8** 的荧光发射光谱；（b）聚酯 **P8** 的荧光强度与水含量的关系曲线

除了主链含 AIE 活性基元的聚合物外，合成侧基为 AIE 活性单元的聚酯的途径更为丰富。例如，图 3-5 中的聚合物 **P9** 就是一个典型的因侧基型 AIE 活性的聚碳酸酯。在激发光源照射下，在水含量增加到 65 vol% 之前，聚合物 **P9** 在 470 nm 处的荧光强度几乎不变且信号很弱，但是随着水含量的增加，聚合物 **P9**

的荧光强度逐渐增强，并在水含量为 95 vol%时达到最大荧光强度，为纯 THF 条件下的 100 倍。同时结合聚酯优异的结晶性能，其在加热熔融时荧光强度会减弱，而在冷却结晶时则会增强，呈现出一种典型的 AIE 现象[6]（图 3-7）。

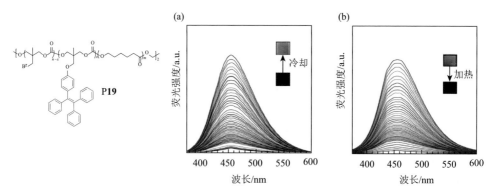

图 3-7 （a）聚酯 P9 逐渐冷却结晶时的荧光发射光谱；（b）聚酯 P9 逐渐加热熔融时的荧光发射光谱

　　为了增强 AIE 聚合物的可加工性，一类在聚硅酯侧基上引入 TPE 基元的聚合物 P10 被报道。在聚合物主链中引入具有柔性的硅连接基元使得聚合物 P10 的 AIE 性质十分明显：当 f_w 增加到 90 vol%时，聚合物 P10 的 Φ_F 值从 0.13%（纯 THF 溶液）增加到 95.5%。由于具有良好的成型加工性能，聚合物 P10 被制备成爆炸物的检测薄膜，并在实验中显示出优异的检测性能[7]。此外，结构相对复杂、一些的侧基上既有酯基结构又有 TPE 结构，并可通过化学反应后修饰进一步离子化的聚硅酯聚合物 P11，则因为具有丰富的亲水基元在 THF/水混合溶剂体系中显示出聚集导致荧光猝灭（ACQ）现象，而在 THF/正己烷溶剂体系中则表现出明显的 AIE 性质。同时，P11 也可以制备成用于爆炸物检测的薄膜（图 3-8），且重复使用 5 次后仍能维持原本的灵敏度，是一类出色的爆炸物荧光传感器材料[8]。

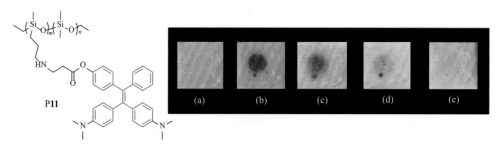

图 3-8 （a）聚硅酯 P11 薄膜；（b）在聚硅酯 P11 薄膜上滴入硝基苯液体后其颜色变化；（c，d）逐渐吹走硝基苯液体后聚硅酯 P11 薄膜的颜色变化；（e）可重复使用的聚硅酯 P11 薄膜

　　AIE 聚酯结构极大地丰富了 AIE 聚合物的性能，尤其是成型加工性能，拓宽了 AIE 聚合物的应用空间。

3.4　聚炔

　　自 2000 年白川英树教授因导电聚乙炔获得诺贝尔化学奖后，聚炔在高分子材料科学研究领域中得到广泛关注。在本章节中所涉及的聚炔不仅仅包含炔烃聚合得到的聚合物骨架中具有不饱和双键的聚炔，同时还包含其他含不饱和三键的聚炔及聚二炔（图 3-9）。

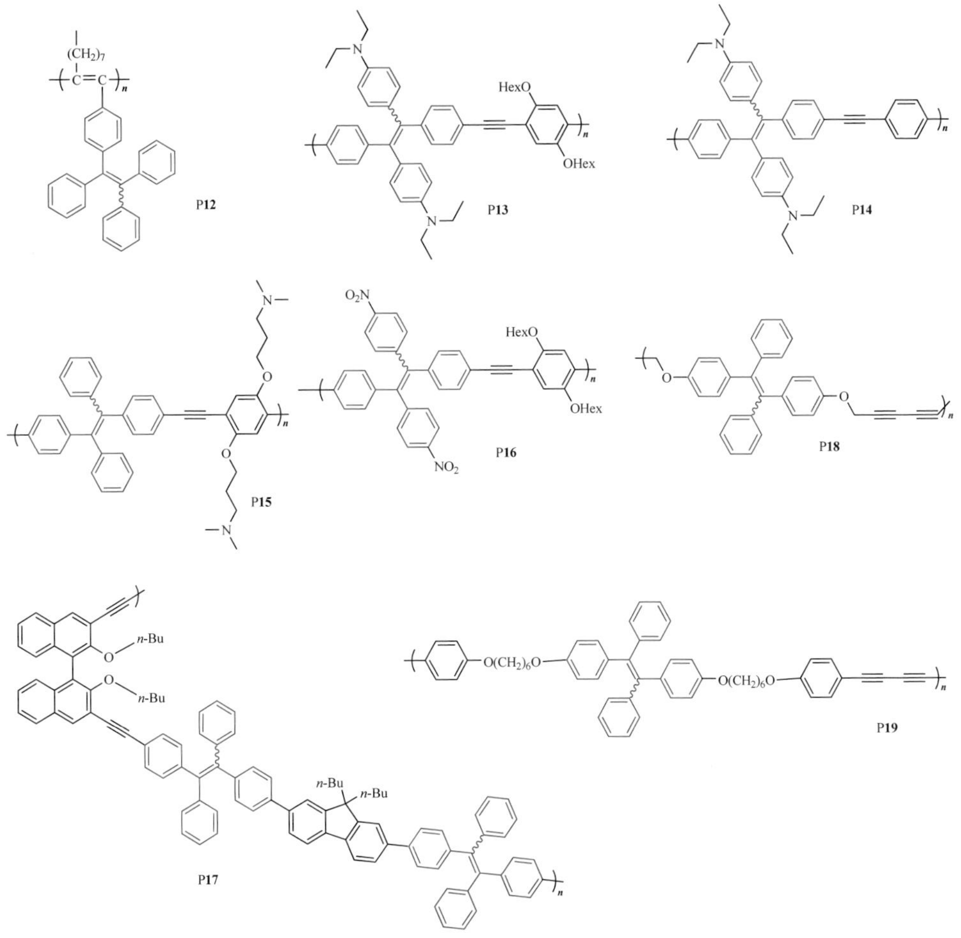

图 3-9　AIE 聚炔的化学结构

例如，侧链为 TPE 基元的聚合物 **P12** 是 AIE 聚炔的典型代表：当在 f_w 为 90 vol%的混合溶液中，聚合物 **P12** 的发光强度是其在纯 THF 溶液（$\varPhi_F = 5.2\%$）中的 4.5 倍。聚合物 **P12** 在水中的溶解性较差，因此当再增大水含量时可能会导致聚合物的沉淀析出。由于结构中大量不饱和双键的存在，当此聚合物暴露在紫外光照射下时，易发生氧化进而导致荧光猝灭。利用该特性，可以通过制备光刻蚀图案来实现数据信息的加密（图 3-10）[9]。

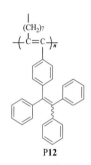

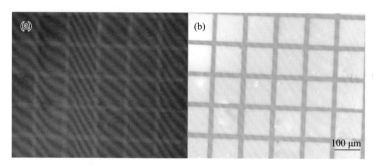

图 3-10 聚炔 **P12** 制备的二维光刻蚀图案

（a）在自然光下；（b）在紫外光下

除侧基型 AIE 聚炔外，聚合物 **P13~P16** 是一系列聚合物主链骨架含 TPE 基元及不饱和三键的 AIE 聚炔。通过对 TPE 基元上取代基进行设计，可探究含不同给/吸电子基团的 AIE 基元对聚合物发光性质的影响。当水含量低于 40 vol%时，随着水含量的增加，聚合物 **P13~P16** 均显示不同程度荧光强度减弱的现象，但是当水含量超过 40 vol%之后就开始显现 AIE 性质，且当水含量达到 95 vol%时其 $\varPhi_F$ 分别从 0.8%~4.8%（THF 溶液）增加到 6%~32%[10]。聚合物 **P17** 作为一类含手性基元的 AIE 聚炔，将在下文关于手性 AIE 聚合物的部分进行介绍。

作为一类结构较特殊的聚炔，聚二炔结构中存在大量的不饱和三键结构，为它们的功能探索和进一步后修饰提供了机遇。通常 AIE 聚二炔的构筑方法是先设计合成一个具有 AIE 活性的二炔单体，再在铜催化剂存在下发生自身氧化偶联反应进而得到 AIE 聚二炔产物。聚合物 **P18** 和 **P19** 就是通过该合成方法得到的 AIE 聚二炔。需要指出的是，由于聚合物 **P19** 的主链中引入了一段长烷基链，其链结构柔性强于聚合物 **P18**，其 AIE 现象也会更加明显。聚合物 **P19** 在水含量达到 90 vol%时最大荧光发射强度达到了其在纯 THF 溶液状态下的 280 倍，表现出显著的 AIE 现象；而聚合物 **P18** 也可以达到 100 倍的荧光增强效果，低于 **P19** 的荧光增强幅度。同时基于结构中大量存在的不饱和三键，这类聚合物可在一定能量的紫外光照射下发生交联，使得聚合物的溶解度显著降低，以此用于光刻蚀图案化领域[11]。

AIE 聚炔的设计丰富了主链含有 AIE 基元的聚合物，同时侧基和主链结构设计而导致的聚合物发光性质上的差异也为后续材料结构设计提供了一定的经验规律。

3.5　聚酰胺

作为一类具有高力学强度的聚合物材料，聚酰胺在纤维、导电复合材料等领域应用广泛。因此，具有 AIE 活性的聚酰胺也逐渐被发展为一类重要的 AIE 聚合物（图 3-11）。

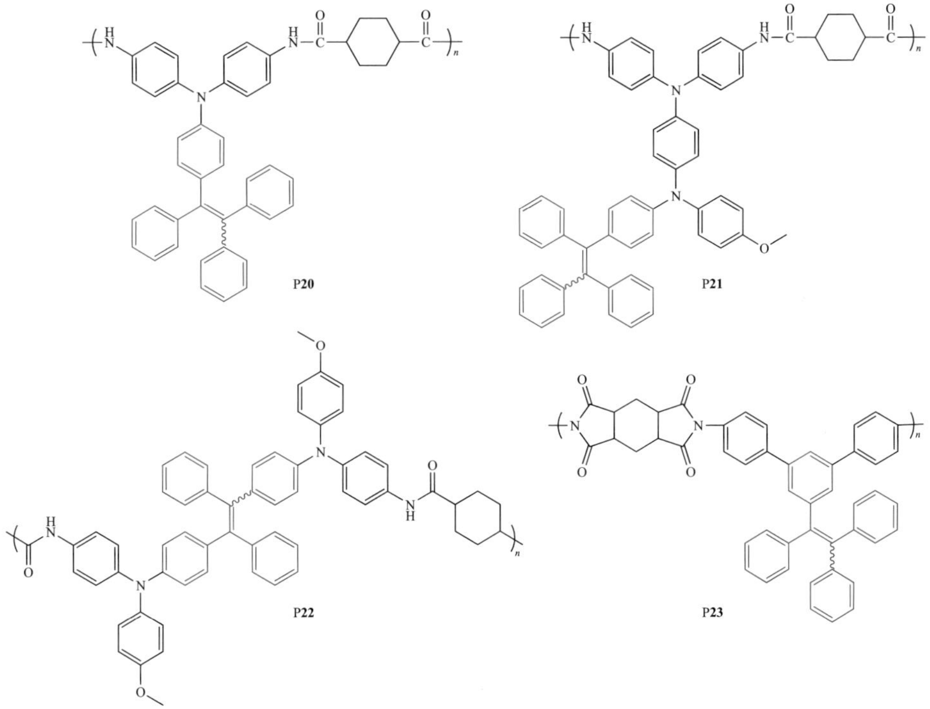

图 3-11　AIE 聚酰胺的化学结构

基于脂环结构的聚酰胺具有较大空阻，可抑制分子内堆积，减少电荷转移带来的荧光猝灭，结合 TPE 基元的 AIE 特性，可提高聚合物的发光对比度，由此而

设计的聚酰胺 **P20** 是一类潜在有电致变色性质的聚合物。不同于常见的聚酰胺材料溶解性较差，聚合物 **P20** 在 *N*-甲基-2-吡咯烷酮（NMP）中具有较好的溶解性，其 Φ_F 从纯 NMP 溶液中的 1.7% 上升到固体薄膜的 69.1%，表现出良好的 AIE 特性。结合聚酰胺结构及三苯胺和 TPE 相结合的独特的发光基元，聚合物 **P20** 展现了其电致开关的特性（图 3-12）：当外加电压为 0 V 时，聚合物为黄色，色坐标测试显示为 CIE_{xy}（0.3191，0.3309），当外加电压为 1 V 时，聚合物变为棕色，色坐标为 CIE_{xy}（0.3230，0.3247），并伴随着荧光发射减弱的现象。值得一提的是，在电压循环 100 次时该电致变色性质仍然十分稳定[12]，证实聚酰胺 **P20** 可以作为一类出色的电致开关材料。随后在此设计思路的基础上，含有双重三苯胺单元的聚合物 **P21** 被合成报道。同样，这一聚酰胺也显示出经典 AIE 聚合物的特征：在纯 NMP 溶液中 Φ_F 为 0.6%，而薄膜状态下可升至 29.3%，且在 300 次循环后仍可以保持稳定的电致开关性质[13]。

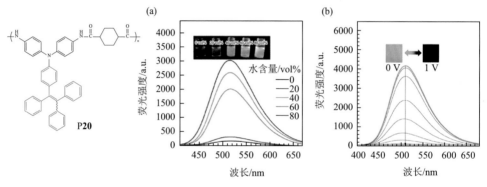

图 3-12　（a）聚酰胺 **P20** 在不同水含量下的荧光发射光谱；（b）在外加电压从 0 V 变成 1 V 的荧光发射光谱

除了在侧链上引入 AIE 基元，主链具有 TPE 的聚酰胺也已被报道。图 3-11 中的聚合物 **P22** 就是一类主链型 AIE 聚酰胺，其结构设计与聚合物 **P20** 相似。由于其主链上酰胺键的密度降低，减少其分子间氢键作用力，使得聚合物 **P22** 的溶解性有了显著提高，可以在 THF 中很好地溶解，其固体薄膜的 Φ_F 为 25.3%，这是一种典型的 AIE 聚合物。同样地，聚合物 **P22** 也可以在循环 300 次后保持其作为电致开关的灵敏度（图 3-13），且反应速率快[14]。

聚酰亚胺在耐高温、导电材料等领域具有良好的发展前景，是一类重要的特种功能高分子材料。在此基础上，AIE 聚酰亚胺也逐渐发展起来。例如，AIE 聚酰亚胺聚合物 **P23** 是通过主链上的 D-A（电子供体-电子受体）结构及在侧链上的 TPE 基元组成。随着 THF/水混合溶液中水含量的增加，聚合物 **P23** 荧光强度也随之增加，因此

P22

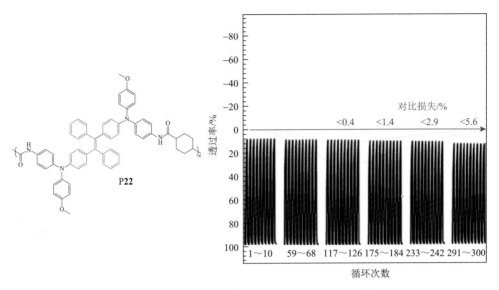

图 3-13　聚酰胺 P22 循环 300 次透过率的变化曲线

这是一种典型的 AIE 聚合物。此外，聚合物 **P23** 具有优异的发光性能，其固态下的绝对荧光量子产率达到 85%[15]。

聚酰胺结构的引入丰富和拓展了 AIE 聚合物的光电功能，赋予其在光电材料领域的应用潜力。

3.6　聚炔胺

随着多组分聚合这一新兴高分子合成方法的发展，许多新颖的聚合物结构被相继报道，丰富了 AIE 聚合物的结构库，也赋予 AIE 聚合物更大的发展空间。例如，聚炔胺就是一类由多组分聚合合成的新型聚合物结构（图 3-14）。

P24

P25

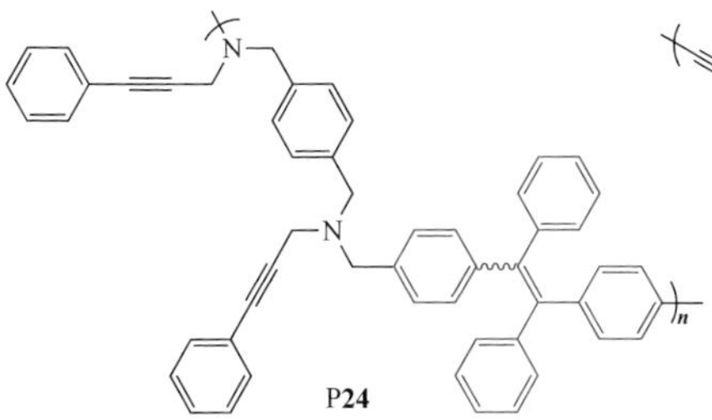

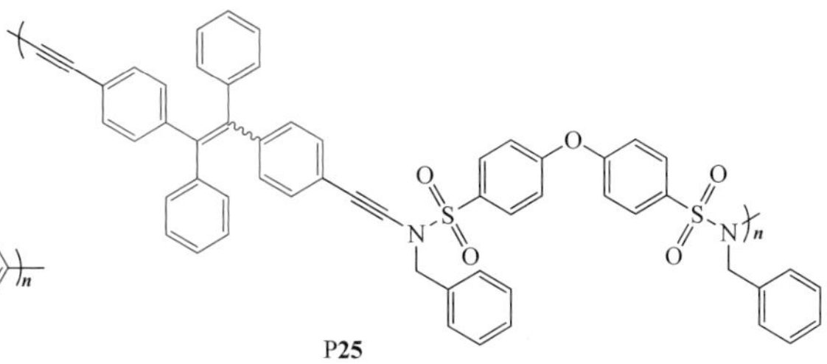

图 3-14　AIE 聚炔胺的化学结构

通过采用含有 TPE 基元的硼酸单体进行多组分聚合，可以构筑主链型 AIE 聚炔丙基胺 **P24**。当 f_w 达到 90 vol%时，该聚合物的 Φ_F 值可以增加到 20%，其发光强度是纯 THF 溶液状态下的 75 倍。相比于聚炔，聚炔丙基胺的结构中含有丰富的氮原子，可与柠檬酸中的三个羧酸基团形成氢键，进而促使聚合物相互聚集导致荧光增强，从而实现聚合物 **P24** 对柠檬酸的特异性荧光点亮识别（图 3-15）[16]。炔基与氮原子直接相连的聚合物 **P25** 也是具有 AIE 活性的聚炔胺，其在 THF/水混合溶液中的荧光强度随着 f_w 的增加而增强[17]，当 f_w 达到 95 vol%时，其 Φ_F 值可以达到 24.7%。AIE 聚炔丙基胺和聚炔胺丰富了 AIE 聚合物的结构，以及其在荧光传感领域的应用。

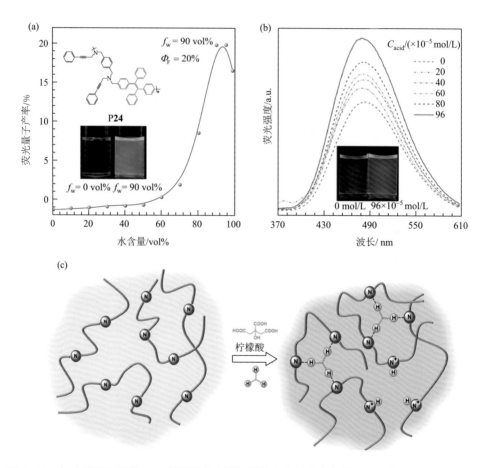

图 3-15 （a）聚炔丙基胺 **P24** 在不同水含量下的荧光发射强度曲线；（b）在不同柠檬酸浓度下的荧光发射光谱；（c）与柠檬酸的特异性结合示意图

3.7　聚三唑和聚膦脒

　　聚三唑是通过点击聚合制备的一类重要的聚合物结构，也是 AIE 聚合物的重要成员。这类 AIE 聚三唑不仅在爆炸物检测中具有超低的检测浓度，同时该结构的离子化特性也赋予其在生物成像中的应用潜力（图 3-16）。

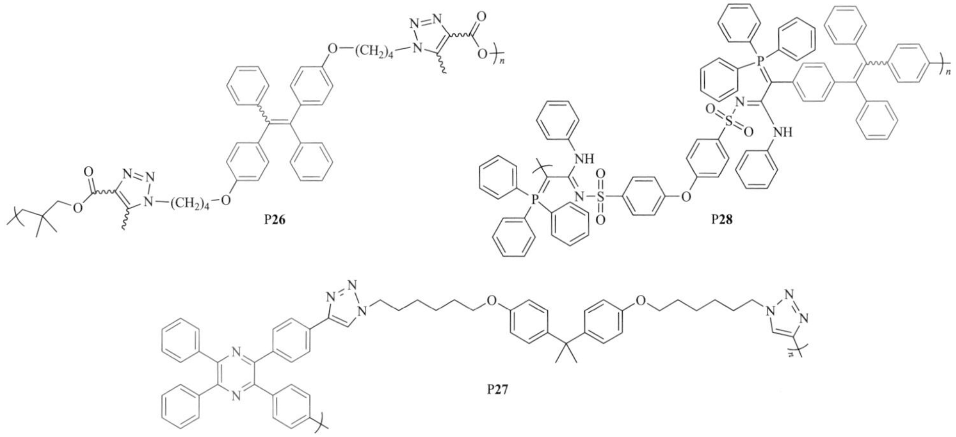

图 3-16　不同结构的 AIE 聚三唑和聚膦脒的化学结构

　　通过带有 TPE 基元的叠氮单体和炔类单体的点击聚合制备得到的聚三唑 **P26**，在 f_w 达到 90 vol% 时荧光发射光谱的最大发射强度是纯 THF 溶液中的 220 倍左右，是一类典型的 AIE 聚合物。作为一种功能 AIE 聚合物，**P26** 除了在 TNT 的荧光检测中效果显著外，同时还可以经过碘甲烷进行离子化，而所得离子化的产物被成功用于海拉细胞的细胞成像中（图 3-17），具有良好的聚集染色效果[18]。为了进一步探索 AIE 活性基元结构与聚合产物光学性质之间的关系，含有四苯基嘧啶的 AIE 聚三唑 **P27** 被合成。而当聚合物 **P27** 嘧啶两侧的苯环被换成氰

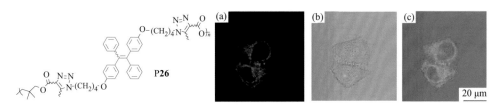

图 3-17　海拉细胞共聚焦显微镜下经过离子化的 **P26** 染色后的（a）荧光染色图像、（b）明场下的图像和（c）合并图像

基时，聚三唑显示的是聚集诱导猝灭发光的性质[19]，这说明引入 AIE 活性基元并不一定能得到 AIE 性质保持的聚合物，产物中 AIE 基元的种类和所处化学环境也会带来一定影响。

　　另外，聚膦脒是通过多组分聚合构筑的含磷聚合物的一个成功的例子，该结构中富含杂原子。含有 TPE 基元的聚膦脒 P28 的固体粉末荧光量子产率 Φ_F 值为 6.0%，高于其在纯二甲基亚砜（DMSO）溶液中的荧光量子产率（3.0%）。聚膦脒 P28 结构中的磷原子，使其可以与重金属钯离子（Pd^{2+}）进行配位，且随着配位的进行，聚合物 P28 在 f_w 为 50 vol% 的溶液中表现出荧光猝灭现象，可用来检测溶液中 Pd^{2+} 的存在。该类 AIE 聚合物对 Pd^{2+} 存在选择性的荧光猝灭，同时其检测限低至 2.4×10^{-7} mol/L（图 3-18）。因而，AIE 聚膦脒可以作为一类 Pd^{2+} 荧光传感器材料[20]。

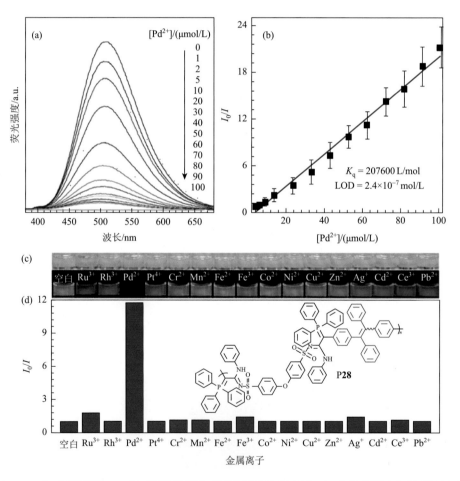

图 3-18　（a）聚膦脒 P28 在不同钯离子浓度下的荧光发射光谱，（b）荧光强度与钯离子浓度的关系曲线，（c）在不同离子溶液中的荧光发射现象和（d）荧光强度

点击聚合和多组分聚合的合成方法推动了 AIE 聚合物结构和功能的发展，丰富了 AIE 聚合物的结构，并拓展了 AIE 材料的应用领域。

3.8 聚硫脲

聚硫脲可通过单质硫的多组分聚合合成，且易于通过采用含有 AIE 基元的异腈单体构筑 AIE 活性的功能聚硫脲。聚硫脲结构基元中含有高密度氢键，且硫原子可以与金属离子进行络合，从而实现对金属离子的识别和吸附，是一类潜在的金属离子传感器（图 3-19）。

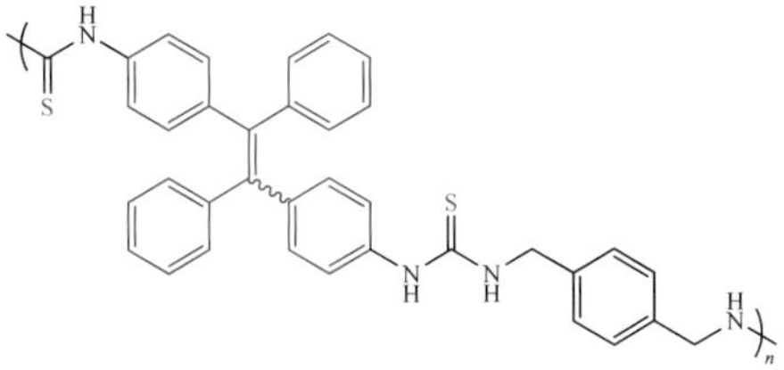

P29

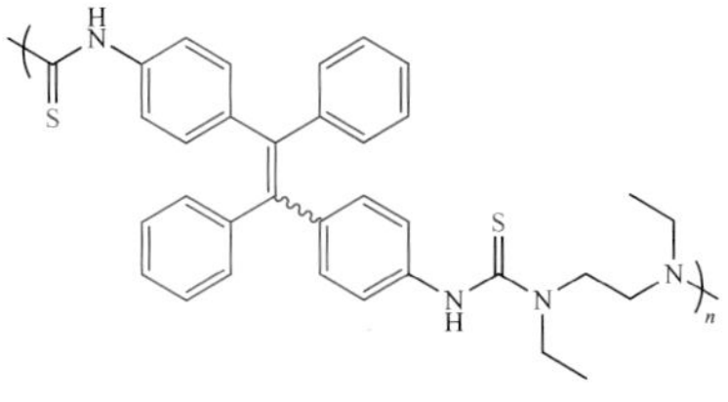

P30

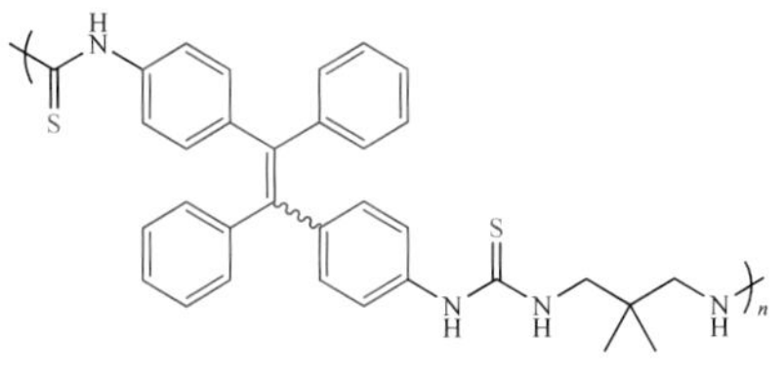

P31

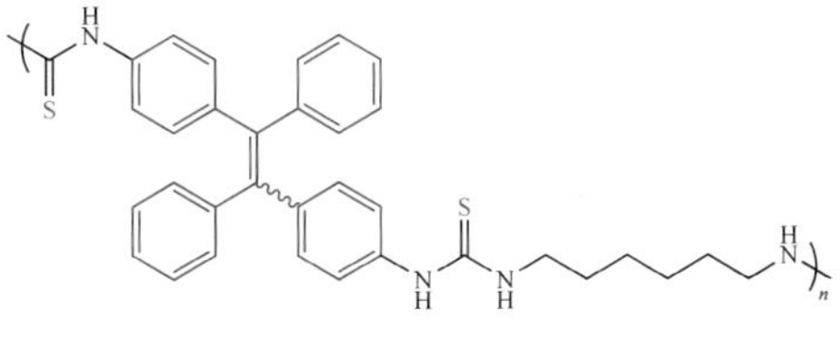

P32

图 3-19 AIE 聚硫脲的化学结构

聚硫脲 P29～P32 均显示出典型的 AIE 特性：与纯 DMF 溶液相比，聚合物 **P29～P32** 在水含量为 40 vol%或 50 vol%的混合溶剂中的绝对荧光量子产率从 0.6%～0.9%提高到 3.4%～13.3%。同时，聚合物 **P31** 在众多金属离子中选择性地对重金属汞离子（Hg^{2+}）具有特异性的荧光猝灭识别及吸附作用（图 3-20），吸附率高达 99.99%，是一类出色的 Hg^{2+}荧光传感器及吸附剂[21]。因此，含硫的 AIE 聚合物进一步拓展了 AIE 聚合物的应用范围。

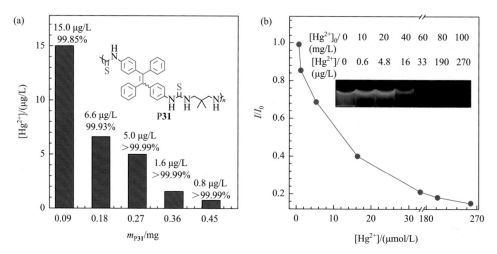

图 3-20 （a）聚硫脲 **P31** 在不同含量下对汞离子的吸附效率；（b）汞离子浓度与荧光发射强度的关系曲线

3.9 聚席夫碱与含 BODIHY 聚合物

除四苯乙烯基元外，将其他发光性质各异的 AIE 基元引入到高分子结构中可制备结构丰富的 AIE 聚合物。例如，由水杨醛构筑的席夫碱 salen 结构及含有二氟化硼的环状衍生物 BODIHY 结构均具有 AIE 活性，通过含这类结构的单体进行聚合或通过聚合构筑这类结构基元，可将其引入聚合物结构中合成新型 AIE 聚合物（图 3-21）。

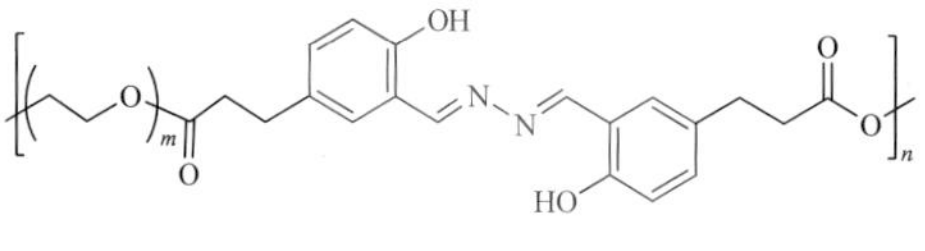

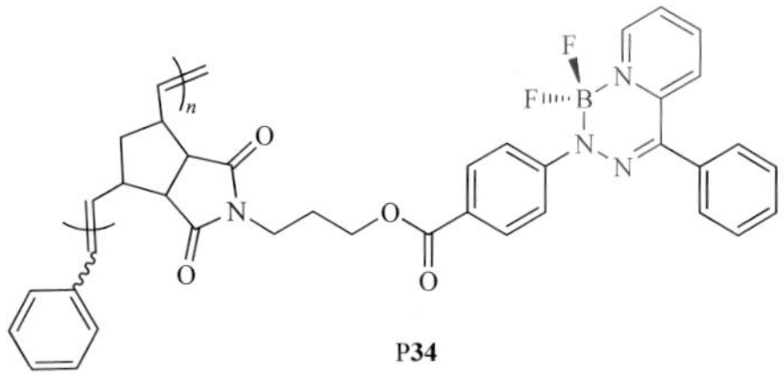

图 3-21 AIE 聚席夫碱和含 BODIHY 聚合物

将 salen 结构通过一定长度的聚乙二醇（PEG）链连接起来，可构筑具有两亲性的聚合物 **P33**。该聚合物表现出典型的 AIE 特性：当混合溶剂中正己烷的含量达到 90%时，其最大荧光发射强度为纯 THF 溶液状态下的 5 倍。由于其独特的两亲性结构，聚合物 **P33** 在水溶液中易进行自组装形成纳米微球聚集体。此外，其结构中带有邻位羟基的亚胺结构基元可选择性地与金属铜离子（Cu^{2+}）

进行络合，表现出荧光猝灭，因此可作为一类 Cu^{2+} 的特异性荧光传感器。当继续往荧光猝灭后的溶液中加入硫负离子（S^{2-}）时，原先与聚席夫碱 P33 配位的 Cu^{2+} 会快速与 S^{2-} 形成 CuS 沉淀，从而实现荧光点亮，使聚合物 P33 恢复较强的荧光[22]。

类似地，BODIHY 作为一种独特的荧光染料分子，将其引入聚合物结构中不仅可以制备具有特殊发光性质的聚合物，还可为含硼和含氟聚合物的合成提供新的思路。聚合物 P34 是含有 BODIHY 基元的单体通过烯烃复分解开环聚合制备得到的，它具有典型的 AIE 性质：当 f_w = 50 vol% 时，其 Φ_F 值达到 7%，而在纯 DMF 溶液中 Φ_F 值不到 1%。需要强调的是，不同于其单体，聚合物 P34 随着溶液黏度的增大而呈现荧光增强的现象[23,24]，这一独特性质也赋予了聚合物 P34 荧光黏度传感的应用潜力。

3.10 共轭聚合物

结合 AIE 聚合物在聚集状态下荧光增强的性质，在经典的有机光电材料——荧光共轭聚合物结构中设计 AIE 基元，有助于提高聚集态下的荧光强度及其光电性能，由此发展了一系列共轭的 AIE 聚合物（图 3-22）。

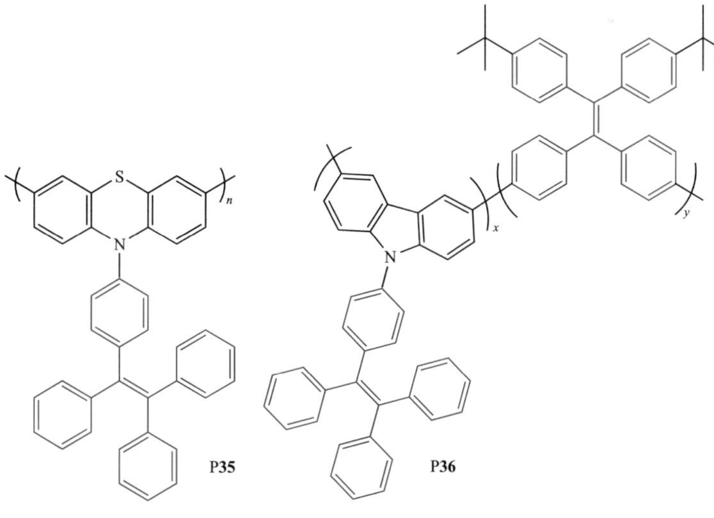

图 3-22　AIE 共轭聚合物的化学结构

例如，吩噻嗪结构上 N—H 键的氢原子被 TPE 基元取代后可以得到一个结构共轭的单体，而通过其自身的偶联反应制备的聚合物 **P35** 就是 AIE 共轭聚合物。该聚合物在 THF/水混合溶液中显示出 AIE 性质，当水含量提高到 90 vol%时，相应的 Φ_F 值由 6.3%提高到 12%；但在 1,4-二氧六环/水混合溶液中则显示出相反的 ACQ 性质，从纯的 1,4-二氧六环溶液到 90 vol%水含量的混合溶液中，相应的 Φ_F 值从 14%降低到 4.2%[25]。

除吩噻嗪外，咔唑也是一类常见的光电功能结构基元，由咔唑与 TPE 基元构筑的聚合物 **P36** 也是一类 AIE 共轭聚合物。在纯 THF 溶液中，聚合物 **P36** 的 Φ_F 值仅为 1.2%，远远低于其固体粉末状态下的 28%，表明该聚合物是典型的 AIE 聚合物[26]。

随着有机光电材料的不断发展，AIE 共轭聚合物的结构和应用将不断丰富。

3.11 手性聚合物

手性聚合物独特的手性识别[27]、手性催化[28]、手性拆分[29]等功能引起了高分子科学家和有机化学家的研究兴趣。由于手性单体种类有限，手性聚合物的结构相对较少，发展具有功能性的手性聚合物极具挑战。基于 AIE 荧光功能聚合物设计合成的便捷性，将 AIE 基元引入手性聚合物结构中可高效构筑手性荧光聚合物材料，是一种简便高效制备手性功能聚合物的可行策略。目前 AIE 手性聚合物的常用合成方法就是将常见的手性结构基元，如手性氨基酸、手性联萘、手性醇等引入单体结构中，再将其与具有 AIE 活性基元的单体进行聚合，得到手性 AIE 聚合物（图 3-23）。

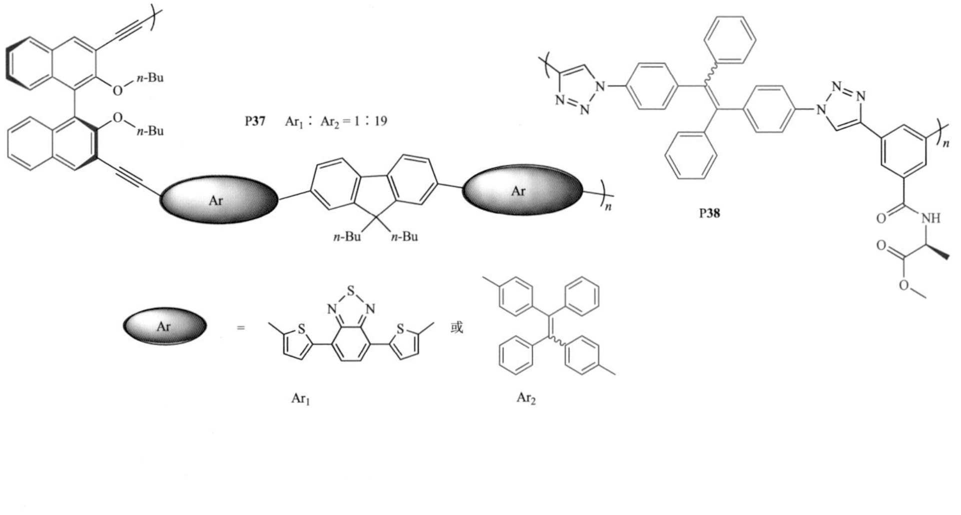

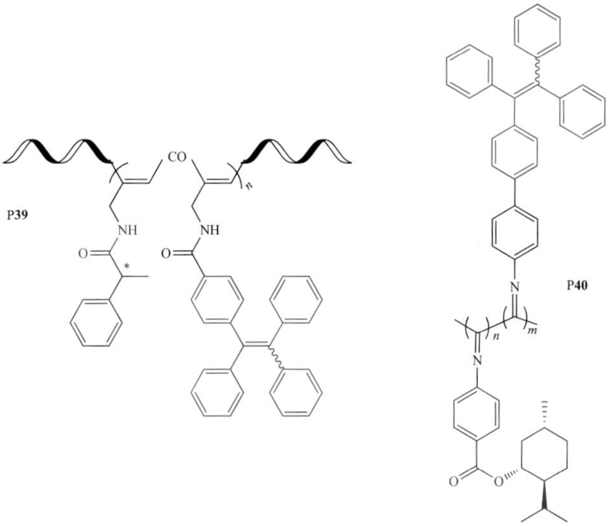

P39

P40

图 3-23　AIE 手性聚合物的化学结构

　　例如，通过将手性联萘结构引入 AIE 聚炔中，可得到具有手性的聚合物 **P17** 和共聚物 **P37**。在 370 nm 的激发波长下，聚合物 **P37** 在不同比例的 THF/水混合溶液中，随着水含量的增加，在 418 nm 处的最大荧光强度逐渐减弱；而当水含量超过 50 vol%后，其在 612 nm 处的最大荧光强度逐渐增强，且红移到 620 nm 处。这可能是因为聚合物 **P37** 在水含量较少的混合溶剂中，分子未发生有效的聚集，主要显示的是芴基元的发光性质，进而表现为 ACQ 现象。但当水含量足够大时，聚合物 **P37** 开始聚集并显示出 AIE 性质。作为一类 AIE 手性荧光聚合物，其圆偏振荧光发射光谱显示（图 3-24）：当水含量低于 90 vol%时，检测

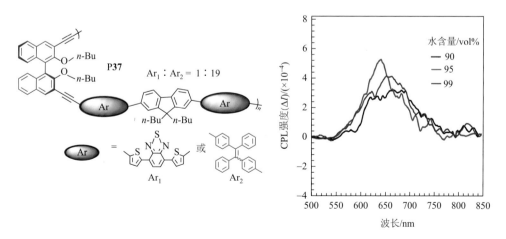

图 3-24　手性聚三唑 **P37** 在不同水含量下的圆偏振荧光发射光谱

不到聚合物 **P37** 的圆偏振发光信号，但是当水含量高于 90 vol%时其不对称因子（g_{lum}）可以超过 2×10^{-3}[30]。

氨基酸作为一类最常见且应用广泛的手性物质，当将其引入 AIE 聚合物结构中不仅可以实现手性聚合物的构筑，同时其独特的亲水性和氢键相互作用还可以赋予聚合物自组装的性质，可在一系列不同比例的良溶剂和不良溶剂的混合溶液中发生自组装，带来直观的形貌变化。含手性氨基酯侧链的 AIE 聚合物 **P38** 就是一个典型例子，其在水含量为 80 vol%的混合溶液中的最大荧光强度是纯 THF 溶液中的 15 倍。同时，通过原子力显微镜可以发现，随着水含量的增加，聚合物 **P38** 逐渐产生螺旋形的自组装结构[31]。证明该聚合物不仅具有聚集诱导发光的性质，同时还表现出聚集诱导手性自组装结构（图 3-25）。

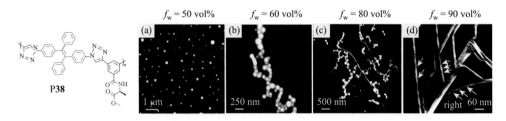

图 3-25　不同水含量混合溶剂中手性聚三唑 **P38** 组装形貌的原子力显微镜图像

手性单体的引入不仅可以带来分子链上的手性中心，还可以诱导聚合物链形成螺旋结构。例如，在聚乙炔、聚异腈、聚噻吩等刚性主链结构中，当向侧基引入手性基元时，由于空间位阻的影响，聚合物往往形成的螺旋构象更加稳定。分别通过含有手性基元和 TPE 基元的炔基单体或异腈单体进行共聚，得到的 AIE 活性的螺旋聚乙炔 **P39**[32]和螺旋聚异腈 **P40** 就是其中的典型代表[33]。**P39** 具有明显的圆二色光谱信号，当水含量超过 60 vol%后，聚合物 **P39** 的最大荧光强度也随着水含量的增加而显著增加，但即使在高水含量的混合溶液中仍无法检测到圆偏振荧光信号。而当将聚合物 **P39** 与聚甲基丙烯酸甲酯（PMMA）掺杂形成复合自支撑薄膜后，则可以检测到较强的圆偏振荧光发射信号，g_{lum} 可以达到 3.6×10^{-2}。

当 f_w 为 70 vol%时，聚合物 **P40** 的最大荧光强度相较于其在纯 THF 溶液中提高了许多，显示出经典的 AIE 特性；同时可通过改变聚合中的单体投料比来调节聚合物 **P40** 中手性基元的含量，从而观察不同手性基元含量对聚合物 **P40** 在 364 nm 处摩尔消光系数的差值（$\Delta\varepsilon$）的影响。结果表明，随着手性基元含量的增加，$\Delta\varepsilon$的增长速度显著提高（图 3-26）。

向含有手性中心或螺旋结构的手性聚合物中引入 AIE 功能基元是构筑结构和功能丰富的手性 AIE 聚合物材料的高效手段。

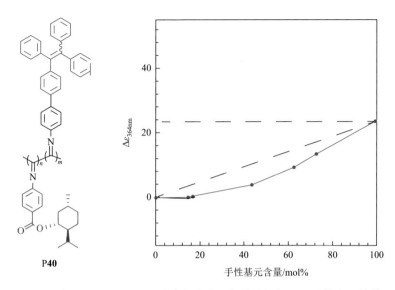

图 3-26　手性聚异腈 P40 在 364 nm 处的摩尔消光系数的差值与 P40 结构中手性基元含量的关系曲线

3.12　非传统发光聚合物

近年来，随着发光材料结构和性质研究的不断深入，许多结构上没有传统生色团，甚至没有共轭基元的非传统发光聚合物被相继报道，极大地拓展了 AIE 聚合物的结构（图 3-27）。例如，聚合物 **P41** 不含有任何大共轭荧光基团，却具有较强的荧光发射，还显示出典型的 AIE 性质。当 f_W 达到 90 vol%时，聚合物 **P41** 的最大荧光发射强度为纯 THF 溶液中的 28 倍（图 3-28）。而与其结构相似的线型聚合物及不含氰基的超支化聚合物均不具备 AIE 性质。鉴于此，这种非传统发光

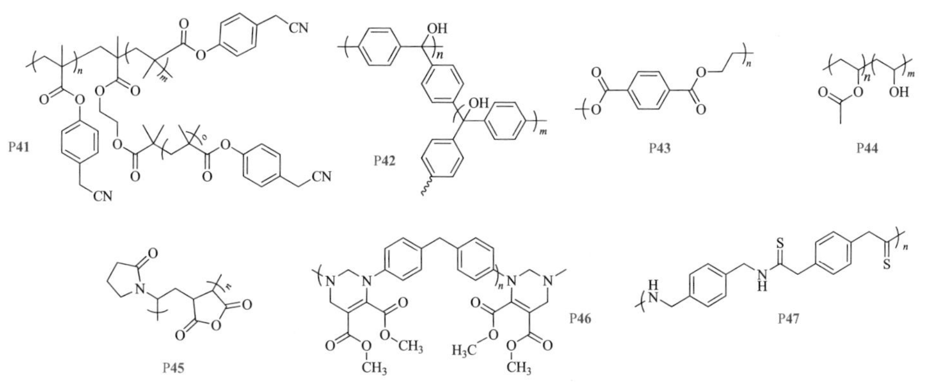

图 3-27　非传统发光 AIE 聚合物的化学结构

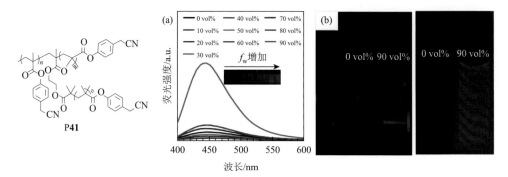

图 3-28 超支化聚丙烯酸酯 **P41** 在不同水含量下的荧光发射光谱（a），以及 **0 vol%** 和 **90 vol%** 水含量溶液无紫外光照射的图像和在紫外光照射下的图像（b）

现象可能是由于大量氰基的引入增加了聚合物的空间共轭，提高了聚合物的荧光发射强度；而随着支化度的增加，超支化聚丙烯酸酯 **P41** 的 Φ_F 值也逐渐提高，且其 AIE 性质也越来越显著[34]。

通过 Barbier 反应得到的超支化聚三苯甲醇 **P42** 也显示出 AIE 特性：当水含量达到 95 vol% 时，其 Φ_F 值从 0.4% 提高到 43.4%。需要强调的是，随着聚合时间的增加，聚合物 **P42** 的发光波长逐渐红移，表明聚合程度对聚合物的发光强度和波长均有显著影响[35]。

除了上述超支化聚合物之外，一些线型非传统发光聚合物的 AIE 性质也被相继报道。例如，聚对苯二甲酸乙二醇酯 **P43** 在纯三氟乙酸溶液中发光很弱，但是其固体 Φ_F 值可以达到 22.1%。在溶液状态下，聚合物 **P43** 仅显示荧光发射，但是其固体状态却同时表现出荧光和室温磷光（room temperature phosphorescence，RTP）发射，且在荧光发射光谱中显示双峰。通过与相应的二聚体对比研究推测，聚合物 **P43** 独特的 AIE 及 RTP 性质可能与其结晶结构相关[36]。

有趣的是，完全没有芳环结构的聚乙烯醇 **P44** 在稀溶液中完全不发光，但随着水溶液中二甲基亚砜的含量逐渐增加，其发光强度逐渐增强（图 3-29），是一类特殊的 AIE 聚合物[37]。同样，非共轭的马来酸酐共聚物 **P45** 固体粉末的 Φ_F 值为 24.6%，远高于其在纯二甲基亚砜溶液中的 0.12%，也表现出典型的 AIE 特性[38]。

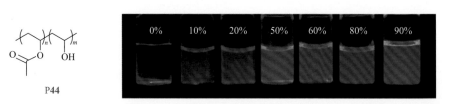

图 3-29 在紫外灯下不同 DMSO 含量下聚乙烯醇溶液的荧光图像

这两类完全不含共轭芳环结构的聚合物的荧光性质可能与其结构中羰基和杂原子间的空间电荷转移有关。

随着聚合方法学的发展，一些新颖的聚合物结构被报道，其中也不乏非传统发光的 AIE 聚合物。例如，如图 3-27 所示的聚四氢嘧啶 P46 结构中，虽然无任何共轭的荧光生色团，却具有一定的发光性质，这可能是结构中大量存在且距离相近的杂原子簇导致的。随着不良溶剂正己烷的加入，聚合物 P46 的荧光强度逐渐增强，显示出经典的 AIE 性质[39]。另外，含硫聚合物的非传统发光性质也被报道。例如，聚硫代酰胺 P47 的结构中尽管不含有荧光生色团，仍然表现出发光特性，且聚合物的最大发射波长和发光效率受到通过聚合物链内和链间的氢键和硫代酰胺基团之间的 $n \rightarrow \pi^*$ 相互作用等形成的分子聚集体的影响[40]。

非传统发光的 AIE 聚合物结构和发光机理的研究，为 AIE 聚合物甚至是发光聚合物结构的设计提供了新的思路。

3.13 其他线型聚合物

随着发光高分子材料的发展及其功能应用的拓展，一系列含电荷或金属元素等特殊功能基元的聚合物被报道，并且可通过引入 AIE 活性基元，赋予这些功能高分子材料 AIE 特性（图 3-30）。

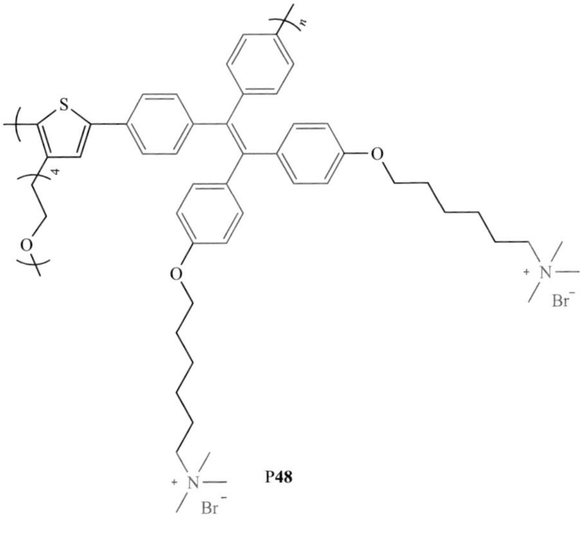

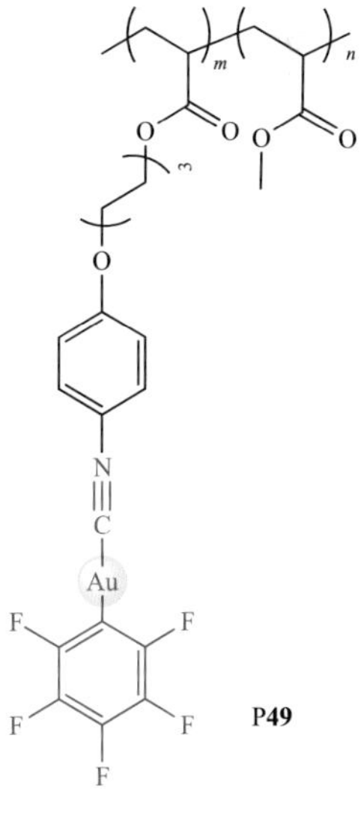

图 3-30 AIE 聚电解质及含金属的 AIE 聚合物的化学结构

例如，主链中含有 AIE 基元且通过季铵盐离子化得到聚电解质 **P48**，在不良溶剂 THF 的含量超过 80%的 THF/二甲基亚砜混合溶剂中的最大荧光发射强度随着 THF 含量的增加而显著提高。由于聚电解质 **P48** 具有一定的生物相容性，结合其 AIE 特性，可被用于小鼠神经母细胞瘤 A2 细胞的生物成像中。研究表明，聚合物 **P48** 倾向于集中在 A2 细胞的细胞核处，从而显示出较强的荧光发射及较长的荧光寿命，但是在细胞膜处密度却较小（图 3-31），因此，有望制备成针对肿瘤细胞成像的荧光探针[41]。

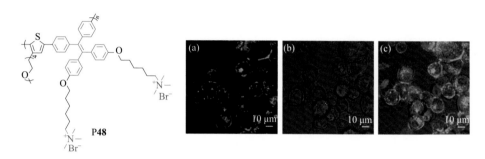

图 3-31　聚电解质 **P48** 染色 0.5 h 后的（a）A2 细胞荧光图像、（b）明场图像及（c）荧光图像和亮场图像的叠加图像

通过金属配位的方法将具有 AIE 性质的五氟苯金基元引入聚合物结构，可构筑含有金配合物基元的聚丙烯酸酯 **P49**。该聚合物在不同比例的 N, N-二甲基甲酰胺/水混合溶液中显示出随着 f_w 增加，荧光发射强度增强的现象，且当 f_w 为 50 vol%时达到最大值。通过结构调控发现，共聚物中金元素的含量越高，聚合物 **P49** 在固态下的 $\varPhi_F$ 越高，表明金元素的含量直接影响聚合物的发光性质[42]。

3.14　超支化聚合物

除各类线型聚合物外，具有不同拓扑结构的 AIE 聚合物也被广泛报道。超支化聚合物因存在大量支化位点，分子链间的相互缠结作用弱，黏度不随分子量的提高而增大，具有良好的溶解性。同时，支链末端丰富的可供后修饰的功能也可赋予超支化聚合物进一步功能化的潜力（图 3-32）。因此，超支化 AIE 聚合物备受青睐。

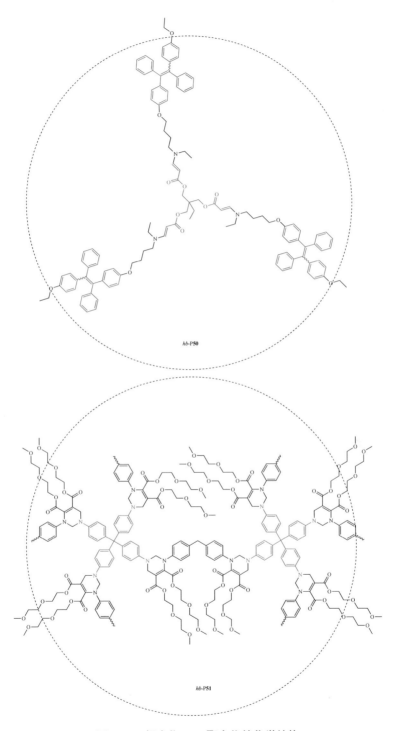

hb-P50

hb-P51

图 3-32　超支化 AIE 聚合物的化学结构

常用的超支化聚合物的合成方法是采用三个及三个以上的多官能度的单体进行聚合从而构筑含多支化位点的聚合物。超支化聚合物的发光性质往往与相应的线型聚合物相似。例如，采用三官能度的炔类单体与含有 TPE 基元的二级胺单体合成的超支化聚烯胺 *hb*-**P50** 显示出良好的溶解性及 AIE 活性：当 THF/水混合溶液中 f_w 从 0 vol%提高到 90 vol%，聚合物的 Φ_F 值从 0.2%上升到 9.8%，是一类典型的超支化 AIE 聚合物。利用超支化结构带来的高灵敏度，当聚合物 *hb*-**P50** 用于对爆炸物苦味酸进行检测时，其检测限可以达到 1.39×10^{-7} mol/L，远低于相同结构的线型聚合物（3.87×10^{-6} mol/L）（图 3-33）[43]。此外，非传统发光的超支化聚合物也同样具有与其线型聚合物相似的 AIE 性质，例如，基于聚四氢嘧啶衍生的超支化聚四氢嘧啶 *hb*-**P51** 同样具有 AIE 性质[44]：随着 THF/水混合溶液中 f_w 从 0 vol%上升到 90 vol%，Φ_F 值从 0.4%上升到 2.0%。

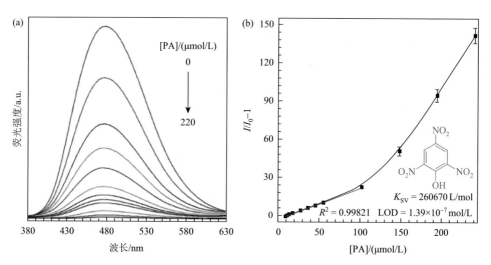

图 3-33　超支化聚烯胺 *hb*-**P50** 在不同苦味酸浓度下的荧光发射光谱（a），以及苦味酸浓度与荧光强度的关系曲线（b）

3.15　总结与展望

具有聚集诱导发光性质的聚合物种类繁多，涵盖从线型结构到超支化结构，从非共轭结构到共轭结构等的丰富高分子结构，结合高分子材料的特性与聚集诱导发光性质可赋予相应的聚合物加工性、结晶性、生物相容性、刺激响应性及独特光电性能等。本章根据聚合物结构种类，分别讨论了具有 AIE 活性的聚烯烃、聚酯、聚炔、聚酰胺、聚炔胺、聚三唑、聚膦腈、聚硫脲、聚席夫碱、含 BODIHY 聚合物、共轭聚合物、手性聚合物、非传统发光聚合物、聚电解质、含金属的聚合物，以及超支化聚合物等。在常用的合成方法中，通过单体设计将具有聚集诱导发光性质的基元引入聚合物结构中，可以实现聚集诱导发光聚合物的构筑。该方法不仅适用于如聚烯烃、聚酯、聚酰胺、聚炔等传统聚合物，同时也适用于构筑聚电解质、金属配位聚合物等；同时，归功于日益发展的点击聚合、多组分聚合、原子转移自由基聚合等高分子合成方法的发展，结构新颖的聚集诱导发光聚合物，如聚炔胺、聚三唑、聚硫脲等也被大量合成。值得强调的是，随着对于杂原子簇发光机理的研究，许多不含传统荧光生色团的非传统发光聚合物结构，如聚乙烯醇、聚四氢嘧啶、聚对苯二甲酸乙二醇酯等，也被证实具有 AIE 性质。这些 AIE 聚合物的结构不仅有助于聚集诱导发光机理的进一步研究和深入理解，还将拓展发光功能聚合物的性能和应用领域。

聚集诱导发光聚合物材料是一类富有前景的发光功能高分子材料，其潜在的功能应用将在本书后面的章节中详细介绍。基于目前 AIE 聚合物的发展现状，在 AIE 聚合物的结构拓展方面仍有很大的发展空间，包括拓展新的具有聚集诱导发光活性的功能基元，并将其引入 AIE 聚合物结构中以调控其发光性质；加强对非传统发光聚合物性质的研究，丰富 AIE 聚合物结构的设计思路；通过发展新兴的聚合反应和方法，构筑结构新颖的 AIE 功能聚合物等。希望通过本章对于聚集诱导发光聚合物各类结构及相应发光性质的介绍，可以为发光功能高分子材料带来丰富的设计选择方案，促进发光功能材料的应用拓展。

（林桦　胡蓉蓉）

参 考 文 献

[1]　Wang W，Ji W X，Hou L P，et al. An olefin copolymer with aggregation-induced emission characteristics synthesized by using metallocene catalyst. Macromolecular Materials and Engineering，2021，306（7）：2100011.

[2]　Jiang S，Huang T Y，Wang K M，et al. A new determination method of the solubility parameter of polymer based on AIE. Molecules，2017，22（1）：54.

[3]　Chua M H，Zhou H，Lin，T T，et al. Aggregation-induced emission active 3, 6-bis(1, 2, 2-triphenylvinyl) carbazole and bis(4-(1, 2, 2-triphenylvinyl)phenyl) amine-based poly(acrylates) for explosive detection. Journal of Polymer Science Part A：Polymer Chemistry，2017，55（4）：672-681.

[4]　Si H，Wang K J，Song B，et al. Organobase-catalysed hydroxyl-yne click polymerization. Polymer Chemistry，2020，11（14）：2568-2575.

[5]　Cheng T Y，Chen Y Z，Qin A J，et al. Single component polymerization of diisocyanoacetates toward polyimidazoles. Macromolecules，2018，51（15）：5638-5645.

[6]　Wu J L，Zhang C，Qin W，et al. Thermoresponsive fluorescent semicrystalline polymers decorated with aggregation induced emission luminogens. Chinese Journal of Polymer Science，2019，37（4）：394-400.

[7]　Li Q S，Yang Z M，Ren Z J，et al. Polysiloxane-modified tetraphenylethene：synthesis, AIE properties, and sensor

for detecting explosives. Macromolecular Rapid Communications，2016，37（21）：1772-1779.

[8] Wu L F, Jiang Q, Lu H F, et al. Unexpected fluorescence emission behaviors of tetraphenylethylene-functionalized polysiloxane and highly reversible sensor for nitrobenzene. Polymers，2021，13（18）：3046-3057.

[9] Chan C Y K, Lam J W Y, Deng C M, et al. Synthesis，light emission，explosive detection，fluorescent photopatterning，and optical limiting of disubstituted polyacetylenes carrying tetraphenylethene luminogens. Macromolecules，2015，48（4）：1038-1047.

[10] Huang W, Bender M, Seehafer K, et al. Novel functional TPE polymers: aggregation-induced emission，pH response，and solvatochromic behavior. Macromolecular Rapid Communications，2019，40（6）：1800774.

[11] 韩婷，詹嘉慧，林荣业，等. 具有聚集诱导发光效应的聚炔材料的合成及光学性能研究. 化学学报，2016，74（11）：877-884.

[12] Sun N W, Su K X, Zhou Z W, et al. AIE-active polyamide containing diphenylamine-TPE moiety with superior electrofluorochromic performance. ACS Applied Materials & Interfaces，2018，10（18）：16105-16112.

[13] Sun N W, Su K X, Zhou Z W, et al. High-performance emission/color dual-switchable polymer-bearing pendant tetraphenylethylene（TPE）and triphenylamine（TPA）moieties. Macromolecules，2019，52（14）：5131-5139.

[14] Sun N W, Su K X, Zhou Z W, et al. "Colorless-to-black" electrochromic and AIE-active polyamides: an effective strategy for the highest-contrast electrofluorochromism. Macromolecules，2020，53（22）：10117-10127.

[15] Zhou Z, Long Y, Chen X, et al. Preserving high-efficiency luminescence characteristics of an aggregation-induced emission-active fluorophore in thermostable amorphous polymers. ACS Applied Materials & Interfaces，2020，12（30）：34198-34207.

[16] Wu X Y, Li W Z, Hu R R, et al. Catalyst-free four-component polymerization of propiolic acids，benzylamines，organoboronic acids，and formaldehyde toward functional poly(propargylamine)s. Macromolecular Rapid Communications，2021，42（6）：2000633.

[17] Wu X Y, Wei B, Hu R R, et al. Polycouplings of alkynyl bromides and sulfonamides toward poly(ynesulfonamide)s with stable C_{sp}—N bonds. Macromolecules，2017，50（15）：5670-5678.

[18] Chi W W, Zhang R Y, Han T, et al. Facile synthesis of functional poly(methyltriazolylcarboxylate)s by solvent-and catalyst-free butynoate-azide polycycloaddition. Chinese Journal of Polymer Science，2020，38（1）：17-23.

[19] Chen M, Li L Z, Wu H Q, et al. Unveiling the different emission behavior of polytriazoles constructed from pyrazine-based AIE monomers by click polymerization. ACS Applied Materials & Interfaces，2018，10（15）：12181-12188.

[20] Xu L G, Hu R R, Tang B Z. Room temperature multicomponent polymerizations of alkynes，sulfonyl azides，and iminophosphorane toward heteroatom-rich multifunctional poly(phosphorus amidine)s. Macromolecules，2017，50（16）：6043-6053.

[21] Tian T T, Hu R R, Tang B Z. Room temperature one-step conversion from elemental sulfur to functional polythioureas through catalyst-free multicomponent polymerizations. Journal of the American Chemical Society，2018，140（19）：6156-6163.

[22] Huang J B, Qin H R, Liang H, et al. An AIE polymer prepared via aldehyde-hydrazine step polymerization and the application in Cu^{2+} and S^{2-} detection. Polymer，2020，202：12663.

[23] Cappello D, Watson A E R, Gilroy J B. A boron difluoride hydrazone（BODIHY）polymer exhibits aggregation-induced emission. Macromolecular Rapid Communications，2021，42（8）：2000553.

[24] Qian H, Cousins M E, Horak E H, et al. Suppression of Kasha's rule as a mechanism for fluorescent molecular

rotors and aggregation-induced emission. Nature Chemistry，2017，9（1）：83-87.

[25] Rodrigues A C B，Pina J，Dong W Y，et al. Aggregation-induced emission in phenothiazine-TPE and -TPAN polymers. Macromolecules，2018，51（21）：8501-8512.

[26] Dong W Y，Ma Z H，Chen P，et al. Carbazole and tetraphenylethylene based AIE-active conjugated polymer for highly sensitive TNT detection. Materials Letters，2019，236：480-482.

[27] Xu Y，Zheng L F，Huang X B，et al. Fluorescence sensors based on chiral polymer for highly enantioselective recognition of phenylglycinol. Polymer，2010，51（5）：994-997.

[28] Megens R P，Roelfes G. Asymmetric catalysis with helical polymers. Chemistry：A European Journal，2011，17（31）：8514-8523.

[29] Nakano T. Optically active synthetic polymers as chiral stationary phases in HPLC. Journal of Chromatography A，2001，96：205-225.

[30] Wang Z Y，Fang Y Y，Tao X Y，et al. Deep red aggregation-induced CPL emission behavior of four-component tunable AIE-active chiral polymers via two FRET pairs mechanism. Polymer，2017，130：61-67.

[31] Liu Q M，Xia Q，Wang S，et al. *In situ* visualizable self-assembly，aggregation-induced emission and circularly polarized luminescence of tetraphenylethene and alanine-based chiral polytriazole. Journal of Materials Chemistry C，2018，6（17）：4807-4816.

[32] Lu N，Gao X B，Pan M，et al. Aggregation-induced emission-active chiral helical polymers show strong circularly polarized luminescence in thin films. Macromolecules，2020，53（18）：8041-8049.

[33] Liu H，Zhang S W，Yan X Q，et al. Silylium cation initiated sergeants-and-soldiers type chiral amplification of helical aryl isocyanide copolymers. Polymer Chemistry，2020，11（37）：6017-6028.

[34] Fang L P，Huang C S，Shabir G，et al. Hyperbranching-enhanced-emission effect discovered in hyperbranched poly (4-(cyanomethyl)phenyl methacrylate). ACS Macro Letters，2019，8（12）：1605-1610.

[35] Jing Y N，Li S S，Su M Q，et al. Barbier hyperbranching polymerization-induced emission toward facile fabrication of white light-emitting diode and light-harvesting film. Journal of the American Chemical Society，2019，141（42）：16839-16848.

[36] Chen X H，He Z H，Kausar F，et al. Aggregation-induced dual emission and unusual luminescence beyond excimer emission of poly(ethylene terephthalate). Macromolecules，2018，51（21）：9035-9042.

[37] Wang J F，Xu L F，Zhong S L，et al. Clustering-triggered emission of poly(vinyl) alcohol. Polymer Chemistry，2021，12（48）：7048-7055.

[38] Shang C，Wei N，Zhuo H，et al. Highly emissive poly(maleic anhydride-*alt*-vinyl pyrrolidone) with molecular weight-dependent and excitation-dependent fluorescence. Journal of Materials Chemistry C，2017，5（32）：8082-8090.

[39] Wei B，Li W Z，Zhao Z J，et al. Metal-free multicomponent tandem polymerizations of alkynes，amines，and formaldehyde toward structure-and sequence-controlled luminescent polyheterocycles. Journal of the American Chemical Society，2017，139（14）：5075-5084.

[40] Li W Z，Wu X Y，Zhao Z J，et al. Catalyst-free，atom-economic，multicomponent polymerizations of aromatic diynes，elemental sulfur，and aliphatic diamines toward luminescent polythioamides. Macromolecules，2015，48（21）：7747-7754.

[41] Wang Y N，Yao H M，Zhou J，et al. A water-soluble，AIE-active polyelectrolyte for conventional and fluorescence lifetime imaging of mouse neuroblastoma neuro-2A cells. Journal of Polymer Science Part A：Polymer Chemistry，

2018，56（6）：672-680.

[42] Zhang J，Zou H，Wang X Y，et al. New AIE-active copolymers with Au(I) isocyanide acrylate units. Journal of Inorganic and Organometallic Polymers and Materials，2020，30（5）：1490-1496.

[43] He B Z，Zhang J，Wang J，et al. Preparation of multifunctional hyperbranched poly(β-aminoacrylate)s by spontaneous amino-yne click polymerization. Macromolecules，2020，53（13）：5248-5254.

[44] Huang Y Z，Chen P，Wei B，et al. Aggregation-induced emission-active hyperbranched poly(tetrahydropyrimidine)s synthesized from multicomponent tandem polymerization. Chinese Journal of Polymer Science，2019，37（4）：428-436.

具有聚集诱导发光特性的超分子聚合物

4.1 ▶ 引言

　　超分子聚合物化学是超分子化学与高分子化学的交叉学科。超分子聚合物定义为重复单元经可逆的和方向性的非共价相互作用连接成的阵列，是一个流行、独立且快速发展的研究领域[1-3]。各种非共价相互作用（如多重氢键[4]、π-π 堆积相互作用[5]、金属配位[6, 7]、静电相互作用[8]和主客体相互作用[9]）已被广泛用作构建超分子聚合物。与传统聚合物相比，可逆的非共价相互作用赋予超分子聚合物不仅具有传统聚合物的特性，而且具有能够实现对刺激的高响应、对环境的适应性和自我修复能力等动态特性。因此，超分子聚合物被认为是一类新型智能材料，在包括药物输送、光捕获、模板合成、仿生、电子学等众多领域具有应用[10-12]。

　　通过将发光团的荧光特性与超分子聚合物的动态非共价键相结合，形成的超分子系统不仅表现出源自非共价键的动态特征，而且还表现出对各种外部刺激的荧光响应[13]。然而，对于传统的荧光团，聚集导致荧光猝灭（ACQ）极大地限制了它们在超分子聚合物中的应用，因为超分子聚合物的形成通常需要高浓度以避免形成线型或环状低聚物[14]。2001 年，唐本忠课题组观察到与 ACQ 效应完全相反的聚集诱导发光（AIE）现象[15]。在 AIE 过程中，荧光团在单分子状态下几乎不发荧光，但在聚集态下（在高浓度或在固体中）呈现高发光。分子内运动受限（RIM）被确认为导致 AIE 效应的主要原因[16]。在稀溶液状态下，活泼的分子内旋转是激发态衰变的弛豫通道；而在聚集态下，分子内旋转受到限制，导致非辐射衰变途径被阻断，辐射激子增加。根据 RIM 机理，科学家已经设计和开发了许多 AIE 发光团，如四苯乙烯（TPE）[17]、1, 1, 2, 3, 4, 5-六苯基噻咯（HPS）[18]、1-氰基-反式-1, 2-双-(4′-甲基联苯)乙烯[19]、萘酰亚胺（NI）[20]、五苯基吡咯[21]、9-(二苯基亚甲基)-9H-芴[22]、10, 10′, 11, 11′-四氢-5, 5′-联苯[a, d][7]-环亚苯基[23]、9, 10-二苯乙烯蒽（DSA）[24]。将超分子聚合物中引入 AIE 荧光团后，超分子聚合物在高浓度下的聚集有利于 AIE 荧光团的发光,为材料提供了良好的量子产率。因此,AIE 为超分子聚合物发光材料赋予了新的活力。

本章主要关注具有 AIE 性能的超分子聚合物[25],并总结了它们在制备、荧光性能和应用方面的最新进展。具体来讲,根据分子间非共价相互作用的类型对 AIE 荧光超分子聚合物进行分类,包括多重氢键[26]、金属-配位[27]、π-π 堆积相互作用[28]、静电相互作用[29]和主客体相互作用[30, 31],并且简单阐述了具有 AIE 效应的超分子凝胶体系。由于基于 AIE 效应的新型传感系统的开发潜力巨大,AIE 荧光超分子聚合物被认为是一类新型智能材料,在发光传感器、自愈合材料、有机电子器件和生物医学成像等领域得到了广泛研究。

4.2 基于氢键的 AIE 超分子聚合物

1912 年,氢键相互作用首先由 Moore 和 Winmill 提出[32]。氢键是超分子化学领域非常重要的一类非共价相互作用,以高强度（高达 120 kJ/mol）和显著的定向性为特征。在各种非共价相互作用中,氢键已被描述为"超分子化学中的万能作用"。近年来,通过氢键自组装制备超分子聚合物已经成为超分子化学的一个热门研究领域。值得注意的是,单个氢键的强度和方向性难以构建超分子聚合物。此外,氢键对 pH、温度和溶剂极性非常敏感。调节氢键强度和方向的方法主要包括改变氢键数量、调节酸/碱度、调整供体/受体部分的顺序以及改变溶剂或温度等。有许多基于定向氢键阵列的氢键基序,如腺嘌呤和胸腺嘧啶或尿嘧啶、胞嘧啶和鸟嘌呤、三聚氰胺和巴比妥型半胱氨酸,其中一些广泛用于构建荧光超分子聚合物。通过使用多重氢键相互作用来修改 AIE 分子的结构,利用氢键相互作用限制 AIE 分子的分子内旋转,可以很容易地制造出具有 AIE 特性的可控荧光超分子聚合物[33]。

多色发光材料是指可以用单一激发波长获得多种不同发射的材料。其中,超分子凝胶由于在光电子设备、化学传感等领域的独特优势和诱人前景而受到更多关注。但是如何实现单一激发不同发射呢?黄飞鹤课题组利用离散的不同发光凝胶表面的氢键组装了一种超分子多色凝胶[34]。首先制备了三种侧基带有四重氢键单元即脲基嘧啶酮（UPy）和不同发色团的聚合物,通过聚合物链间的氢键各自形成黄、蓝、绿的超分子聚合物凝胶［图 4-1（a）］。由于氢键的动态可逆性,这三种凝胶又可以通过表面的氢键组装形成各种复合凝胶［图 4-1（b）和（c）］,而且该复合凝胶在单一激发波长下发射出三种不同的荧光。利用这种氢键组装形式,他们又进一步构建了多种从 1D 到 3D 的复杂多色组装体。

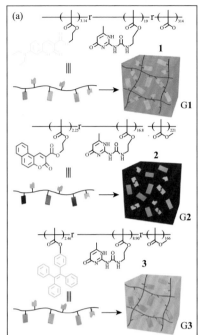

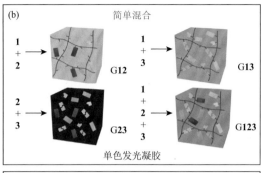

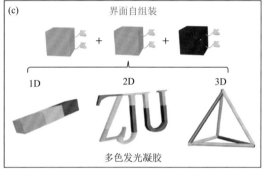

图 4-1　（a）聚合物 1、2、3 的结构及凝胶 G1、G2、G3 的卡通图；（b）依靠氢键形成的凝胶 G12、G13、G23 和 G123；（c）通过界面氢键组装形成多色发光凝胶示意图

Z 型和 E 型立体异构体分子式相同，却具有不同的构型，因此通常在材料和生命科学中扮演不同的角色。新型立体异构体的设计及其性质和相互作用的阐明是分子工程中一个重要的研究领域[35]。TPE 及其衍生物在聚集态下表现出高效发光的 AIE 性质，而利用 McMurry 偶联反应可以形成具有 Z 型和 E 型的双功能化 TPE，非常适合此类异构体的研究。唐本忠及其课题组制备了脲基嘧啶酮（UPy）官能化的四苯乙烯异构体(Z)-TPE-UPy 和(E)-TPE-UPy，它们同时具有 AIE 特性和超分子聚合特性［图 4-2（a）］[36]。在氘代氯仿中，(Z)-TPE-UPy 和(E)-TPE-UPy 的 ^{1}H NMR 显示了 UPy 单元在低场区域有 N—H 质子共振，表明 UPy 分子间通过氢键形成强相互作用。(Z)-TPE-UPy 和(E)-TPE-UPy 在氯仿中的紫外光谱几乎相同，最大波长为 352 nm。另外，在荧光发光（PL）光谱中几乎没有检测到信号。两种立体异构体分子在聚集态下表现出不同的荧光：(Z)-TPE-UPy 显示绿色发光，而(E)-TPE-UPy 显示蓝色发光［图 4-2（b）］。黏度测量表明两种立体异构体的聚合机理不同。(Z)-TPE-UPy 的黏度与浓度的对数呈线性关系，浓度低于 160 mmol/L 时斜率为 1.1，浓度高于 160 mmol/L 时斜率为 3.9，表明(Z)-TPE-UPy 的自组装是通过环链聚合机理进行的。对于(E)-TPE-UPy，已观察到在不同浓度下相同的曲线斜率均为 2.5，即使在非常低的溶液浓度下也是如此。同时，在相同条件下，

(*E*)-TPE-UPy 在氯仿中的溶液黏度高于(*Z*)-TPE-UPy。这两种立体异构体不同的立体结构和聚合物性质赋予了它们不同的应用。由于(*Z*)-TPE-UPy 的两个脲基嘧啶酮基团形成空腔，表明它适合用作具有高选择性 Hg^{2+}检测的传感器 [图 4-2（c）和（d）]。对于(*E*)-TPE-UPy，因其在极性溶剂中的溶解性差，所以不能显示这种检测特性。然而由于聚合度高，(*E*)-TPE-UPy 可用于制备非常明亮的蓝色荧光纤维，极大地拓展了 AIE 荧光团在光电子器件中的应用。

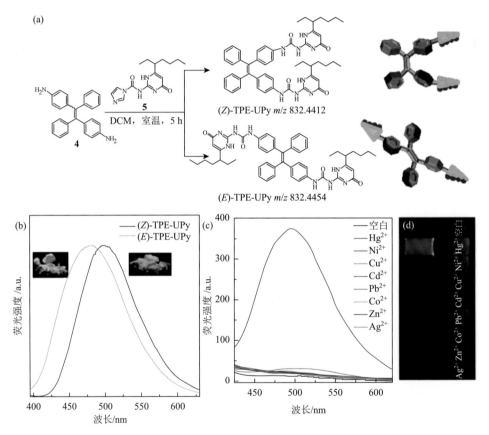

图 4-2 （a）(*Z*)-TPE-UPy 和(*E*)-TPE-UPy 的合成和示意图；（b）(*Z*)-TPE-UPy 和(*E*)-TPE-UPy 在固态下的荧光光谱（激发波长 350 nm），插图为在 365 nm 紫外光照射下拍摄的(*Z*)-TPE-UPy 和(*E*)-TPE-UPy 粉末的荧光照片；(*Z*)-TPE-UPy 在 THF/水（1∶1，*v/v*）中加入不同的金属离子的荧光光谱（c）及其溶液的荧光照片（d）

机械响应的发光（MRL）材料是指可以通过外力改变其发光的材料。许多文献报道了粉末类 MRL 材料的荧光可以通过研磨来改变。但事实证明，利用这种效果来真正制备有用的材料是十分困难的。这个问题可以通过将 MRL 染料结合到机械强度高的聚合物中来解决。然而，在许多情况下，将 MRL 行为与聚合物变形联系起来并非易事。Weder 教授利用超分子的方法将氢键和发色团有机结合为解决这个问题提供了一种全新的策略[37]。利用的原理是氰基-OPV 基元在不同聚集态下展现出不同的荧光，而动态的氢键赋予了体系可加工性 [图 4-3（a）和（b）]。与之前的低分子量的热响应和机械响应的力致变色材料不同，这里的化合物 **7** 可以被方便地塑型成各种形状 [图 4-3（d）～（f）]。这种新材料展示了超分子聚合物的热机械特性，在固态下可以提供三种不同的发射，并同时表现出 MRL和热响应行为 [图 4-3（c）]。这个概念也适用于其他 MRL 分子和超分子结合体系，有望被广泛用于创造具有丰富刺激响应行为的材料。

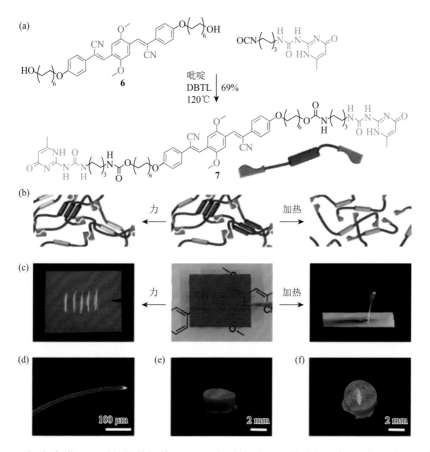

图 4-3　（a）合成 UPy 功能化的氰基-OPV **7**；（b）超分子组装过程示意图；（c）由 **7** 制备的薄膜照片及其在机械力和热刺激下的响应行为，左图为刮擦产生红色到黄色的荧光转变，右图为加热（180℃）后形成的绿色发光的液体，其冷却后固化形成红色发光固体；（d）由 **7** 制备的纤维荧光显微镜照片；（e，f）由 **7** 制备的柱状体在表面刮擦前后的照片

由于具有多个氢键，荧光超分子聚合物材料具有强荧光并且可以获得多种荧光颜色。同时，由于氢键具有良好的可逆性和响应性，可以调控发色团在单体中的聚集，这也有助于对分子构象的限制。分子内氢键有助于激发态分子内质子转移（ESIPT）和增强分子间 C—H···π 和 C—H···X（X = O、N、F 等）的相互作用。所有这些氢键相互作用的特性都可以促进 AIE 过程，并可进一步应用于照明、传感和自修复超分子聚合物材料等。

4.3　基于金属配位的 AIE 超分子聚合物

由于金属具有磁性、自由电子和催化电位等特点，因此基于金属配位键的超分子聚合物材料已经得到了广泛研究。配体和金属离子的类型可以影响重复单元结合强度、可逆性和溶解度，这将决定超分子聚合物的性质。与氢键系统类似，可以通过使用多齿配体和多价金属离子提高金属配位键的结合能力。此外，金属配位键的方向性和结构的合理设计也非常重要，金属-配体配位相互作用的可逆和动态过程会影响发色团的能量转移，通过将金属-配体配位和发色团引入超分子聚合物中可以得到许多其他性能（如可调光致发光）[38, 39]。

由于 2, 2′∶6′, 2″-三联吡啶（tpy）具有三个配位的氮原子和 4′-位的易取代性，是利用 d_6-金属离子制备具有预定结构的线型阵列的理想配体，这也赋予它有趣的光学、电子和磁性特性[40]。Ceroni 课题组制备了一种六硫代苯分子 HB，其外围有六个 tpy 单元，将聚集诱导的磷光与 tpy 单元的金属结合起来（图 4-4）[27]。分子 HB 在流体溶液中几乎不发光（荧光量子产率 $\Phi_{em} < 10^{-3}$），而在固态中表现出强发光（$\Phi_{em} = 1$），这是由分子内旋转和刚性环境中的构象运动受限所致。在四氢呋喃溶液中，当与 Mg^{2+} 发生络合反应时，六硫苯的磷光就会被开启，吸收和发光强度都增加了 3 倍，且吸收带红移并在 326 nm 处出现等位点。当金属离子与两个不同分子的两个 tpy 配体配位时形成超分子聚合物，这阻碍了发色团的分子内旋转，并且进一步使激发态的辐射跃迁失活。激发聚合物结构的[Mg(tpy)$_2$]$^{2+}$单元后，核心磷光的敏化效率提高了 90%以上，并且表现出最高的荧光量子产率（10%）。此外，这种超分子聚合物结构可以充当一种高效的光捕获天线：通过[Mg(tpy)$_2$]$^{2+}$单元的激发，六硫苯核发光以几乎 100%效率被敏化。在添加 F 后，由于超分子结构的解体，发光将被关闭。由于该结构可以隔离 Mg^{2+}，因此产生了磷光的可逆关闭。该方法为构建具有 AIE 活性的磷光体系和阴阳离子的磷光传感器提供了一种新的方法。

金属笼是一种依靠配位键形成的带有空腔结构的重要结构。尽管大量的金属笼被报道，但是以发光的金属笼作为核的超分子聚合物却鲜有报道。Stang、张明明和尹守春等通过 21-冠-7（21C7）和二级铵盐的主客体相互作用与金属配位的正交组

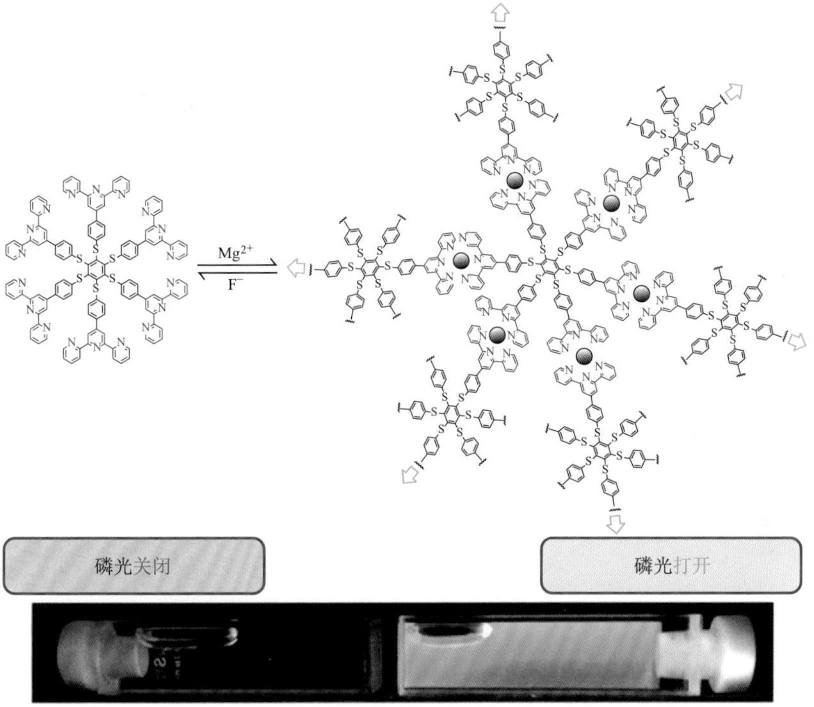

图 4-4　基于金属配位的自组装结构及其对阴阳离子的磷光响应示意图

装制备了一类金属笼为核的超分子凝胶 [图 4-5 (a) 和 (b)] [41]。需要特别指出的是，由于 AIE-活性基元的引入，避免了凝胶中分子在高度聚集时的荧光猝灭现象。引入发光金属笼不仅赋予了凝胶有趣的发光性能，而且加强了凝胶的刚性及自修复性能。得益于非共价键的动态可逆性，该凝胶还展现了良好的热响应和阳离子响应 [图 4-5 (c)]。对照实验证实，凝胶的储存模量和损耗模量是没有金属核凝胶的 10 倍，证明金属核在提高凝胶刚性中起重要作用。这项研究为制备兼具刚性、响应性和自修复性的智能超分子凝胶提供了新的策略。

　　白色光是一种复合光，一般由两种波长光或者三种波长光混合而成。黄建滨及其课题组报道了使用含有 AIE 基团作为蓝色（B）发光组分，稀土金属离子 Eu^{3+} 和 Tb^{3+} 作为红色（R）和绿色（G）发光组分的双齿吡啶二羧酸配体，制备阴离子配位超分子聚合物 [图 4-6 (a) ~ (c)] [42]。TPE-DPA 为水溶性且在水相中发光微弱，但与 Tb^{3+} 配位后，形成 Tb^{3+}/TPE-DPA = 2∶3 的不溶性结构，并且由于 TPE 基团的 AIE 性质，发光强度大大增加。由于可逆配位聚合物的动力学性质，通过控制红色发光铕和绿色发光铽的混合，可以形成蓝绿色的 AIE 发光。通过在石英板上逐层组装蓝绿色发光元件，可以制备 CIE 坐标为(0.335, 0.347)的白色荧光膜，外量子效率高达 11.74%，说明了可逆配位聚合物在功能材料制备中的优势

[图4-6（d）]。这种白色薄膜在一定温度和 pH 范围内都非常稳定，这表明它具有形成白色发光器件的巨大潜力。此外，Cl₂ 与 TPE 的乙烯键之间可能发生反应，导致红绿蓝（RGB）三基色的蓝色发光元素丢失或减弱，因此白色薄膜显示出对 Cl₂ 的特异性检测，这也暗示了将其用作化学传感器的可能性。可逆配位聚合物的应用为功能性白光发光材料的开发提供了新的途径。

通过合理设计金属配位键的方向性和结构，可以得到具有不同荧光特性的基于金属配位相互作用的荧光超分子聚合物材料。金属-配体配位相互作用的可逆动态过程影响生色团的能量转移，从而阻碍发色团的分子内旋转，使发光激发态的辐射失活。通过在超分子聚合物中引入金属配位和 AIE 发色团，可以提供诸如可调节荧光等有趣的特性，这可能为材料和生命科学领域的固态光学器件提供新的可能性。

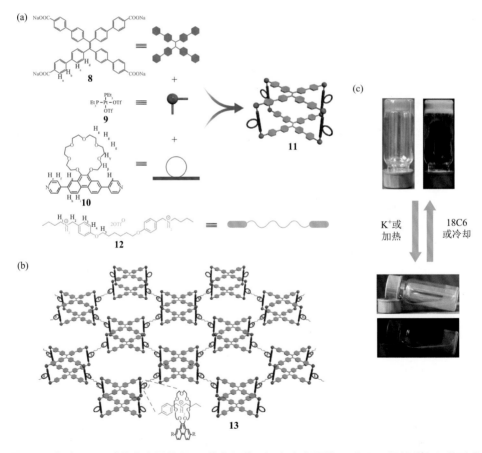

图 4-5　（a）21C7-功能化金属笼子 11 的自组装；（b）由金属笼 11 和双二级铵盐自组装形成交联超分子聚合物网络 13；（c）超分子聚合物网络可逆溶液-凝胶转变的日光和荧光照片

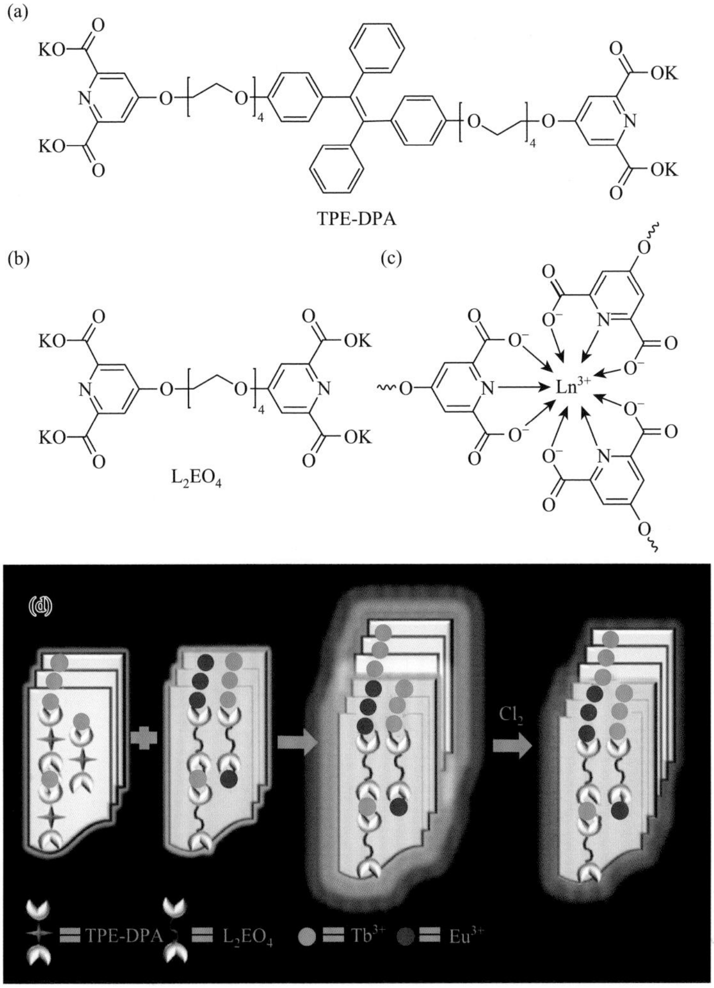

图 4-6 （a）TPE-DPA 的结构；（b）L₂EO₄ 的结构；（c）L₂EO₄ 的头部与 Ln³⁺ 之间的配位，其中 Ln³⁺ 代表稀土金属离子 Eu³⁺、Tb³⁺；（d）制备白光发光薄膜的图示

4.4 基于 π-π 堆积相互作用的 AIE 超分子聚合物

π-π 堆积相互作用是指富电子芳香环和缺电子芳香环之间发生的有吸引力的非共价相互作用[43]。面对面和面对边是这些芳香环之间 π-π 堆积的两种常见形式[44]。此外，π-π 堆积相互作用会影响堆积芳香基团的电子态，从而限制 AIE 分子的分子内转动，进而影响具有 AIE 现象的超分子聚合物材料的荧光性能。

Lin 课题组报道了一种新型功能性超分子氢化剂——萘酰亚胺-苯丙氨酸（NI-Phe），它可以在 pH 为 7.4 时形成 1 wt%的超分子微尺寸纤维[45]。与相对稀的溶液相比，暴露在紫外灯下的 NI-Phe 水凝胶可以很容易地观察到强烈的蓝光，这揭示了 AIE 效应被引入 NI-Phe 的自组装中（图 4-7）。当 NI-Phe 水凝胶处于不同的水组分时发生红移，表明分子间的 π-π 堆积相互作用仅存在于 NI-Phe 水凝胶在水中的自组装过程中。当水含量低于 80 vol%时，NI-Phe 水凝胶的荧光强度非常微弱；当水含量增加到 80 vol%以上时，荧光曲线急剧上升并出现明显的红移，表明当 NI-Phe 水凝胶聚集时具有很强的 AIE 特性。对于这种超分子水凝胶，用 MTT[3-(4, 5-二甲基噻唑-2-基)-2, 5-二苯基溴化四唑]比色法测定了 NI-Phe 水凝胶形成的人骨髓间质干细胞（hMSCs）的活性。将 hMSCs 与不同浓度的水凝胶剂一起孵育后，干细胞表现出高增殖能力和高存活率。hMSCs 和 NI-Phe 荧光纤维的成像也证实了 3D 凝胶中的细胞活力。这项工作为三维支架材料中活细胞成像的发展提供了一种新的无掺杂方法。这些基于 AIE 的荧光超细纤维和水凝胶是实现活细胞-基质成像的有前途的支架材料。这种方法避免了光的衍射问题，可用于使用激光扫描共聚焦显微镜（CLSM）清晰地观察活细胞支架材料。

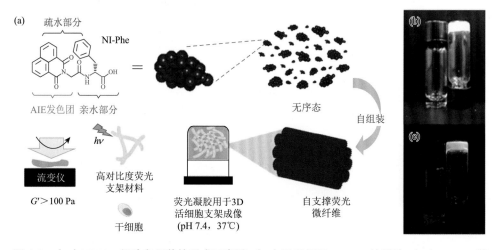

图 4-7 （a）NI-Phe 凝胶自组装的形成示意图；（b）日光灯下 NI-Phe 的照片；（c）365 nm 紫外灯下 NI-Phe 的照片，左瓶 0.001 wt%，右瓶 1 wt%，pH = 7.4

García-Frutos 课题组报道了一种基于二氮异靛蓝衍生物（DD）的新型低分子量有机凝胶剂（LMOG）［图 4-8（a）］[46]。在 ¹H NMR 变温实验中，当温度从 20℃升高到 60℃时，化合物 DD 在凝胶状态下的芳香信号缓慢向上移动。这种现象表明芳香分子之间的 π-π 堆积排列可以被认为是缔合过程的主要驱动力。凝胶化后，在激发光谱和荧光发光光谱中观察到红移，表明通过微带或三维网络中的 π-π 堆积相互作用形成 J 型聚集体［图 4-8（b）和（c）］。在荧光光谱中，观察到一个对应于分离分子激发的带和分配给聚集物质的第二个带，后者在冷却和凝胶化过程中显著增加。从稀溶液到聚集态的荧光寿命和量子产率的增加表明超分子有机凝胶在形成过程中发生了 AIE 现象。密度泛函理论计算表明，在 $S_0 \rightarrow S_1$ 跃迁过程中，分子的扭转会通过锥形交叉点导致非辐射衰减，但当分子处于聚集态时，扭转受到阻碍，有利于辐射衰减，这与 AIE 现象一致。

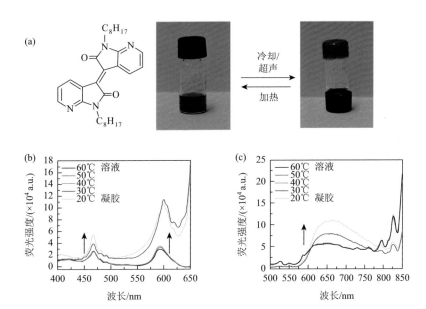

图 4-8 （a）凝胶剂的分子结构和在环己烷中通过"倒置试管"加热-冷却形成的有机凝胶照片；（b）凝胶剂在冷却成凝胶过程中的激发光谱；（c）凝胶剂在冷却成凝胶过程中的发光光谱，溶液为环己烷，样品浓度为 4.5×10^{-2} mol/L，激发波长为 470 nm

　　由于 π-π 堆积相互作用的影响，超分子聚合物的荧光可以通过不同的外部刺激进行调节。堆积相互作用会引起芳香族的电子云分布和能量转移受到一些外部刺激（如 pH、温度和光照）的影响。这些外部刺激可以改变生色团发光的波长。在聚集态下，相邻的富电子芳香环和缺电子芳香环之间的 π-π 堆积相互作用限制了分子内运动，这抑制了激发态的非辐射衰变并进一步增强了荧光。可以将荧光超分子聚合物的应用扩展到许多领域，如有机发光二极管（OLED）、荧光传感器和探针。

4.5 基于静电相互作用的 AIE 超分子聚合物

　　静电相互作用是相反电荷的离子之间的一类非共价相互作用[47]。带有相反电荷的有机单体可以在水中形成络合物，这与其他种类的非共价相互作用相比具有重要的特征。通过将相反的电荷（如磺酸盐和羧酸盐单元的阴离子，以及阳离子如季铵部分）引入发色团作为超分子相互作用位点，也可以基于它们的静电相互作用在水中构建荧光超分子聚合物材料。此外，pH、温度和竞争性离子也会影响阴离子和阳离子之间的静电相互作用，因此超分子聚合物材料的荧光性质也将受这些因素的影响。深入了解静电相互作用如何在分子水平上影响材料的性能并以此构建的 AIE 荧光超分子聚合物，可以广泛应用于生物系统和医学领域。

构建人工功能材料的分级自组装近年来备受关注。通过分级自组装制造各种超分子聚合物的有效方法之一是使用含配位键的金属环。杨海波等报道了第一个基于带正电荷有机铂（Ⅱ）金属环骨架的多重静电相互作用分级自组装的离散金属环 [图 4-9（a）][29]。为了探索分级自组装过程，通过配位驱动将含 TPE 的供体引入金属环上，并使用硫酸化糖胺聚糖聚合物在多个负电荷的存在下作为抗凝药物诱导它的分级自组装，接着引入富电子化合物肝素来探究它们之间的相互作用。肝素本身是惰性的，当在供体溶液中加入肝素后，基于 TPE 的金属环的荧光强度会大大增强。在这个过程中，带负电荷的肝素以肝素链的形式进入六边形金属环内 [图 4-9（a）]。肝素链的形成可以从低浓度的原子力显微镜（AFM）和透射电子显微镜（TEM）中看出。进一步的光学研究表明，在各种干扰生物分子中，只有加入肝素才能导致发光强度急剧增加，其他与肝素类似的高电荷聚合物与金属环相结合后表现出的是荧光猝灭现象。因此，这种 TPE 修饰的金属环可以用作肝素高灵敏度和选择性的荧光检测探针 [图 4-9（b）和（c）]。即使对于已被广泛用作肝素临床拮抗剂的硫酸鱼精蛋白，它与 TTHM 的结合亲和力也低于肝素。该研究不仅促进了功能金属环的发展和离散金属环分级自组装的应用，而且为证明生物大分子的传感和结合提供了方法。

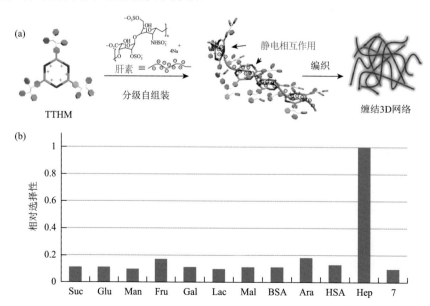

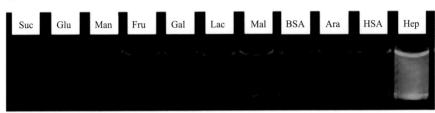

图 4-9　（a）含 TPE 的六方金属环（TTHM）与肝素可能的结合和聚集方式示意图；在多种可能的干扰生物分子下的选择性实验（b）和相应的荧光照片（c）

Suc：蔗糖，Glu：葡萄糖，Man：甘露糖，Fru：果糖，Gal：半乳糖，Lac：乳糖，Mal：麦芽糖，BSA：牛血清白蛋白，Ara：阿拉伯糖，HAS：人血清白蛋白，Hep：肝素

　　基于静电组装的超分子聚合物在生物领域也有应用。例如，黄飞鹤等通过聚合物（PSS）和 TPE 衍生物（TPE-Am）的静电相互作用制备了一个生物响应的荧光超分子凝胶[48]。TPE 发色团的聚集使得凝胶展现了稳定且明亮的蓝色荧光［图 4-10（a）］。由于 ATP 与 TPE-Am 的作用比与 PSS 作用更强，当将 ATP 加入上述凝胶体系，凝胶将被破坏，伴随着凝胶到溶液的转变，荧光强度也急剧降低。当加入磷酸酶分解 ATP 后，凝胶将再次形成，荧光强度也再次恢复。基于凝胶的低生物毒性，他们进一步探索了其对细胞质的成像应用［图 4-10（b）和（c）］。

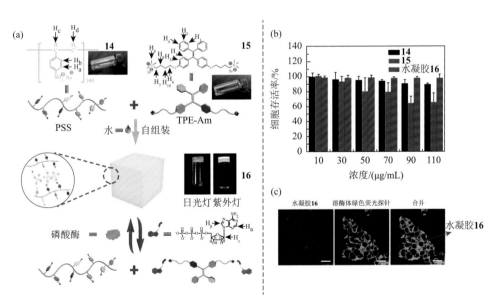

图 4-10　（a）通过静电组装制备的发光超分子凝胶及其生物响应的溶液-凝胶转变；（b）细胞毒性实验；（c）使用水凝胶 16 孵育 HEK293 细胞的激光扫描共聚焦显微图

4.6 基于范德华力的 AIE 超分子聚合物

在物理化学中,以荷兰科学家 Johannes Diderik van der Waals 命名的范德华力是指分子或原子团之间的残余吸引力或排斥力。由于范德华力既包括吸引力又包括排斥力,因此应包括:①永久偶极子之间的力;②永久偶极子与相应感应之间的力偶极(德拜力);③瞬时诱导偶极子之间的力(伦敦色散力)。与氢键或金属配位键相比,范德华力既不强也不具有定向性,但它广泛存在于自然界中,如超分子化学、结构生物学、聚合物科学、纳米技术、表面科学和凝聚态物理学等领域。唐本忠等对范德华力驱动的荧光超分子聚合物给予了大量的关注。最近,唐本忠等[49]使用炔-叠氮化物点击反应将豆甾醇基团与四苯乙烯(TPE)反应,制备了 AIE 活性化合物 [图 4-11(a)]。由于分子结构中存在长的烷基链,AIE 活性

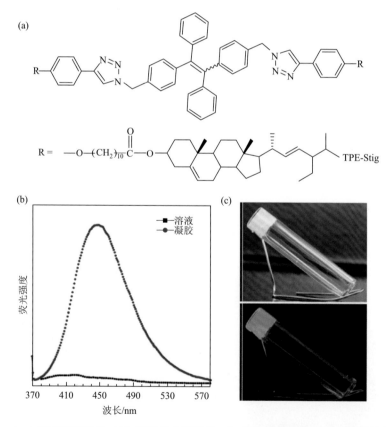

图 4-11　(a)豆甾醇修饰的 TPE 衍生物分子结构;(b)热甲醇溶液和有机凝胶的荧光光谱;
　　　　　(c)有机凝胶的日光灯和紫外灯荧光照片

化合物具有柔性，并且在甲醇中经缓慢加热和冷却容易自组装成有机凝胶。有机凝胶显示比溶液更强的荧光，这是由于有机凝胶的形成大大限制了分子构象，并限制了外围苯环的分子内旋转，从而促进 AIE 活性基元的聚集，提高了荧光量子产率［图 4-11（b）和（c）］。作为对比，设计了没有这种长且柔的烷基链的 TPE 衍生物，发现其无法形成凝胶，证明烷基链间的范德华力促进了凝胶的形成。这为制备凝胶诱导发光的有机凝胶提供了新方法。

　　随后，唐本忠等制备了两种带有不同链长连接的 TPE 衍生物，并研究其在范德华力驱动下的组装形貌［图 4-12（a）］[50]。将 **17(m)**（m = 5, 10）的 THF 稀溶液缓慢加入不良溶剂（如正己烷和水）中，会在范德华力驱动下自组装产生白色毛状固体。TEM 和 SEM 观察揭示了聚集体的（螺旋状）纳米纤维结构［图 4-12（b）和（c）］。从浓缩的热溶液中冷却后，**17(m)** 很容易发生沉淀。同时，它们也可以在高浓度下形成凝胶。**17(m)** 的沉淀物和凝胶都表现出类似于在不良溶剂中形成的聚集体的结构。这些结果表明，**17(m)** 容易自组装成高度发光的（螺旋）纳米纤维，从而为其光电和生物应用奠定基础。

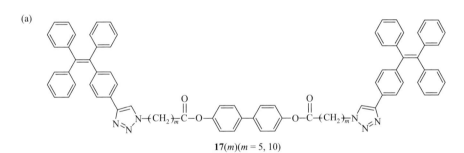

17(m)(m = 5, 10)

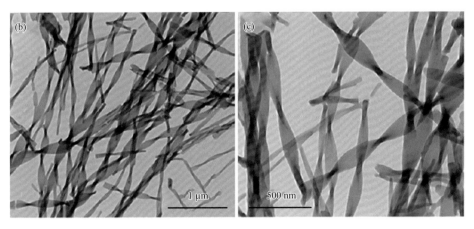

图 4-12　（a）具有不同链长连接的 TPE 衍生物 **17(m)**（m = 5, 10）的结构式；（b，c）17(5)在 THF/水（40∶60）混合溶液中由范德华力驱动形成的螺旋聚集体

4.7 基于主客体相互作用的 AIE 超分子聚合物

主客体相互作用是指两个或多个分子或离子之间的非共价相互作用[51]。在某些结构中，它能将这些分子或离子以非共价键的形式结合在一起。主体是结合位点在络合物中聚集的有机分子或离子，客体是结合位点在络合物中发散有机分子或离子。主客体之间的相互作用通常是由氢键、π-π 堆积或亲疏水等其他非共价相互作用构成的[52]。迄今为止，通过设计合适的主体和客体的结构，利用主客体相互作用已经成功构建了许多超分子聚合物。参与超分子聚合物构建的常见主体分子包括冠醚、环糊精（CDs）、葫芦脲（CBs）、杯芳烃（CAs）和柱芳烃[53]。由于多种非共价相互作用的组合，主客体系统具有高选择性和丰富的环境响应性。对于冠醚，一般的无机阳离子和有机带电分子都可以与之结合以构建主客体络合物[54, 55]。CDs 由于具有疏水空腔，有利于在水中与疏水化合物形成复合物[56, 57]。CBs 能以非常高的络合常数络合各种中性或带正电荷的客体，以形成新的超分子聚合物[58]。而与 CDs 和 CBs 相比，CAs 可以很容易地通过功能化其疏水腔来容纳更小的分子或离子[59]。柱芳烃由于其特有的刚性结构和易功能化的性质，适用于制备能络合一系列阳离子和中性客体的主客体复合物和超分子聚合物[60, 61]。最近，基于主客体相互作用，化学家一直试图制造具有明确的结构和荧光功能的荧光超分子聚合物，并将其用于照明、显示器和传感器等领域。另外，在荧光超分子聚合物中引入主客体相互作用可以调控材料的荧光寿命和性能[62]。

4.7.1 基于冠醚的 AIE 超分子聚合物

冠醚是一类环状化合物，其典型特征是一个环上有几个醚基，常见代表有 18-冠-6（18C6）、21-冠-7（21C7）、二苯并[24]冠-8（DB24C8）、双(苯基)-32-冠-10（BMP32C10）和双(对亚苯基)-34-冠-10（BPP34C10）[4]。冠醚基主客体相互作用已经被用于超分子聚合物的开发并且显示出优异的性能，如良好的选择性、高效率和刺激响应性等。为了进一步探究冠醚基超分子聚合物的性质，许多研究人员集中于冠醚基荧光超分子聚合物的研究。最近，荧光超分子聚合物凝胶已经成为热门的研究领域，由于具有柔性结构和固有的光电子性质，其可以应用于许多领域[5]。

基于冠醚的主客体相互作用，使用 TPE 作为发色团，尹守春等报道了一种新型荧光超分子聚合物（图 4-13）[63]。单体 TPE-DB24C8 是一个 TPE 单元与两个 DB24C8 相连，而单体 BS-DBA 是具有两个二苄基铵（DBA）单元的双铵盐。即使在高浓度（200 mmol/L）下，单体 TPE-DB24C8 也显示出微弱的荧光。当两种单体以等摩尔比结合形成超分子聚合物时，随着浓度从 75 mmol/L 增加到

200 mmol/L，超分子聚合物的荧光强度增强同时伴随着 13 nm 荧光发射光谱红移，这是由于 TPE 基团的分子内旋转运动的限制。当超分子聚合物处于固态时，由于聚集体从非晶态到晶态的形态变化，观察到荧光强度进一步增强并伴随 79 nm 蓝移。然而，随着 Pd^{2+} 的加入，超分子聚合物的荧光强度大大降低，这可以被认为是构建 Pd^{2+} 化学传感器的一种新方法。

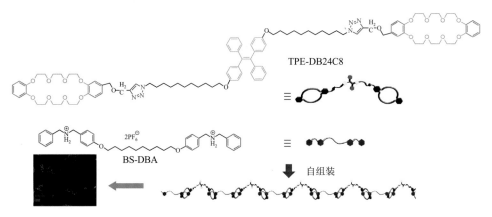

图 4-13　单体 TPE-DB24C8 和 BS-DBA 的化学结构，以及形成荧光超分子聚合物的卡通示意图

插图为电纺丝制备的超分子聚合物纳米纤维的荧光照片

张国颖等利用冠醚的 K^+ 识别效应并结合 AIE 分子构建了一种非常有效的荧光 K^+ 探针[64]。他们通过硫醇-烯烃的点击反应合成了一种四冠醚修饰的 TPE 衍生物 TPE-(B15C5)$_4$。这种化合物在 THF 中溶解状态下几乎不发光，然而随着 K^+ 的加入，K^+ 可以和 B15C5 形成 1∶2 的三明治结构的络合物，从而起到交联作用，使得 TPE-(B15C5)$_4$ 发生聚集形成交联网状的超分子聚合物（图 4-14）。由于 AIE 效应的存在，这个过程同时伴随着荧光的点亮及规整的球形超分子纳米颗粒的形成。K^+ 的检测限可以低至约 1.0 μmol/L，且具有非常好的离子选择性。因此，TPE-(B15C5)$_4$ 可以作为一种高敏感度和选择性的荧光点亮型 K^+ 探针。

4.7.2　基于环糊精的 AIE 超分子聚合物

环糊精是由 α-(1, 4)-糖苷键连接六个、七个或八个吡喃葡萄糖单元构成的环状低聚物，根据吡喃葡萄糖单元的数目不同分别命名为 α-环糊精、β-环糊精和 γ-环糊精[56]。环糊精具有疏水空腔并与水中的疏水化合物形成复合物的结构特点，因此可以增强这些化合物的溶解度和生物相容性[57]。例如，许多疏水性有机发色团可以被捕获在环糊精的空腔中，使其溶解度增加。因此，AIE 荧光超分子聚合物

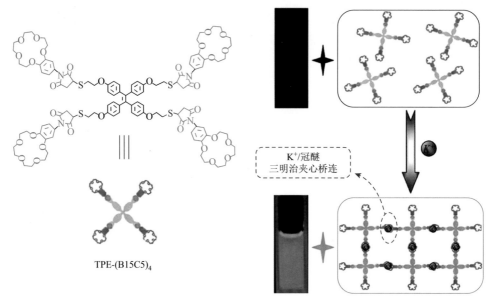

TPE-(B15C5)₄

K⁺/冠醚
三明治夹心桥连

图 4-14　基于 TPE-(B15C5)₄ 的 K⁺分子识别构建的点亮型超分子聚合物

在水中的应用得到了扩展。此外，还可以通过控制主客体复合物的络合和解络合，来有效调节超分子发光聚合物的 AIE 性质[65]。因此，近年来对基于环糊精的荧光超分子聚合物材料的研究取得了快速进展。

张小勇等通过 β-环糊精封端的聚乙二醇（β-CD-PEG）和含有 AIE 染料（Ph-Ad）的金刚烷（Ad）之间的主客体相互作用，制备了具有 AIE 特性的荧光有机纳米颗粒（FONs）[66]。将具有亲水性的 β-CD-PEG 片段与疏水性的 Ph-Ad 混合组装成线型超分子两亲聚合物。该聚合物可以进一步组装成以 Ph-Ad 聚集在内部为核心、β-CD-PEG 作为外壳的球形纳米颗粒（图 4-15）。Ph-Ad/β-CD-PEG FONs 在纯水溶液中沉积 24 h 以上会发出明亮的红光，这表明它具有良好的水分散性、强荧光和荧光稳定性。不仅如此，它还具有良好的生物相容性，因此可以用来做 A549 细胞的摄取测试。上述这些优异的性质，使得 Ph-Ad/β-CD-PEG FONs 在生物成像和生物活性化合物的细胞内递送方面拥有巨大的潜力。此外，这些具有 AIE 活性的超分子组装体可以与其他功能基团（如药物或靶向剂）结合使用，将会在生物医学应用中产生巨大的潜力。

Loh 等通过利用甘醇链修饰的 TPE 和 α-CD 的络合形成超分子聚合物构建了一种新的策略，来制备生物相容且高度发光的 AIE 体系 [图 4-16（a）][67]。无须增加 AIE 化合物的浓度，当用 388 nm 光激发时，两亲性的化合物 18 在溶液中就展现了典型的 AIE 性质。这是由于其在溶液中组装形成了胶束诱导了 TPE 的聚集从而点亮荧光 [图 4-16（b）]。当逐渐滴加 1～4 mmol/L α-CD 到上述溶液中时，荧光强度可以被进一步提高 4～12 倍。2D NOESY ^{1}H NMR 显示了 α-CD 和甘醇链的相关信号，证明了它们的络合。主客体络合物之所以能展现增强的荧光是因为甘醇链被限域在主体的纳米空腔内，而这进一步抑制了 TPE 上苯环转子的运动 [图 4-16（c）]。体外细胞实验证实这个 AIE 活性的超分子聚合物有望作为一种潜在的生物相容性的成像探针。

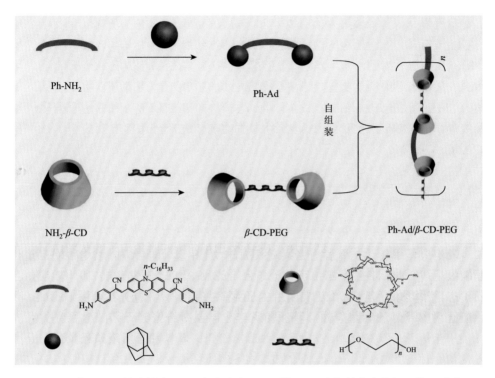

图 4-15　通过 AIE 活性染料（Ph-Ad）和含有 β-CD 的 PEG 之间的主客体相互作用形成 AIE 活性超分子组装体示意图

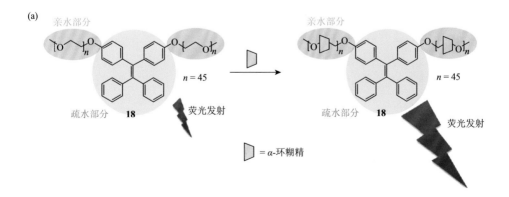

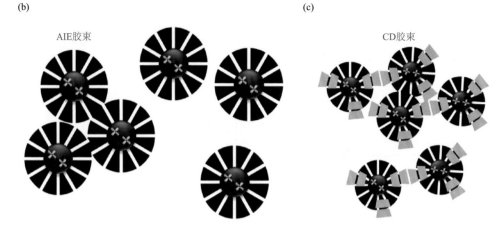

图 4-16 （a）PEG 修饰的 TPE 衍生物及其与 α-CD 络合形成超分子聚合物的示意图；（b）化
合物 18 自身形成的胶束示意图；（c）化合物 18 加入 α-CD 后形成的胶束示意图

4.7.3　基于杯芳烃的 AIE 超分子聚合物

杯芳烃是基于苯酚和醛的羟基烷基化衍生的环状低聚物，并且它们具有可以保持较小分子或离子的疏水空腔。与 CDs 和 CB[n]s 不同的是，杯芳烃更易于化学功能化，因此杯芳烃显示出了超分子聚合的显著潜力。近年来，基于温度、浓度、极性、竞争成分和电化学等条件，已经开发出多种具有外部刺激响应性的杯芳烃基超分子聚合物[68]。

田禾等基于双磺化 CA 主体 Bis-SC4A 及包含紫精和二甲氨基修饰的氰基苯乙烯的客体 K 构造了一种新型的发光超分子聚合物[69]。紫精可以和 Bis-SC4A 形成稳定的主客体络合物，而紫精的氧化还原也可以控制主客体络合的组装与解组装。另外，二甲氨基部分则需要经过质子化才可以与 Bis-SC4A 络合。因而，这个发光的超分子聚合物就有了电化学氧化还原和 pH 双重响应性，这也使得形成了两种准轮烷 R1 和 R2（图 4-17）。随着用 CF_3COOH 质子化 R1，超分子聚合物 P 的荧光强度降低，而使用三丁基胺去质子化后，荧光强度恢复。又用循环伏安法测量了超分子聚合物的电化学性质。包含双正电荷的紫精经历两个连续的电子还原过程达到了中性形式。因而，P 和 R2 之前的转变可以通过电化学来可逆控制。

田禾等还在水相中制备了一种具有亲水性主体大环的超分子聚合物 SP1（图 4-18）[70]。有趣的是，所制备的超分子聚合物 SP1 在不同溶剂中表现出对 pH 的响应性，并产生具有交替发光波长或开关的可切换 AIE 信号。在水溶液中，超分子聚合物 SP1 显示黄色 AIE 发光。当向溶液中加入 NaOH 时，质子化的 TPPE

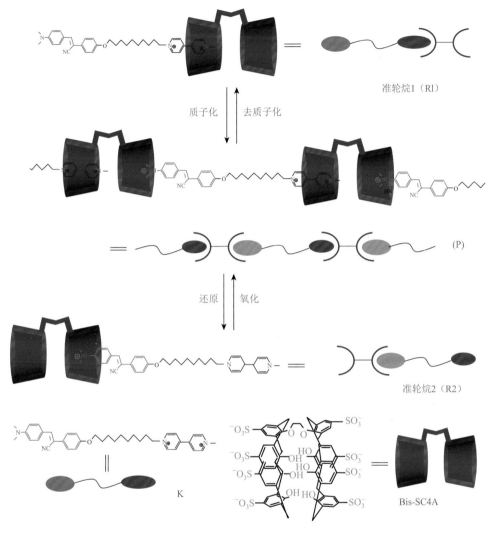

图 4-17　**Bis-SC4A、客体 K、准轮烷 R1、R2** 的结构图示，以及通过质子化/去质子化或电化学氧化还原刺激的超分子聚合物 **P** 的组装/解组装

被去质子化，导致超分子聚合物 SP1 解体。生成的 TPPE 在水中的溶解度较差，聚集并发出绿色荧光。在 H₂O/THF（1∶1）的混合溶液中，超分子聚合物 SP1 仍然显示出强烈的黄色 AIE 发光，以提供荧光点亮状态。然而，当向溶液中加入 NaOH 时，质子化的吡啶基团被去质子化，导致超分子聚合物解体，体系不发光。该研究为制备具有 AIE 功能分子的响应性超分子聚合物提供了一种新方法，促进了具有广泛应用的新型智能荧光材料的开发。

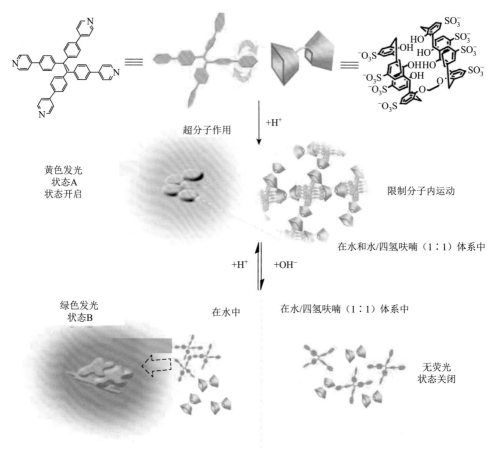

图 4-18 超分子聚合物 SP1 的制备和在水中的状态 A（黄色荧光）和状态 B（绿色荧光）以及 H₂O/THF（1∶1）中的 ON 状态（黄色荧光）和 OFF 状态（非荧光）之间切换的示意图

4.7.4　基于葫芦脲的 AIE 超分子聚合物

随着葫芦脲化学的快速发展，大量基于葫芦脲的超分子聚合物被发展出来。考虑到葫芦形联脲（CB[*n*]）能结合具有非常高结合常数的多种客体分子，可以用来开发许多新的超分子聚合物。但由于 CB 改性困难，基于 CB[5]、CB[6]和 CB[7]的超分子聚合物仍然是罕见的。特别地，CB[8]的空腔由于可以络合两个客体分子，成为连接组装基元强有力的方式。CB 独特的水溶性，使得构造水溶性的超分子聚合物成为一种可能。尽管 CB[8]已经被证实可以在水相中提高单分子或二聚体的发光强度，但是基于 CB[8]的具有高效发光的水溶性超分子聚合物还是比较少的。Park 教授精选了一种氰基苯的分子，它满足四个条件：①具有 AIE 性质；②水溶性；③与 CB[8]可以形成强络合物；④诱导产生稳定的超分子聚合物[71]。CB[8]络合导致的有序 J 型堆积和紧密的π-π堆积，不仅限制了发色团的分子内旋转，而且增强了辐射跃迁比例。具体地，这个氰基苯衍生物在水溶液中几乎不发光（Φ＜1%），但是与 CB[8]在纯水中组装形成超分子聚合物后可以发出 Φ = 91%的强烈荧光（图 4-19）。作为对比，还构建了具有较小空腔的 CB[7]与客体分子形成 2∶1 的离散复合物，其荧光量子产率只有 7%，证明 J 聚集体的形成对于荧光量子产率的提高至关重要。同时，他们还设计合成了不含氰基的双吡啶盐客体分子，其与 CB[8]形成的络合物是荧光猝灭的，证明客体分子本身具有 AIE 活性的重要性。除此之外，还基于 CB[8]对不同发光客体的络合构建了一种超分子嵌段聚合物并用于光捕获[72]。

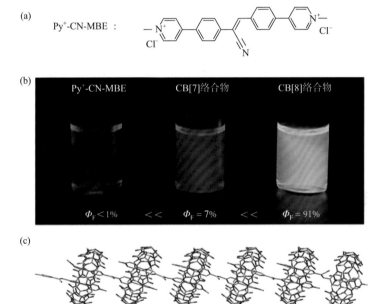

图 4-19　（a）氰基苯客体分子；（b）客体分子、客体分子与 CB[7]的络合物及客体分子与 CB[8]的超分子聚合物的荧光照片及其荧光量子产率；（c）最优化结构的超分子聚合物

　　二维材料的构建一直都充满挑战。利用自组装构建二维材料已经被证实是个有效的策略。赵新等基于四苯乙烯的衍生物和 CB[8]的组装构筑了一个带有平行四边形孔的 2D 超分子有机骨架（SOF）[73]。四苯乙烯衍生物在单分散态下是不发光的，但是在水相中形成的单层 SOF 却发出明亮的荧光。充分利用 SOF 的 2D 性质，随着不良溶剂如 THF 的加入，单层 SOF 进一步发生聚集，诱导产生更强的荧光发射（图 4-20）。

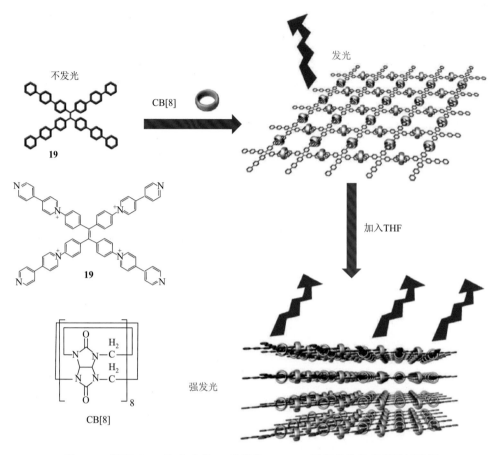

图 4-20　基于 **CB[8]** 和化合物 **19** 构造的 **2D SOF** 及其分步荧光增强示意图

4.7.5　基于柱芳烃的 AIE 超分子聚合物

柱芳烃[74]（或称柱[*n*]芳烃）是通过亚甲基桥在 2, 5-位连接，形成由 5 个或更多的对苯二酚或对苯二烷氧基连接的柱状新一代超分子大环受体，于 2008 年被首次报道[61]。柱芳烃的显著特点包括：①易于合成和修饰；②柱状的对称结构；③相对刚性和富 π 空腔。基于这些特征，已经构建了多种超分子聚合物并应用于如抗菌材料、药物递送和化学传感器等领域[75]。通过将发光团引入单体中，具有荧光性能的超分子聚合物也已经引起了研究者的极大兴趣，并且已经应用于许多领域，如药物递送、化学传感器和细胞成像等。

杨英威等基于一个二硒键桥连的柱[5]芳烃二聚体 SeSe-(P5)$_2$ 和一个双咪唑修饰的 TPE 中性客体 TPE-(Im)$_2$ 的主客体相互作用，构建了一个多重刺激响应的荧光超分子聚合物[76]。这个超分子聚合物在低浓度展现了明显的荧光发射强度的降低，其中二硒键的引入赋予了超分子聚合物氧化还原响应性。随着还原剂的加入，共价的二硒键断裂，超分子聚合物逐渐解聚。另外，竞争性客体如己二腈可以和柱[5]芳烃形成更强的络合，导致原先的咪唑和柱芳烃的络合被破坏，从而导致聚合物在不破坏共价键的情况下解聚成寡聚体（图 4-21）。这两种解聚合方法都可以引起体系的荧光强度的增强。

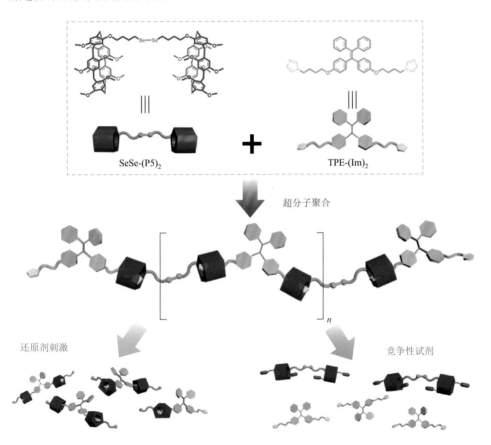

图 4-21　构成超分子聚合物的两个单体 SeSe-(P5)₂ 和 TPE-(Im)₂，以及超分子聚合、解聚的两个刺激响应过程示意图

　　最近，杨海波和同事通过主客体相互作用的分级自组装，制备了一类新的交联且具有多重响应特性的 AIE 超分子聚合物[77]。通过用两个联吡啶部分和两个柱[5]芳烃单元修饰 TPE 核制备了新的联吡啶供体 BPF，并配位制备了具有四个柱[5]芳烃单元的菱形金属环 BPS 和具有六个柱[5]芳烃单元的六方金属环 BPT [图 4-22（a）]。然后，通过将中性己二腈分子加入金属环 BPS 或 BPT 溶液中来构建交联的超分子聚合物。由于三维聚合物网络内 TPE 分子内运动的限制，由高浓度超分子聚合

物形成的超分子聚合物凝胶显示出 AIE 特性。此外，在不同的刺激下，如温度、竞争性客体分子和卤化物，由于配位键和主客体相互作用的动态特性，获得的超分子聚合物凝胶呈现出多种刺激响应凝胶-溶胶转变，并伴随荧光开启/关闭现象［图 4-22（b）］。这种具有多种响应特性的交联 AIE 超分子聚合物凝胶的构建策略可以引入各种化学和生化领域，如分子传感器、药物递送、生物成像等。

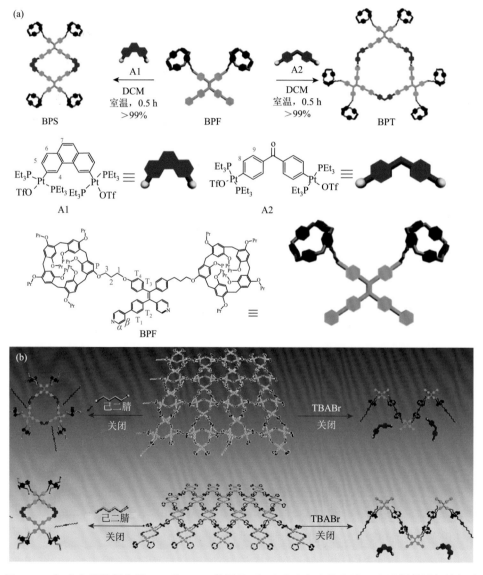

图 4-22 （a）自组装超分子 BPS 和 BPT 的图示；（b）由竞争客体和溴阴离子刺激引起的超分子聚合物凝胶分解的示意图

吴海臣及其同事的一项研究发现，AIE 活性超分子纳米颗粒也可用于重金属离子的传感和去除[78]。基于柱芳烃上的胸腺嘧啶基团与汞离子之间的配位，以及胸腺嘧啶取代的共聚柱[5]芳烃和双位 TPE 客体的主客体结合，构建了一种新型的 AIE 活性超分子聚合物，并用于检测 Hg²⁺ [图 4-23（a）]。在 Hg²⁺的存在下，主客体对会聚集成超分子聚合物，并通过每个复合物之间的连接在水溶液中组装成 AIE 活性超分子纳米颗粒 **21⊂20@Hg²⁺**。粒子的形成不仅可以富集溶液中的 Hg²⁺，而且也发出了荧光信号。此外，当将 Na₂S 加入含有 Hg²⁺的纳米颗粒有机悬浮液时，形成了 HgS 沉淀，随后 **21⊂21@Hg²⁺**解体，从而实现金属离子的去除和材料的回收利用 [图 4-23（b）]。

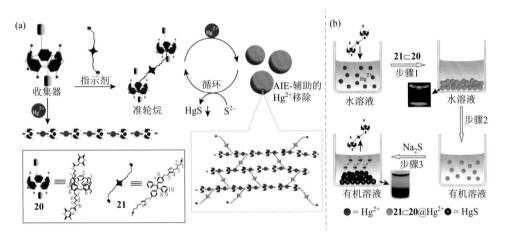

图 4-23　（a）胸腺嘧啶修饰的共聚柱[5]芳烃和双氰基修饰的 **TPE** 的结构；（b）基于形成的
21⊂20@Hg²⁺超分子聚合物的检测和移除 **Hg²⁺**的机理示意图

4.8 　具有 AIE 特性的超分子聚合物凝胶

通过低分子量凝胶（low-molecular-weight gelator，LMWG）的分层组装或通过非共价相互作用的交联形成网络的超分子凝胶化策略可以制造凝胶，其中形成的凝胶网络通常由缠结的（纳米至微米级）纤维组成。图 4-24 展示了这些凝胶的形成过程[79, 80]。当 LMWG 的溶液暴露于变化的环境条件中时，如冷却、接触不良溶剂或浓度（有时不需要刺激），LMWG 分子会聚集成一维聚集体或纤维。通过进一步聚集，形成纳米/微米尺寸组装网络并产生凝胶，在凝胶形成过程中，LMWG 的聚集反过来会触发 AIE。因此，如果将 AIE 部分引入 LMWG 分子中，则形成的凝胶通常会表现出 AIE 效应。

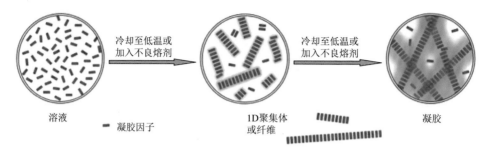

图 4-24　通过非共价相互作用的具有 AIE 效应的 LMWG 的分层自组装过程示意图

4.8.1　基于四苯乙烯、四苯基噻咯和 α-氰基苯乙烯的 AIE 活性低分子量凝胶

张德清等合成了树枝状取代的 TPE 衍生物 LMWG1，其中 TPE 部分赋予分子 AIE 活性特征，而树枝状部分充当多非共价相互作用的来源 [图 4-25（a）][81]。

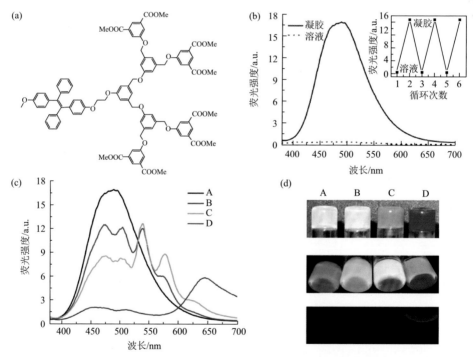

图 4-25　（a）LMWG1 结构式；（b）LMWG1 溶液和凝胶的荧光光谱图，插图为 LMWG1（20 mg/mL 甲苯溶液）溶胶-凝胶在加热和冷却条件下的荧光循环，激发波长：365 nm；（c）LMWG1（20 mg/mL 甲苯溶液，A）和苝二酰亚胺 0.1 mmol/L（B），1.0 mmol/L（C）和 10 mmol/L（D）凝胶的荧光光谱图；（d）日光灯（上）、365 nm 紫外灯（中）和对应溶液在紫外灯（下）的荧光照片

当 LMWG1 的热甲苯溶液（20 mg/mL）冷却至 0℃并保持 15 min 时，形成白色半透明的有机凝胶，同时荧光强度显著增加了 30 倍［图 4-25（b）］。来自树枝状部分的多重 π-π 相互作用是该系统凝胶化的主要驱动力。LMWG1 的干凝胶显示出典型的 3D 缠结网络，由细长的纳米纤维构成。研究发现，LMWG1 可以和苝二酰亚胺之间形成能量转移，并且提高凝胶相中苝二酰亚胺的浓度可以提高二者之间的能量传递效率，从而发出不同波长的荧光，由此可以轻松制备以苝二酰亚胺为"掺杂剂"的 LMWG1 有机凝胶［图 4-25（c）和（d）］。

王琛等发现，四苯基噻咯衍生物 **22** 在其热溶液冷却后与许多有机溶剂可以形成凝胶［图 4-26（a）］[82]。**22** 的分子结构由两部分组成，即 AIEgen 部分和多非共价相互作用部分。更具体地讲，2, 3, 4, 5-四苯基噻咯单元是典型的 AIE 结构单元，在这里用作 AIEgen 部分，其共轭结构也有助于分子组装成高度有序的结构。此外，三烷氧基苯甲酰胺单元构建了一个多非共价相互作用部分，其中酰胺基团可以作为氢键供体和受体，苯基可以促进 π-π 相互作用，给电子的烷氧链和吸电子的羰基基团提供供体-受体相互作用，柔性烷基链是范德华力和亲疏水相互作用的来源。在凝胶化过程中，荧光强度逐渐增加。对于 **22** 的二氯甲烷有机凝胶，凝胶的荧光强度几乎是溶液的 100 倍，证实了凝胶的 AIE 特性［图 4-26（b）和（c）］。总之，这些相互作用有利于分子的溶解性和结晶性之间的平衡。在这种情况下，除了控制分子的局部堆积排列及组装的超分子纳米结构外，多重非共价相互作用在平衡凝胶-凝胶相互作用和凝胶-溶剂相互作用方面起着重要作用[83]。

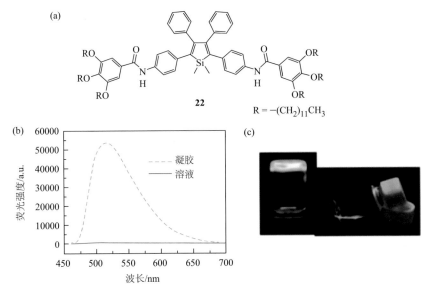

图 4-26　（a）化合物 **22** 结构式；化合物 **22** 在凝胶态和相同浓度（14 mg/mL）的 **CH₂Cl₂** 溶液中的荧光光谱（b）及 **365 nm** 紫外光照射下凝胶和溶液的照片（c）

　　除此以外，α-氰基二苯乙烯也是一类经典的 AIEgen。2014 年，Park 课题组报道了基于该结构单元的凝胶 **23**（PyG）[图 4-27（a）][84]，在 465 nm 光照射下光诱导凝胶发生凝胶到溶胶的转变。此外，这种转变伴随着聚集体和反式单体之间的荧光颜色转换 [图 4-27（c）和（d）]。这种针对氰基二苯乙烯材料中光致异构化原理的新型方法可用于开发一种简便的荧光图案化制造工艺，在实际应用中具有巨大潜力 [图 4-27（b）]。

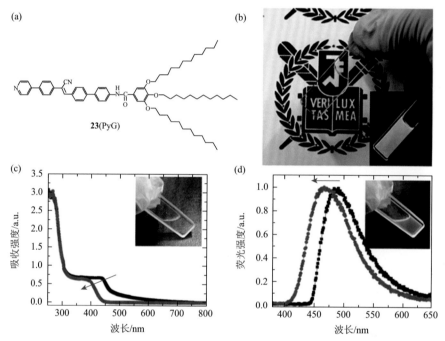

图 4-27　（a）化合物 23（PyG）结构式；（b）1 wt% 23（PyG）在环己烷中形成的透明凝胶在日光灯下的照片，附图为紫外光下凝胶的荧光照片；在蓝光照射之前（黑色）和之后（红色）环己烷中凝胶（0.25 wt%）的紫外-可见吸收光谱（c）和荧光光谱（d），每个插图分别显示了在室内光（左）和紫外光（右）下 465 nm 光照射后溶胶状态的照片

4.8.2　基于席夫碱和激发态分子内质子转移系统的 AIE 活性低分子量凝胶

　　席夫碱包含 C=N 键，可以通过单键简单地连接可旋转的部分。这使得所形成的化合物有希望成为 AIE 研究的候选者。迄今为止，已经开发了大量 AIE 活性席夫碱系统，其中许多是 LMWG，其中一些 LMWG 还显示出 ESIPT 性质。

　　张有明课题组报道了由 G1 凝胶化形成的 AIE 凝胶 OG1 [图 4-28（a）]，向凝胶中加入氟离子可以使荧光猝灭，同时肉眼观察到颜色从黄色变成深红色 [图 4-28（b）][85]。此外，在凝胶中加入 H⁺ 可以恢复 AIE 和颜色。有趣的是，在 F⁻ 响应过程中，有机凝胶 OG1 在宏观层面上没有发生任何凝胶-溶胶相变。然而，受多重自组装驱动力的控制，OG1 在微观水平上表现出可逆的凝胶变化 [图 4-28（c）]。

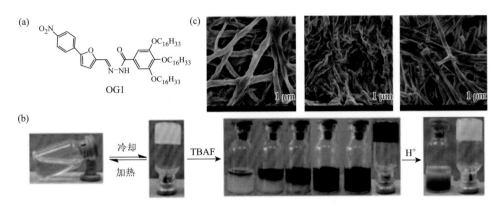

图 4-28　（a）化合物 **OG1** 结构式；（b）**OG1** 凝胶在日光灯下对加热、F⁻ 和 H⁺ 的刺激响应图；（c）**OG1** 干凝胶（左）、加入 F⁻（中）和 H⁺（右）的 SEM 图

2-（2′-羟基）苯基苯并噁唑是典型的具有 ESIPT 特性的发色团，也表现出 AIE 效应。钱妍等基于该发色团合成了 AIE 活性凝胶 BHPBIA [图 4-29（a）][86]。BHPBIA 在浓度为 0.67 wt% 的 THF/环己烷（2∶3，体积比）混合物中形成有机凝胶，所得凝胶发出强烈荧光，但 BHPBIA 的 THF 溶液不发光 [图 4-29（b）和（c）]。因此，J 聚集体之间的分子间氢键是凝胶中形成长程一维组装的主要驱动力。

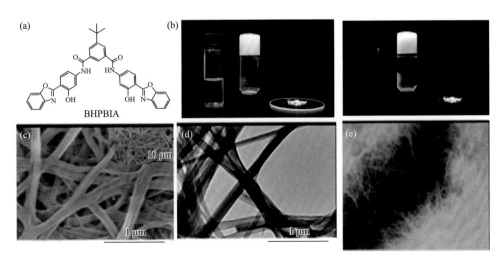

图 4-29　（a）化合物 **BHPBIA** 结构式；（b）**BHPBIA** 的 THF 溶液和干凝胶（THF/环己烷 = 2∶3，体积比）的日光（左）和 365 nm 紫外光（右）下的照片；在室温下观察 **BHPBIA** 干凝胶的 FE-SEM（c）、TEM（d）和荧光显微镜（e）的图像

4.8.3 基于其他低分子量 AIE 活性的凝胶

除了上述经典的 AIEgen 系统外，还有许多发光系统表现出 AIE 特性。基于这些不同的 AIEgen 系统，已经设计和合成了许多有趣的 LMWG，并用于制造 AIE 活性超分子凝胶。1,8-萘二甲酰亚胺、咔唑、均苯三甲酰胺和杂环等发光团用作发光部分，并连接多种非共价相互作用结构以构建 LMWG。

Banerjee 报道了两种基于萘二亚胺的肽凝胶 NF 和 NV 在各种有机溶剂中的自组装 [图 4-30（a）][87]。这些凝胶表现出半导体性质和有趣的 AIE 特性。NF 本身在溶液状态下显示出非常微弱的荧光，而在氯仿和甲基环己烷混合物中的聚集凝胶状态下发出亮黄色荧光 [图 4-30（b）]。这些凝胶在形态学和结构上都得到了很好的表征 [图 4-30（c）～（f）]。紫外-可见和荧光光谱数据清楚地表明自组装状态下存在 J 聚集体。

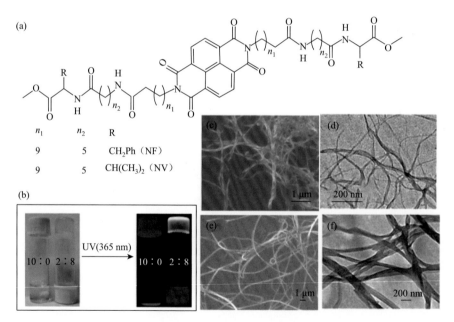

图 4-30 （a）化合物 NF、NV 结构式；（b）NF 在纯氯仿中和氯仿/甲基环己烷（2∶8）中的凝胶在日光和紫外光下的照片；NF 凝胶的 FE-SEM（c）和 TEM（d）图像；NV 凝胶的 FE-SEM（e）和 TEM（f）图像

尽管有些 LMWG 中的一些发色团不表现出 AIE 特性，但由相应的 LMWG 形成的凝胶显示出凝胶诱导（增强）发光现象。这归因于通过连接非共价相互作用部分带来的分子柔韧性的变化，促进了激子在溶液状态下的非辐射衰变，导致预

凝胶溶液中 LMWG 的弱发光。在凝胶过程中的自组装聚集态下，非共价相互作用使分子结构硬化，形成的凝胶表现出增强的发光。

4.9　总结与展望

本章节概括了目前基于不同类型分子间非共价相互作用的 AIE 荧光超分子材料的研究进展，包括多重氢键相互作用、金属配位相互作用、π-π 堆积相互作用、静电相互作用、范德华力和主客体相互作用，以及具有 AIE 效应的超分子凝胶。单体之间的这些非共价相互作用不仅在目标超分子聚合物材料的构建中起着至关重要的作用，还决定了这些材料的荧光特性。由于氢键具有优异的可逆性和响应性，氢键相互作用可以增强 AIE 作用，并可进一步用于照明、传感器和自修复超分子聚合物材料。不同的金属/配体组合提供了具有不同荧光特性的基于金属配位相互作用的荧光超分子聚合物材料。通过 π-π 堆积相互作用对 pH、温度、光照等的响应性，可以调节 AIE 荧光超分子聚合物发色团的发光波长，进一步增强光致发光，将荧光超分子聚合物应用于有机电致发光器件、荧光传感器和荧光探针。而且，由于荧光超分子聚合物具有良好的水溶性和强的静电相互作用，通过静电相互作用将电荷引入荧光载体中作为超分子相互作用位点，可以制备出荧光超分子聚合物材料，使其成为生物系统和医学领域的理想材料。此外，范德华力也可以用于连接荧光单体以形成荧光超分子聚合物材料。多种非共价相互作用的结合，有利于制造先进的刺激响应荧光超分子聚合物材料，并可以促进具有结构明确和荧光功能的超分子聚合物在 LED、有机电子器件和生物系统中的发展。作为超分子聚合物功能化领域的一个新兴课题，AIE 荧光超分子聚合物的研究将为超分子聚合物传感器、光学器件和显像剂的应用奠定基础。

尽管荧光超分子聚合物材料取得了重大进展，但开发具有实际应用价值的新型荧光超分子聚合物材料仍然是一个很大的挑战。第一，人们希望能够制造出具有复杂拓扑结构（如侧链、环状、支链）的荧光超分子材料。第二，虽然目前已经开发了一些通过非共价相互作用驱动的荧光超分子聚合物材料，但仍然需要研究具有高结合能力的超分子聚合驱动力，以扩展超分子聚合物材料的种类。第三，期望在超分子聚合物材料中添加具有独特性质（如高量子产率和色纯度）的新型 AIE 荧光单体，从而调节超分子聚合物的发光性能。第四，开发具有 AIE 性质的水溶性和生物相容性的荧光超分子聚合物材料，对生物应用非常重要。我们坚信，AIE 荧光超分子聚合物材料及其特性会在人类健康和社会发展领域发挥巨大的作用。

（何玄　魏培发）

[1] Park T, Zimmerman S C. Formation of a miscible supramolecular polymer blend through self-assembly mediated by a quadruply hydrogen-bonded heterocomplex. Journal of the American Chemical Society, 2006, 128（35）: 11582-11590.

[2] de Greef T F, Meijer E. Supramolecular polymers. Nature, 2008, 453（7192）: 171-173.

[3] Yang L L, Tan X X, Wang Z Q, et al. Supramolecular polymers: historical development, preparation, characterization, and functions. Chemical Reviews, 2015, 115（15）: 7196-7239.

[4] Sijbesma R P, Beijer F H, Brunsveld L, et al. Reversible polymers formed from self-complementary monomers using quadruple hydrogen bonding. Science, 1997, 278（5343）: 1601-1604.

[5] Guo D S, Liu Y. Calixarene-based supramolecular polymerization in solution. Chemical Society Reviews, 2012, 41（18）: 5907-5921.

[6] Joo J, Chow B Y, Prakash M, et al. Face-selective electrostatic control of hydrothermal zinc oxide nanowire synthesis. Nature Materials, 2011, 10（8）: 596-601.

[7] Fox J, Wie J J, Greenland B W, et al. High-strength, healable, supramolecular polymer nanocomposites. Journal of the American Chemical Society, 2012, 134（11）: 5362-5368.

[8] Krieg E, Bastings M M, Besenius P, et al. Supramolecular polymers in aqueous media. Chemical Reviews, 2016, 116（4）: 2414-2477.

[9] Yu G C, Jie K C, Huang F H. Supramolecular amphiphiles based on host-guest molecular recognition motifs. Chemical Reviews, 2015, 115（15）: 7240-7303.

[10] Aida T, Meijer E, Stupp S. Functional supramolecular polymers. Science, 2012, 335（6070）: 813-817.

[11] Yu X D, Chen L M, Zhang M M, et al. Low-molecular-mass gels responding to ultrasound and mechanical stress: towards self-healing materials. Chemical Society Reviews, 2014, 43（15）: 5346-5371.

[12] Burnworth M, Tang L, Kumpfer J R, et al. Optically healable supramolecular polymers. Nature, 2011, 472（7343）: 334-337.

[13] Liu H, Hu Z Q, Zhang H W, et al. A strategy based on aggregation-induced ratiometric emission to differentiate molecular weight of supramolecular polymers. Angewandte Chemie International Edition, 2022, 61（24）: e2022035.

[14] Yuan W Z, Lu P, Chen S M, et al. Changing the behavior of chromophores from aggregation-caused quenching to aggregation-induced emission: development of highly efficient light emitters in the solid state. Advanced Materials, 2010, 22（19）: 2159-2163.

[15] Luo J D, Xie Z L, Lam J W Y, et al. Aggregation-induced emission of 1-methyl-1, 2, 3, 4, 5-pentaphenylsilole. Chemical Communications, 2001（18）: 1740-1741.

[16] Feng H T, Yuan Y X, Xiong J B, et al. Macrocycles and cages based on tetraphenylethylene with aggregation-induced emission effect. Chemical Society Reviews, 2018, 47（19）: 7452-7476.

[17] Wang H, Zhao E, Lam J W Y, et al. Aie luminogens: Emission brightened by aggregation. Materials Today, 2015, 18（7）: 365-377.

[18] Chen J, Law C C, Lam J W Y, et al. Synthesis, light emission, nanoaggregation, and restricted intramolecular rotation of 1, 1-substituted 2, 3, 4, 5-tetraphenylsiloles. Chemistry of Materials, 2003, 15（7）: 1535-1546.

[19]　An B K，Kwon S K，Jung S D，et al. Enhanced emission and its switching in fluorescent organic nanoparticles. Journal of the American Chemical Society，2002，124（48）：14410-14415.

[20]　Reddy T S，Reddy A R. Synthesis and fluorescence study of naphthalimide-coumarin，naphthalimide-luminol conjugates. Journal of Fluorescence，2014，24（6）：1571-1580.

[21]　Feng X，Tong B，Shen J B，et al. Aggregation-induced emission enhancement of aryl-substituted pyrrole derivatives. Journal of Physical Chemistry B，2010，114（50）：16731-16736.

[22]　Dong Y Q，Lam J W Y，Tang B Z. Mechanochromic luminescence of aggregation-induced emission luminogens. Journal of Physical Chemistry Letters，2015，6（17）：3429-3436.

[23]　Leung N L C，Xie N，Yuan W Z，et al. Restriction of intramolecular motions：the general mechanism behind aggregation-induced emission. Chemistry：A European Journal，2014，20（47）：15349-15353.

[24]　Zhang X Q，Chi Z G，Zhou X，et al. Influence of carbazolyl groups on properties of piezofluorochromic aggregation-enhanced emission compounds containing distyrylanthracene. Journal of Physical Chemistry C，2012，116（44）：23629-23638.

[25]　Lou X Y，Yang Y W. Manipulating aggregation-induced emission with supramolecular macrocycles. Advanced Optical Materials，2018，6（22）：1800668.

[26]　Ji X F，Shi B B，Wang H，et al. Supramolecular construction of multifluorescent gels：interfacial assembly of discrete fluorescent gels through multiple hydrogen bonding. Advanced Materials，2015，27（48）：8062-8066.

[27]　Fermi A，Bergamini G，Roy M，et al. Turn-on phosphorescence by metal coordination to a multivalent terpyridine ligand：a new paradigm for luminescent sensors. Journal of the American Chemical Society，2014，136（17）：6395-6400.

[28]　He M T，Li J B，Tan S，et al. Photodegradable supramolecular hydrogels with fluorescence turn-on reporter for photomodulation of cellular microenvironments. Journal of the American Chemical Society，2013，135（50）：18718-18721.

[29]　Chen L J，Ren Y Y，Wu N W，et al. Hierarchical self-assembly of discrete organoplatinum(Ⅱ) metallacycles with polysaccharide via electrostatic interactions and their application for heparin detection. Journal of the American Chemical Society，2015，137（36）：11725-11735.

[30]　Li Y W，Dong Y H，Miao X R，et al. Shape-controllable and fluorescent supramolecular organic frameworks through aqueous host-guest complexation. Angewandte Chemie，2018，130（3）：737-741.

[31]　Guo S W，Song Y S，He Y L，et al. Highly efficient artificial light-harvesting systems constructed in aqueous solution based on supramolecular self-assembly. Angewandte Chemie，2018，130（12）：3217-3221.

[32]　Moore T S，Winmill T F. The state of amines in aqueous solution. Journal of the Chemical Society，1912，101：1635-1676.

[33]　Blight B A，Hunter C A，Leigh D A，et al. An AAAA-DDDD quadruple hydrogen-bond array. Nature Chemistry，2011，3（3）：244-248.

[34]　Wang H，Ji X，Li Z，et al. Fluorescent supramolecular polymeric materials. Advanced Materials，2017，29（14）：1606117.

[35]　Katzenellenbogen B S，Norman M J，Eckert R L，et al. Bioactivities，estrogen receptor interactions，and plasminogen activator-inducing activities of tamoxifen and hydroxytamoxifen isomers in MCF-7 human breast cancer cells. Cancer Research，1984，44（1）：112-119.

[36]　Peng H Q，Zheng X Y，Han T，et al. Dramatic differences in aggregation-induced emission and supramolecular

polymerizability of tetraphenylethene-based stereoisomers. Journal of the American Chemical Society，2017，139（29）：10150-10156.

[37] Lavrenova A，Balkenende D W R，Sagara Y，et al. Mechano- and thermoresponsive photoluminescent supramolecular polymer. Journal of the American Chemical Society，2017，139（12）：4302-4305.

[38] Tam A Y Y，Wong K M C，Yam V W W. Unusual luminescence enhancement of metallogels of alkynylplatinum(II) 2, 6-bis(N-alkylbenzimidazol-2'-yl) pyridine complexes upon a gel-to-sol phase transition at elevated temperatures. Journal of the American Chemical Society，2009，131（17）：6253-6260.

[39] Zhang S Y，Yang S J，Lan J B，et al. Ultrasound-induced switching of sheetlike coordination polymer microparticles to nanofibers capable of gelating solvents. Journal of the American Chemical Society，2009，131（5）：1689-1691.

[40] Machan C W，Adelhardt M，Sarjeant A A，et al. One-pot synthesis of an Fe(II) bis-terpyridine complex with allosterically regulated electronic properties. Journal of the American Chemical Society，2012，134（41）：16921-16924.

[41] Lu C J，Zhang M M，Tang D T，et al. Fluorescent metallacage-core supramolecular polymer gel formed by orthogonal metal coordination and host-guest interactions. Journal of the American Chemical Society，2018，140（24）：7674-7680.

[42] Yang J H，Yan Y，Hui Y H，et al. White emission thin films based on rationally designed supramolecular coordination polymers. Journal of Materials Chemistry C，2017，5（21）：5083-5089.

[43] Meyer E A，Castellano R K，Diederich F. Interactions with aromatic rings in chemical and biological recognition. Angewandte Chemie International Edition，2003，42（11）：1210-1250.

[44] Jonkheijm P，van der Schoot P，Schenning A P，et al. Probing the solvent-assisted nucleation pathway in chemical self-assembly. Science，2006，313（5783）：80-83.

[45] Hsu S M，Wu F Y，Cheng H，et al. Functional supramolecular polymers：a fluorescent microfibrous network in a supramolecular hydrogel for high-contrast live cell-material imaging in 3D environments. Advanced Healthcare Materials，2016，5（18）：2406-2412.

[46] Garzón A，Navarro A，López D，et al. Aggregation-induced enhanced emission （AIEE）from N, N-octyl-7, 7'-diazaisoindigo-based organogel. Journal of Physical Chemistry C，2017，121（48）：27071-27081.

[47] Yoon H，Dell E J，Freyer J L，et al. Polymeric supramolecular assemblies based on multivalent ionic interactions for biomedical applications. Polymer，2014，55（2）：453-464.

[48] Wang H，Ji X F，Li Y，et al. An ATP/ATPase responsive supramolecular fluorescent hydrogel constructed via electrostatic interactions between poly(sodium p-styrenesulfonate)and a tetraphenylethene derivative. Journal of Materials Chemistry B，2018，6（18）：2728-2733.

[49] Liu Y，Lam J W Y，Mahtab F，et al. Sterol-containing tetraphenylethenes：synthesis，aggregation-induced emission，and organogel formation. Frontiers of Chemistry in China，2010，5（3）：325-330.

[50] Yuan W Z，Mahtab F，Gong Y Y，et al. Synthesis and self-assembly of tetraphenylethene and biphenyl based AIE-active triazoles. Journal of Materials Chemistry，2012，22（21）：10472-10479.

[51] Dong S Y，Zheng B，Wang F，et al. Supramolecular polymers constructed from macrocycle-based host-guest molecular recognition motifs. Accounts of Chemical Research，2014，47（7）：1982-1994.

[52] Hu J M，Liu S Y. Engineering responsive polymer building blocks with host-guest molecular recognition for functional applications. Accounts of Chemical Research，2014，47（7）：2084-2095.

[53] Harada A, Takashima Y, Yamaguchi H. Cyclodextrin-based supramolecular polymers. Chemical Society Reviews, 2009, 38 (4): 875-882.

[54] Qi Z H, Schalley C A. Exploring macrocycles in functional supramolecular gels: from stimuli responsiveness to systems chemistry. Accounts of Chemical Research, 2014, 47 (7): 2222-2233.

[55] Meier M A, Wouters D, Ott C, et al. Supramolecular ABA triblock copolymers via a polycondensation approach: synthesis, characterization, and micelle formation. Macromolecules, 2006, 39 (4): 1569-1576.

[56] Szejtli J. Introduction and general overview of cyclodextrin chemistry. Chemical Reviews, 1998, 98 (5): 1743-1754.

[57] Hu Q D, Tang G P, Chu P K. Cyclodextrin-based host-guest supramolecular nanoparticles for delivery: from design to applications. Accounts of Chemical Research, 2014, 47 (7): 2017-2025.

[58] Masson E, Ling X, Joseph R, et al. Cucurbituril chemistry: a tale of supramolecular success. RSC Advances, 2012, 2 (4): 1213-1247.

[59] Perret F, Lazar A N, Coleman A W. Biochemistry of the para-sulfonato-calix[*n*]arenes. Chemical Communications, 2006 (23): 2425-2438.

[60] Xue M, Yang Y, Chi X D, et al. Pillararenes, a new class of macrocycles for supramolecular chemistry. Accounts of Chemical Research, 2012, 45 (8): 1294-1308.

[61] Ogoshi T, Yamagishi T A. Pillararenes: versatile synthetic receptors for supramolecular chemistry. European Journal of Organic Chemistry, 2013, 2013 (15): 2961-2975.

[62] Wei P F, Yan X Z, Huang F H. Supramolecular polymers constructed by orthogonal self-assembly based on host-guest and metal-ligand interactions. Chemical Society Reviews, 2015, 44 (3): 815-832.

[63] Chen D, Zhan J Y, Zhang M M, et al. A fluorescent supramolecular polymer with aggregation induced emission (AIE) properties formed by crown ether-based host-guest interactions. Polymer Chemistry, 2015, 6 (1): 25-29.

[64] Wang X R, Hu J M, Liu T, et al. Highly sensitive and selective fluorometric off-on K$^+$ probe constructed via host-guest molecular recognition and aggregation-induced emission. Journal of Materials Chemistry, 2012, 22 (17): 8622-8628.

[65] Wang C, Li Z X, Cao D, et al. Stimulated release of size-selected cargos in succession from mesoporous silica nanoparticles. Angewandte Chemie International Edition, 2012, 51 (22): 5460-5465.

[66] Guo L L, Xu D Z, Huang L, et al. Facile construction of luminescent supramolecular assemblies with aggregation-induced emission feature through supramolecular polymerization and their biological imaging. Materials Science and Engineering C, 2018, 85: 233-238.

[67] Liow S S, Zhou H, Sugiarto S, et al. Highly efficient supramolecular aggregation-induced emission-active pseudorotaxane luminogen for functional bioimaging. Biomacromolecules, 2017, 18 (3): 886-897.

[68] Wang K, Guo D S, Liu Y. Temperature-controlled supramolecular vesicles modulated by *p*-sulfonatocalix[5]arene with pyrene. Chemistry: A European Journal, 2010, 16 (27): 8006-8011.

[69] Ma X, Sun R Y, Li W F, et al. Novel electrochemical and pH stimulus-responsive supramolecular polymer with disparate pseudorotaxanes as relevant unimers. Polymer Chemistry, 2011, 2 (5): 1068-1070.

[70] Yao X Y, Ma X, Tian H. Aggregation-induced emission encoding supramolecular polymers based on controllable sulfonatocalixarene recognition in aqueous solution. Journal of Materials Chemistry C, 2014, 2 (26): 5155-5160.

[71] Kim H J, Whang D R, Gierschner J, et al. Highly enhanced fluorescence of supramolecular polymers based on a cyanostilbene derivative and cucurbit[8]uril in aqueous solution. Angewandte Chemie International Edition, 2016,

55 (51): 15915-15919.

[72] Kim H J, Nandajan P C, Gierschner J, et al. Light-harvesting fluorescent supramolecular block copolymers based on cyanostilbene derivatives and cucurbit[8]urils in aqueous solution. Advanced Functional Materials, 2018, 28 (4), 1705141.

[73] Xu S Q, Zhang X, Nie C B, et al. The construction of a two-dimensional supramolecular organic framework with parallelogram pores and stepwise fluorescence enhancement. Chemical Communications, 2015, 51 (91): 16417-16420.

[74] Cragg P J, Sharma K. Pillar[5]arenes: fascinating cyclophanes with a bright future. Chemical Society Reviews, 2012, 41 (2): 597-607.

[75] Song N, Kakuta T, Yamagishi T A, et al. Molecular-scale porous materials based on pillar[n]arenes. Chem, 2018, 4 (9): 2029-2053.

[76] Wang Y, Lv M Z, Song N, et al. Dual-stimuli-responsive fluorescent supramolecular polymer based on a diselenium-bridged pillar[5]arene dimer and an AIE-active tetraphenylethylene guest. Macromolecules, 2017, 50 (15): 5759-5766.

[77] Zhang C W, Ou B, Jiang S T, et al. Cross-linked AIE supramolecular polymer gels with multiple stimuli-responsive behaviours constructed by hierarchical self-assembly. Polymer Chemistry, 2018, 9 (15): 2021-2030.

[78] Cheng H B, Li Z Y, Huang Y D, et al. Pillararene-based aggregation-induced-emission-active supramolecular system for simultaneous detection and removal of mercury(II) in water. ACS Applied Materials & Interfaces, 2017, 9 (13): 11889-11894.

[79] Okesola B O, Smith D K. Applying low-molecular weight supramolecular gelators in an environmental setting-self-assembled gels as smart materials for pollutant removal. Chemical Society Review, 2016, 45 (15): 4226-4251.

[80] Buerkle L E, Rowan S J. Supramolecular gels formed from multi-component low molecular weight species. Chemical Society Review, 2012, 41 (18): 6089-6102.

[81] Chen Q, Zhang D Q, Zhang G X, et al. Multicolor tunable emission from organogels containing tetraphenylethene, perylenediimide, and spiropyran derivatives. Advanced Functional Materials, 2010, 20 (19): 3244-3251.

[82] Wan J H, Mao L Y, Li Y B, et al. Self-assembly of novel fluorescent silole derivatives into different supramolecular aggregates: fibre, liquid crystal and monolayer. Soft Matter, 2010, 6 (14): 3195-3201.

[83] Yagai S, Ishii M, Karatsu T, et al. Gelation-assisted control over excitonic interaction in merocyanine supramolecular assemblies. Angewandte Chemie International Edition, 2007, 46 (42): 8005-8009.

[84] Seo J, Chung J W, Kwon J E, et al. Photoisomerization-induced gel-to-sol transition and concomitant fluorescence switching in a transparent supramolecular gel of a cyanostilbene derivative. Chemical Science, 2014, 5 (12): 4845-4850.

[85] Lin Q, Zhu X, Fu Y P, et al. Rationally designed supramolecular organogel dual-channel sense F⁻ under gel-gel states via ion-controlled AIE. Dyes and Pigments, 2015, 113: 748-753.

[86] Qian Y, Li S Y, Wang Q, et al. A nonpolymeric highly emissive ESIPT organogelator with neither dendritic structures nor long alkyl/alkoxy chains. Soft Matter, 2012, 8 (3): 757-764.

[87] Basak S, Nanda J, Banerjee A. Assembly of naphthalenediimide conjugated peptides: aggregation induced changes in fluorescence. Chemical Communications, 2013, 49 (61): 6891-6893.

第5章

>>

非芳香族聚集诱导发光超支化聚合物

5.1 引言

　　非芳香族聚集诱导发光（AIE）超支化聚合物具有高度支化的拓扑结构，表现出独特的化学结构与光物理性质。一方面，与线型聚合物相比，超支化聚合物[1,2]分子内部含有空腔结构、表面存在大量的官能团使其易于进行修饰和功能化，并且具有优异的物理化学性质，如低黏度、高溶解性等，同时还对 pH、温度、离子及光等具有刺激响应性；另一方面，由于不含芳香结构，超支化聚合物在化学结构上更接近蛋白质、多糖等生物高分子，具有良好的生物相容性、低细胞毒性及环境友好性等特点。目前开发出的非芳香族 AIE 超支化聚合物[3,4]主要包括含杂原子硅的超支化聚硅氧烷和脂肪族超支化 AIE 聚合物，主要品种有超支化聚酰胺、超支化聚氨基酯、超支化聚乙烯亚胺，以及其他以醚键、酯键、酰胺键等基团为主体结构的超支化 AIE 聚合物[5-7]。不同的超支化聚合物的发光性能各有特色，其发光性能除了与其元素组成、链段结构、分子量、浓度有关外，还与其聚集成簇的形貌、密集程度、聚集的驱动力、富电原子的种类和多少等因素密切相关，在荧光探针、细胞成像、药物控释、基因转染及生物传感等方面有广泛的应用前景。其中，超支化聚硅氧烷由于硅元素的存在使其发光纯度更高。另外，由于硅原子的空 d 轨道可以接受电子，易形成 N→Si、O→Si 等配位键，能够增强整个分子的电子离域性，有利于增大共轭体系的长度和刚性，从而增大发光波长和量子产率。

5.2 超支化聚硅氧烷

　　超支化聚硅氧烷（hyperbranched polysiloxane）作为一种有机-无机杂化高分子，兼具传统有机硅聚合物的耐宽温性、耐候性，以及超支化结构的多官能度、低黏度等优点。自美国南密西西比大学的 Mathias 课题组[8]于 1991 年首次报道超支化聚硅氧烷以来，研究者可根据应用需求对其进行分子结构设计与合成。目前，合成超支化聚硅氧烷的方法主要有硅氢加成法[9-11]、水解缩聚法[12-15]。前者存在 Pt/C 催化剂价格高、难以分离的问题；后者存在水解程度难以控制、反应易凝胶的缺点。2015 年，西北工业大学颜红侠教授课题组设计了一种"酯交换缩聚法"来合成超支化聚硅氧烷[16]，偶然发现所合成的超支化聚合物具有 AIE 的特征。自此，该课题组合成了一类以 Si—O—C 为骨架结构的新的超支化聚硅氧烷 AIE 聚合物[17]，得到树状大分子（dendrimer）概念的提出者 Tomalia 先生的认可[5]。杂原子硅与氧的相互作用是其有别于其他 AIE 超支化聚合物发光特征的根本原因。同时，这类超支化聚硅氧烷因不含芳香族基元而具有低细胞毒性、良好的生物相容性和环境友好性等特点，且其表面大量的活性官能团易于功能化，可广泛应用于离子探针、细胞成像、药物控释、防伪加密和炸药检测等领域。

5.2.1 常见 AIE 超支化聚硅氧烷的结构与发光性能

常见超支化聚硅氧烷的结构是以 Si—O—C 为主链的超支化聚合物，是以硅烷单体和二元醇通过酯交换缩聚法合成的，通过改变硅烷单体和二元醇的结构可以合成一系列结构不同的超支化聚硅氧烷（图 5-1），其中 R_1 可为羟基、氨基、环氧基或双键，R_2 是由合成时所用的二元醇（如乙二醇、二乙二醇、新戊二醇、N-甲基二乙醇胺等常见二元醇）的结构决定。

这类超支化聚硅氧烷，由于其 Si—O—C 的键角（120°）处于传统聚硅氧烷的 Si—O—Si 的键角（130°）与脂肪族聚合物的 C—O—C 的键角（110°）、C—C—C 的键角（109°）之间，兼具聚硅氧烷的柔性和脂肪族化合物的刚性，既有利于聚集又能抑制链段的旋转，因此表现出独特的发光特征。影响其发光特征的主要因素包括分子量的大小、端位官能团、富电原子、空间位阻等。并且，可以通过链段骨架结构调节和端位接枝对其发光性能进行调控。

1. 分子量对荧光性能的影响

分子量是影响发光性能的重要因素。颜红侠课题组通过乙烯基三乙氧基硅烷与新戊二醇以 1∶1.6、1∶1.8、1∶2.0 摩尔比反应（相应聚合物记为 **P1**、**P2**、**P3**），发现随着摩尔比的增大，聚合物的分子量增大，且荧光强度和紫外吸收强度也随着分子量的增大而变大（图 5-2）[18]。这与脂肪族类聚合物的研究结果类似：分子量增加使分子间相互作用增强，分子刚性变大从而限制分子运动，非辐射跃迁耗散能量减少，导致荧光发射强度增大[19]。

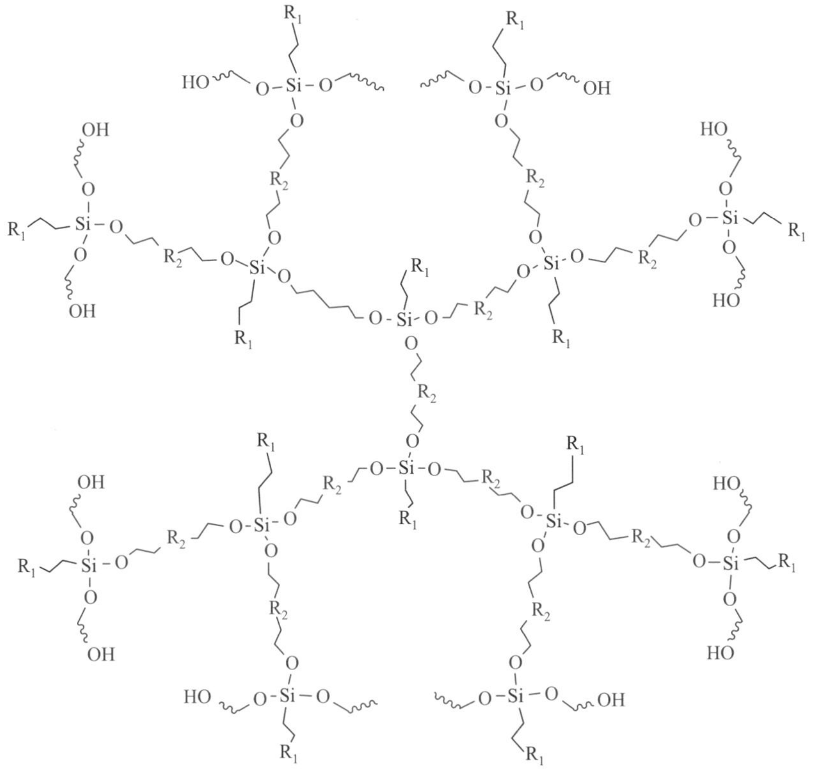

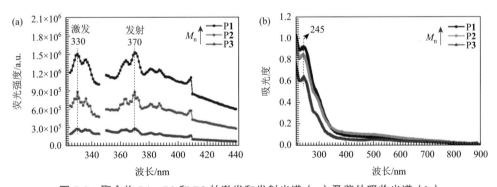

图 5-1　常见超支化聚硅氧烷的结构通式

图 5-2　聚合物 **P1**、**P2** 和 **P3** 的激发和发射光谱（a）及紫外吸收光谱（b）

2. 端位官能团对荧光性能的影响

官能团是影响聚合物性质的重要因素，其活性高，对聚合物的发光性能影响大，常见的官能团有羟基、碳碳双键、环氧基、氨基。西北工业大学颜红侠课题组利用酯交换原理，以 3-缩水甘油基氧基丙基三甲氧基硅烷（A-187）、乙烯基三乙氧基硅烷（A-151）、新戊二醇（NPG）等常见硅氧烷和二元醇为原料，通过调节其原料配比，合成了一系列带有不同端位官能团的超支化聚硅氧烷（图 5-3），研究了羟基、碳碳双键、环氧基、伯胺基等末端官能团对超支化聚硅氧烷发光性能的影响[18, 20, 21]。

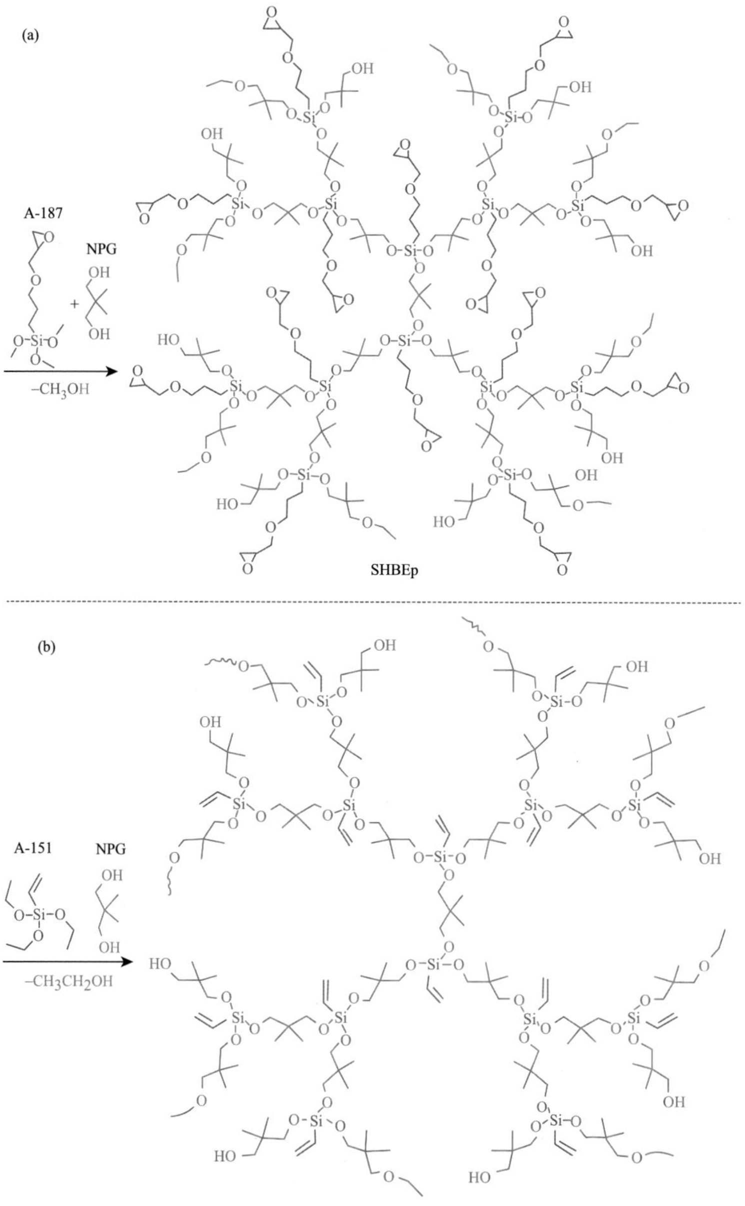

图 5-3　端位为环氧基（a）和碳碳双键（b）的超支化聚硅氧烷合成路线

1）羟基对超支化聚硅氧烷荧光性能的影响

为了研究羟基对超支化聚硅氧烷性能的影响，颜红侠课题组以正硅酸乙酯与新戊二醇进行反应，合成了端位只含有羟基的超支化聚硅氧烷，发现其能发射明亮的荧光。但用乙酰基封端后，荧光猝灭（图 5-4）。因此，羟基对超支化聚硅氧烷的发光起着不可或缺的作用[22]。

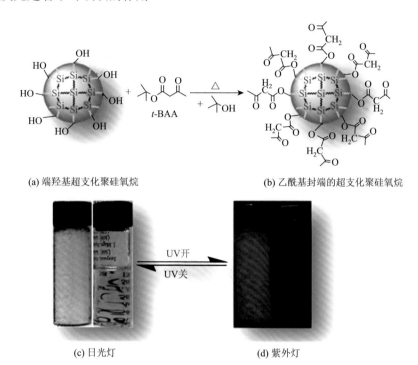

(a) 端羟基超支化聚硅氧烷　　　　　　　(b) 乙酰基封端的超支化聚硅氧烷

(c) 日光灯　　　　　　　(d) 紫外灯

图 5-4　端羟基超支化聚硅氧烷（a）和乙酰基封端的超支化聚硅氧烷（b）及其二者分别在日光灯（c）和紫外灯下（d）的照片

2）碳碳双键对超支化聚硅氧烷荧光性能的影响

碳碳双键作为一种常用的发色团，碳碳双键的 $\pi \rightarrow \pi^*$ 电子跃迁的能隙小，有助于发光。以乙烯基三乙氧基硅烷与新戊二醇反应［图 5-3（b）］，通过调节二者的配比，合成了端位只含有碳碳双键的超支化聚硅氧烷及同时含有碳碳双键和羟基的超支化聚硅氧烷，发现端位只含有碳碳双键的超支化聚硅氧烷也可发射明亮的荧光，而且碳碳双键和羟基具有一定的协同增强荧光强度的效果[18]。但这类超支化聚硅氧烷的水溶性很差，只可溶于有机溶剂中，限制了其应用。

3）环氧基对超支化聚硅氧烷荧光性能的影响

环氧基作为一种功能性的基团，在胶黏剂、纳米颗粒的表面改性等方面具有广泛的应用。

以 3-缩水甘油基氧基丙基三甲氧基硅烷与新戊二醇为原料，同样通过调节二者的配比，合成了端位只含有环氧基的超支化聚硅氧烷（记为 A）[图 5-3（a）]及同时含有环氧基和羟基的超支化聚硅氧烷（记为 HBPSi-Ep）。研究发现，同时含有环氧基和羟基的超支化聚硅氧烷比只有环氧基的超支化聚硅氧烷表现出更强的紫外吸收和荧光发射（图 5-5）。这表明端位环氧基不但有利于超支化聚硅氧烷荧光的产生，而且其与羟基协同作用可以显著增强发光性能，但这类 HBPSi 仍然存在水溶性差的问题[23]。

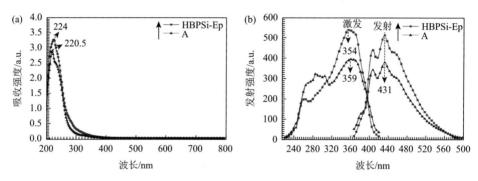

图 5-5　聚合物 HBPSi-Ep 和聚合物 A 的紫外吸收光谱（a）和荧光光谱（b）

4）伯胺基对超支化聚硅氧烷荧光性能的影响

伯胺基是一种水溶性较好的基团，为了改善聚硅氧烷的水溶性，以 3-氨丙基三乙氧基硅烷分别与新戊二醇（NPG）和 2-甲基-1, 3-丙二醇（MPD）按摩尔比 1.0∶1.9 反应，合成了两种端位同时含有伯胺基和羟基的水溶性超支化聚硅氧烷（分别记为 P4 和 P5）。结果表明，这两种聚合物同样具有浓度依赖和激发依赖的光致发光效应，除了空间位阻的影响外（详情见"4. 空间位阻对荧光性能的影响"），还发现水解能促使该类聚合物的荧光强度、量子产率和荧光寿命显著提高。为了探索氨基对发光性能的影响，以过量的 3-氨丙基三乙氧基硅烷分别与 NPG 和 MPD 反应。令人意外的是，端位只含有氨基的超支化聚硅氧烷几乎不发光[20]。这与含氨基的脂肪族聚合物的发光性能不同[24, 25]，其具体原因可能与其溶解性较强，分子难以聚集有关。

3. 富电原子的影响

富电原子如 N、S 和 O 上的孤对电子能与 Si 原子的 3d 空轨道形成配位键，在这种配位键的作用下，原本简并的 Si 原子的 3d 轨道会产生 d-d 裂分，在紫外光的激发下，电子吸收能量在裂分的 d 轨道中由基态跃迁到激发态，而在由激发态回到基态的过程中发射荧光。

2015 年，山东大学的冯圣玉课题组[24]报道了一些含有 Si—O—Si 键的超支化聚酰胺发光聚合物，发现其荧光强度与聚合物的浓度成正比。其中，N→Si 配位键引起的分子聚集（图 5-6）是其发光的根本原因。

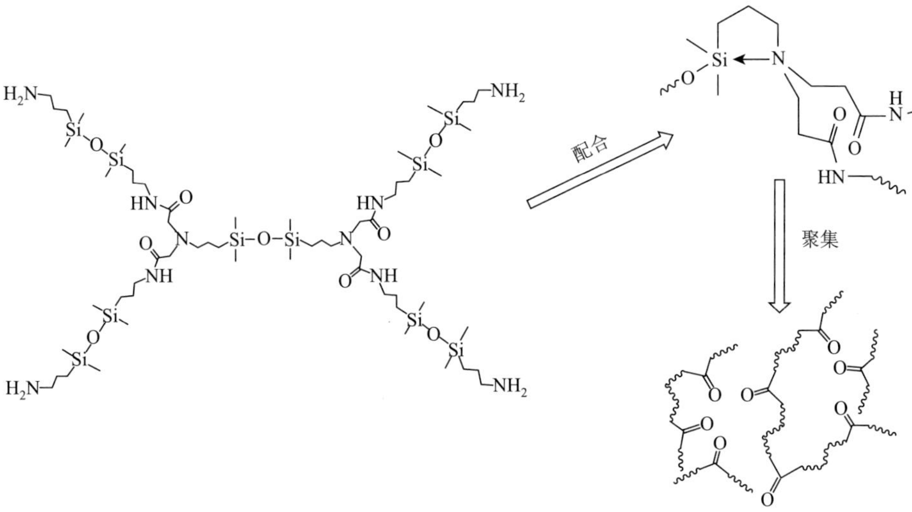

图 5-6　含硅的 **PAMAM** 发光机理示意图

同样，颜红侠课题组在以 Si—O—C 为骨架的超支化聚硅氧烷中，也发现了这样的配位键作用[26]。XPS 结果表明，该分子之间存在 N→Si 配位键。利用密度泛函理论优化基态构型发现，该分子之间的氢键和 N→Si 配位键促进了分子的聚集，抑制了分子链的运动，使更多的激发态能量以辐射发光的形式释放。

4. 空间位阻对荧光性能的影响

如前所述，以 3-氨丙基三乙氧基硅烷分别与 NPG 和 MPD 按摩尔比 1.0∶1.9 反应，合成了两种端位同时含有伯胺基和羟基的水溶性超支化聚硅氧烷（分别记为 P4 和 P5，图 5-7）。发现 P4 的荧光强度比 P5 的高，且其荧光寿命和量子产率均比 P5 的大[20]。这是由于含 NPG 单元的 P4 与含 MPD 单元的 P5 相比，前者因含更多的—CH$_3$ 基团而拥有更强的空间位阻效应，导致荧光中心的旋转、平移等几何运动更容易受限[27]，激发态能量的非辐射衰减更容易受阻，因此产生了更强的荧光[28]。

5. 主链结构

从拓扑结构上来讲，目前报道的聚硅氧烷主要有线型聚硅氧烷（linear polysiloxane，LPSi）和超支化聚硅氧烷（hyperbranched polysiloxane，HBPSi）

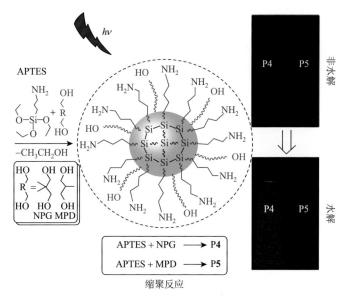

图 5-7　空间位阻对超支化聚硅氧烷发光性能的影响

两类。颜红侠课题组对比研究了超支化结构与线型结构对聚硅氧烷发光性能的影响。分别以丙三醇和 1,4-丁二醇与 3-氨丙基（二乙氧基）甲基硅烷合成末端含有羟基和氨基的超支化结构 **S1** 和线型结构 **S2**，结果发现超支化结构的 **S1** 比线型结构的 **S2** 具有更高的荧光强度[29]（图 5-8），这与脂肪类聚合物的研究结果一致[30]。

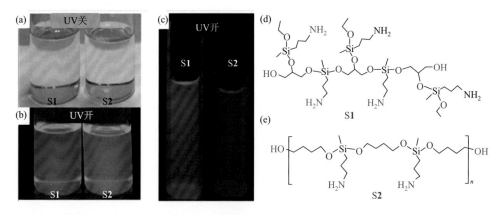

图 5-8　低聚物硅氧烷在自然光下（a）和在 365 nm 紫外光下（b）的照片；（c）S1 和 S2 溶液在 365 nm 紫外光下的荧光照片（C = 100 mg/mL）；低聚物超支化硅氧烷 S1（d）和线型聚硅氧烷 S2（e）的结构

5.2.2 含羧基超支化聚硅氧烷合成及其荧光性能

常见的以硅氧烷单体和二元醇合成的超支化聚硅氧烷的发光性能存在荧光强度不高、量子产率普遍偏低、荧光寿命短（表 5-1）等问题，并且发光颜色单一且主要集中在蓝光区。

表 5-1 以多元醇和硅烷单体合成的超支化聚硅氧烷的量子产率和荧光寿命

编号	单体 A	单体 B	量子产率/%	荧光寿命/ns
1	3-氨基丙基（二乙氧基）甲基硅烷	丙三醇	4.2	5.87[29]
2	乙烯基三乙氧基硅烷	新戊二醇	3.68	4.88[31]
3	3-缩水甘油基氧基丙基三甲氧基硅烷	新戊二醇	4.61	4.3[23]
4	3-氨丙基三乙氧基硅烷	新戊二醇	8.18	8.41[20]
5	3-氨丙基三乙氧基硅烷	2-甲基-1,3-丙二醇	5.72	7.88[20]
6	正硅酸乙酯、三乙醇胺	N-甲基二乙醇胺	5.79	1.02[18]
7	正硅酸乙酯、三乙醇胺	一缩二乙醇胺	11.99	1.57[18]

为了提高超支化聚硅氧烷的荧光性能，颜红侠课题组结合经典发色理论，将传统的助色基团羧基引入聚硅氧烷的骨架结构中，通过调节羧基在结构中的相对位置，不仅可以使超支化聚硅氧烷的量子产率提高到 43.9%，而且可以拓宽超支化聚硅氧烷的荧光色谱，使其从只发射单一的蓝色荧光拓展到发射绿色、红色等荧光。

基于 Si—O 的类双键特征，结合密度泛函理论（DFT）与含时密度泛函理论（TD-DFT），对超支化聚硅氧烷的结构进行理论计算，提出了硅桥增强发光（silicon-bridge enhanced emission，SiBEE）[32]及多环诱导多色发光[33]的机理，其中，大的空间共轭环对应长波长的荧光，小的空间共轭环对应短波长的荧光；并且，以 Si—O 键、羧基和双键所形成的局部共轭链段越长，越有利于发光波长红移。

1. 局部链段共轭的超支化聚硅氧烷合成及其荧光性能

以二元酸替代二元醇，与硅烷单体通过亲核取代反应可以简单快捷地将羧基引入超支化聚硅氧烷的骨架结构中。例如，以丙二酸和乙烯基三乙氧基硅烷为原料合成了同时含有羧基和碳碳双键的具有局部共轭链段的超支化聚硅氧烷 P6[32]。作为对比，以正硅酸乙酯与丙二酸为原料合成了只含羧基的超支化聚硅氧烷 P7，以乙烯基三乙氧基硅烷与丙二醇合成了只含双键的超支化聚硅氧烷 P8 [图 5-9（a）]。

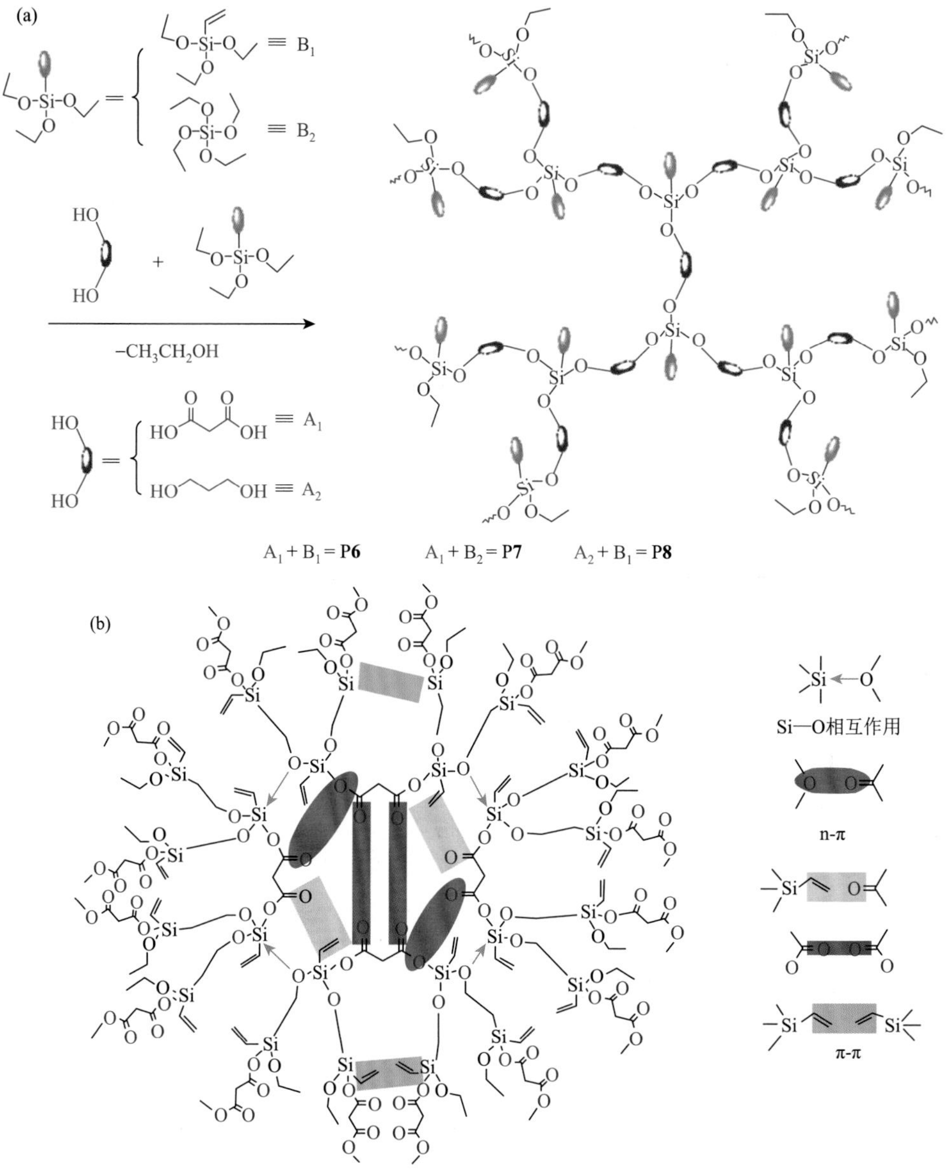

图 5-9　（a）P6、P7 和 P8 的合成路线；（b）P6 局部链段共轭与空间共轭示意图

研究发现，三者的量子产率分别为 43.9%、16.3% 和 10.5%（表 5-2），其中 **P6** 的量子产率是目前文献报道的非芳香族荧光聚合物的绝对荧光量子产率的最大值。这是因为在 **P6** 的超支化结构中形成具有 O=C—O—Si—C=C 局部共轭的链段结构 [图 5-9（b）]，DFT 计算表明这种局部共轭链段有利于分子聚集形成大的空间共轭环。

表 5-2　纯 P6、P7 和 P8 的光学性能

低聚物	λ_{em}/nm（强度/a.u.）	Φ_F/%	τ/ns
P6	385（316159）	43.9	0.85
P7	400（63309）	16.3	4.29
P8	388（153665）	10.5	4.16

另外，在 365 nm 的紫外光照射下及荧光光谱中可以明显看到，P6 的荧光强度明显大于 P7 和 P8（图 5-10）；并且，随着浓度的增加，P6 溶液的荧光强度逐渐增大，表现出明显的聚集诱导荧光增强的特点（图 5-11）。

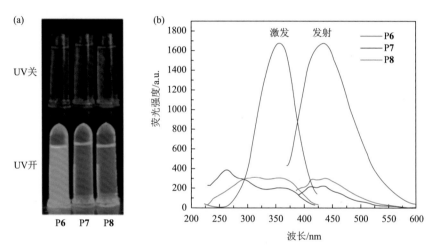

图 5-10　200 mg/mL 的 P6、P7 和 P8 的乙醇溶液在 365 nm 紫外光下的荧光照片（a）和荧光光谱（λ_{ex} = 350 nm）（b）

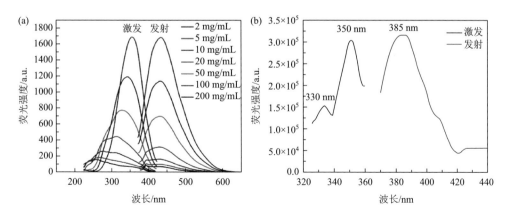

图 5-11　（a）P6 的乙醇溶液在不同浓度下的荧光光谱；（b）纯 P6 的激发与发射光谱

密度泛函理论计算结果（图 5-12）表明[34]，随着分子数目从 1 增加到 4，分子逐渐聚集。这是由于分子间 H···O 强相互作用（2.415 Å、2.686 Å、2.733 Å、2.760 Å、2.789 Å 和 2.862 Å）、Si—O 之间的配位作用及羰基与双键之间的相互堆叠作用，分子会聚集成"簇"，形成一个大的空间共轭环（图 5-13）。同时，对 **P6** 一代分子不同个数的优化构象的 HOMO-LUMO 能级进行计算，相应的计算结果表明，随着分子数目的增加，能级差不断降低，更易被激发至激发态，同时由于其紧密的分子构象，更易以荧光的形式释放能量回到基态（表 5-3）。

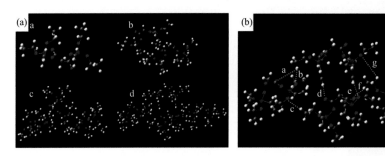

图 5-12 （a）P6 一代分子数目由 1 增加到 4（a～d）时的优化分子构象；（b）由分子间 H···O 强相互作用引起的四个一代 P6 分子之间的聚集及其距离

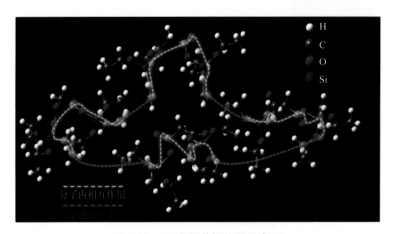

图 5-13 P6 空间共轭作用示意图

表 5-3 分子数目为 1～4 的 P6 HOMO-LUMO 能级计算结果

分子数目	$E(HOMO)$/a.u.	$E(LUMO)$/a.u.	能级差/a.u.	能级差/eV
1	−0.267	−0.019	0.248	6.741
2	−0.265	−0.020	0.245	6.668
3	−0.256	−0.047	0.209	5.689
4	−0.256	−0.051	0.205	5.578

　　另外，对比 **P6**、**P7** 和 **P8** 分子聚集的计算结果（图 5-14），发现与分子数目为 4 的 **P7** 和 **P8** 聚集体相比，**P6** 的分子构象聚集比较紧密，且能级差较低（表 5-4），有利于抑制非辐射跃迁而发光，这也是 **P6** 拥有较高的荧光量子产率与荧光强度的主要原因。

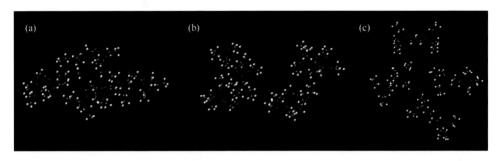

图 5-14　分子数目为 4 的一代 P6（a）、P7（b）和 P8（c）结构优化图

表 5-4　分子数目为 4 的 P6、P7 和 P8 HOMO-LUMO 能级计算结果

聚合物	E(HOMO)/a.u.	E(LUMO)/a.u.	能级差/a.u.	能级差/eV
P6	−0.256	−0.051	0.205	5.575
P7	−0.266	−0.017	0.249	6.783
P8	−0.262	−0.004	0.258	7.004

　　另外，含时密度泛函理论（TD-DFT）计算四个一代 **P6**、**P7** 和 **P8** 分子在激发态（S_n）下的振子强度（表 5-5）表明，尽管仅采用一代的四个分子作为模型，理论计算模拟所得到的 **P6**、**P7** 和 **P8** 预测紫外吸收光谱与真实的实验测试结果也基本保持一致（图 5-15）；并且，可以看出，**P6** 的振子强度是三种聚合物中最高的（表 5-5）。这意味着在激发后，**P6** 通过非辐射通道耗散的能量最少，通过荧光耗散的能量最多（图 5-16）。综合理论计算和实验结果说明，在羧基、碳碳双键及类双键 Si—O 的协同作用下，可以促使 **P6** 形成超分子聚合物而产生"空间共轭效应"。当羧基、碳碳双键及类双键 Si—O 在链段中处于局部共轭的位置时，有利于形成大的平面性较好的空间共轭结构，从而使 **P6** 表现出高的量子产率及荧光强度。

表 5-5　P6、P7 和 P8 的一代分子的振子强度的理论计算结果

低聚物	激发能量/nm	振子强度
P6	200.27	0.0162
P7	200.86	0.0046
P8	208.30	0.0078

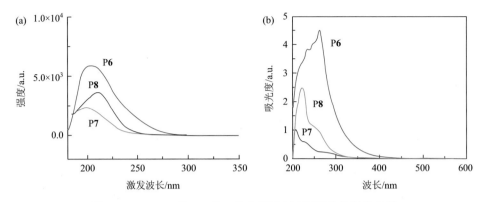

图 5-15　P6、P7 和 P8 的一代分子的理论预测紫外吸收光谱

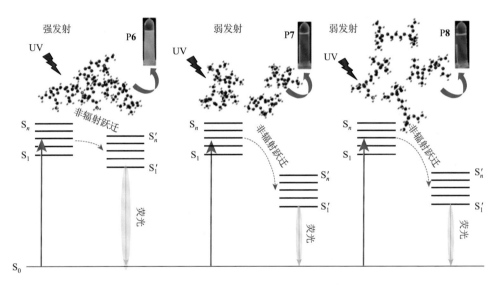

图 5-16　P6、P7 和 P8 的荧光机理示意图

2. 非局部链段共轭的超支化聚硅氧烷合成及其荧光性能

调节羧基在超支化聚硅氧烷的相对位置，以甲基丙烯酰氧基丙基三乙氧基硅烷和 1,3-丙二醇为原料合成超支化聚硅氧烷 P9[33]，其中，Si—O 键与羧基和双键属于非局部链段共轭。与之结构类似，以甲基丙烯酰氧基丙基甲基二乙氧基硅烷和 1,3-丙二醇为原料合成含羧基的线型聚硅氧烷 P10（图 5-17）。

研究发现，P9 的荧光与紫外吸收光谱均明显高于 P10（图 5-18）。其绝对荧光量子产率与荧光寿命也不同，P9 与 P10 的绝对荧光量子产率分别为 7.71% 与 1.12%，荧光寿命分别为 1.0 ns 与 0.57 ns。同时，P9 在较低能量的日光照射下就可以发射出蓝色荧光，表现出激发范围宽、激发波长长的特点，且在不同波长

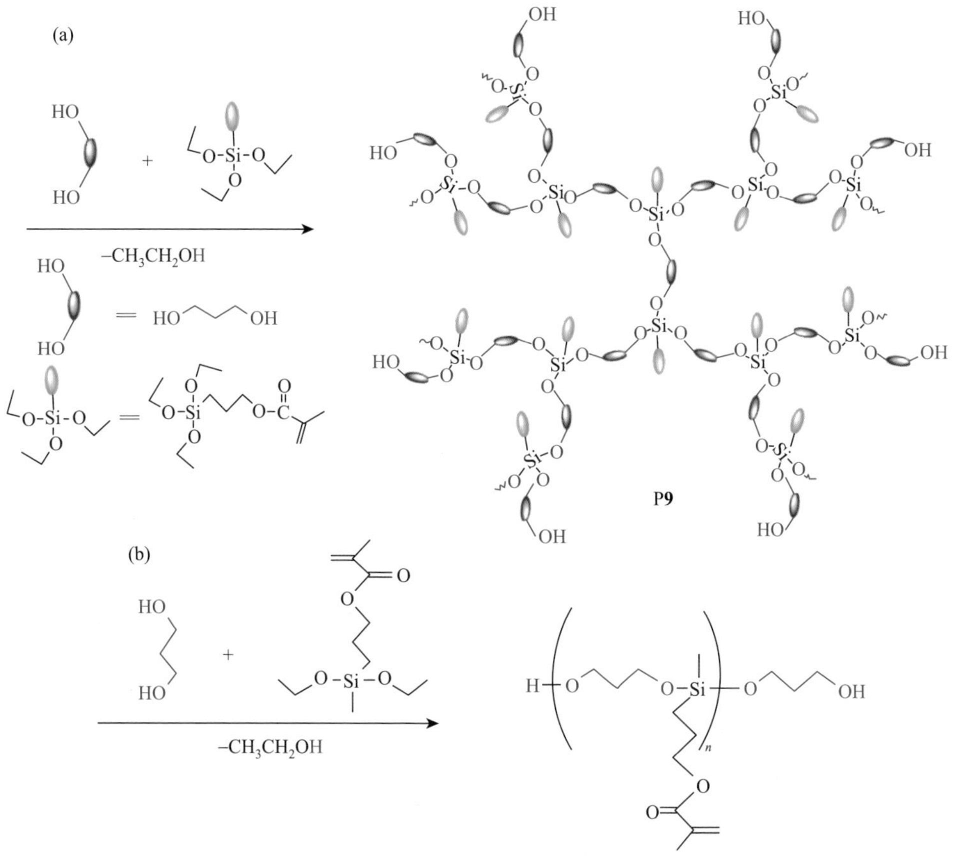

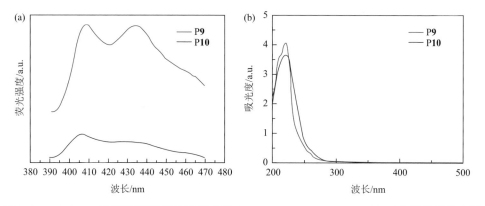

图 5-17　（a）非局部链段共轭超支化聚硅氧烷 P9 的合成；（b）非局部链段共轭的线型聚硅氧烷 P10 的合成

图 5-18　P9 与 P10 乙醇溶液的荧光发射光谱（100 mg/mL, λ_{ex} = 360 nm）（a）和紫外吸收光谱（100 mg/mL）（b）

的激发下可发射不同颜色的荧光。**P9** 在 330～380 nm、440～490 nm 和 510～560 nm 的激发波长范围内分别可以发射出蓝色、绿色和红色的荧光 [图 5.19（a）]。从色坐标 [图 5-19（b）] 中可以看出，随着激发波长由 330 nm 增加到 450 nm，100 mg/mL 的乙醇溶液的发射颜色由深蓝逐渐移动至红光区。与之相反，线型聚硅氧烷 **P10** 只能在 330～380 nm 的激发波长范围内发射轻微的蓝色荧光。这一结果进一步证明，Si—O 在超支化聚硅氧烷发光中所起的作用，即硅桥增强发光[32]。同时，超支化聚合物与链段结构类似的线型聚合物相比，具有更好的荧光性能。

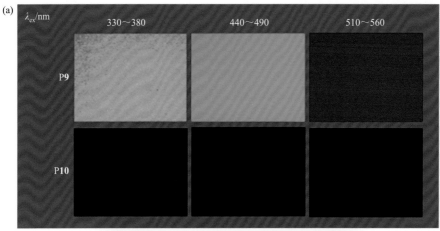

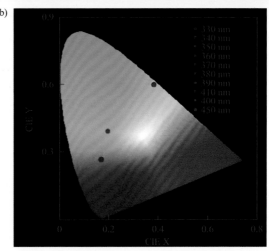

图 5-19　（a）纯 **P9** 和 **P10** 在不同滤光器 UV-2A（λ_{ex} 330～380 nm）、B-2A（λ_{ex} 440～490 nm）和 G-2A（λ_{ex} 510～560 nm）下的荧光显微成像；（b）100 mg/mL 的 **P9** 乙醇溶液根据发射波长算得的 CIE 色坐标

另外，通过 DFT 优化其基态结构（图 5-20），之后利用 TD-DFT 计算其激发能量与振子强度（表 5-6）发现，在羟基的驱动下，**P9** 分子可以较为紧密地组装在一起，而 **P10** 分子的构象则较为松散。

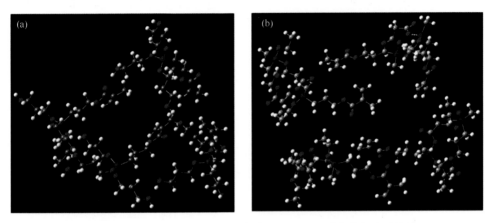

图 5-20　P9（a）与 P10（b）一代分子数目为 4 时的优化分子构象

表 5-6　不同分子数目优化结构的 HOMO-LUMO 能级与振子强度结果

聚合物	E(HOMO)/a.u.	E(LUMO)/a.u.	能级差/a.u.	能级差/eV	激发波长/nm	振子强度
P9	−0.237	−0.053	0.184	5.018	203.5	0.1323
P10	−0.267	−0.039	0.228	6.218	204.3	0.1074

特别是，由于 **P9** 端位羟基多、侧链长，在形成最优构象的聚集体时，空间共轭与电子交流不仅存在于整个分子的大环中，同时也存在于侧链与相邻分子的小环中，形成"多环空间共轭"（multiring through-space conjugation）。这与能够发射多色荧光的量子点类似，即不同尺寸的环通过激发能够发出不同颜色的光，大环对应长波长的光，小环对应短波长的光[33]。作为对比，"1. 局部链段共轭的超支化聚硅氧烷及其荧光性能"中具有高量子产率的超支化聚硅氧烷 **P6** 仅有一个大的共轭环（图 5-21）。

5.2.3　端位接枝超支化聚硅氧烷合成及其荧光性能

端位接枝是一种重要的改性方法，不同于调控聚合物骨架结构，端位官能团接枝不仅可以从反应原料入手对超支化聚硅氧烷的发光性能进行调控，也可以在后期对合成产物的物理性质、化学性质及功能（如稳定性、溶解性、发光性、载药性等）进行调控。

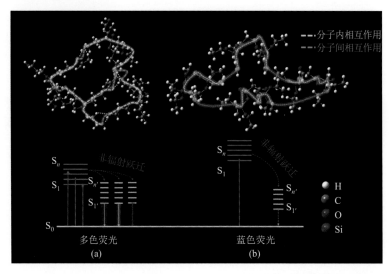

图 5-21 （a）四个 P9 一代分子的聚集态和"硅桥"促进多环空间共轭及其荧光机理示意图；
（b）P6 形成的大空间共轭及其荧光机理示意图

1. 聚醚胺接枝超支化聚硅氧烷

为提高超支化聚硅氧烷的水溶性，西北工业大学颜红侠课题组将含有环氧基的超支化聚硅氧烷（HBPSi-Ep）用端羧基聚醚（MA-Polyether）进行部分封端[16]（图 5-22）。研究发现，经过聚醚改性的超支化聚硅氧烷（HBPSi-Polyether），不仅水溶性提高，而且平均荧光寿命和绝对量子产率也分别由 4.30 ns 和 4.61%增加到了8.89 ns 和 7.30%，荧光强度也有很大程度增加（图 5-23）。原因在于经聚醚改性的聚合物，其亲疏水效应和氢键作用会进一步聚集，抑制了链段的旋转而增加荧光。

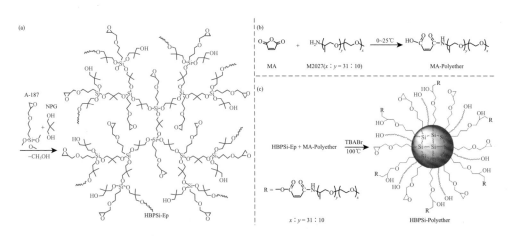

图 5-22 聚醚胺接枝含环氧基的超支化聚硅氧烷（HBPSi-Polyether）的合成示意图

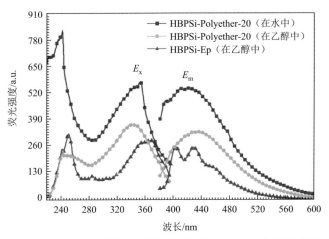

图 5-23　聚醚胺对含环氧基超支化聚硅氧烷（HBPSi-Ep）的荧光强度影响

2. 谷氨酸接枝超支化聚硅氧烷

L-谷氨酸不仅具有良好的水溶性，而且具有优异的生物相容性，以其接枝超支化聚硅氧烷，不仅能提高超支化聚硅氧烷的水溶性和生物相容性，同时，其丰富的羧基和氨基基团可为超支化聚硅氧烷提供氢键，提高超支化聚硅氧烷的聚集能力而增强荧光性能，从而赋予超支化聚硅氧烷新的功能。西北工业大学颜红侠课题组以二乙二醇和 3-氨丙基三乙氧基硅烷为原料，合成了含有伯胺基、羟基和醚键的超支化聚硅氧烷[30]。随后将不同含量的 L-谷氨酸接枝到超支化聚硅氧烷表面，合成一系列谷氨酸接枝的超支化聚硅氧烷（HBPSi-GA）。研究发现，随着 L-谷氨酸比例的增大，HBPSi-GA 的荧光强度和量子产率均显著增强（图 5-24）。

(a)

HBPSi

70℃，24 h

HOOC — CH — COOH
　　　　|
　　　NH₂

（GA）

HBPSi-GA

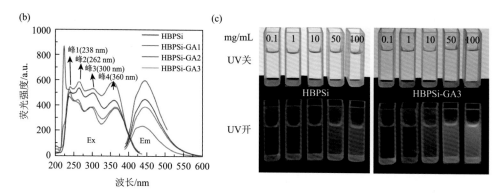

图 5-24 （a）L-谷氨酸接枝 HBPSi 的合成原理；（b）L-谷氨酸的接枝量对 HBPSi-GA 的荧光强度的影响；（c）日光及紫外灯下 HBPSi-GA 的照片

特别是，这类超支化聚硅氧烷具有"多吸收、多激发、双发射"的光学特征，随着浓度的增大，其在 380 nm 处的发射强度变弱，而在 450 nm 处的发射强度变强，说明在这种超支化聚硅氧烷中可发生"共振能量转移"（图 5-25）。

另外，接枝前后其组装体的形貌发生了明显变化。接枝前，其在 50 mg/mL 水溶液中自组装成梭状形貌，而接枝后的 HBPSi-GA3 则自组装成类似于锁链状结构（图 5-26）。

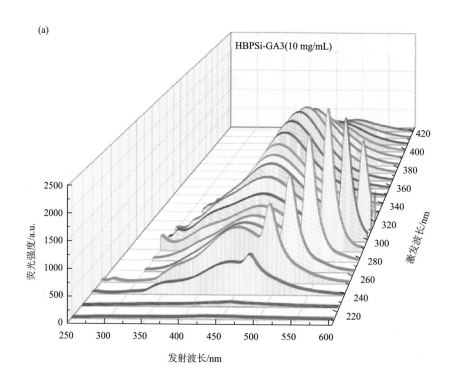

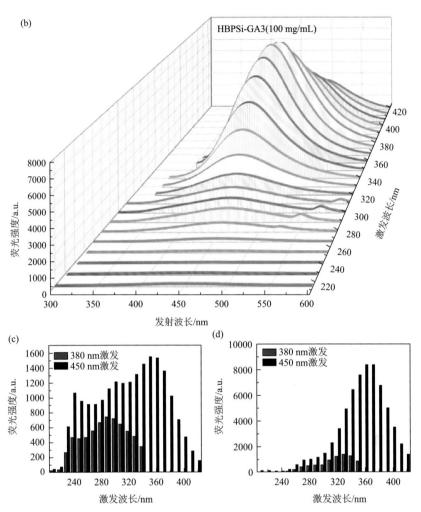

图 5-25 10 mg/mL（a）和 100 mg/mL（b）HBPSi-GA3 水溶液在 210～420 nm 激发下的发射光谱；10 mg/mL（c）和 100 mg/mL（d）HBPSi-GA3 水溶液在不同激发条件下 380 nm 和 450 nm 处的发射峰强度

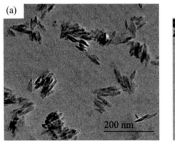
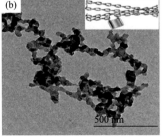

图 5-26 HBPSi（a）和 HBPSi-GA3（b）在 50mg/mL 水溶液中组装体的 TEM 图

结合 DFT 计算进一步表明，超支化聚硅氧烷的荧光性能与其自组装体的形貌密切相关。接枝后的超支化聚硅氧烷聚集程度更高，有利于空间共轭环的形成，减少了非辐射能损耗，使得更多激发态能量通过辐射途径耗散而产生荧光。此外，L-谷氨酸的引入增加了 HBPSi 的生物相容性，具有较好的成骨细胞成像功能，为检测航天员的骨密度奠定了基础。

3. 环糊精接枝超支化聚硅氧烷

β-环糊精（*β*-CD）作为一种刚性较好的两亲性生物分子，以其接枝超支化聚硅氧烷，可通过刚柔相济作用提高超支化聚硅氧烷的荧光性能。例如，利用 *β*-CD 接枝以氨丙基三乙氧基硅烷和 *N*-甲基二乙醇胺为原料合成的超支化聚硅氧烷[26]（图 5-27）。

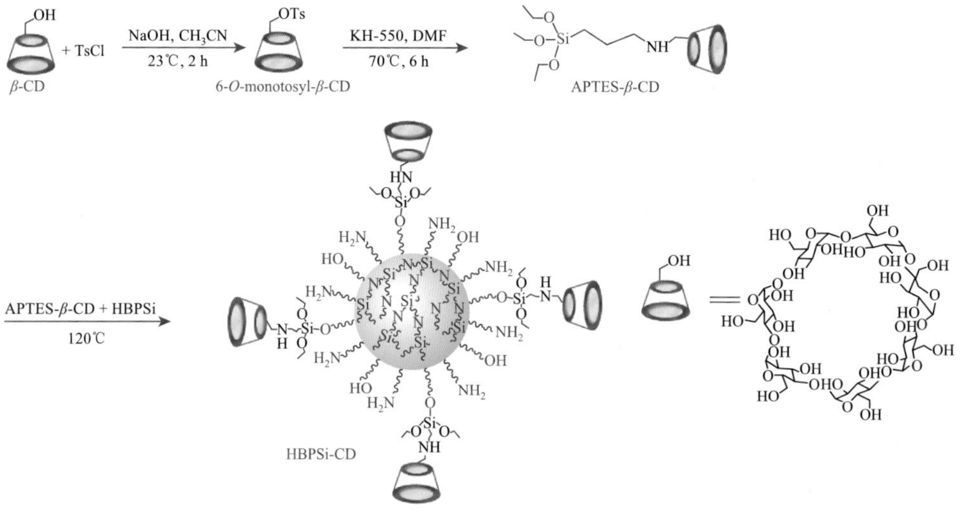

图 5-27 *β*-环糊精接枝超支化聚硅氧烷的合成路线

研究发现，随着 *β*-CD 含量的增加，改性超支化聚硅氧烷（HBPSi-CD）的量子产率和荧光寿命也随之提高。DFT 计算和 XPS 结果表明，HBPSi 和 HBPSi-CD 分子之间的氢键和 N→Si 配位键促进了分子的聚集，使富电原子 N、O 相互作用形成空间共轭环，抑制了分子链的运动，使更多的激发态能量以辐射发光的形式释放（图 5-28）。特别是，*β*-CD 的引入增强了分子间的氢键作用，促使聚合物形成的聚集体从未接枝的块状变为接枝后的球状，使其结构更加紧密，体系结构的刚性增强，从而提高了其荧光强度；并且聚合物结构中氧原子密度的提高使空间共轭环增大，导致 HBPSi 的发射峰出现明显红移。

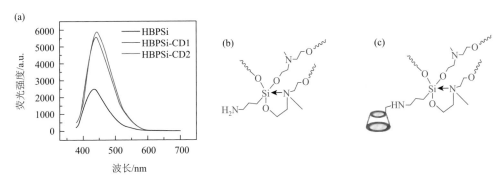

图 5-28　（a）β-环糊精接枝量对 HBPSi 的荧光强度的影响；HBPSi（b）和 HBPSi-CD（c）中的 N→Si 配位键

5.2.4　超支化聚硅氧烷的应用

与非传统的脂肪族 AIE 聚合物相比，超支化聚硅氧烷作为一种有机-无机杂化生物高分子，独特的链段结构 Si—O—C，不仅赋予了其优异的荧光特征，而且使其具有优异的生物相容性和降解性及良好的结构易修饰性，为其在荧光探针、防伪加密、细胞成像及药物控释领域的应用提供了良好的基础。

1. 离子探针

荧光探针具有灵敏度高、选择性好、时空分辨率高、设备简单及成本较低等突出优势，因此在分子生物学[36]、细胞生物学[37]、分析化学[38]、环境检测[39]和临床诊断等领域的应用越来越广泛。在探究超支化聚硅氧烷对不同金属离子的刺激响应性过程中，发现 Fe^{3+} 对含有羰基或伯胺基的超支化聚硅氧烷的荧光有猝灭作用。以 5.2.2 节中 P6 为例，其结构中含有大量羰基。在 10 mg/mL P6 的溶液（混合溶剂，水与乙醇的比例 8∶2）中加入浓度 $1×10^{-3}$ mol/L 的不同种类的金属离子，如 Ba^{2+}、Na^+、Ca^{2+}、Hg^{2+}、Cd^{2+}、Al^{3+}、Fe^{3+}、Cu^{2+}、Zn^{2+}、Co^{2+} 和 Fe^{2+}。结果发现，与其他离子相比，Fe^{3+} 对 P6 具有明显的猝灭效应[图 5-29（a）]，并且在一定范围内，P6 溶液的荧光强度随着 Fe^{3+} 浓度的增加而线性降低。而向 P6-Fe^{3+} 溶液中加入与 Fe^{3+} 配合性更强的 Na_2EDTA（$1×10^{-3}$ mol/L），它会与溶液中的 Fe^{3+} 络合，从而破坏 P6-Fe^{3+} 的配合体，使 P6 溶液的荧光强度恢复[图 5-29（b）]。

其荧光猝灭机理如图 5-30 所示，Fe^{3+} 较强的配位作用形成 P6-Fe^{3+}，而较大的电荷半径比使空间共轭环的羰基簇中的电子容易发生电荷转移，从而导致荧光猝灭。这种荧光的开关机理也为其在防伪加密领域中的应用奠定了基础。

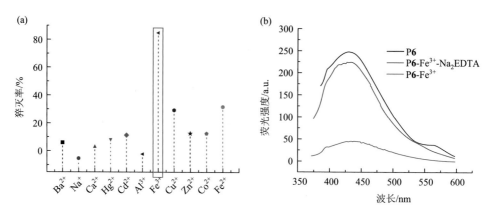

图 5-29 （a）P6 溶液（10 mg/mL）对不同金属离子（1×10⁻³ mol/L）的猝灭率；（b）P6、P6-Fe³⁺、P6-Fe³⁺-Na₂EDTA 在水和乙醇溶液（10 mg/mL）中的荧光光谱

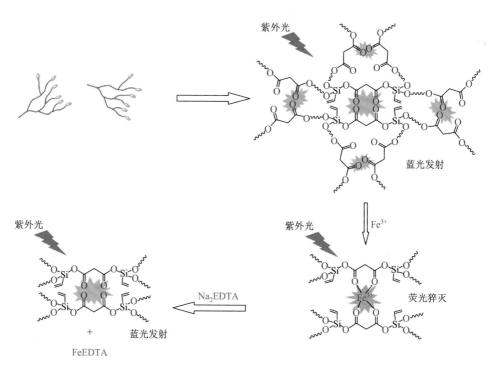

图 5-30 P6 作为 Fe³⁺探针的开关机理

关：P6-Fe³⁺配合体的形成导致荧光猝灭；开：EDTA-Fe³⁺配合体形成破坏 P6-Fe³⁺配合体，荧光恢复

同时，颜红侠课题组也发现含羧基的非局部链段共轭的超支化聚硅氧烷 **P9**（详见 5.2.2 节）同样对 Fe³⁺表现出明显的猝灭效应。利用 Na₂EDTA 溶液也可以将其荧光强度恢复，其开关机理与 **P6** 的类似，只不过由于二者中羧基的相对位置不

同，其荧光猝灭和恢复的程度不同。此外，颜红侠课题组还发现以正硅酸乙酯（TEOS）、三乙醇胺（TEA）、N-甲基二乙醇胺（NMDEA）和二甘醇（DEG）合成含叔胺的超支化聚硅氧烷[31]，对 Fe^{3+} 也表现出显著的选择性猝灭效应，这可能与其叔胺中 N 上孤对电子的配位作用有关。不同的是，这种超支化聚硅氧烷具有较好的水溶性，有望用作生物体内 Fe^{3+} 的荧光探针。

2. 防伪加密

利用超支化聚硅氧烷对 Fe^{3+} 荧光开关这一特点，可以将其用于防伪加密领域。为了纪念 AIE 这一概念提出 20 周年，颜红侠课题组利用超支化聚硅氧烷这一特性做了"AIE 20th"的加密测试。首先在滤纸上喷涂超支化聚硅氧烷 P9 的乙醇溶液，随后放入烘箱，待乙醇挥发完全后，包覆有超支化聚硅氧烷的滤纸能够在紫外灯下发出明亮的蓝色荧光。用 Na_2EDTA 溶液在该滤纸上写下"AIE 20th"的英文字母。经此加密，滤纸的颜色、外观和柔性等并没有发生肉眼可见的变化。再将加密的滤纸放在紫外灯下，也没有发现明显的变化。为了解密，最后将 Fe^{3+} 的溶液喷涂在滤纸上，在紫外灯下，可明显看到"AIE 20th"的字样，滤纸显色解密（图 5-31）。因此，可以将超支化聚硅氧烷应用在防伪加密领域，具有无毒无害、环境友好的优势。

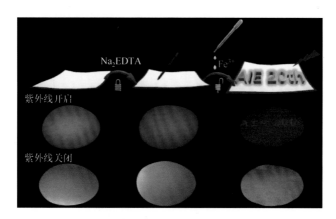

图 5-31　超支化聚硅氧烷的防伪加密示意图

3. 细胞成像

超支化聚硅氧烷具有良好的生物相容性，利用 L-谷氨酸或 β-CD 等生物分子对其端位进行修饰，不仅可以提高其荧光性能，而且可以增强其生物相容性[40, 41]。需要说明的是，合成的超支化聚硅氧烷的聚合单体不同，其生物毒性也有所差异。例如，以二乙二醇和 3-氨丙基三乙氧基硅烷合成的超支化聚硅氧烷［图 5-32（b）］

比以 N-甲基二乙醇胺和 3-氨丙基三乙氧基硅烷合成的超支化聚硅氧烷［图 5-32（a）］的生物毒性相对较低。

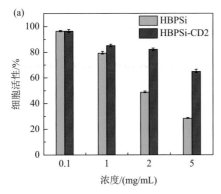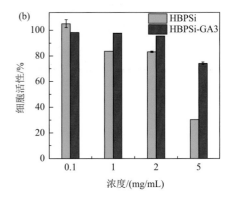

图 5-32　HBPSi 和 HBPSi-CD2（a）及 HBPSi 和 HBPSi-GA3（b）对小鼠成骨细胞的生物毒性

另外，随着超支化聚硅氧烷浓度增大，其生物毒性增大，这是由于超支化聚硅氧烷含有大量的氨基官能团，因此其在培养液中带有较高的容易使细胞失活的正电荷。但是无论 L-谷氨酸还是 β-CD 修饰后的超支化聚硅氧烷的生物毒性均有所降低，并且浓度越高，降低效果越明显。例如，以 β-CD 修饰的以 N-甲基二乙醇胺和 3-氨丙基三乙氧基硅烷合成的超支化聚硅氧烷 HBPSi-CD，当 HBPSi-CD 的浓度升高到 5 mg/mL 时，细胞活力仍然很高［图 5-32（a）］。此外，当小鼠成骨细胞在 2 mg/mL 的 HBPSi-CD2 培养液中于 37℃培养 24 h 后，小鼠成骨细胞在激光扫描共聚焦显微镜（激发波长 320～380 nm）下发射出蓝色荧光（图 5-33）。另外，以丙二醇与 3-氨丙基三乙氧基硅烷合成的超支化聚硅氧烷用 β-CD 修饰后得到的 HBPSi-β-CD，还可点亮 HeLa 细胞，呈现绿色荧光。这表明以 β-CD 修饰的超支化聚硅氧烷，能够被细胞摄取，并且很可能在细胞中发生聚集。

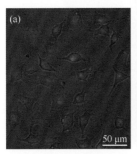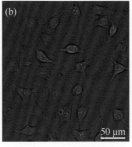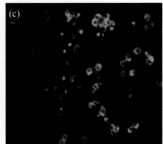

图 5-33　小鼠成骨细胞在含有 HBPSi-CD（2 mg/mL）的 DMEM 细胞培养液中培养 24 h 后的激光扫描共聚焦显微图像：（a）成骨细胞在 320～380 nm 激发波长下图像，（b）成骨细胞在明场下图像；（c）HBPSi-β-CD 点亮的 HeLa 细胞

4. 药物控释

β-CD 是一种两亲性的笼型分子[42,43]，以其修饰超支化聚硅氧烷（5.2.3 节）不仅能够提高其生物相容性和荧光性能，而且能够赋予其药物控释功能。一方面，β-CD 的内部疏水性空腔是一种良好的疏水药物载体[44-46]，可以用于封装尺寸合适的小分子；另一方面，超支化聚硅氧烷的支化结构的孔洞也有利于负载药物。同时，β-CD 腔体外部大量的羟基在氢键的驱动下有利于聚集。这样，β-CD 修饰的超支化聚硅氧烷可以与疏水性客体小分子通过非共价相互作用形成稳定的主客体包合物[44,47,48]。

例如，随着布洛芬浓度的提高，HBPSi-CD2 的载药量从 81.0 mg/g 提高到 158.0 mg/g，并且负载于 HBPSi-CD2 的布洛芬在 pH 为 6.4 和 7.4 的磷酸缓冲液中可以进行释放，其释放过程均经历先突释再缓释的过程（图 5-34）。这是因为部分布洛芬被负载在 HBPSi-CD2 表面，在释放初期能迅速扩散到介质中，即突释阶段。另外，当载体中药物密度较高时，布洛芬能迅速从 HBPSi-CD2 中释放出来，随着释放的进行，HBPSi-CD2 中的布洛芬密度逐渐减小，释放速率也相应减慢。此外，由于部分布洛芬能通过主客体相互作用包合在 HBPSi-CD2 的空腔中，两者间的疏水-疏水相互作用使布洛芬更难从 HBPSi-CD2 中扩散出来，因而延缓了释放时间，即缓释阶段。

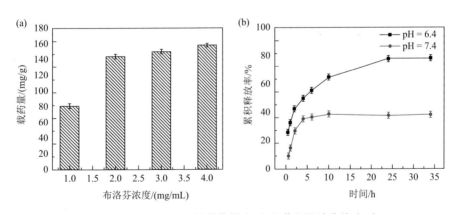

图 5-34　HBPSi-CD2 的载药量（a）和药物释放曲线（b）

pH 能显著影响布洛芬在磷酸缓冲液中的释放。在 pH 为 6.4 的条件下，布洛芬的释放速率和累积释放率明显高于在 pH 为 7.4 条件下的释放速率和累积释放率。这是因为在酸性条件下，HBPSi-CD2 表面的—NH$_2$ 发生质子化作用，使布洛芬和 HBPSi-CD2 均带有正电，两者之间发生强烈的静电排斥导致布洛芬加速释放。同时，由于 HBPSi-CD2 上的—NH$_2$ 可与布洛芬上的—COOH 发生反应，部分布洛芬与 HBPSi-CD2 以酰胺键的形式相连接,在酸性条件下酰胺键会发生水解,释放布洛芬,在 pH = 6.4 的磷酸缓冲液中的累积释放率高达 78%。当 pH 为 7.4 时,最终只有 38.6% 的布洛芬被成功释放。这是因为在 pH 为 7.4 的条件下,布洛芬带负电,而 HBPSi-CD2 表面带正电,两者之间存在强烈的静电吸引作用,抑制了布洛芬的释放。HBPSi-CD2 在不同 pH 下的药物释放模型如图 5-35 所示。

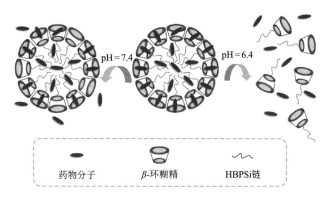

图 5-35 pH 分别为 6.4 和 7.4 下 HBPSi-CD2 的药物释放模型

此外,负载布洛芬后,HBPSi-CD2 的荧光强度略微降低,这是因为负载的布洛芬在一定程度上破坏了 HBPSi-CD2 分子之间的氢键,导致自组装体尺寸缩小(图 5-36),进而降低了 HBPSi-CD2 的荧光强度。因此,HBPSi-CD2 还具有药物运输可视化的潜力。

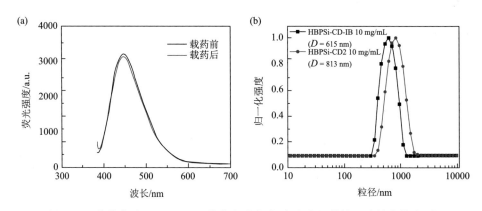

图 5-36 载药前后 HBPSi-CD2 的荧光强度(a)和自组装体尺寸的变化(b)

为了进一步研究布洛芬的释放规律,将释放实验的数据分别用零级、一级、Higuchi 模型和 Ritger-Peppas 模型拟合以确定药物释放机制,其拟合结果和相关系数如表 5-7 和表 5-8 所示。比较各公式的相关系数可知，Ritger-Peppas 模型具有较高的可靠性，可客观描述布洛芬在磷酸缓冲液中的释放动力学。在 pH 为 6.4 和 7.4 的磷酸缓冲液中，其扩散指数 n 分别为 0.29 和 0.31，均小于 0.45。根据 Ritger-Peppas 释药机理可知，HBPSi-CD-IB 的释放由 Fick 扩散控制[49, 50]。该结果表明 HBPSi-CD 对布洛芬有缓释控的潜力。

表 5-7　布洛芬释放模型（pH = 6.4）

pH	释放模型	公式	线性相关系数
6.4	零级	$y = 1.3990x + 39.0120$	0.74720
6.4	一级	$y = -0.1492x - 7.9622$	0.87124
6.4	Higuchi	$y = 0.1215x + 0.2260$	0.94548
6.4	Ritger-Peppas	$y = 0.2852x + 1.1118$	0.98879

表 5-8　布洛芬释放模型（pH = 7.4）

pH	释放模型	公式	线性相关系数
7.4	零级	$y = 0.5763x + 23.8284$	0.27698
6.4	一级	$y = -0.0646x - 19.3159$	0.30253
6.4	Higuchi	$y = 0.0470x + 0.1710$	0.49860
6.4	Ritger-Peppas	$y = 0.3132x + 1.7913$	0.71855

总之，接枝了 β-环糊精的超支化聚硅氧烷不仅具有优异的生物相容性，而且具有细胞成像、药物控释功能，在生物医学、癌症诊断和治疗方面具有广泛的应用前景。

5.3　超支化聚酰胺-胺

超支化聚酰胺-胺（hyperbranched poly(amido amine)，HPAMAM）是一种研究最早且最多的非传统发光聚合物，其结构中含有大量的酰胺基和氨基（伯胺基、仲胺基或叔胺基），二者以烷基相连。1985 年，Tomalia 第一次合成了树枝状的 PAMAM[51]。由于其结构中缺乏传统发色团，没有发现其荧光性能。1991 年，Turro 和 Tomalia 等报道了 PAMAM 的光化学现象[52]，观察到一种意想不到的蓝色荧光。起初，认为这些蓝色荧光是少量传统荧光杂质引起的。然而，2001 年 Goodson 等发现，即使是提纯后的高纯度及嵌入金属纳米团簇的 PAMAM 分子仍能在 335 nm 紫外光激发下发射 440～450 nm 蓝色荧光[53]。树枝状的 PAMAM，因具有拓扑结构可控、几何构型高度对称、内部存在大量的空腔、表面带有大量的正电荷及生物相容性良好等一系列显著的优点，已被广泛应用于化工（水处理、造纸、皮革和纺织工业）、生物医药（药物缓释、药物增溶、靶向给药和抑菌）及电化学等领域，是研究最为广泛的有机大分子之一[3, 54, 55]。但由于其合成方法难度较大，因此，目前对 PAMAM 的研究主要集中在 PAMAM 新合成方法的设计，以及发光性能、发光机理和应用探索等方向。

5.3.1 超支化聚酰胺-胺的合成及发光性能

PAMAM 是第一个利用"发散"法合成、表征和商业化的完整树枝状大分子家族。该方法包括两步迭代反应，以乙二胺为初始核，与丙烯酸甲酯进行迈克尔加成反应（Michael addition reaction）生成树枝状 β-丙氨酸单元，然后再与过量的乙二胺发生酰胺化反应，得到树枝状的 1 代 PAMAM 分子，交替重复以上两个反应步骤，可以得到代数依次增加的 PAMAM 树枝状分子（图 5-37）。并且，这种PAMAM 核壳结构的直径随代数的增大而增大[55]。

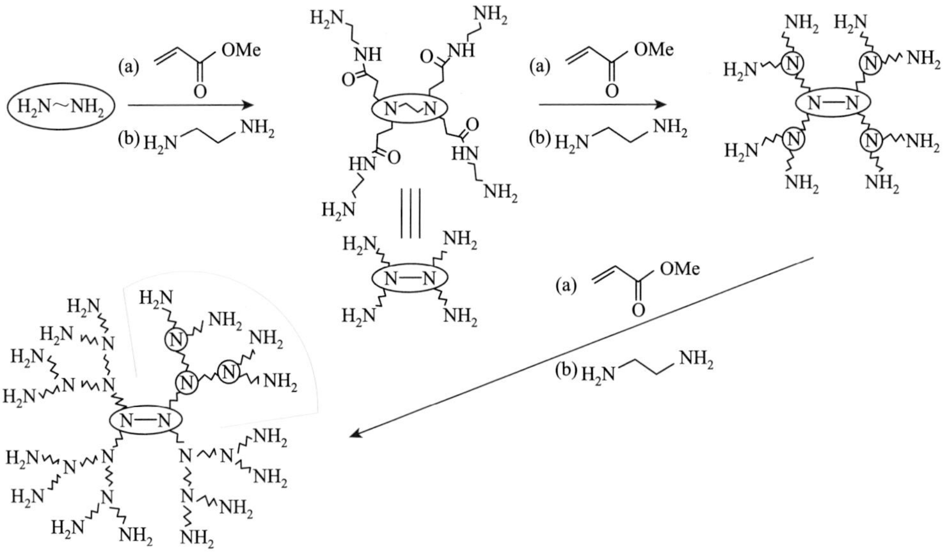

图 5-37　树枝状 PAMAM 的合成路线

美国密苏里大学哥伦比亚分校的 Tucker 课题组[56]首次利用三维荧光光谱和稳态/瞬态荧光光谱仪测量激发、发射光谱及荧光寿命等参数，研究了羧酸盐封端的 PAMAM（PAMAM-CT）的荧光性能，发现其最大激发峰和发射峰值分别是 380 nm 和 440 nm，荧光寿命为 1.3～7.1 ns，并且这些数值均随着支化代数的增加而升高。他们认为这种微弱但可检测的荧光是由树枝状结构中所有氨基的

n→π*电子跃迁引起的。但令人遗憾的是，这项研究在当时并没有引起其他科研人员的广泛关注。直到 2004 年 6 月，美国得克萨斯大学奥斯汀分校的 Bard 课题组[57]受 PAMAM-OH/Au 纳米复合材料可发射蓝色荧光这一研究[58]的启发，率先报道在没有金纳米点存在的条件下，含端羟基的 PAMAM（PAMAM-OH）树枝状大分子经过硫酸铵氧化后可发出明亮的蓝色荧光。但是，将 PAMAM-OH 末端羟基变成氨基（PAMAM-NH$_2$）后，在相同的过硫酸铵氧化条件下仅能发射微弱的蓝色荧光，且强度不及 PAMAM-OH 的 0.01%。由此，他们认为 PAMAM 树枝状大分子骨架不是荧光形成的主要因素，而末端羟基的氧化才是其产生荧光的根源。然而，同年 9 月日本名古屋大学的 Imae 教授课题组[59]却发现 PAMAM 的代数对荧光强度具有显著的影响。接着，2007 年 Imae 教授课题组[60]深入研究了 pH、温度、浓度和氧化程度等不同影响因素对不同端基（—OH、—NH$_2$、—COO—）的 PAMAM 树枝状大分子的荧光性能的影响。研究发现，在低 pH 和高温条件下荧光强度增加，并随 PAMAM 树枝状大分子浓度的提高呈线性增加。在酸性条件下，PAMAM 树枝状大分子的发色基团与质子化的叔胺基团具有紧密的关系。该研究结果表明，PAMAM 树枝状大分子的荧光发射性能具有 pH 依赖性、温度依赖性及浓度依赖性。另外，还发现氮气鼓泡的树枝状聚合物溶液比暴露在空气中的树枝状聚合物溶液的荧光强度弱很多，并推测空气中的氧是荧光产生的关键原因。

　　2007 年，复旦大学的杨武利课题组[61]以二乙烯三胺和丙烯酸甲酯为原料，采用迈克尔加成和氨解反应，通过一锅法制备了一系列超支化 PAMAM（图 5-38）。

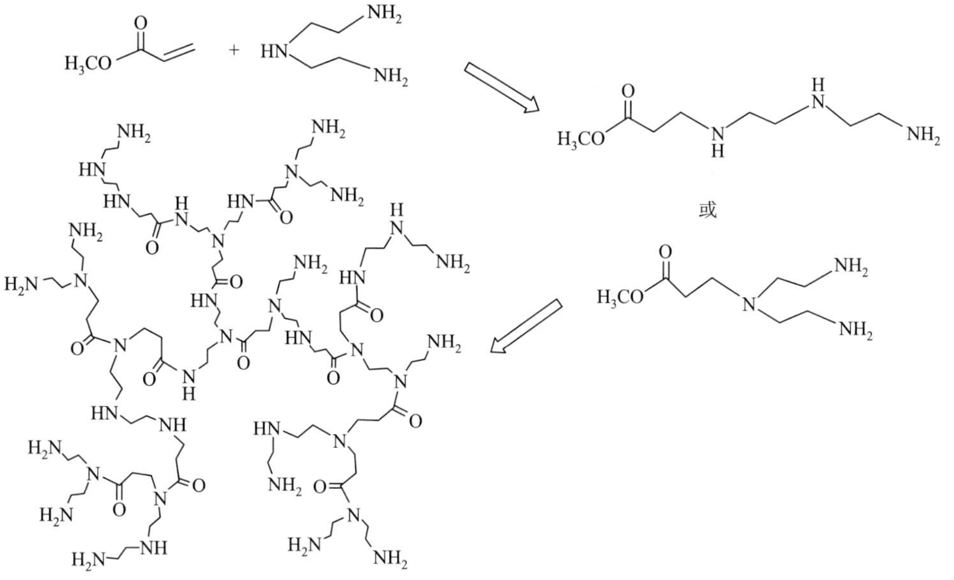

图 5-38　超支化 **PAMAM** 的合成路线

结果显示,这种结构非规整的超支化 PAMAM 与结构规整的树枝状 PAMAM 有相似的物理化学性质,其发光行为同样受 pH、溶剂、聚合物溶液浓度、端位官能团及分子刚性等因素的影响。

5.3.2 超支化聚酰胺-胺的发光机理

探究超支化聚酰胺-胺的发光机理对设计新的发光聚合物至关重要。日本 Imae 教授课题组[27]选用三乙胺分子作为模型对比分子,以过硫酸铵作为氧化剂,研究 PAMAM 的发光机理。观察到用过硫酸铵进行氧化处理后的三乙胺小分子和 PAMAM 树枝状大分子在 365 nm 激发下均可发射出蓝色荧光,发射波长为 440~460 nm,而且 PAMAM 分子的荧光强于三乙胺的荧光。其原因在于:①PAMAM 分子可以有效封装氧,或者与氧之间存在主客体相互作用;②PAMAM 分子的空腔中的小分子链段,抑制了 PAMAM 分子的自由运动,从而增强荧光。因此,他们提出了 PAMAM 分子内的叔胺基团是荧光发射的根源。为了验证这一猜想,他们将苯酚蓝作为探针加入过硫酸铵处理后的 PAMAM 的溶液中,发现 PAMAM 的发射波长几乎不变,这说明一旦 PAMAM 分子支化点的叔胺与氧达到饱和后,不可能再与苯酚蓝形成络合物。三乙胺和其他 N-支化聚合物的分支点的叔胺与氧形成过氧自由基或者激基缔合物,从而导致发射出蓝色的荧光。换言之,PAMAM 的荧光特性源自内部叔胺基团支化位点,同时对于发光而言 O_2 或含氧分子也是必不可少的。

2010 年,浙江理工大学江国华课题组[62]使用 1-(2-氨乙基)哌嗪和丙烯酸甲酯为原料,通过迈克尔加成反应制备了超支化聚酰胺-胺(HPAMAM),然后用环氧丙烷在乙醇中对残留的仲胺基团进行了烷基化,合成了具有高密度叔胺的端位含有羟基的超支化聚酰胺-胺(HPAMAM-OH)(图 5-39)。结果表明,与 HPAMAM 相比,HPAMAM-OH 的荧光强度显著增加,且其最大的激发波长和发射波长均出现了红移,这与超支化聚合物的结构和微环境有关,其中含孤对电子的叔胺对荧光的发射起到重要的作用。

中国科学技术大学的潘才元课题组[63]利用 N, N-胱胺双丙烯酰胺、1-(2-氨乙基)哌嗪和 N-半乳糖胺盐酸盐(或 N-葡萄糖胺盐酸盐)通过迈克尔加成反应,制备了生物降解性好、特异性亲和力高的超支化聚酰胺-胺多功能纳米颗粒。该纳米颗粒表现出强的光致发光特性、高的光稳定性及宽的吸收和发射(430~620 nm)光谱。同样,该研究者也将超支化聚酰胺-胺发射荧光的原因归于分子中叔胺发色团的存在。

2011 年,台湾健康研究院纳米医药研究中心的 Lin 等[64]以第二代的 PAMAM-OH 为模型化合物来研究 PAMAM 分子的氧化与光致发光之间的关系,发现用 H_2O_2

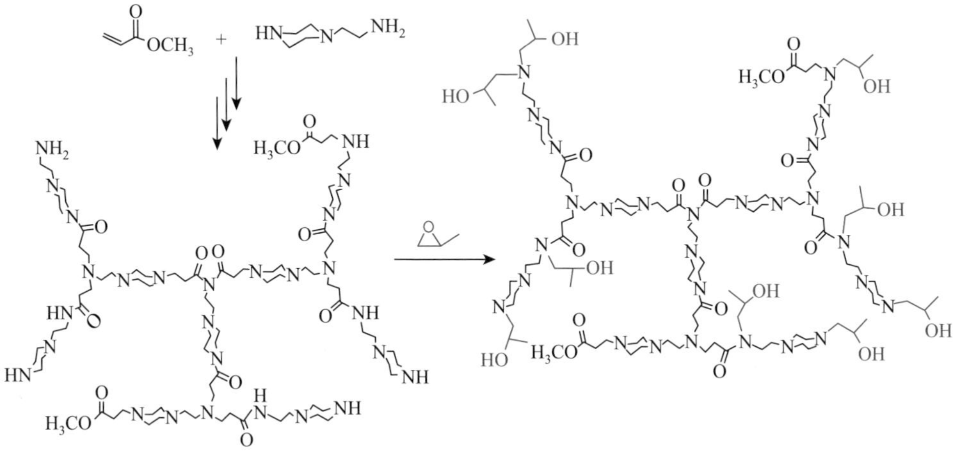

图 5-39　**HPAMAM-OH 的合成路线**

氧化后的 PAMAM-OH 显示出很强的荧光。为探究其原因，他们采用 NMR 和 MALDI-TOF 质谱对氧化产物进行了分析。结果表明，PAMAM-OH 发生了 Cope 消除反应（图 5-40）。H_2O_2 氧化后的 PAMAM-OH 首先产生一种胺氧化合物的中间体，然后继续发生 Cope 消除反应产生一种含乙烯基化合物和不饱和羟胺化合物。当 H_2O_2 的浓度大于 250 mmol/L 时，羟胺化合物再次被氧化形成一种 NO 自由基。这一研究认为 PAMAM 的荧光发射不是自身固有的性质，而是在 H_2O_2 的氧化作用下，PAMAM 大分子的结构进行了一系列的 Cope 消除反应而分解后产生的羟胺化合物才是产生光致发光的真正原因。

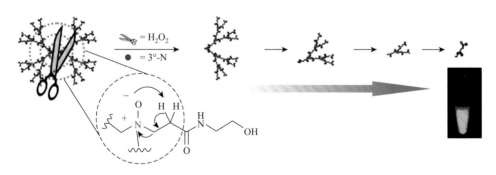

图 5-40　**PAMAM-OH 氧化示意图**

对于经典的 PAMAM 体系，大部分人都认同叔胺的存在是引起这类物质发光的关键因素，但有一部分人提出了不同的发光机理，如叔胺氧化、新的不饱和羟胺的形成。同时，研究发现末端基团（—OH、—NH₂、—COOH）、分子量、聚合物拓扑结构（线型、超支化、树枝状）、pH 均对 PAMAM 的发光有显著影响。

5.3.3 超支化聚酰胺-胺的改性

近年来，通过对 PAMAM 进行修饰及改性，赋予其特殊的功能以拓展其应用成为目前研究的热点。2010 年，潘才元课题组[65]调整了 N, N'-双（丙烯酰）胱胺和 1-（2-胺乙基）哌嗪的原料比例，制备了末端为双键的 HPAMAM。然后通过迈克尔加成反应将甘露糖胺接到其表面，合成了 D-甘露糖功能化的 M-HPAMAM（图 5-41）。结果表明，修饰后分子量为 17200 的 M-HPAMAM 荧光强度比未修饰的提高了约 340 倍。这是由于甘露糖是一种具有环状结构且有四个羟基的光活性化合物。甘露糖的引入有效地限制了聚合物末端的链运动，并抑制了分子碰撞松弛过程和自猝灭过程，从而诱导其荧光显著增强。此外，M-HPAMAM 具有很宽的发射光谱，当激发波长从 340 nm 变化到 520 nm 时，发射出多色的荧光。这可能是其具有三维支化结构及较宽的分子量分布，且随着分子量的增加，外围结构更加紧凑而使其构象刚化所致。

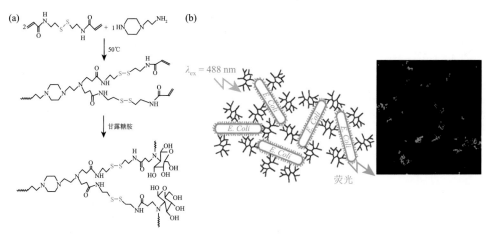

图 5-41 （a）D-甘露糖功能化的 HPAMAM 衍生物的合成路线；（b）M-HPAMAM 水溶液（0.2 wt%）的发光现象

2011 年，上海交通大学的朱新远课题组[44]以 N, N'-亚甲基双丙烯酰胺、1-（2-胺乙基）哌嗪和单-6-脱氧-6-乙二胺基-β-环糊精（β-CD）为原料，通过一锅法的迈克尔加成共聚反应，制备了不同 β-CD 含量修饰的超支化聚酰胺-胺（HPAMAM-CD）（图 5-42）。研究发现，与未经修饰的 HPAMAM 相比，HPAMAM-CD 的荧光强度显著增强，而且其细胞毒性较低。基于 HPAMAM-CD 拥有大量的氨基基团及强烈的光致发光的特性，HPAMAM-CD 可用作非病毒基因递送载体。由于 HPAMAM-CD 自身的荧光特性，在无须荧光标记的情况下，采用流式细胞仪和激光扫描共聚焦显微镜可以有效地跟踪细胞吞噬和基因转染过程。HPAMAM-CD/p-DAN 复合物的细胞摄取非常快。在基因转运过程中，HPAMAM-CD 主要分布在细胞的细胞质中。另外，通过主客体相互作用，HPAMAM-CD 中 β-CD 的内腔可以用于载药。因此，HPAMAM-CD 在基因治疗与化疗方面具有潜在的应用价值。

中国科技大学的尤业字课题组[66]通过迈克尔加成反应将分子链较短的聚乙二醇（PEG）接到 HPAMAM 的表面，制备了 PEG 功能化的 HPAMAM（HPAA-PEG）（图 5-43）。在不同激发波长的激发下，这种超支化聚合物分别发射出深蓝色、浅蓝色和绿色的荧光。PEG 的引入降低了 HPAMAM 的表面电荷，有助于大分子相互接近，从而增强了其固有的荧光发射。

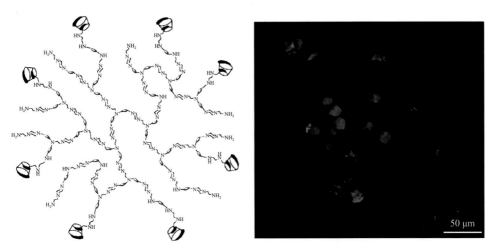

图 5-42　β-CD 修饰的超支化 PAMAM 的荧光性能

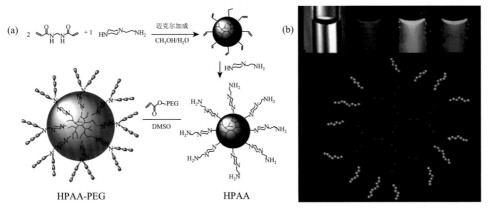

图 5-43　（a）HPAA-PEG 的合成路线示意；（b）HPAA-PEG 水溶液在毛细管中的光学荧光显微图像，从左到右依次为没有使用过滤器，使用的滤光片分别为 BFP（380 nm）、CFP（435 nm）和 GFP（489 nm）

2015 年，山东大学冯圣玉课题组[24]利用 aza-迈克尔加成反应合成了一种含硅的树枝状聚酰胺-胺（Si-PAMAM），在未经任何氧化、酸化等处理条件下，Si-PAMAM 在紫外灯下可以发射肉眼可见的蓝色荧光（图 5-44），其 Si-PAMAM 结构中羰基的聚集是荧光产生的原因[25]。除此之外，与不含硅的 PAMAM（C-PAMAM）相比，Si-PAMAM 结构中的 Si—O—Si 结构更具柔性，并且存在 N→Si 配位键，使得 Si-PAMAM 更容易聚集，而 C-PAMAM 分子刚性较大很难聚集。这是 Si-PAMAM 可以聚集发光而 C-PAMAM 不可以发光的原因。并且 Si-PAMAM 水溶液的荧光强度随着不良溶剂的增加而快速增强，表现出类似的聚集诱导荧光增强（aggregation-enhanced emission，AEE）的特性。

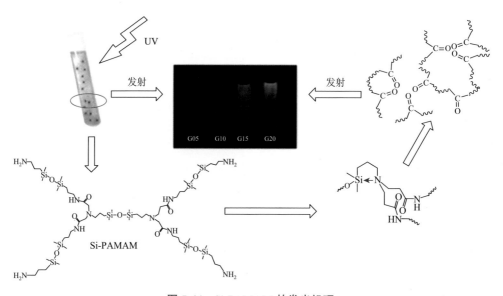

图 5-44　Si-PAMAM 的发光机理

2017 年，天津大学陈宇课题组[67]报道了以三（2-氨基乙基）胺、*N*, *N*-胱胺双丙烯酰胺和 *N*, *N*-六亚甲基双丙烯酰胺为原料，在室温下通过迈克尔加成共聚法合成了超支化聚酰胺。然后用异丁酸酐对其末端伯胺基团进行修饰，合成了异丁酰胺封端的超支化聚酰胺（HPAMAM-C4）（图 5-45）。HPAMAM-C4 可发射出明亮的蓝色荧光，发射波长为 455 nm。降低溶液的 pH 及在空气中进行氧化后，HPAMAM-C4 的荧光明显增强。因此，他们认为叔胺的氧化物是其发光物种。此外，HPAMAM-C4 在水中具有热响应性。

南昌大学张小勇课题组[68]通过迈克尔加成反应将四苯乙烯衍生物（TPE-E）与 PAMAM 树枝状大分子结合，制备出一种新型发光聚合物纳米颗粒 TPE-E-PAMAM（图 5-46）。

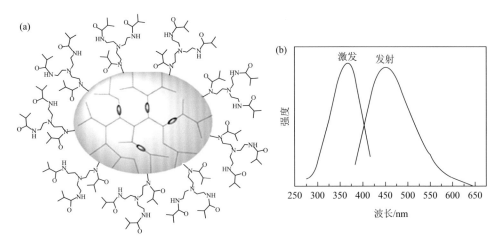

图 5-45 （a）HPAMAM-C4 的结构示意图；（b）HPAMAM-C4 在水中的荧光激发和发射光谱

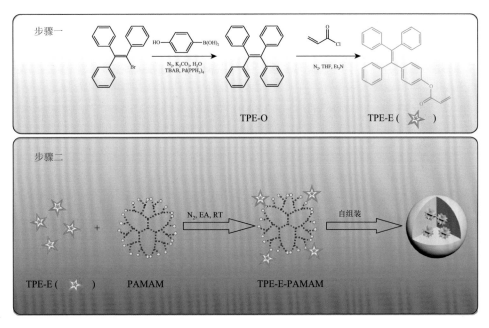

图 5-46 聚合物纳米颗粒 **TPE-E-PAMAM** 的合成与自组装过程

　　TPE-E-PAMAM 在水中可自组装成单分子胶束，其中亲水的氨基为壳，疏水的 TPE-E 为核，通过表面大量氨基的强相互作用二次组装成致密的球体，受紫外激发后可发出强烈的蓝色荧光。其激发波长宽、发射波长窄，具有类似于量子点的优点。通过 MTS 测定 TPE-E-PAMAM 对 HeLa 细胞毒性作用，发现细胞在 24 h 后没有明显的活性差异，说明材料具有良好的细胞相容性。这种利用传统芳香族

AIE 材料和非芳香族材料两者性能上的差异，将二者结合，为设计新型 AIE 材料提供了新的思路。

5.3.4　超支化聚酰胺-胺的应用

PAMAM 具有高度的几何对称性、大量的端基、分子内存在空腔等结构特点，通过对氨端基或酯端基官能团的改性可以得到具有不同用途的树枝状聚合物，在离子检测、生物成像、药物缓释等领域具有广阔的应用前景。

2015 年，加拿大滑铁卢大学纳米技术研究所的 Tam 等[69]将 6 代的氨基 PAMAM 接枝到纤维素表面，制备了一种可以发光的纳米晶体（CNC-PAMAM）。这种纳米晶体对 pH 比较敏感，当 pH≥10 或者 pH≤4 时，由于静电排斥，可以得到均匀稳定的水溶性分散液，同时其荧光强度随着聚集程度的增加而增强，且在酸性条件下的荧光强度比碱性条件下高。然而，在 pH 为 5～9 时，由于静电的吸引会形成较大的团聚体而分相。这类纳米晶体可以用于 pH 纳米传感、光学标记、无机离子的纳米反应器等。

2016 年，兰州大学的柳明珠课题组[70]用聚醚（Pluronic F127）修饰 PAMAM 树枝状大分子的外围，得到了具有 CO_2 响应性的荧光树枝状聚合物 PAMAM/F127（图 5-47）。利用动态光散射（DLS）和透射电子显微镜（TEM）研究了 PAMAM/F127 树枝状聚合物的形态和尺寸，发现 PAMAM/F127 树枝状聚合物在低浓度下呈现单分子胶束形态，而在较高浓度下变为多分子胶束。另外，他们对荧光光谱和激光扫

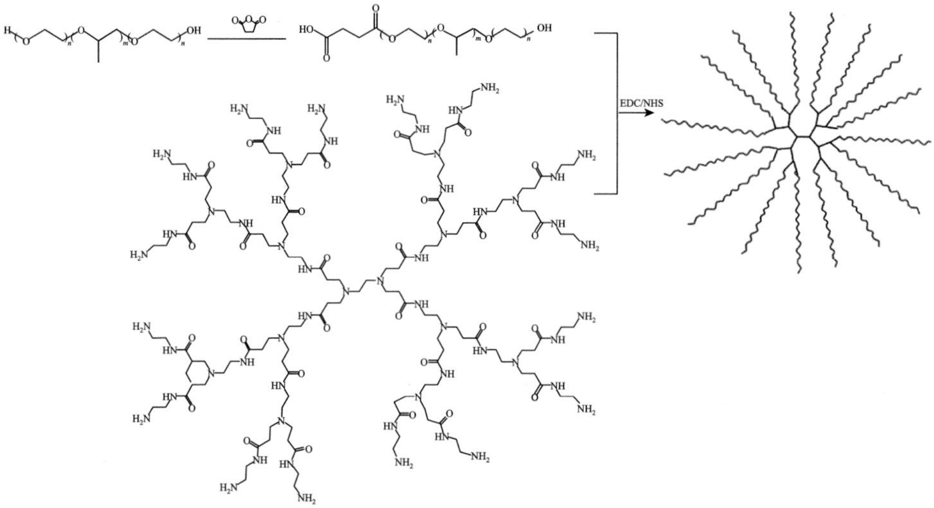

图 5-47　**PAMAM/F127 树枝状聚合物的制备方法示意图**

描共聚焦显微图像结合分析后发现，PAMAM/F127 树枝状聚合物对 CO_2 的存在表现出非常灵敏的荧光增强响应性。除此之外，他们选择姜黄素作为疏水性药物来研究 PAMAM/F127 凝胶在模拟体液下的释放特性。结果表明，PAMAM/F127 树枝状聚合物可以有效改善姜黄素的溶解度，并且药物在 CO_2 存在下释放得更快。这种 CO_2 响应性荧光树枝状聚合物在细胞成像或药物控制释放方面具有潜在的应用价值。

日本冈山大学的 Takaguchi 课题组[71]用 4.5 代的树枝状分子 PAMAM-CT 作为荧光传感器检测 F^-。与其他卤素离子相比，加入 F^- 时，该树枝状分子的荧光强度可增强 4 倍。原因在于 F^- 和酰胺基团之间形成的氢键导致了荧光增强，从而可以有效检测溶液中的 F^-。

2018 年，合肥工业大学的郝文涛课题组[72]利用迈克尔加成法合成了两种超支化聚酰胺-胺（HPAMAM-1、HPAMAM-2），并研究其机械响应性（图 5-48），发现厚度为 0.8 mm 的两种薄膜的发射峰皆集中在 450 nm 附近。并且，其荧光强度对拉伸形变比较敏感，与形变率呈线性关系，其形变率达到 250%时，荧光强度可增强一倍。这种机械响应荧光与其叔胺结构密切相关，对薄膜进行拉伸后，叔胺的相互碰撞被抑制，且大分子链被赋予了比较大的张力，其荧光随之增强。恢复薄膜的形变，其荧光也会回到增强前，并且多轮循环形变后薄膜仍然保持机械响应。因此，这种聚酰胺-胺薄膜是一种机械响应荧光聚合物。

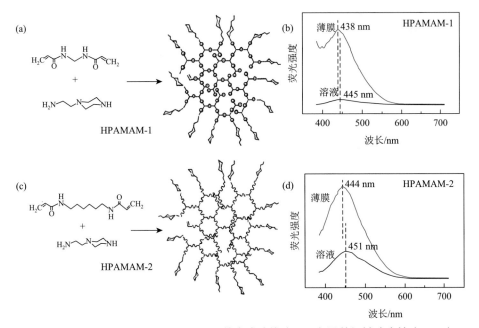

图 5-48　HPAMAM-1 和 HPAMAM-2 的合成路线（a，c）及其机械响应性（b，d）

2019 年，河南大学的刘秀华课题组[73]利用乙醛和 PEG 共同修饰 5 代氨基封端的超支化聚酰胺-胺，合成了一种末端为 C═N 键和 PEG 的超支化聚酰胺-胺（F-G5-PEG）（图 5-49）。F-G5-PEG 在紫外光激发下可发射出明亮的绿色荧光，这是 C═N 键的 n-π* 跃迁引起的。通过比较 F-G5-PEG 在不同 pH（7.4、6.0、5.0）下的荧光性能，发现 F-G5-PEG 的荧光强度不随 pH 的变化而变化，非常适合应用于生物系统。并且 F-G5-PEG 具有极好的抗光漂白特性。此外，对比 F-G5 和 F-G5-PEG 的荧光强度，发现两者的荧光强度几乎相同，因此 PEG 的接枝不会影响 C═N 键的结构。

图 5-49　F-G5-PEG 的制备路线

MTT 分析表明，F-G5-PEG 和 F-G5 具有较高的生物相容性，可以安全地应用于生物领域。经过 24 h 的细胞培养，F-G5-PEG 成功进入细胞，并在细胞质中聚集，在荧光倒置显微镜中观察到发射荧光的细胞。F-G5-PEG 同样可以应用于药物运输，其具有较高的 DOX 负载率，并且体外释放表明 F-G5-PEG 具有较长的释放时间，缓释效果显著。另外，F-G5-PEG 负载的阿霉素（DOX）更容易在细胞核聚集，有望成为新型的药物运输体系（图 5-50）。

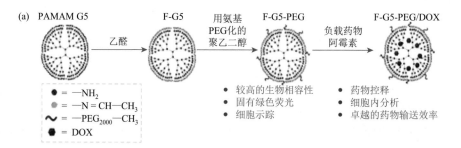

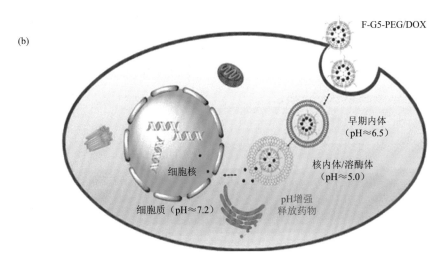

图 5-50 （a）F-G5-PEG 的制备及其药物输送路线；（b）F-G5-PEG-DOX 的细胞内吞示意图

综上所述，经过近几十年的发展和探索，研究者在超支化聚酰胺-胺的合成、改性及发光机理等方面取得了重要进展。特别是超支化聚酰胺-胺的合成方法已经趋于成熟，这为开发多功能的超支化聚酰胺-胺打下了坚实的基础。但是，有关超支化聚酰胺-胺的发光机理研究众说纷纭，仍待进一步深入研究。另外，仍需进一步拓展超支化聚酰胺-胺的应用范围。

5.4 超支化聚氨基酯

超支化聚氨基酯（HPAE）是另一类研究较多的非传统荧光聚合物，其结构中含有以烷基相连的氨基（仲胺基、叔胺基）和酯基。自 2005 年新加坡材料研究院刘业等[74]报道了超支化聚氨基酯的荧光性以来，对其荧光性能及发光机理的研究也在不断深入，其研究的广度和深度仅次于超支化聚酰胺-胺。

2005 年，刘业等[74]利用聚[1, 4-丁二醇二丙烯酸酯 2-1-（2-氨基乙基）哌嗪-1]-乙烯基[poly(BDA2-AEPZ1)-vinyl]通过迈克尔加成反应分别合成了单羟基[poly(BDA2-AEPZ1)-OH]、伯胺基[poly(BDA2-AEPZ1)-NH$_2$]、二醇[poly(BDA2-AEPZ1)-(OH)$_2$]封端的超支化聚氨基酯（图 5-51）。研究发现，超支化聚氨基酯的荧光强度与其封端基团的种类密切相关，单羟基封端的聚氨基酯的荧光最强，其量子产率为 3.8%。此外，还发现过硫酸铵和空气氧化后的三种聚氨基酯具有更强的荧光。但在绝对无氧的条件下合成的乙烯基封端的超支化聚氨基酯也会发射荧光。另外，结构类似的线型聚氨基酯几乎不能发射荧光。因此，他们认为聚氨基酯的荧光是分子核中叔胺基/羧基和紧凑树枝状结构的相互作用引起的，并且荧光是其本身的特性，与氧化与否无关。需要说明的是，超支化聚氨基酯与超支化聚酰胺-胺一样，具有类似的 pH 敏感性，同样是因为 pH 能够影响聚氨基酯分子链段的刚性。

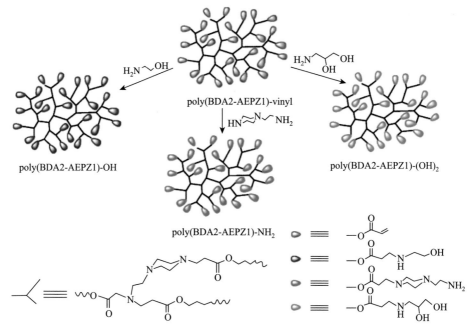

图 5-51　具有不同末端官能团的超支化聚氨基酯的制备路线

2012 年，中国科学技术大学潘才元课题组[75]通过迈克尔加成反应合成了一系列的超支化聚氨基酯（图 5-52），根据合成反应时间的不同分别命名为 HypET11、HypET15、HypET20 和 HypET24。这种聚氨基酯的荧光强度和量子产率（11%～43%）均随分子量的增加而提高，这主要是由于随着分子量的增加分子内运动受限，而且聚合物中含有更高含量的叔胺。与超支化结构相比，线型聚氨基酯的荧光非常弱，这与碰撞弛豫有关，线型的聚氨基酯分子内运动剧烈导致碰撞弛豫的增强，荧光强度降低。此外，氧化后的聚氨基酯具有更强的荧光，这种氧化增强荧光的性质归因于 N→O 配位键的形成。此外，发现聚氨基酯具有较好的生物相容性，可以用于细胞成像。

2016 年，西北工业大学颜红侠课题组[76]利用三羟甲基丙烷三丙烯酸酯分别与己二胺和乙二胺通过迈克尔加成反应合成了两种荧光超支化聚氨基酯 **P11** 和 **P12**（图 5-53），其在紫外灯下能够发射出明亮的蓝色荧光［图 5-54（a）］。

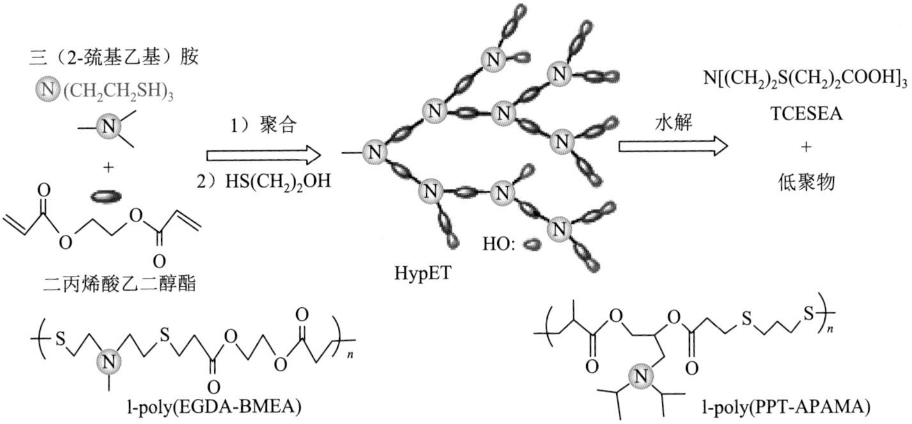

图 5-52　超支化聚合物 HypET 的制备和水解示意图

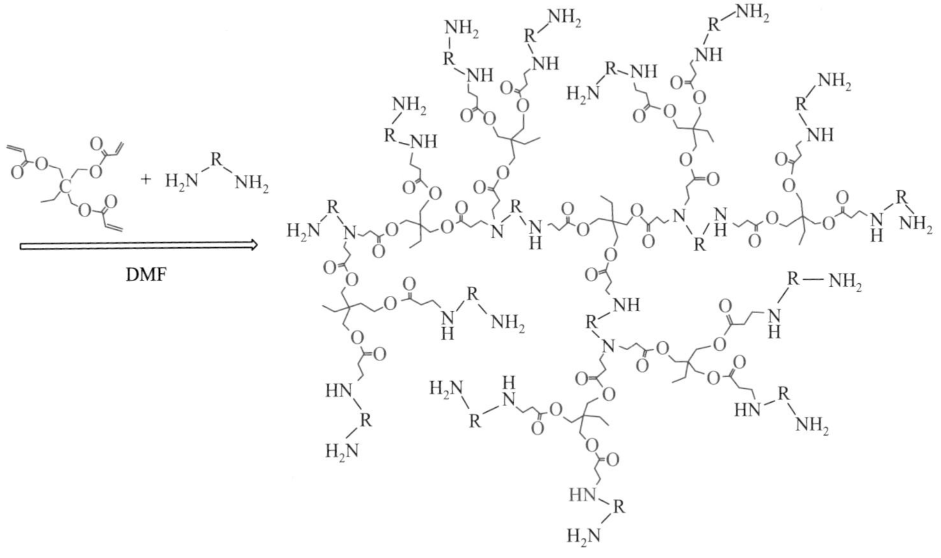

图 5-53　超支化聚氨基酯的合成

　　P11 和 **P12** 的紫外吸收光谱［图 5-54（b）］均显示出三个明显的吸收带。其中，位于 232 nm 处的吸收峰是由羰基基团的 π-π[*]跃迁而引起的，而 285 nm 处的吸收峰则是由于羰基基团的 n-π[*]跃迁，位于 339 nm 处出现的肩峰是由叔胺基团的 n-π[*]跃迁引起的[77]。另外，**P11** 的荧光强度较 **P12** 要略强［图 5-54（c）］，这是由其聚集特性引起的。并且，10 mg/mL 的 **P11** 水溶液的最大激发和发射波长分别约为 363 nm 和 440 nm［图 5-54（d）］。从原料分析，己二胺较乙二胺碳链更长，在聚集时位阻更小有利于聚集，限制了链段运动从而增强发光。有文献认为超支化聚氨基酯固有的荧光与酯基基团和位于支化点的叔胺基团及支化的结构有关[64]。但在 P11 和 P12 的结构中，除了酯基基团和叔胺基团之外，还有大量的仲胺基团和末端的伯胺基团，这也对其发光有一定的贡献[78]。因此，这种超支化聚氨基酯的荧光机理可归纳为富含电子的 N 原子和酯基基团的相互作用及紧凑的支化结构的协同作用。

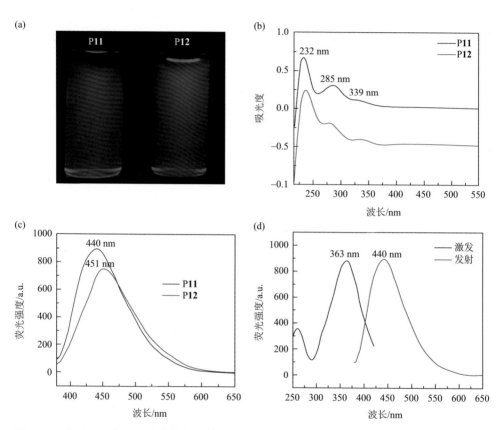

图 5-54　（a）P11 和 P12 在紫外灯下的照片；（b）P11 和 P12 的紫外吸收光谱（10 mg/mL）；（c）P11 和 P12 的荧光光谱（激发波长为 363 nm）；（d）P11 的激发和发射光谱

　　另外，该聚合物具有 pH 响应性，当 pH 由 10 逐步降到 4 时，荧光强度逐渐提高，当 pH 进一步降低时，荧光强度降低（图 5-55）。并且，该聚合物对 Fe^{3+} 和 Hg^{2+} 极为敏感，随着 Hg^{2+} 和 Fe^{3+} 浓度的增加，聚氨基酯溶液的荧光强度明显降低（图 5-56），可以利用这一特性来检测 Fe^{3+} 和 Hg^{2+}。

　　2018 年，深圳大学陈少军课题组[79]利用衣康酸酐和三乙醇胺通过熔融缩聚反应合成了一种末端为双羟基的高量子产率（29%）超支化聚氨基酯（图 5-57）。

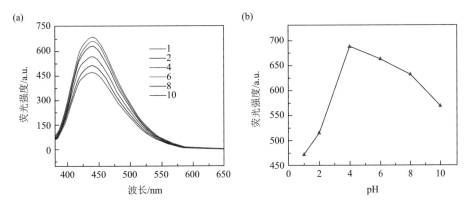

图 5-55　（a）P11 溶液在不同 pH 下的荧光光谱；（b）P11 溶液的荧光强度与 pH 之间的关系
（4 mg/mL，激发波长为 363 nm）

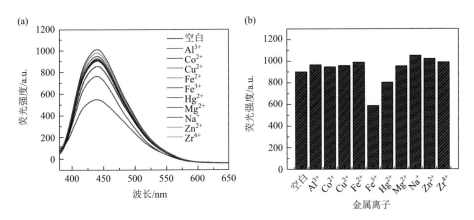

图 5-56　（a）金属离子（1×10^{-4} mol/L）对 10 mg/mL P11 水溶液的荧光性能（a）和荧光
强度（b）的影响

　　研究发现，叔胺的氧化和衣康酸酐的引入是产生发色团的主要原因，二者的协同作用增强了其荧光。其中，羰基的聚集成簇和氨基的氧化在荧光过程中起到了重要作用。分子内的环结构锁住了氧化的叔胺基和羰基，促使二者相互靠近，使得空间电子相互交流，导致电子云相互堆叠，扩大电子离域体系的同时僵化分子的构象，促进荧光的产生。另外，浓度对聚合物荧光性能有显著的影响，当溶液的浓度从 0.01 mg/mL 增加到 5 mg/mL 时，其荧光强度呈指数增加，这是因为浓度的提高促进了氧化叔胺基和羰基聚集成簇的效率。但是当浓度超过 5 mg/mL 时，其荧光强度快速降低，这可能是由聚集诱导猝灭效应引起的。此外，Fe^{3+} 可以有效猝灭聚氨基酯的荧光，而 L-半胱氨酸可以增强聚氨基酯的荧光，因此该超支化聚氨基酯有望成为新型的化学传感平台。

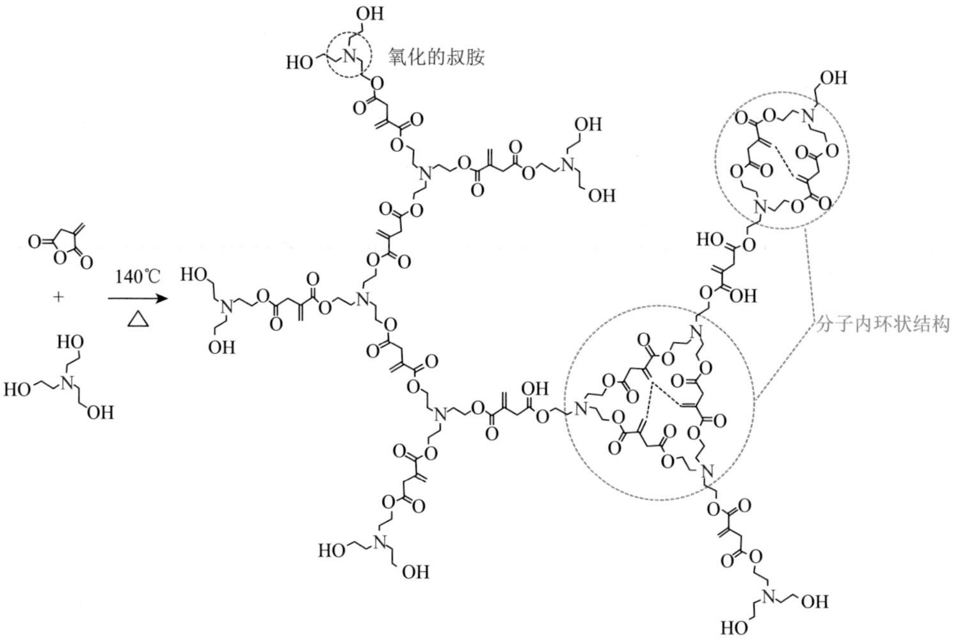

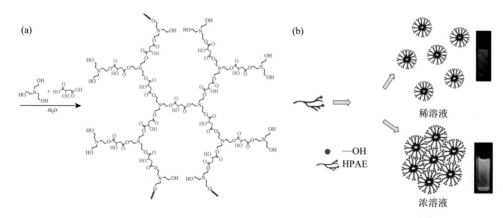

氧化的叔胺

分子内环状结构

图 5-57　双羟基封端聚氨基酯的制备路线

2020 年，西北工业大学颜红侠课题组[80]以三乙醇胺与苹果酸为原料，在无溶剂的条件下以甲苯磺酸为催化剂通过酯化缩聚反应一步合成了超支化聚氨基酯（HPAE）[图 5-58（a）]，其量子产率为 6.8%。透射电子显微镜［图 5-58（b）］和DFT 计算表明，分子内/分子间氢键和两亲性效应促进了 HPAE 分子在水中的自组装，超分子自组装体的形成既有利于电子离域体系的形成，同时僵化了 HPAE 分

(a)

(b)

稀溶液

—OH
HPAE

浓溶液

图 5-58　（a）聚氨基酯的合成路线；（b）聚集体形成过程示意图及荧光照片（稀溶液 2 mg/mL，浓溶液 60 mg/mL）

子的构象，抑制了非辐射通道，导致荧光增强。此外，溶剂极性、pH、温度和 Fe^{3+} 会影响 HPAE 分子间的氢键，进而影响其荧光强度。

　　非传统的 AIE 聚合物一般只能发射单一的蓝色荧光，为了拓宽其发光波长，西北工业大学颜红侠课题组[81]于 2019 年利用柠檬酸和 N-甲基二乙醇胺通过一步酯化缩聚反应合成了一种具有多色发光特性的水溶性超支化聚氨基酯（HPAE）（图 5-59）。HPAE 的荧光强度随着浓度的增大而提高，表现出典型的 AIE 特性，并且其荧光光谱随着浓度增加显示出显著的红移，特别是通过改变激发光的波长可以调控 HPAE 的发光颜色从蓝色、青色、绿色到红色。

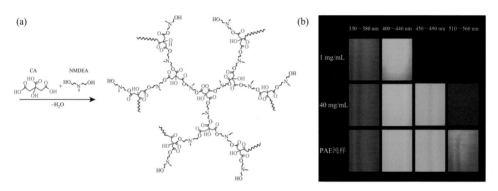

图 5-59　（a）HPAE 的合成路线；（b）不同浓度的 HPAE 在不同波长滤光器下的荧光显微照片

　　DFT 计算表明，在其优化的基态结构中，相邻的两个聚氨基酯分子间存在许多强的分子间氢键，包括 O—H···O（1.900 Å、1.940 Å、1.942 Å）、C—H···O（2.510 Å、2.698Å、2.528 Å、2.754 Å、2.372 Å、2.710 Å、2.938 Å）及 O—H···N（1.924Å）。聚氨基酯分子间氢键的作用促进了分子自组装形成聚集体，从而生成分子内和分子间氧的团簇（图 5-60），包括分子间 O···O（2.872 Å、2.873 Å、2.863 Å）和分子内 O···O（2.254 Å、2.633 Å）。因此，在分子间多重氢键作用下，超支化聚氨基酯进行聚集，形成羧基和酯基的团簇，使得羧基的 π 电子和杂原子 N、O 的孤对电子形成了空间共轭，导致电子离域；同时，聚集使得聚合物分子的链段运动受限，非辐射通道受阻，能量以荧光的形式释放出来。另外，由于聚氨基酯结构的复杂性和异质性，形成的聚集体结构不均匀。大的聚氨基酯聚集体能形成更大的空间共轭，使荧光的能量带隙降低，从而使聚合物发射长波谱的荧光。

　　为了研究此类超支化聚氨基酯的多色发光机理，并揭示其结构与发光性能的关系，该课题组于 2020 年以柠檬酸三乙酯和二乙醇胺为原料，通过酯交换缩聚法合成了羟基封端的超支化聚氨基酯（HPAE-OH，图 5-61）。

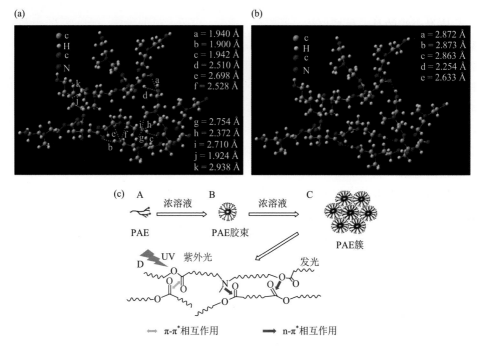

图 5-60 （a）分子数目为 3 的一代 PAE 分子间的多重氢键；（b）分子数目为 3 的一代 PAE 分子间和分子内的 O···O 相互作用；（c）聚集体形成示意图

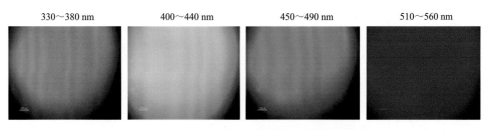

图 5-61 纯 HPAE-OH 在不同滤光器下的荧光显微照片

　　结果发现，所合成的 HPAE-OH 在 365 nm 紫外光照射下可以发射深黄色的荧光，其最大激发波长和发射波长分别在 530 nm 和 594 nm 附近。在不同的激发波长激发下，显示出激发依赖性的发射，可以发射多色的荧光，即明亮的蓝色、绿色和红色荧光，几乎覆盖了整个可见光区域。同样，DFT 计算发现在多个氢键 N—H···O— 和 O—H···O— 的作用下，—NH—、—OH 和 —OC=O 基团彼此高度接近，并且 C=O···N—H 和 C=O···O—C 之间的偶极-偶极作用及 O···O 之间的短接触，更容易形成密集的簇，致使电子云重叠，促进电子离域体系的形成。同时，氢键作用会使其形成超分子，有效地抑制非辐射弛豫而更易产生荧光。

值得说明的是，虽然以柠檬酸三乙酯、二乙醇胺为原料合成的超支化聚氨基酯与以柠檬酸、N-甲基二乙醇胺为原料合成的超支化聚氨基酯均可发射多色的荧光，但是两种超支化聚氨基酯发射光谱的半峰宽明显不同。以酯交换缩聚法合成超支化聚氨基酯在 388 nm 激发波长下的发射光谱的半峰宽约为 87 nm，而以酯化缩聚法合成超支化聚氨基酯在 390 nm 激发波长下的发射光谱的半峰宽约为 110 nm（图 5-62），进而说明了在相近的激发波长激发下，以酯交换缩聚法合成超支化聚氨基酯可发射纯度较高的荧光。这是由于二者的反应原理不同。酯化缩聚反应脱去的是水，酯交换缩聚反应脱去的是乙醇。由于水的沸点远高于乙醇的沸点，并且，原料二乙醇胺在反应时比 N-甲基二乙醇胺的位阻小，因此，酯交换缩聚法合成超支化聚氨基酯，使得反应更加容易向右进行。制备过程中无须减压蒸馏，不仅简化了制备工艺，而且聚合物的分子结构更容易控制。采用酯化缩聚法合成超支化聚氨基酯，其分子量较小，只有 4000，而以酯交换缩聚法合成超支化聚氨基酯，其数均分子量高达 102700。这对提升聚合物的发光性能非常有利。聚合物分子量越大，链段越紧密，构象更加刚硬化，有利于抑制非辐射跃迁，从而使辐射跃迁增大而增强荧光性能。另外，这种多色的超支化聚氨基酯同样对 Fe^{3+} 表现出敏感的猝灭性，可以作为 Fe^{3+} 探针。

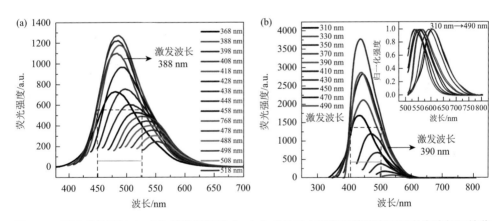

图 5-62　酯交换缩聚法（a）和酯化缩聚法（b）合成的超支化聚氨基酯在不同激发波长下的荧光光谱和对应的半峰宽图

5.5　超支化聚乙烯亚胺

聚乙烯亚胺（PEI）是一类结构中含有大量伯胺、仲胺及叔胺基团的高分子聚合物，其常见的形态结构有线型、网状、树枝状及超支化等。PEI 分子的化学结构对其宏观性质具有显著的影响，例如在室温下，线型 PEI 呈固态，而树枝状 PEI

则为黏稠液体。超支化 PEI 作为其中重要的一类，探究结构与性能之间的关系，并拓展其应用。

5.5.1 超支化聚乙烯亚胺的合成

2007 年，西班牙巴伦西亚大学的 Stiriba 课题组[82]首次系统地对比研究了超支化聚乙烯亚胺（h-PEI）和线型 PEI（l-PEI）的发光行为，发现两者均可发射固有的蓝色荧光，且后者具有更强的荧光（图 5-63）。

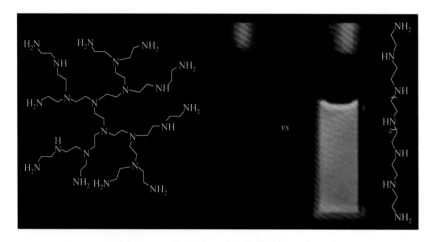

图 5-63　超支化 PEI 及线型 PEI 的化学结构和发光对比照片

他们提出紧密的立体结构（包括树枝状和超支化）不是荧光产生的必要条件，而富含胺的纳米团簇和电子-空穴复合过程才是 PEI 产生蓝色荧光的主要原因。另外，将 h-PEI 和 l-PEI 分子中的伯胺和仲胺甲基化后，其荧光增强，这表明伯胺的存在会造成聚合物荧光物种寿命的衰减。同时，这些 PEI 聚合物与 PAMAM 大分子也有着相似的荧光性质，例如，氧化或酸化后，聚合物荧光强度明显增加。

2008 年，日本名古屋大学 Toyoko Imae 教授课题组[83]以乙二胺为核，通过发散合成法制备了 1～3 代以氨基封端的树枝状聚乙烯亚胺（图 5-64）。该树枝状 PEI 的荧光强度与溶液 pH 紧密相关，在酸性条件下具有更强的荧光；且随着分子代数的增加，其荧光强度也在不断增强。此外，利用鼓泡实验来探究氧化作用对 PEI 荧光性能的影响，并以乙二胺作为对比，发现乙二胺具有与该 PEI 相似的荧光变化规律，故认为 PEI 的发光机理可能与结构中的氨基和氧的相互作用有关。

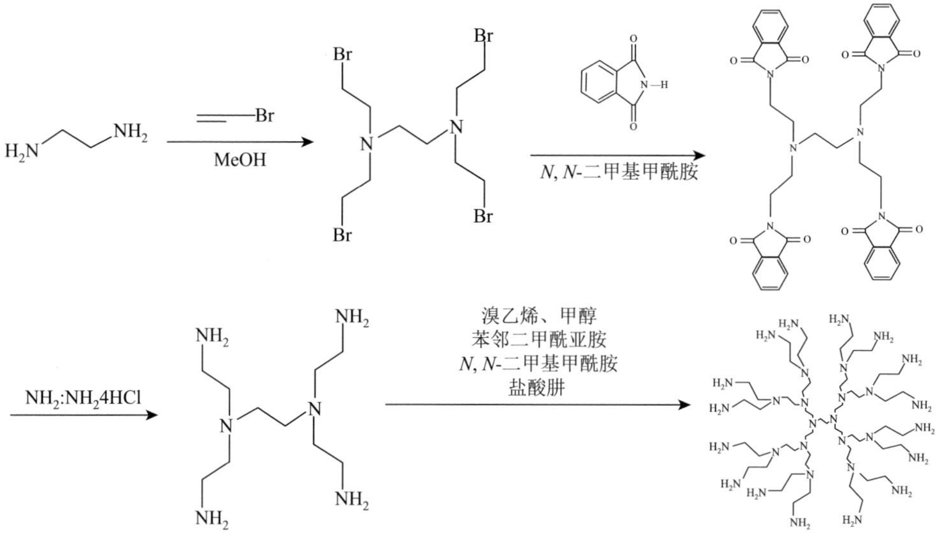

图 5-64　以乙二胺为核制备 1～3 代的树枝状聚乙烯亚胺

5.5.2　超支化聚乙烯亚胺的修饰

2010 年，香港理工大学的 John H. Xin 教授课题组[84]通过迈克尔加成反应制备得到了二乙烯基砜（DVS）和 N-异丙基丙烯酰胺（NIPAm）修饰的聚乙烯亚胺（图 5-65）。

研究发现，DVS 的引入可显著提高 PEI 的荧光强度，聚合物的荧光量子产率随着 DVS 接枝量的增大而提高，且与溶液的 pH 密切相关，当 pH 从 11 降到 2 时，其量子产率随之下降；而 NIPAm 的引入对 PEI 的荧光强度并未产生增强效果，但赋予其对温度的刺激性。这种对 PEI 的修饰可以赋予聚合物新的功能，拓展其应用范围。

2015 年，西南大学的罗红群教授课题组[85]报道了一种由超支化 PEI 和不同的醛（甲醛、乙醛、丙醛、丁醛、戊二醛）反应制备的多种颜色不同的聚合物纳米微球和凝胶，且当醛的含量处于特定浓度范围时，体系呈凝胶状（图 5-66）。这些微球和凝胶的颜色随着醛种类的变化而改变，图 5-66 中的 1、2、3、4、5 分别表示由甲醛、乙醛、丙醛、丁醛、戊二醛为原料制成的样品，可用于醛的肉眼区别和可视检测。另外，PEI 与甲醛进行反应，得到的平均粒径为 42 nm 的纳米颗粒具有良好的水分散性，且尺寸可控，量子产率达 45%，展现出较强的荧光亮度和优异的光稳定性，可作为荧光探针用于活体 SK-N-SH 细胞的成像。同时，这种纳米颗粒也表现出了浓度、pH 及溶剂依赖的光致发光特性。除此之外，许多功能性基团，如 DNA、肽、生物素、抗体及药物等，可接枝至纳米颗粒的表面，实现其表面功能化，在化学、生物传感及生物成像领域有着广阔的应用前景。

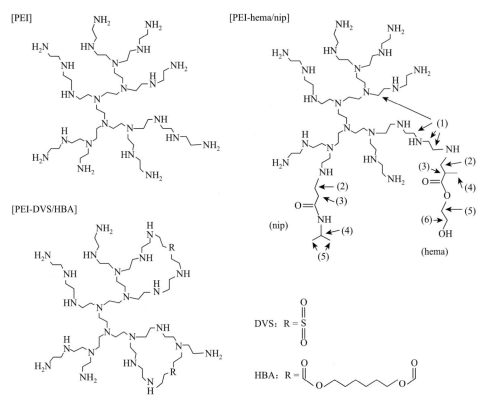

图 5-65 PEI 及其衍生物的化学结构

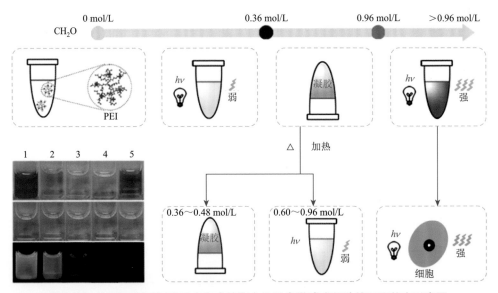

图 5-66 由 PEI 和不同醛反应生成的聚合物纳米微球或凝胶的不同状态示意图

2016 年，天津大学陈宇教授课题组[86]用缩水甘油修饰超支化聚乙烯亚胺（HPEI），合成了羟基封端的 HPEI（HPEI-OH），并以 HPEI-OH 作为大分子引发剂引发缩水甘油进行阴离子开环聚合，合成了以 HPEI 为核、超支化聚甘油（HPG）为壳的超支化接枝共聚物（HPEI-*g*-HPG）（图 5-67）。研究发现，HPEI-*g*-HPG 能发射蓝色的荧光，在酸性溶液及氧化处理后，其荧光显著增强，叔胺的氧化是促进 HPEI-*g*-HPG 荧光增强的主要原因。此外，该共聚物的壳层 HPG 毒性低、生物相容性好，其大量的羟基可以被功能化，在生物医学领域有广泛的应用前景。

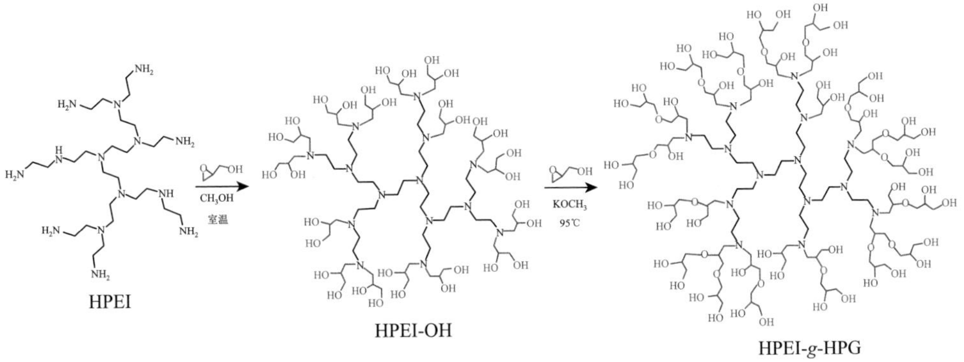

图 5-67　HPEI-*g*-HPG 的制备路线

陈宇教授课题组于 2019 年[87]通过对固态的纯超支化聚乙烯亚胺进行直接加热的方法制备了本征发光的氧化态超支化聚乙烯亚胺(IP-HPEI)（图 5-68），进一步证实了氧化作用的发光机理，即 IP-HPEI 的发光基元来自氧气对 HPEI 的氧化后产生的肟和叔胺氧化物。此外，在近中性（pH = 6）溶液中，IP-HPEI 可用作荧光传感器选择性地检测 Cu^{2+}，其检测限可达 0.72 μmol/L。

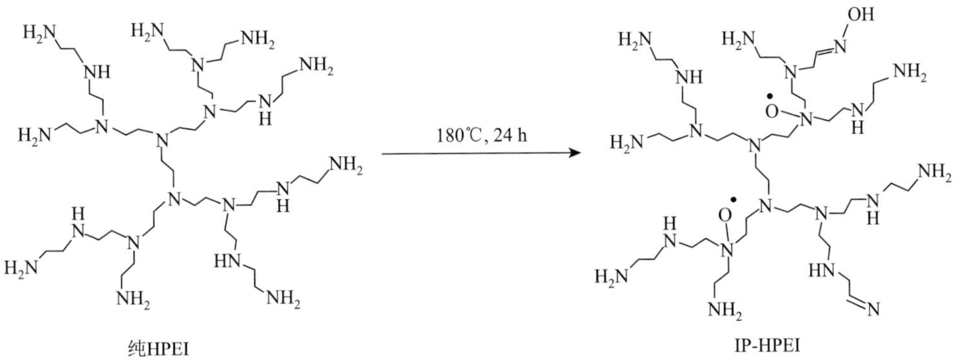

图 5-68　IP-HPEI 的制备路线

2021 年，广东工业大学张震老师课题组[88]利用 *N*-磺酰基氮杂环丙烷的开环聚合反应对超支化聚乙烯亚胺进行化学改性（图 5-69）。该反应过程无须溶剂和催化剂，具有简单高效的特点。实验发现，接枝了过量磺酰胺的超支化聚乙烯亚胺 [PEI-*g*-P(TsMAz)] 具有更强的荧光发射，而两亲性的聚乙烯亚胺-磺酰胺[P(EI-SA)] 对水溶液中的 Cu^{2+} 和 Fe^{3+} 具有很高的吸附效率，且经过解吸后可以多次使用，扩大了 PEI 及其衍生物的应用领域。

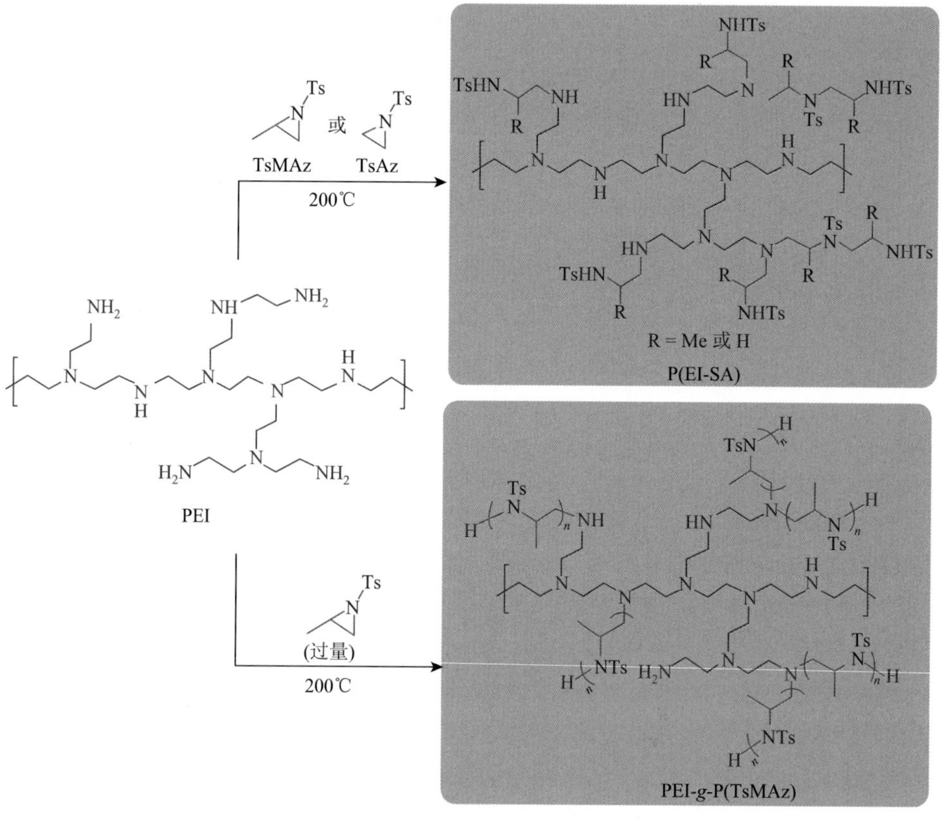

图 5-69　通过 *N*-磺酰基氮杂环丙烷的开环聚合反应对超支化聚乙烯亚胺的化学改性过程

近年来，除了以聚酰胺-胺、聚氨基酯、聚乙烯亚胺为母体的脂肪族超支化 AIE 发光聚合物体系之外，研究者还发现以醚键、酯键、酰胺键等基团为主体结构的超支化聚合物（如聚醚、聚酯、聚碳酸酯、聚脲、聚醚酰胺、聚酰亚胺及聚醚亚胺等）也具有良好的荧光性能。

5.5.3　超支化聚醚

2016 年，北京化工大学的李效玉教授课题组[89]以 1, 1, 1-三羟甲基丙烷三缩水甘油醚和 1,4-丁二醇为原料,四丁基溴化铵（TBAB）为催化剂,通过质子转移聚合反应经一步法合成了超支化聚醚环氧（EHBPE）（图 5-70）。该聚合物未经任何处理就可发射肉眼可见的蓝色荧光,且荧光强度随其浓度的增大而提高。密度泛函理论计算发现,其分子中仲羟基上的氧与距其最近的醚之间的距离仅为 2.28 Å,这种很短的距离表明醚和羟基氧之间存在着某种相互作用,高密度的含氧团簇能增强这种相互作用和聚合物的荧光强度。此外,对 Fe^{3+} 表现出高度选择性猝灭,有望成为生物体内 Fe^{3+} 的探针。

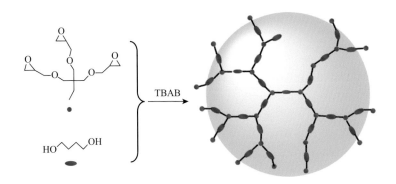

图 5-70　超支化聚醚环氧的合成

2021 年,唐本忠院士和深圳大学王东团队[90]采用季戊四醇作为对称核心单元和 1-硫代甘油作为 AB_2 型构筑基元,通过迭代发散法合成含富电子原子 O 和 S 的纯 n 电子树状聚醚大分子（图 5-71）,研究了代数、浓度、激发和聚集这四种因素对发光性能的影响。

结果发现,树枝状分子在 200～250 nm 及 250～300 nm 区间的紫外吸收源于 C—O、C—S、O—H 和某些簇发光团的形成。随着浓度的增加,分子荧光发射逐渐增强。随着代数的增加,树枝状大分子能够形成更大的簇发光团,发射强度和发射波长均随代数增加而增大。密度泛函理论对低代数树枝状大分子的理论计算发现,分子中 O⋯O、O⋯S 及 S⋯S 均有明显的空间共轭作用,且随着支化单元和代数增加,这些杂原子间的作用距离变短、电子之间的作用强度增大,验证了有效空间共轭作为簇发光机理的合理性。因其良好水溶性、激发依赖特性、优异生物相容性及光稳定性,可用于细胞的多通道成像 [图 5-72（a）]。同时,树枝状分子的内部空腔结构可以作为分子尺子用于特定大小分子的检测,其中 NaBr 分子能够使 G3 树枝状大分子的荧光发射显著增强 [图 5-72（b）]。此外,浓度的增加引发荧光强度拐点的出现可用于预测分子的临界团簇浓度 [图 5-72（c）和（d）]。

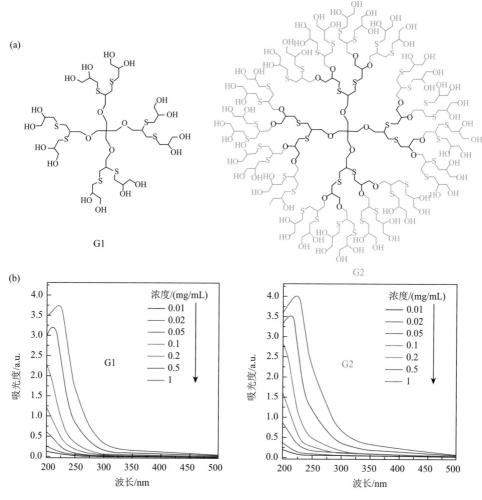

图 5-71 树枝状聚醚大分子的结构（a）及其紫外吸收行为（b）

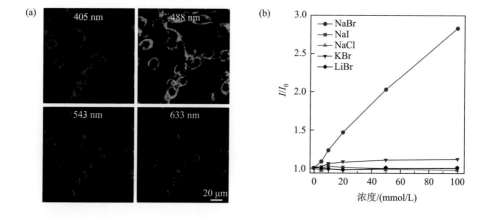

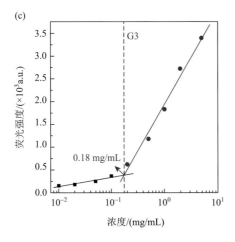
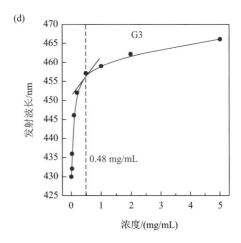

图 5-72　（a）不同激发波长下 G3 孵育 6 h 后 4T1 细胞的图像；（b）添加各种无机盐后 G3 在水溶液中随浓度增加的荧光强度变化；G3 的荧光强度（c）和发射波长（d）随浓度的变化曲线

5.5.4　超支化聚酯

2017 年，西北工业大学颜红侠课题组[91]通过一锅 $A_2 + B_3$ 酯化反应，以生物基的丙三醇分别与琥珀酸、丁二酸、己二酸反应，通过改变酸和醇的比例合成了一系列分子量及化学结构不同的生物基超支化聚酯（图 5-73）。研究发现，在 365 nm 紫外光照射下，合成的超支化聚酯发出了明亮的蓝色荧光，其荧光强度随着浓度的增大而升高，表现出明显的 AIE 特征。另外，随着分子量的增加，其荧光强度也在增强（图 5-74）。并且，在相同浓度下，以丙三醇与己二酸合成的超支化聚酯（AG）的荧光强度，与以丙三醇与琥珀酸合成的超支化聚酯（SG）的荧光强度相当，但其荧光量子产率可达 16.75%，与其他类型的聚合物相比量子产率较高。并且，该聚酯的发光强度对溶剂、金属离子均具有刺激响应性，特别是对 Fe^{3+} 非常敏感。其发光机理归因于酯基基团（O—C≡O）和羟基基团簇的形成。在超支化聚酯中，存在羟基、酯基及少量的羧基基团。在稀溶液中，酯基和羟基孤立地分散在溶液中，难以聚集，当被激发时，活跃的分子内运动有效消耗了激子能量，导致非常弱的荧光或者没有荧光。然而，在浓缩的溶液中，聚合物链很容易彼此靠近且相互缠结，因而形成了超分子聚集体，其结构中的 O—C≡O 和 OH 基团彼此接近，产生 O—C≡O 和 OH 基团簇。在团簇中，孤对电子和 π 电子相互作用和重叠，形成了空间电子离域而发光。

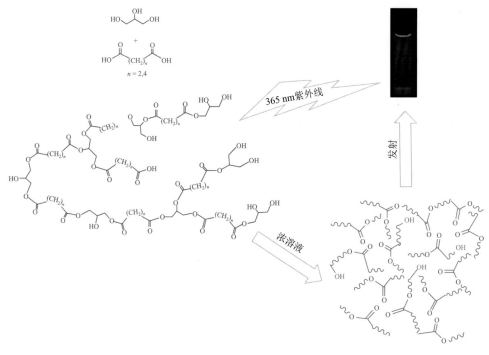

图 5-73　超支化聚酯的合成及其发光机理

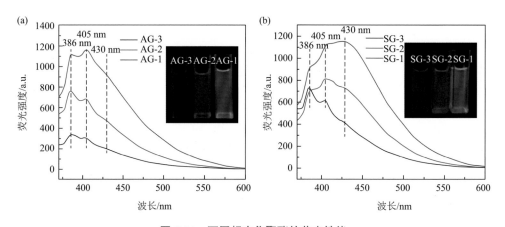

图 5-74　不同超支化聚酯的荧光性能

5.5.5　超支化聚碳酸酯

西北工业大学颜红侠课题组[92]以碳酸二乙酯及三羟甲基丙烷为原料，以对甲苯磺酸为催化剂，通过酯交换缩聚法（图 5-75）合成了在 365 nm 紫外光下能发出明亮的蓝色荧光的超支化聚碳酸酯（T-HBPC）。这种以碳酸酯基封端的超支化聚碳酸酯在乙醇溶液中的荧光光谱表现出激发和浓度依赖性。将 T-HBPC 溶于乙醇和水（乙醇是良溶剂，水是不良溶剂）的混合溶剂，发现随着不良溶剂比例升高，其荧光增强，表现出典型的聚集诱导发光效应。T-HBPC 在溶液中羰基官能团的聚集而形成团簇是其产生荧光的关键因素。虽然 T-HBPC 不溶于水，且其荧光寿命和量子产率分别只有 2.07 s 和 7.42%，但是，此合成方法不以美国专利 US4255557 中用光气与苯酚或者醇类进行反应，避免了光气的剧毒及副产物氯化氢对环境的污染，具有绿色环保、毒性小、荧光强度高的特点。

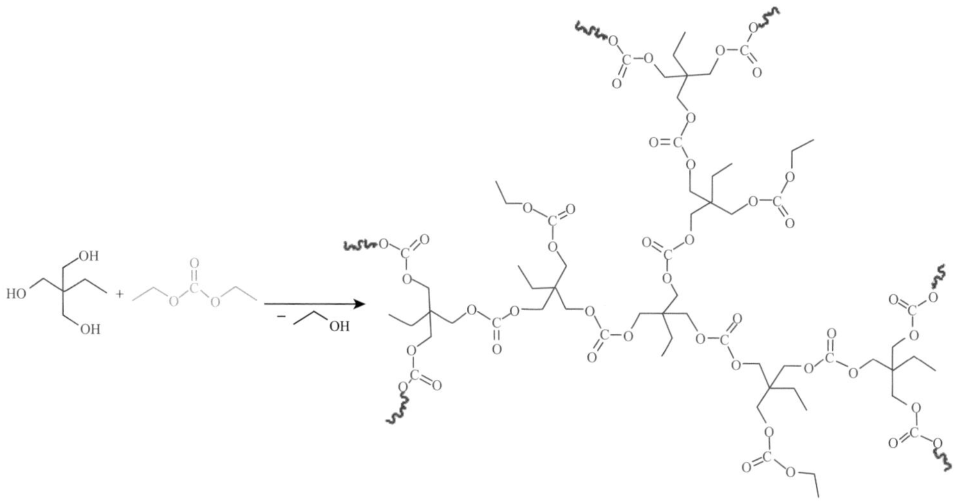

图 5-75　T-HBPC 的合成路线

大部分非共轭荧光聚合物由于其良好的水溶性，在细胞成像及离子传感器等领域具有重要的应用。而上述以三羟甲基丙烷制备的超支化聚碳酸酯不溶于水，只能溶于乙醇及其他有机溶剂中，限制了其在生物领域的应用。以丙三醇替代三羟甲基丙烷与碳酸二乙酯反应，可合成水溶性的超支化聚碳酸酯[93]（G-HBPC）（图 5-76）。研究发现，G-HBPC 的荧光强度随着溶液浓度的增大而提高，其在 334 nm 的最佳激发波长下的荧光寿命和绝对量子产率分别为 4.21 ns 和 8.4%。TEM 分析发现，随着 G-HBPC 浓度的不同，其在水中可以自组装为不同形貌的球状胶束（图 5-77）。此外，G-HBPC 的溶液可以对 Fe^{3+} 进行特异性识别，发生荧光猝灭现象，这是由 Fe^{3+} 与 G-HBPC 中碳酸酯基的配位作用所致。

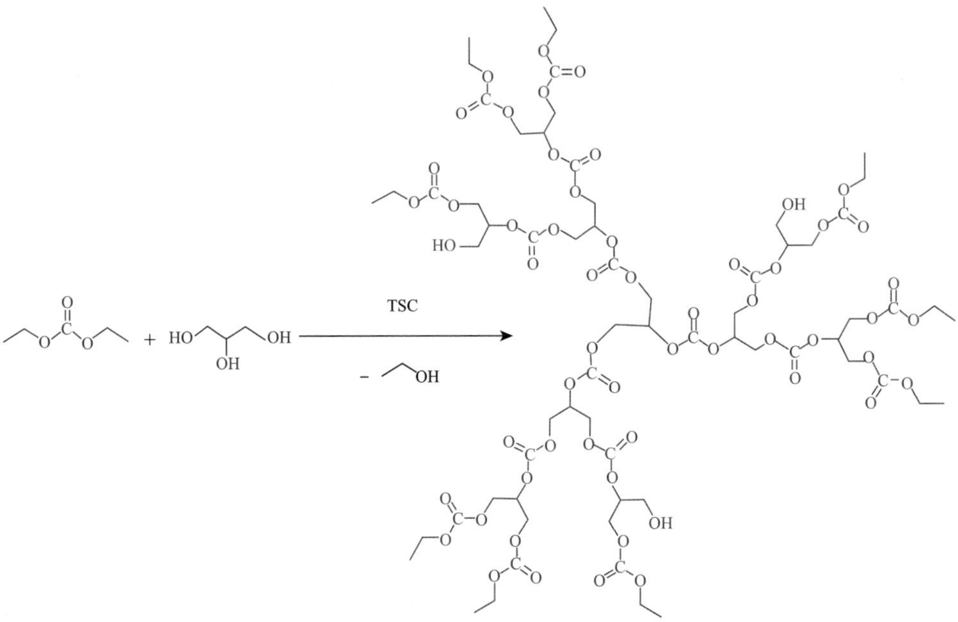

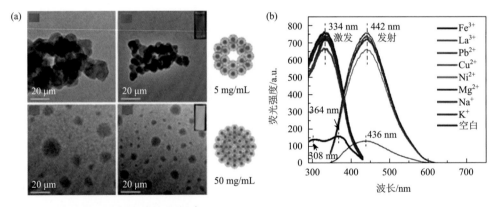

图 5-76　G-HBPC 的合成路线

图 5-77　（a）G-HBPC 在水溶液中的 TEM 图及其组装原理示意图；（b）G-HBPC 在含不同金属离子溶液中的荧光光谱（G-HBPC 浓度 8 mg/mL，金属离子浓度 10^{-3} mol/L）

5.5.6　超支化聚脲

2012 年，葡萄牙里斯本大学学院化学系的 Bonifácio 课题组[94]在超临界及双（三甲基硅）乙酰胺存在的条件下，先将三（2-氨乙基）胺与 CO_2 进行反应，合成了一种氨基甲酸酯中间体，高压釜减压后加入过量的三（2-氨乙基）胺和双（三甲基硅）乙酰胺，加热到 120℃反应一段时间，制备了第一代树枝状聚脲（PU-G1）

（图 5-78）。重复活化和生长反应过程可以定量地得到高代数的水溶性黄色黏性油状的 PU-Gn（$n=2$，3，4）。

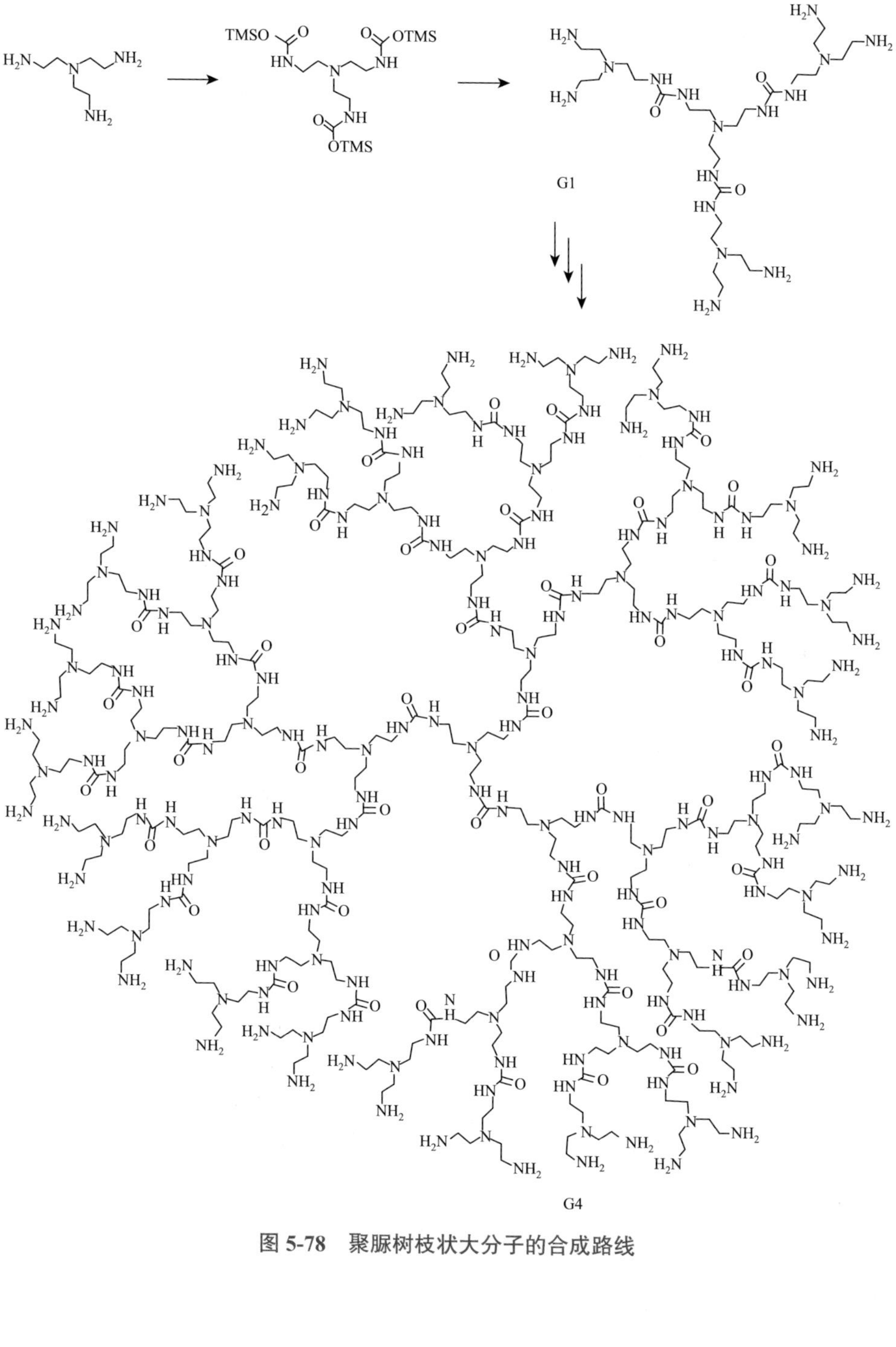

图 5-78　聚脲树枝状大分子的合成路线

PU 树枝状大分子的水溶液在 365 nm 的紫外灯照射下能发射明亮的蓝色荧光。并且，PU 的荧光显示出明显的 pH 依赖性，调节溶液的 pH 从碱性到强酸性时，PU-G2、PU-G3 和 PU-G4 的荧光逐渐增强。以脲单元为基本单位的定量测试结果表明荧光并没有随着代数增大而增强，因此荧光增强并没有树枝化效应。此外，PU 树枝状大分子由于内部含有脲基且外围具有大量氨基基团，具有很好的生物相容性及生物降解等优点，对人类成纤维细胞没有急性细胞毒性作用，可在不破坏细胞膜的情况下观察到内吞摄取（包括细胞核）的现象，在生物医学领域显示出潜在的应用前景。

5.5.7　超支化聚醚酰胺

2009 年，中国科学院长春应用化学研究所的李悦生等[95]采用丙烯酰氯、甲基丙烯酰氯和不同的多羟基脂肪伯胺为原料，通过一锅法的迈克尔加成聚合反应，制备了外围含有羟基的超支化聚醚酰胺（HPEA）（图 5-79）。HPEA 可以发射出明亮的蓝色荧光，而对应的线型 PEA 却没有荧光。在 388 nm 的激发波长激发下，HPEA 发射波长在 423 nm 处。随着 HPEA 分子量的增大，其荧光强度逐渐上升，而荧光发射波长则不变。HPEA 的荧光特性与其独特的三维结构有着密切的关系。由于其独特的拓扑结构，酰胺氢与相邻分支的羰基氧原子之间很容易形成氢键。因此，树枝状聚合物分子由于受限的几何自由度和相对刚性的结构，无辐射跃迁受到限制，表现出本体荧光特性，而柔性的线型聚合物容易发生振动弛豫，抑制

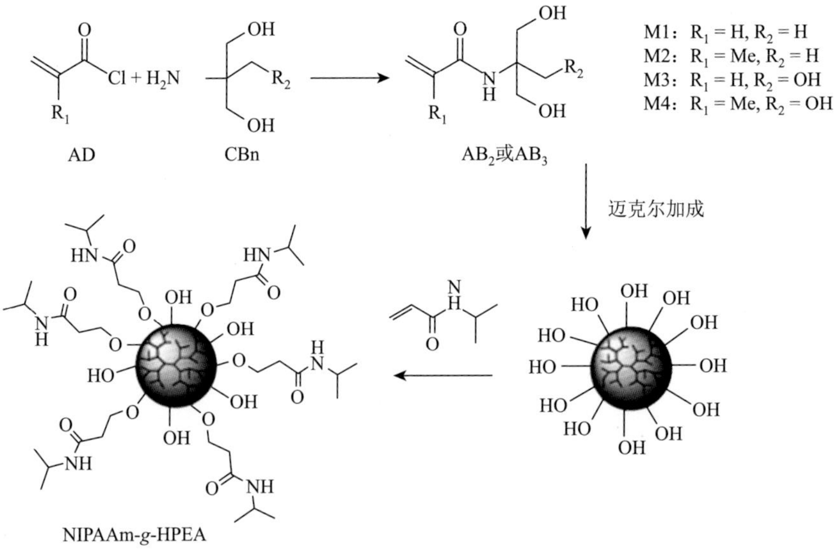

图 5-79　HPEA 的合成和功能化示意图

其荧光发射。另外，用 *N*-异丙基丙烯酰胺（NIPAAm）对 HPEA 的外围羟基基团进行修饰，可获得具有温敏性的聚异丙基丙烯酰胺修饰的 HPEA（NIPAAm-*g*-HPEA）。改性后 HPEA 依然能够发射出强烈的蓝色荧光。并且，随着接枝度的增大，NIPAAm-*g*-HPEA 的发射波长发生红移。这是由于 NIPAAm 基团的接枝会影响 HPEA 的亲水性/疏水性比，改变了超支化聚合物的拓扑结构，使得 NIPAAm-*g*-HPEA 在水中分子构象发生了变化，从而导致了红移现象。这种智能型的生物发光材料可用于生物技术和药物递送过程。

5.5.8　超支化聚酰胺酸

2013 年，中国台湾嘉义大学的 Shu Fan Shiau 等[96]以 *N*, *N*-二环己基碳二亚胺（DCC）作为缩合剂，通过 *N*-（3-氨丙基）二乙醇琥珀酸胺（AB₂ 单体）的自聚制备了可溶于水、DMF 和 THF 的荧光超支化聚酰胺酸（HBPAAs）（图 5-80）。TEM 图表明 HBPAAs 由于其两亲性，可以在水中自组装形成直径范围为 30～50 nm 的

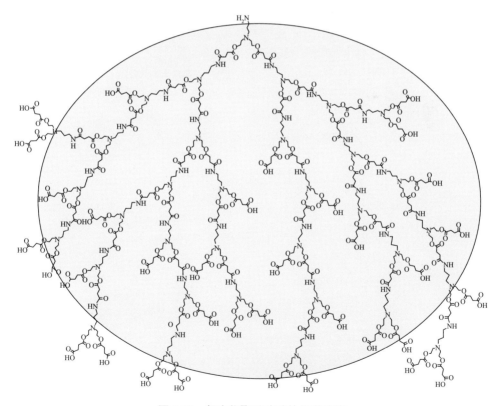

图 5-80　超支化聚酰胺酸的化学结构

球形胶束。同时，其荧光性能具有 pH 依赖性，当溶液的 pH 为 5～9 时表现出较强的荧光发射，其荧光量子产率可达 23%。这种两亲性 HBPAAs 具有水溶性好、孔隙丰富、可修饰性强和荧光性能强的优点，在示踪纳米载体和分子级容器领域具有潜在应用。

5.5.9 超支化聚醚亚胺

2008 年，印度科学学院的 N. Jayaraman 课题组[97]报道了羟基封端的聚丙醚亚胺树枝状大分子（PETIM）可发射出固有的蓝色荧光（图 5-81），其荧光具有浓度依赖性，随着浓度的增大而提高，最佳激发和发射波长分别为 330 nm 和 390 nm。另外，随聚合物代数的增加，其荧光强度和量子产率也随之增强；且其荧光可被高氯酸盐、高碘酸盐、亚硝酸盐和甲基碘化吡啶等阴离子猝灭，具有阴离子传感器的应用潜力。PETIM 的荧光与叔胺和氧原子之间的相互作用有关。

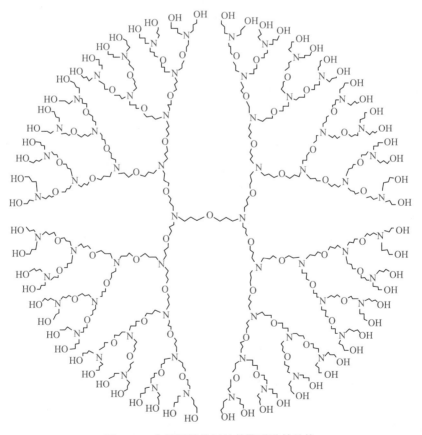

图 5-81　含端羟基的树枝状聚醚胺的结构

5.6　总结与展望

　　非芳香族超支化聚合物作为 AIE 领域的一支新秀，逐渐得到研究者的关注。近年来在非芳香族超支化聚合物的种类开发、机理研究、应用探索方面都有了一定的进展。从开创性地发现树枝状聚酰胺-胺的荧光以来，聚硅氧烷、聚氨基酯、聚乙烯亚胺、聚醚、聚酯等多品类的超支化 AIE 聚合物被开发出来。纵观这一领域的研究，在分子设计、机理探索方面有了一定的进展，但不可否认的是还有很多亟待解决的难题，主要在于荧光量子产率低且颜色集中在蓝光区、应用单一、发光机理尚未统一。因此，对于非芳香族超支化聚合物的研究方向主要包括以下几个方面：①开发高荧光量子产率、多色荧光的非芳香族超支化聚合物。对于水溶性相对较差的聚硅氧烷来讲，提高水溶性并开拓其应用领域具有重要意义。②揭示非芳香族超支化聚合物的发光机理，为开发高量子产率、多色的发光聚合物奠定理论基础。目前发光机理的研究主要集中于单种物质的发光基元上，如 Si—O 键、醚键、酯键、酰胺键、叔胺氧化、双键、羟基等含有富电原子与具有共轭性的基团，缺乏普适性。值得关注的是，唐本忠院士课题组提出的簇发光[98]（CTE），将聚合物在高浓度或固态下的荧光发射归结于非传统生色团的聚集行为而导致的空间共轭，这一簇发光理论渐渐被应用并加以扩展。③从研究方法来讲，除了实验上的对比推理方法，基于 DFT 及 TD-DFT 计算和模拟也是研究其发光机理的一种有效手段。笔者团队在研究含羰基的超支化 AIE 聚硅氧烷体系的高量子产率及多色现象时，结合理论计算，提出了"硅桥强化发光"的概念[32, 33]。④开发新的合成方法，有效控制非传统超支化 AIE 聚合物的分子结构。这不仅有利于提高研究成果的可复现性，研究结论的可信度，还可以拓宽分子结构的设计思路。同时，这对于发光机理的认识也有很大的帮助。对于聚硅氧烷的合成，除了常用的硅氢加成法[9-11]、水解缩聚法[12-15]和酯交换缩聚法[16]外，还可尝试原子转移自由基聚合（ATRP）法[99, 100]及质子转移聚合（PTP）法[101]。

（颜红侠）

参 考 文 献

[1]　Lu Y T，Nemoto T，Tosaka M，et al. Synthesis of structurally controlled hyperbranched polymers using a monomer having hierarchical reactivity. Nature Communications，2017，8（1）：1863.

[2]　Segawa Y，Higashihara T，Ueda M. Synthesis of hyperbranched polymers with controlled structure. Polymer Chemistry，2013，4（6）：1746-1759.

[3]　原璐瑶，颜红侠，白利华，等. 非共轭型荧光聚合物的研究进展. 高分子通报，2018（3）：24-30.

[4]　白天，颜红侠，牛松，等. AIE 聚硅氧烷的结构与发光性能研究. 高分子通报，2019（10）：1-9.

[5] Tomalia D A，Klajnert-Maculewicz B，Johnson K A M，et al. Non-traditional intrinsic luminescence：inexplicable blue fluorescence observed for dendrimers，macromolecules and small molecular structures lacking traditional/conventional luminophores. Progress in Polymer Science，2019，90：35-117.

[6] Bauri K，Saha B，Banerjee A，et al. Recent advances in the development and applications of nonconventional luminescent polymers. Polymer Chemistry，2020，11（46）：7293-7315.

[7] Zuo Y J，Gou Z M，Quan W，et al. Silicon-assisted unconventional fluorescence from organosilicon materials. Coordination Chemistry Reviews，2021，438：213887.

[8] Mathias L J，Carothers T W. Hyperbranched poly(siloxysilanes). Journal of the American Chemical Society，1991，113（10）：4043-4044.

[9] Moukarzel W，Marty J D，Appelhans D，et al. Synthesis of linear and hyperbranched sugar-grafted polysiloxanes using *N*-hydroxysuccinimide-activated esters. Journal of Polymer Science Part A：Polymer Chemistry，2013，51（17）：3607-3618.

[10] Ortega P，Moreno S，Tarazona M P，et al. New hyperbranched carbosiloxane-carbosilane polymers with aromatic units in the backbone. European Polymer Journal，2012，48（8）：1413-1421.

[11] Yokomachi K，Seino M，Grunzinger S J，et al. Synthesis and degree of branching of epoxy-terminated hyperbranched polysiloxysilane. Polymer Journal，2008，40（3）：198-204.

[12] Sakka S，Tanaka Y，Kokubo T. Hydrolysis and polycondensation of dimethyldiethoxysilane and methyltriethoxysilane as materials for the sol-gel process. Journal of Non-Crystalline Solids，1986，82（1-3）：24-30.

[13] Yamamoto K，Ohshita J，Mizumo T，et al. Polymerization behavior and gel properties of ethane，ethylene and acetylene-bridged polysilsesquioxanes. Journal of Sol-Gel Science and Technology，2014，71：24-30.

[14] Jaumann M，Rebrov E A，Kazakova V V，et al. Hyperbranched polyalkoxysiloxanes via AB$_3$-type monomers. Macromolecular Chemistry and Physics，2003，204（7）：1014-1026.

[15] Yan H X，Jia Y，Ma L，et al. Functionalized multiwalled carbon nanotubes by grafting hyperbranched polysiloxane. Nano，2014，9（3）：1450040.

[16] Niu S，Yan H X. Novel silicone-based polymer containing active methylene designed for the removal of indoor formaldehyde. Journal of Hazardous Materials，2015，287：259-267.

[17] Yan Z，Xu L，He Y Y，et al. Nonconventional aggregation-induced emission polysiloxanes：structures，characteristics，and applications. Aggregate，2023，5（2）：e471.

[18] Niu S，Yan H X，Chen Z Y，et al. Unanticipated bright blue fluorescence produced from novel hyperbranched polysiloxanes carrying unconjugated carbon-carbon double bonds and hydroxyl groups. Polymer Chemistry，2016，7（22）：3747-3755.

[19] Shang C，Wei N，Zhuo H M，et al. Highly emissive poly(maleic anhydride-*alt*-vinyl pyrrolidone) with molecular weight-dependent and excitation-dependent fluorescence. Journal of Materials Chemistry C，2017，5（32）：8082-8090.

[20] Niu S，Yan H X，Chen Z Y，et al. Water-soluble blue fluorescence-emitting hyperbranched polysiloxanes simultaneously containing hydroxyl and primary amine groups. Macromolecular Rapid Communications，2016，37（2）：136-142.

[21] Niu S，Yan H X，Li S，et al. Bright blue photoluminescence emitted from the novel hyperbranched polysiloxane-containing unconventional chromogens. Macromolecular Chemistry and Physics，2016，217（10）：1185-1190.

[22] Niu S，Yan H X. Novel hyperbranched polysiloxanes containing acetoacetyl groups synthesized through transesterification reaction. Macromolecular Rapid Communications，2015，36（8）：739-743.

[23] Niu S，Yan H X，Li S，et al. A multifunctional silicon-containing hyperbranched epoxy：controlled synthesis，toughening bismaleimide and fluorescent properties. Journal of Materials Chemistry C，2016，4（28）：6881-6893.

[24] Lu H，Feng L L，Li S S，et al. Unexpected strong blue photoluminescence produced from the aggregation of unconventional chromophores in novel siloxane-poly(amidoamine) dendrimers. Macromolecules，2015，48（3）：476-482.

[25] Lu H，Zhang J，Feng S Y. Controllable photophysical properties and self-assembly of siloxane-poly(amidoamine) dendrimers. Physical Chemistry Chemical Physics，2015，17（40）：26783-26789.

[26] Bai L H，Yan H X，Bai T，et al. High fluorescent hyperbranched polysiloxane containing β-cyclodextrin for cell imaging and drug delivery. Biomacromolecules，2019，20（11）：4230-4240.

[27] Chu C C，Imae T. Fluorescence investigations of oxygen-doped simple amine compared with fluorescent PAMAM dendrimer. Macromolecular Rapid Communications，2009，30（2）：89-93.

[28] Chen J W，Law C C W，Lam J W Y，et al. Synthesis，light emission，nanoaggregation，and restricted intramolecular rotation of 1, 1-substituted 2, 3, 4, 5-tetraphenylsiloles. Chemistry of Materials，2003，15（7）：1535-1546.

[29] Du Y Q，Bai T，Ding F，et al. The inherent blue luminescence from oligomeric siloxanes. Polymer Journal，2019，51（9）：869-882.

[30] Wang R B，Yuan W Z，Zhu X Y. Aggregation-induced emission of non-conjugated poly(amido amine)s：discovering，luminescent mechanism understanding and bioapplication. Chinese Journal of Polymer Science，2015，33（5）：680-687.

[31] Niu S，Yan H X，Chen Z Y，et al. Hydrosoluble aliphatic tertiary amine-containing hyperbranched polysiloxanes with bright blue photoluminescence. RSC Advances，2016，6（108）：106742-106753.

[32] Feng Y B，Bai T，Yan H X，et al. High fluorescence quantum yield based on the through-space conjugation of hyperbranched polysiloxane. Macromolecules，2019，52（8）：3075-3082.

[33] Feng Y B，Yan H X，Ding F，et al. Multiring-induced multicolour emission：hyperbranched polysiloxane with silicon bridge for data encryption. Materials Chemistry Frontiers，2020，4（5）：1375-1382.

[34] Wei P F，Zhang X P，Liu J X，et al. New wine in old bottles：prolonging room-temperature phosphorescence of crown ethers by supramolecular interactions. Angewandte Chemie International Edition，2020，59（24）：9293-9298.

[35] Bai L H，Yan H X，Bai T，et al. Energy-transfer-induced multiexcitation and enhanced emission of hyperbranched polysiloxane. Biomacromolecules，2020，21（9）：3724-3735.

[36] Yue Y K，Huo F J，Yin C X，et al. Recent progress in chromogenic and fluorogenic chemosensors for hypochlorous acid. Analyst，2016，141（6）：1859-1873.

[37] Mei J，Hong Y W，Lam J W Y，et al. Aggregation-induced emission：the whole is more brilliant than the parts. Advanced Materials，2014，26（31）：5429-5479.

[38] Wang X R，Hu J M，Zhang G Y，et al. Highly selective fluorogenic multianalyte biosensors constructed via enzyme-catalyzed coupling and aggregation-induced emission. Journal of the American Chemical Society，2014，136（28）：9890-9893.

[39] Liang G D，Lam J W Y，Qin W，et al. Molecular luminogens based on restriction of intramolecular motions through host-guest inclusion for cell imaging. Chemical Communications，2014，50（14）：1725-1727.

[40] Zhao M X, Xia Q, Feng X D, et al. Synthesis, biocompatibility and cell labeling of L-arginine-functional β-cyclodextrin-modified quantum dot probes. Biomaterials, 2010, 31 (15): 4401-4408.

[41] Patel J, Salem L B, Martin G P, et al. Use of the MTT assay to evaluate the biocompatibility of β-cyclodextrin derivatives with respiratory epithelial cells. Journal of Pharmacy and Pharmacology, 2006, 58 (58): A64.

[42] Giulbudagian M, Hönzke S, Bergueiro J, et al. Enhanced topical delivery of dexamethasone by β-cyclodextrin decorated thermoresponsive nanogels. Nanoscale, 2018, 10 (1): 469-479.

[43] Ding Y L, Prasad C V N S V, Ding C, et al. Synthesis of carbohydrate conjugated 6A, 6D-bifunctionalized β cyclodextrin derivatives as potential liver cancer drug carriers. Carbohydrate Polymers, 2018, 181: 957-963.

[44] Chen Y, Zhou L Z, Pang Y, et al. Photoluminescent hyperbranched poly(amido amine) containing β-cyclodextrin as a nonviral gene delivery vector. Bioconjugate Chemistry, 2011, 22 (6): 1162-1170.

[45] Li W Y, Qu J L, Du J W, et al. Photoluminescent supramolecular hyperbranched polymer without conventional chromophores based on inclusion complexation. Chemical Communications, 2014, 50 (67): 9584-9587.

[46] Koopmans C, Ritter H. Color change of N-isopropylacrylamide copolymer bearing reichardts dye as optical sensor for lower critical solution temperature and for host-guest interaction with β-cyclodextrin. Journal of the American Chemical Society, 2007, 129 (12): 3502-3503.

[47] Guan X L, Zhang D H, Jia T M, et al. Unprecedented strong photoluminescences induced from both aggregation and polymerization of novel nonconjugated β-cyclodextrin dimer. Industrial & Engineering Chemistry Research, 2017, 56 (14): 3913-3919.

[48] Liu C Y, Cui Q B, Wang J, et al. Autofluorescent micelles self-assembled from an AIE-active luminogen containing an intrinsic unconventional fluorophore. Soft Matter, 2016, 12 (19): 4295-4299.

[49] 张骞, 邢生凯, 孙得志, 等. 布洛芬与环糊精的主-客体相互作用. 化学通报, 2009 (7): 665-668.

[50] Ritger P L, Peppas N A. A simple equation for description of solute release. I. Fickian and non-fickian release from non-swellable devices in the form of slabs, spheres, cylinders or discs. Journal of Controlled Release, 1987, 5 (1): 23-36.

[51] Tomalia D A, Baker H, Dewald J, et al. A new class of polymers: starburst-dendritic macromolecules. Polymer Journal, 1985, 17 (1): 117-132.

[52] Turro N J, Barton J K, Tomalia D A. Molecular recognition and chemistry in restricted reaction spaces. Photophysics and photoinduced electron transfer on the surfaces of micelles, dendrimers, and DNA. Accounts of Chemical Research, 1991, 24 (11): 332-340.

[53] Varnavski O, Ispasoiu R G, Balogh L, et al. Ultrafast time-resolved photoluminescence from novel metal-dendrimer nanocomposites. Journal of Chemical Physics, 2001, 114 (5): 1962-1965.

[54] Mekuria S L, Debele T A, Tsai H C. PAMAM dendrimer based targeted nano-carrier for bio-imaging and therapeutic agents. RSC Advances, 2016, 6 (68): 63761-63772.

[55] Esfand R, Tomalia D A. Poly(amidoamine) (PAMAM) dendrimers: from biomimicry to drug delivery and biomedical applications. Drug Discovery Today, 2001, 6 (8): 427-436.

[56] Larson C L, Tucker S A. Intrinsic fluorescence of carboxylate-terminated polyamido amine dendrimers. Applied Spectroscopy, 2001, 55 (6): 679-683.

[57] Lee W I, Bae Y, Bard A J. Strong blue photoluminescence and ECL from OH-terminated PAMAM dendrimers in the absence of gold nanoparticles. Journal of the American Chemical Society, 2004, 126 (27): 8358-8359.

[58] Zheng J, Petty J T, Dickson R M. High quantum yield blue emission from water-soluble Au$_8$ nanodots. Journal of

the American Chemical Society，2003，125（26）：7780-7781.

[59]　Wang D J，Imae T. Fluorescence emission from dendrimers and its pH dependence. Journal of the American Chemical Society，2004，126（41）：13204-13205.

[60]　Wang D J，Imae T，Miki M. Fluorescence emission from PAMAM and PPI dendrimers. Journal of Colloid and Interface Science，2007，306（2）：222-227.

[61]　Cao L，Yang W L，Wang C C，et al. Synthesis and striking fluorescence properties of hyperbranched poly(amido amine). Journal of Macromolecular Science Part A：Pure and Applied Chemistry，2007，44（4）：417-424.

[62]　Jiang G H，Sun X K，Wang Y，et al. Synthesis and fluorescence properties of hyperbranched poly(amidoamine)s with high density tertiary nitrogen. Polymer Chemistry，2010，1（10）：1644-1649.

[63]　Yang W，Pan C Y，Liu X Q，et al. Multiple functional hyperbranched poly(amido amine) nanoparticles: synthesis and application in cell imaging. Biomacromolecules，2011，12（5）：1523-1531.

[64]　Lin S Y，Wu T H，Jao Y C，et al. Unraveling the photoluminescence puzzle of PAMAM dendrimers. Chemistry：A European Journal，2011，17（26）：7158-7161.

[65]　Yang W，Pan C Y，Luo M D，et al. Fluorescent mannose-functionalized hyperbranched poly(amido amine)s: synthesis and interaction with E. coli. Biomacromolecules，2010，11（7）：1840-1846.

[66]　Wang D，Yu Z Q，Hong C Y，et al. Strong fluorescence emission from PEGylated hyperbranched poly(amido amine). European Polymer Journal，2013，49（12）：4189-4194.

[67]　Zhan C，Fu X B，Yao Y F，et al. Stimuli-responsive hyperbranched poly(amidoamine)s integrated with thermal and pH sensitivity，reducible degradability and intrinsic photoluminescence. RSC Advances，2017，7（10）：5863-5871.

[68]　Lv Q L，Liu M Y，Wang K，et al. Fabrication and biological applications of luminescent polyamidoamine dendrimers with aggregation-induced emission feature. Journal of the Taiwan Institute of Chemical Engineers，2017，75：292-298.

[69]　Chen L，Cao W，Grishkewich N，et al. Synthesis and characterization of pH-responsive and fluorescent poly(amidoamine) dendrimer-grafted cellulose nanocrystals. Journal of Colloid and Interface Science，2015，450：101-108.

[70]　Gao C M，Lv S Y，Liu M Z，et al. CO_2-switchable fluorescence of a dendritic polymer and its applications. Nanoscale，2016，8（2）：1140-1146.

[71]　Yamaji D，Takaguchi Y. A novel fluorescent fluoride chemosensor based on unmodified poly(amidoamine) dendrimer. Polymer Journal，2009，41（4）：293-296.

[72]　Yang W，Wang S N，Li R，et al. Mechano-responsive fluorescent hyperbranched poly(amido amine)s. Reactive and Functional Polymers，2018，133：57-65.

[73]　Wang G Y，Fu L B，Walker A，et al. Label-free fluorescent poly(amidoamine) dendrimer for traceable and controlled drug delivery. Biomacromolecules，2019，20（5）：2148-2158.

[74]　Wu D C，Liu Y，He C B，et al. Blue photoluminescence from hyperbranched poly(amino ester)s. Macromolecules，2005，38（24）：9906-9909.

[75]　Sun M，Hong C Y，Pan C Y. A unique aliphatic tertiary amine chromophore：fluorescence，polymer structure，and application in cell imaging. Journal of the American Chemical Society，2012，134（51）：20581-20584.

[76]　Du Y Q，Yan H X，Niu S，et al. Facile one-pot synthesis of novel water-soluble fluorescent hyperbranched poly(amino esters). RSC Advances，2016，6（91）：88030-88037.

[77] Jiang K，Sun S，Zhang L，et al. Bright-yellow-emissive *N*-doped carbon dots: preparation, cellular imaging, and bifunctional sensing. ACS Applied Materials & Interfaces，2015，7（41）：23231-23238.

[78] Jia D，Cao L，Wang D，et al. Uncovering a broad class of fluorescent amine-containing compounds by heat treatment. Chemical Communications，2014，50（78）：11488-11491.

[79] Chen H，Dai W，Huang J，et al. Construction of unconventional fluorescent poly(amino ester) polyols as sensing platform for label-free detection of Fe^{3+} ions and L-cysteine. Journal of Materials Science，2018，53（22）：15717-15725.

[80] Bai L，Yan H，Wang L，et al. Supramolecular hyperbranched poly(amino ester)s with homogeneous electron delocalization for multi-stimuli-responsive fluorescence. Macromolecular Materials and Engineering，2020，305（6）：2000126.

[81] Yuan L，Yan H，Bai L，et al. Unprecedented multicolor photoluminescence from hyperbranched poly(amino ester)s. Macromolecular Rapid Communications，2019，40（17）：1800658-180664.

[82] Pastor-Pérez L，Chen Y，Shen Z，et al. Unprecedented blue intrinsic photoluminescence from hyperbranched and linear polyethylenimines: polymer architectures and pH-effects. Macromolecular Rapid Communications，2007，28（13）：1404-1409.

[83] Yemul O，Imae T. Synthesis and characterization of poly(ethyleneimine) dendrimers. Colloid and Polymer Science，2008，286（6-7）：747-752.

[84] Fei B，Yang Z，Shao S，et al. Enhanced fluorescence and thermal sensitivity of polyethylenimine modified by Michael addition. Polymer，2010，51（8）：1845-1852.

[85] Ling Y，Qu F，Zhou Q，et al. Diverse states and properties of polymer nanoparticles and gel formed by polyethyleneimine and aldehydes and analytical applications. Analytical Chemistry，2015，87（17）：8679-8686.

[86] Fan Y，Cai Y Q，Fu X B，et al. Core-shell type hyperbranched grafting copolymers: preparation, characterization and investigation on their intrinsic fluorescence properties. Polymer，2016，107：154-162.

[87] Liu M N，Chen W G，Liu H J，et al. Facile synthesis of intrinsically photoluminescent hyperbranched polyethylenimine and its specific detection for copper ion. Polymer，2019，172：110-116.

[88] Li Z，Chen R，Wang Y，et al. Solvent and catalyst-free modification of hyperbranched polyethyleneimines by ring-opening-addition or ring-opening-polymerization of *N*-sulfonyl aziridines. Polymer Chemistry，2021，12（12）：1787-1796.

[89] Miao X，Liu T，Zhang C，et al. Fluorescent aliphatic hyperbranched polyether: chromophore-free and without any N and P atoms. Physical Chemistry Chemical Physics，2016，18（6）：4295-4299.

[90] Zhang Z，Zhang H，Kang M，et al. Oxygen and sulfur-based pure n-electron dendrimeric systems: generation-dependent clusteroluminescence towards multicolor cell imaging and molecular ruler. Science China Chemistry，2021，64：1990-1998.

[91] Du Y，Yan H，Huang W，et al. Unanticipated strong blue photoluminescence from fully biobased aliphatic hyperbranched polyesters. ACS Sustainable Chemistry & Engineering，2017，5（7）：6139-6147.

[92] Du Y，Feng Y，Yan H，et al. Fluorescence emission from hyperbranched polycarbonate without conventional chromophores. Journal of Photochemistry and Photobiology A：Chemistry，2018，364：415-423.

[93] Huang W，Yan H，Niu S，et al. Unprecedented strong blue photoluminescence from hyperbranched polycarbonate: from its fluorescence mechanism to applications. Journal of Polymer Science Part A：Polymer Chemistry，2017，55（22）：3690-3696.

[94]　Restani R B，Morgado P I，Ribeiro M P，et al. Biocompatible polyurea dendrimers with pH-dependent fluorescence. Angewandte Chemie International Edition，2012，51（21）：5162-5165.

[95]　Lin Y，Gao J W，Liu H W，et al. Synthesis and characterization of hyperbranched poly(ether amide)s with thermoresponsive property and unexpected strong blue photoluminescence. Macromolecules，2009，42（9）：3237-3246.

[96]　Shiau S F，Juang T Y，Chou H W，et al. Synthesis and properties of new water-soluble aliphatic hyperbranched poly(amido acids) with high pH-dependent photoluminescence. Polymer，2013，54（2）：623-630.

[97]　Jayamurugan G，Umesh C P，Jayaraman N. Inherent photoluminescence properties of poly(propyl ether imine) dendrimers. Organic Letters，2008，10（1）：9-12.

[98]　Zhang H，Zhao Z，McGonigal P R，et al. Clusterization-triggered emission：uncommon luminescence from common materials. Materials Today，2020，32：275-292.

[99]　Zheng Y，Thurecht K J，Wang W. Polysiloxanes polymers with hyperbranched structure and multivinyl functionality. Journal of Polymer Science Part A：Polymer Chemistry，2012，50（4）：629-637.

[100]　Surapati M，Seino M，Hayakawa T，et al. Synthesis of hyperbranched-linear star block copolymers by atom transfer radical polymerization of styrene using hyperbranched poly(siloxysilane) (HBPS) macroinitiator. European Polymer Journal，2010，46（2）：217-225.

[101]　Paulasaari J K，Weber W P. Synthesis of hyperbranched polysiloxanes by base-catalyzed proton-transfer polymerization. Comparison of hyperbranched polymer microstructure and properties to those of linear analogues prepared by cationic or anionic ring-opening polymerization. Macromolecules，2000，33（6）：2005-2010.

第6章

刺激响应性聚集诱导发光功能
高分子材料

　　刺激响应材料广泛存在于生命体系中，在生命体的多种生理功能中发挥了重要作用。例如，人体可以借助蛋白质和酶的复杂生理过程对环境的变化做出反应，从而维持正常生理功能。受到自然界刺激响应材料的启发，科学家开发了多种刺激响应性功能高分子材料[1-4]，并将其应用于药物递送系统、智能涂层、人造肌肉及荧光传感器等领域[5-7]。这些智能高分子材料可以对单个或多个外部刺激表现出响应性，包括力、热、电、光、pH 和特定的化学物质等，由刺激所引起的变化可以是化学结构、链构象、溶解性、润湿性、宏观形状、表面电荷、光学性质等方面的改变。一般，刺激响应性聚合物材料至少包括信号输入端（刺激受体）和响应信号输出端两个部分。输入端的刺激受体通常需要具有高灵敏度，输出端所产生的信号最好易于检测或清晰可见。在众多刺激响应性功能高分子材料中，刺激响应性荧光高分子材料通常具有灵敏度高、响应速度快、对样品损伤程度小、对比度高等优点[8-11]，可以采用便携式仪器实现荧光信号变化的灵敏、便捷、可视化检测。通过物理或化学策略将荧光探针引入到高分子材料中，科研人员已开发出一系列具有刺激响应性荧光变化的智能高分子材料，可基于荧光信号变化实现高分子微环境的可视化监测。例如，基于分子转子的温度和黏度依赖性荧光变化，实现了玻璃化转变温度和聚合度的可视化检测[12-15]；基于荧光共振能量转移（FRET）过程的距离依赖性荧光变化，实现了可测量大分子距离的"光谱尺"开发[16]；基于构象响应性荧光变化研究蛋白质和 DNA 的复杂的折叠/展开过程[17]等。然而，传统的发色团在聚集态或固态下往往存在荧光效率降低甚至不发光的问题，这种聚集导致荧光猝灭（ACQ）效应的存在极大地限制了它们在固态响应体系中的应用。一方面，ACQ 染料在聚集态或固态下的荧光信号微弱，光学指示剂的灵敏性和选择性降低，使得刺激响应通常表现为关闭的模式。另外，ACQ 效应往往伴随着光漂白的问题，从而限制了传统荧光体系在刺激响应动态过程的追踪和监测中的应用。相比之下，具有聚集诱导发光（AIE）效应的材料在高浓度或聚集态下显示出高效的荧光，此外 AIE 的传感系统通常具有出色的光稳定性和低背景干扰，可以有效提高薄膜和其他固体材料光学指示剂的灵敏度。

近二十年来，AIE 发光体（AIEgen）引起了越来越多的关注，在化学/生物传感和成像中均发挥了重要作用[18, 19]。分子内运动受限（RIM）模型是目前被广为接受的 AIE 工作机理之一[20, 21]。根据 RIM 机理，当在低温或受限空间中，富含转子的 AIE 材料由于分子内运动受到限制，因此可以观察到显著的荧光信号增强效果。因此，AIE 材料的荧光性质在外部刺激下可以表现出从"关"到"开"的点亮型刺激响应[22, 23]，从而提升刺激响应的灵敏度。此外，AIE 材料良好的光稳定性有利于对响应过程的长期可视化监控和追踪。这些特性使得 AIE 材料在刺激响应性聚合物体系的设计和开发中具有广阔的应用前景[24, 25]。AIE 和刺激响应性聚合物的结合既可以是独立的，也可以是协同的。在某些情况下，聚合物和 AIE 单元的刺激响应功能独立工作，分别作为刺激受体和信号输出部分发挥各自的功能。通过精心、合理的设计，响应性高分子材料的性能和 AIE 材料的功能可以相互增强和丰富。实际上，在大多数基于 AIE 的刺激响应性聚合物体系中都观察到了协同的效应。例如，AIE 聚合物的聚集体在用作荧光化学传感器时，通常对爆炸物或金属离子表现出显著的协同放大效应[24, 26]，这种现象在小分子 AIE 材料中很少被观察到，表明聚合物结构可以增强 AIE 材料的传感性能。另外，AIE 单元固有的刺激响应性可以进一步增强响应性能，并且丰富母体聚合物基质或主链的功能[27, 28]。在这类情况下，AIE 单元既可以作为信号输出部分，也可以作为刺激响应接收部分。此外，AIEgen 还可以作为添加剂来测量聚合物的溶解度和收缩率等固有物理参数[29, 30]。更进一步地，通过将刺激响应性 AIE 材料与刺激响应性聚合物进行结合，有望开发出具有高灵敏度的多重刺激响应性智能高分子材料。

目前，基于 AIE 的刺激响应性功能高分子材料研究已取得显著进展。聚合物的范围涵盖了生物大分子、合成聚合物和超分子聚合物体系[31-37]。本章内容将主要介绍具有 AIE 特性和刺激响应性的合成聚合物体系的最新研究进展，还将对该研究领域当前存在的挑战和未来发展方向进行讨论和展望。

6.2 刺激响应性 AIE 聚合物的制备方法

6.2.1 物理制备方法

根据 AIE 材料的工作机理，其荧光性质对温度、pH、光、力、溶剂等各种微环境变化都具有潜在的响应性。因此，可以通过简单的物理共混方式将 AIE 分子引入聚合物基体材料中，从而获得刺激响应性聚合物复合体系。这种制备策略具有制备工艺简单、原材料经济性好、应用范围广等优点。如图 6-1 所示，含有 AIE 性质的刺激响应性聚合物复合材料可以设计成薄膜、涂层、纤维、微/纳米颗粒、微胶囊等多种形式。其中，含有 AIEgen 的刺激响应性聚合物薄膜大多数通过将聚合物和 AIE 试剂的共混溶液或熔融物进行滴涂、旋涂和静电纺丝等加工方式来获得 [图 6-1 (a)]。浸涂法也称为客体扩散技术，将聚合物样品浸入不同浓度的 AIE 试剂的溶液中并升高温度，可以获得 AIE 试剂掺杂的聚合物薄膜 [图 6-1 (b)]。早期的研究还曾采用熔融加工方法来制备 AIE 分子与聚合物的复合材料[38]。除了薄膜和纤维，通过组装过程所形成的 AIE/聚合物纳米颗粒或胶束是另一类重要的刺激响应性功能材料，在生物应用方面具有重要意义。AIE 纳米颗粒或胶束可以通过两亲性 AIE 聚合物的自组装产生，但获得的纳米颗粒通常缺乏适当的尺寸控制。采用生物相容性聚合物来物理包覆 AIE 分子是一种应用更为广泛的纳米颗粒制备方法 [图 6-1 (c)]，这种方法具有良好的粒径控制能力和优异的胶体稳定性等优点，通过表面功能化可以实现靶向递送功能[39, 40]，通过自动化微流控体系还可以实现 AIE 聚合物纳米颗粒大规模生产的重现性[41]。微囊化技术可以将微小的液滴或颗粒包覆在胶囊的壳层内。由此制备出的 AIE 材料负载的微胶囊无须化学改性就可以通过简单混合掺入任何聚合物基质中 [图 6-1 (d)]。在外界刺激下，装载有 AIE 试剂的微胶囊可以通过芯材的释放达到刺激响应效果[42]。此外，AIE 试剂与水凝胶等基材的共混体系也是一类重要的刺激响应性聚合物材料[43, 44]。

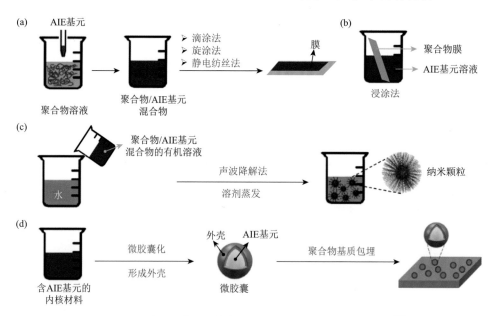

图 6-1　通过物理共混制备刺激响应性 AIE 聚合物复合材料[45]

6.2.2　化学合成方法

基于 AIE 的刺激响应性聚合物的化学合成策略可以大致分为两种类型。一种是将聚合物与 AIE 基元共价连接,另一种是形成团簇发光的 AIE 聚合物。将四苯乙烯(TPE)等典型的 AIE 基元通过化学键接的方式引入聚合物结构中,可以获得具有各种结构和组成的刺激响应性 AIE 聚合物。到目前为止,已经通过化学合成构建了具有线型、接枝、超支化、交联、树状结构的多种 AIE 聚合物。一些具有 AIE 性质的金属有机骨架材料和共价有机骨架材料也已通过类似的策略被合成出来[36,46,47]。以具有线型结构的聚合物为例,它们可以通过采用含有 AIE 基元的单体进行均聚反应得到 [图 6-2(a)]。为了改善或调节聚合物特性,可以使用具有刺激响应单元的共聚单体与含 AIE 基元的单体共聚 [图 6-2(b)]。除了使用刺激响应单体外,在 AIE 聚合物的骨架中生成刺激响应的化学键也是制备刺激响应荧光聚合物的有效策略之一 [图 6-2(c)]。在某些情况下,也可以通过非 AIE 前体的聚合在聚合物主链中原位生成 AIE 基元 [图 6-2(d)]。另外一个有趣的设计是使用含 AIE 基元的引发剂来引发聚合反应,以产生刺激响应聚合物,AIE 基元在

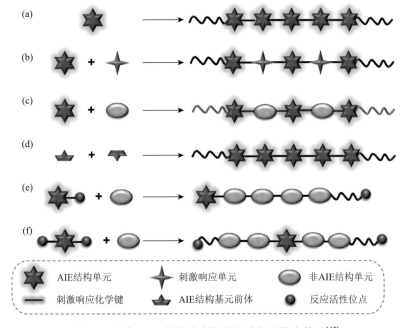

图 6-2　制备 AIE 刺激响应聚合物的部分聚合策略[45]

聚合物链的末端或中间［图 6-2（e）和（f）］。除了通过直接聚合，AIE 刺激响应性聚合物也可以通过聚合物的后修饰生成。例如，含有活性侧基的聚合物可以与 AIE 基元反应生成具有刺激响应化学键的 AIE 聚合物。除了 AIE 引发剂外，含 AIE 基元的终止剂也可以在聚合物末端特异性地引入 AIE 骨架。AIE 引发剂和 AIE 终止剂的组合使用可以促进刺激响应性能的调节或增强。此外，还可以通过两种不同的聚合物嵌段链与 AIE 基元的偶联反应，生成 AIE 单元在聚合物链中间的 AIE 双嵌段共聚物。

除了含有 AIE 基元的共轭聚合物外，一些非共轭聚合物也被报道显示出 AIE 特性和刺激响应性。此类聚合物通常包含多个富电子基团，如 N、O、S、P 与孤对电子和/或不饱和的氰基、羰基、醛、羧酸、酯、酸酐等。这些非共轭聚合物的荧光通常可以用簇发光（CTE）机理来解释[48, 49]。当富电子聚合物处于分散状态时，如在稀溶液中，由于分子运动活跃及缺乏有效的电子共轭，它们的荧光很弱甚至不发光。然而，聚合物的灵活构象在聚集时变得僵化。在聚集态下，富电子群倾向于形成不同大小的簇，它们的电子云重叠并共享，通过空间的方式扩展电子共轭。由于发光簇的异质性[50]，簇发光聚合物的荧光通常表现出激发波长依赖性。团簇越大，发光越亮越红。根据 CTE 机理，影响团簇发光聚合物的团聚和硬化过程的外部刺激都可以很容易地改变它们的荧光。因此，团簇发光聚合物是具有刺激响应性的非常有前途的功能材料。

6.3　对化学刺激的响应

按照刺激源的数量可以将刺激响应大致分为单一刺激响应和多重刺激响应。按照刺激源的性质可以将刺激响应分为化学刺激响应和物理刺激响应。本节将讨论功能性 AIE 聚合物体系对单一化学刺激的响应，主要包括气体响应、pH 响应、爆炸物响应、离子响应和其他化学刺激响应[51-54]。

6.3.1　气体响应

气体的检测在日常生活生产中发挥着至关重要的作用，如温室气体二氧化碳的检测、有毒挥发性有机物质的检测等。近些年来，气体响应型 AIE 聚合物体系用于气体检测的工作屡见报道，如 CO_2 选择性检测、生物胺和海鲜产品腐败检测、多尺度湿度传感等。陈涛等开发了一种 AIE 荧光点亮型 CO_2 响应体系[55]，该团队将 AIE 基元四苯乙烯修饰到聚乙烯亚胺（PEI）聚合物上，并利用 PEI 聚合物上的烷基胺与 CO_2 反应生成难溶性氨基甲酸盐，导致聚合物甲酸盐从溶剂中析出，从分散态转变到聚集态进而荧光增强。同时该体系对可能共存的气体（如 CO、水、含硫气体）等具有优秀的抗干扰性。2019 年，李敏慧等开发了一种具有 AIE 活性的两亲性共聚物的 CO_2 响应体系[56]。如图 6-3（a）所示，通过三组分聚合反应制备一种两亲性 AIE 嵌段共聚物，聚合物中的甲基丙烯酸-2-（二乙基氨基）乙酯部分可与 CO_2 发生反应得到亲水性基团，亲水性的增加促进聚合物的结构由囊泡向尺度更小的球形胶束进行转变。这就导致溶液的透光率增加至 97%，同时 TPE 基团分子内旋转自由度提高导致荧光强度略有降低［图 6-3（b）］。邢成芬等利用自组装方法构建了具有 AIE 活性的聚合物纳米体，在 CO_2 的存在下，纳米体的形态从球形转变成了囊泡，这种形态转变诱导 AIE 活性的聚合物纳米体发生荧光变化[57]。

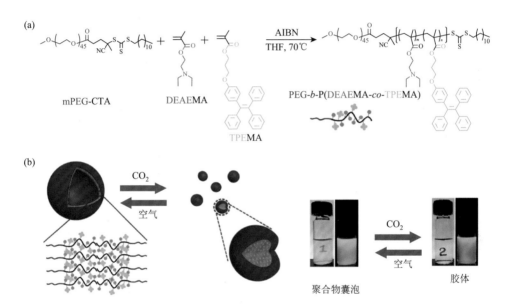

图 6-3　（a）CO_2 响应型两亲性嵌段共聚物 PEG-*b*-P（DEAEMA-*co*-TPEMA）的合成[56]；（b）在囊泡膜中聚合物胶束可逆转变的分子结构示意图，以及 CO_2 处理前后聚合物自组装溶液的照片[57]

如图 6-4（a）所示，唐本忠等[58]通过多组分聚合反应制备了 TPE 的杂环聚合物（P1），该聚合物具有典型的 AIE 性质。聚合物膜可以与盐酸气体发生反应，荧光颜色从黄绿色变为发光很微弱的暗红色［图 6-4（b）］。经氨气熏蒸后，薄膜的光学性质能恢复到起始状态。质子化的 H_2P1^{2+} 聚合物可以作为一种灵敏的氨气荧光传感器，检测限为 960 ppb。如图 6-4（c）所示，装有鲜虾和扇贝的密封容器在室温下保存 12 h，H_2P1^{2+} 明显从不发光的橙色薄膜变为发光的橘黄色薄膜。该聚合物体系在日光下明显的颜色变化和紫外照射下的荧光点亮性变化使其有望成为原位可视化监测食品腐败过程的化学传感器。

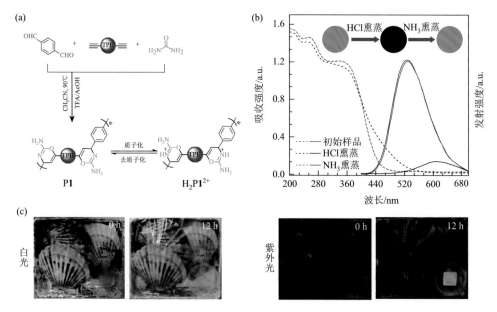

图 6-4　（a）P1 及其质子化和去质子化的合成路线；（b）用 HCl 气体（黑色，10 s）和氨气（蓝色，0.08 mol/L，30 s）熏蒸后的 P1 薄膜的吸收和发射光谱，插图：荧光显微镜照片；（c）使用 H₂P1²⁺薄膜在室温下对密封包装中的扇贝进行 12 h 的腐败检测[58]

6.3.2　pH 响应

稳定合适的 pH 是细胞、组织进行正常生理活动的前提，环境中微小的 pH 变化对于植物和动物等生命体的影响可能是毁灭性的。此外，pH 对药品、食品、饮用水等的功能和质量也起着至关重要的作用。因此，实现对 pH 的高灵敏检测意义重大。将 AIE 基元和 pH 灵敏单元组合到同一个聚合物体系是开发 pH 响应性 AIE 聚合物最常用的策略之一。例如，金桥等[59]设计合成了一种两性离子磷酸胆碱 TPE 聚合物，该聚合物可以用于 pH 响应给药及生物体内荧光成像[图 6-5（a）]。该体系中腙键在酸性条件下会断裂，可以作为 pH 响应的敏感单元。AIE 基元四苯乙烯通过腙键与聚合物主链相连，腙键断裂的同时四苯乙烯与聚合物分离。该 AIE 活性聚合物可以自组装成球形胶束，包埋阿霉素（DOX）后可以制备具有治疗作用的 PC-*hyd*-TPE-DOX 胶束。在细胞内溶酶体的酸性条件下，疏水性的 TPE 单元的裂解导致胶束的分解，随后释放 DOX 药物。该体系同时具有 pH 响应给药及生物体内荧光成像的功能，有望成为新一代癌症治疗的策略。

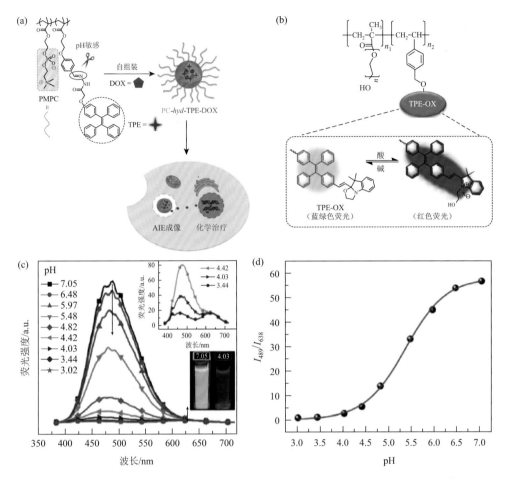

图 6-5 （a）磷酸胆碱-TPE 偶联物作为癌症治疗纳米平台用于 AIE 成像和 pH 响应药物传递的示意图[59]；（b）TPE-OX 连接的共聚物的化学结构及其酸致变色机理；（c）Tris-HCl 缓冲溶液中聚合物胶束的 pH 依赖荧光光谱；（d）I_{489}/I_{638} 与 pH 的关系图[60]

设计合成 pH 响应的 AIE 单元并将其引入到聚合物中，同样也可以制备 pH 响应性 AIE 聚合物[60]。如图 6-5（b）所示，TPE-OX 是一种 pH 灵敏的 AIE 基元，并将其连接到亲水性聚（乙二醇）甲基丙烯酸甲酯和疏水性聚苯乙烯嵌段的两亲性共聚物上。TPE-OX 在酸/碱刺激下表现为结构闭环和开环之间的转变，荧光性质表现为蓝绿色和红色之间变化。随着 pH 的降低，该聚合物荧光发射强度逐渐降低［图 6-5（c）］。在 pH 为 4.42 时，在 638 nm 处出现一个新的荧光发射峰，当 pH 进一步降低时，638 nm 处的荧光发射增强，实现了从蓝绿色到红色的双发射检测［图 6-5（d）］。这是由于噁唑烷的螺环打开时，聚合物共轭性增强，进而出现分子内电荷转移效应。

2020 年，唐本忠等[61]将 pH 响应性 AIE 基元与水凝胶结合构建了一种刺激响应性 AIE 水凝胶体系，在 pH 刺激下可以实现荧光颜色、亮度和形状的多重变化。如图 6-6（a）所示，聚合物 PAS 作为基质，四（4-吡啶基苯基）乙烯（TPE-4Py）作为 pH 响应基元，在酸性刺激下 TPE-4Py 质子化，分子内电荷转移导致荧光发生红移。质子化的 TPE-4Py 可与 PAS 聚合物发生静电相互作用，导致活性层收缩并逐渐变形。同时，一定程度上限制 TPE-4Py 的分子内运动，从而导致明显的发射红移。进一步降低 pH 导致了质子化的 TPE-4Py 的溶解度增加，分子内运动增强使得荧光猝灭（图 6-6）。如图 6-6（b）所示，花状的双层 TPE-4Py/PAS 水凝胶在 pH 为 3.12 条件下能清晰地观察到荧光亮度、发射颜色和形状同时发生变化。这一工作为构建软体机器人和智能可穿戴设备等人工智能聚合物体系提供了有效策略。除此之外，pH 响应的 AIE 聚合物也被应用于肠道 pH 荧光传感、聚合物降解监测、生物医学探针等领域[62-64]。

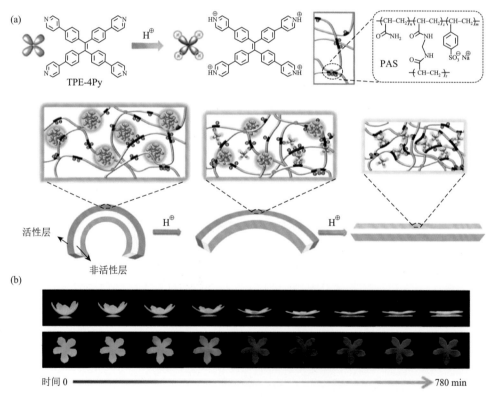

图 6-6 （a）pH 响应型 AIEgen-TPE-4Py 和化学交联离聚物 PAS 的化学结构，以及基于 TPE-4Py/PAS 的双层荧光水凝胶致动器的设计策略示意图；（b）pH 响应水凝胶致动器的发射颜色和形状同时变化的侧视图（上）和俯视图（下）[61]

6.3.3　爆炸物响应

　　爆炸物的检测在国土安全、全球反恐、地雷探测、法医研究和环境污染分析等方面有着迫切的需求，因此爆炸物检测已经成为国际社会广泛关注的课题。AIE活性聚合物在苦味酸（PA）、2,4-二硝基甲苯（DNT）和 2,4,6-三硝基甲苯（TNT）等爆炸物的检测中得到了广泛应用[65-67]。

　　与小分子荧光化合物相比，共轭荧光聚合物通常表现出超放大荧光猝灭效应，这是由于猝灭剂与共轭荧光聚合物之间存在电子转移和激子跃迁［图 6-7（a）][68]。在具有独特的长共轭结构的聚合物中极容易发生"单点接触、多点响应效应"或"分子导线效应"，有时一个爆炸性猝灭剂分子有可能导致整个聚合物的荧光发生猝灭[69]。此外，与线型聚合物相比，超支化聚合物对爆炸物的响应能力往往更强，因为它们众多的分支可以在三维结构中提供多个激子跃迁通道和扩散通道[8]。增强的激子跃迁以及爆炸物与 3D 聚合物结构之间的有效相互作用可以实现超支化聚合物的超放大效应 ［图 6-7（b）][70]。

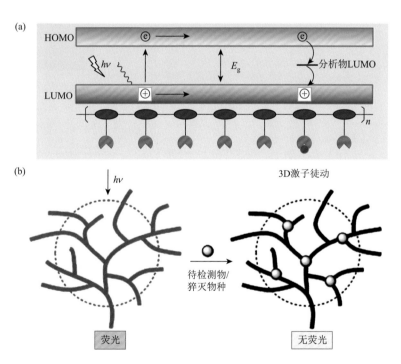

图 6-7　（a）线形共轭聚合物作为爆炸传感器的"单点接触、多点响应效应"的示意图[68]；（b）检测物对 **3D** 超支化聚合物的荧光猝灭过程的示意图[70]

与超支化聚合物相比，线型聚合物更难发生超放大猝灭效应，然而具有 AIE 特性的线型聚合物展现出了对爆炸物响应的超放大猝灭效应。例如，唐本忠等[71] 报道了一种具有 AIE 活性的线型聚（二卤代戊二烯）体系 [图 6-8（a）]，这种 AIE 聚合物体系的纳米聚集体具有强的荧光性质，向体系加入 PA 会迅速猝灭聚合物的强荧光 [图 6-8（b）]。而且，随着 PA 的量不断增加，荧光猝灭幅度呈现出上升的趋势，证明该体系对 PA 展现出了超放大猝灭效应。以纳米聚集体形式存在的 AIE 聚合物具有更多的空腔与猝灭剂发生相互作用，同时为激子的跃迁提供额外的链间扩散通道。另外，PA 分子与水的结合态可以进入聚合物空腔导致聚合物纳米聚集体膨胀，有利于 AIE 单元自由运动进而加强聚合物纳米聚集体的荧光猝灭。Xu 等利用 AIE 聚合物的固态传感技术，将 AIE 聚合物的纳米颗粒喷涂在滤纸上，制作了用于爆炸物检测的纸张传感器[72]。该 AIE 聚合物纸张传感器可以有效检测手指上各种常见的硝基芳烃污染物，包括 PA、TNT、DNT 等，最低检测限小于 1 ng。这种类型的纸传感器可用于快速、廉价和高度灵敏地检测硝基化合物爆炸物。

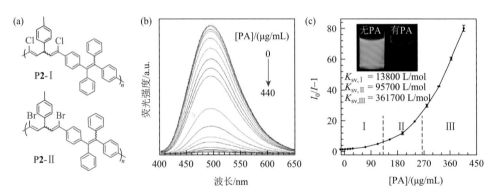

图 6-8　（a）**P2-Ⅰ** 和 **P2-Ⅱ** 的结构；（b）在含不同量 **PA** 的 **80%** 水含量的 **THF/水**混合物中 **P2-Ⅱ** 的荧光光谱；（c）**P2-Ⅱ** 的（$I_0/I-1$）与不同浓度的 **PA** 的 **Stern-Volmer** 图，其中 I_0 表示不含 **PA** 的峰值强度，插图：在 **365 nm** 紫外线照射下拍摄的荧光照片[71]

6.3.4　离子响应

无论是对生态环境问题还是人类生命健康问题，对离子选择性检测均具有非常重要的意义。近些年来，离子响应型 AIE 聚合物实现了对各种离子（如 Ca^{2+}、Pd^{2+}、Pb^{2+}、Cu^{2+}、Hg^{2+}、Al^{3+}、Ru^{3+}、CN^- 等离子）的高选择性响应[23, 73]。离子响应型 AIE 聚合物荧光传感器的主要设计策略是将 AIE 活性基团和离子识别基团或单元引入聚合物中，制备同时具有 AIE 性质和离子响应性质的聚合物体系。

　　众所周知，硫脲类化合物与汞离子具有较强的结合能力，因此常常被用来检测汞离子。最近，唐本忠和胡蓉蓉等在室温下将硫、脂肪族二胺和含 TPE 的二异氰酸酯进行多组分聚合，制备了 AIE 活性聚硫脲 [图 6-9（a）][74]。在 50% 的 DMF/水混合物中的 AIE 活性聚合物（PTU-TPE）形成纳米聚集体并表现出强烈的荧光。向体系中加入 Hg^{2+}，当 Hg^{2+} 浓度从 0 μmol/L 增加至 10 μmol/L，PTU-TPE 水悬浮液的荧光强度逐渐降低。该体系在多种金属阳离子存在的情况下同样能高灵敏度地检测 Hg^{2+} [图 6-9（b）]。除离子检测外，由于聚硫脲-Hg^{2+} 络合物的溶解性较差，该聚合物体系还可作为除汞吸附剂，去除率高达到 99.99%，Hg^{2+} 含量降低至 0.8 μg/L，低于饮用水标准限值 [图 6-9（c）]。不同于荧光猝灭型荧光传感器，阮志军等[75]报道了一种 AIE 活性的硫酮修饰的共轭聚合物，实现了对 Hg^{2+} 的"点亮型"荧光响应。由于 Hg^{2+} 促进了硫酮的脱保护反应，聚合物与微量 Hg^{2+} 混合后其荧光明显增强。这种荧光"点亮型"探针不仅响应速度快、效率高，而且对 Hg^{2+} 具有良好的选择性。

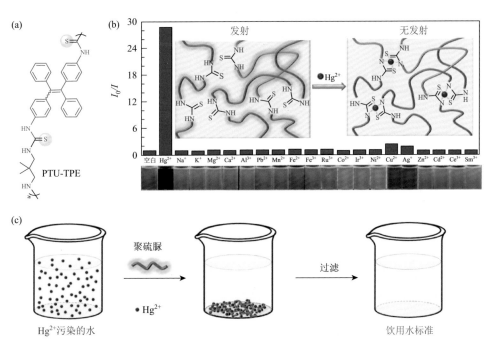

图 6-9　（a）无催化剂多组分聚合合成 AIE 活性聚硫脲 PTU-TPE；（b）在不同金属离子（10 μmol/L）存在的条件下，PTU-TPE 的 DMF/H_2O 混合溶液（v/v，1∶1，10 μmol/L）在 493 nm 处的相对强度（I_0/I）和紫外照射下相应的荧光照片，I_0 表示没有金属离子时的荧光强度，插图：PTU-TPE 荧光检测和去除汞离子的机理；（c）简易汞脱除工艺示意图[74]

Ishiwari 等开发了一种用于细胞外 Ca^{2+} 成像的固态荧光传感器[76]。如图 6-10（a）所示，这种固态（凝胶）传感器由聚丙烯酸（PAA）主链和 TPE 侧链组成。在 Ca^{2+} 存在下，线型聚合物（PAA-TPE）和化学交联凝胶（g-PAA-TPE）均表现出强荧光，而且不受常见生理物质（如生理离子、葡萄糖和氨基酸）的干扰，表现出高选择性。复合体系随着 Ca^{2+} 浓度的增加而荧光增强，其响应机理源于 Ca^{2+} 与 PAA 链结合触发的聚合物链动力学变化，进而折叠并形成聚集并激活 TPE 侧链的 AIE 效应。随后，Shibayama 等进一步研究在不同浓度的不同金属离子的存在下 PAA-TPE 的水动力半径和摩尔质量，得出结论：Ca^{2+} 能比其他离子更有效地导致聚合物链折叠，形成内部密度更高的聚集体，从而导致更明显的 AIE 行为和更好的 Ca^{2+} 检测选择性[77]。

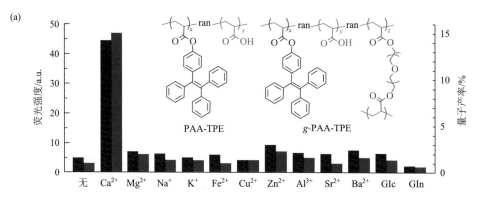

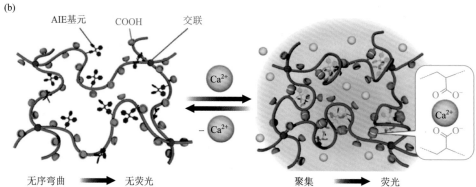

图 6-10　（a）在不同金属氯化物、葡萄糖（Glc）和谷氨酰胺（Gln）存在下 PAA-TPE 的荧光强度（蓝条）和 g-PAA-TPE 的荧光量子产率（红条），插图为 PAA-TPE 和 g-PAA-TPE 的化学结构式；（b）g-PAA-TPE 对 Ca^{2+} 的响应机理示意图[76]

除上述例子外，对 Fe^{3+} 敏感的 AIE 团簇发光聚合物也有报道[78]。然而，离子响应型 AIE 团簇发光聚合物的例子仍然非常有限。同时，AIE 聚合物离子检测体系的生物相容性仍然是科研工作者需要进一步研究的课题。

6.3.5　其他化学刺激响应

除了上述几种化学刺激,其他化学刺激响应的 AIE 聚合物体系也被广泛报道,如有机污染物、氧化还原反应和各种生物分子的检测等。本节将选取其中一些典型的例子进行讨论。

水中有机污染物的灵敏检测对于评价水资源质量和提高水资源安全具有重要意义。传统的有机污染物检测方法往往需要耗时的程序和使用大型昂贵的设备。最近,唐本忠和梁国栋等报道了一种由可结晶荧光聚合物制成的黏性纳米颗粒,可方便、快速、灵敏地检测水中有毒有机污染物[79]。如图 6-11(a)所示,纳米黏粒由一层 TPE 改性的结晶 PE 组成,TPE 单元位于纳米黏粒的表面。有机污

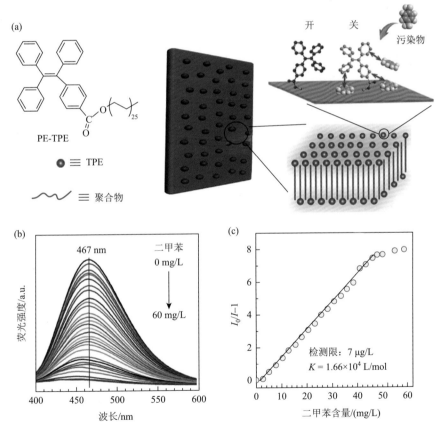

图 6-11　(a)用于检测水中有机污染物的 PE-TPE 纳米黏剂原理图;(b)含有不同含量二甲苯的 PE-TPE 纳米颗粒的荧光光谱;(c)荧光强度随二甲苯含量的变化,PE-TPE 浓度为 0.1 mg/mL[79]

染物通过疏水作用和 π-π 相互作用吸附到纳米黏粒上，使得体系的荧光发生猝灭 [图 6-11（b）]。这是由于激发的发色团与二甲苯分子碰撞消耗了 PE-TPE 的激发态能量。该体系具有快速响应和检测限低（7 μg/L）的优势 [图 6-11（c）]。之后，梁国栋等[80]进一步发展了具有疏水 TPE 核心的两亲性荧光共聚物胶束系统，可以吸附芳香族污染物并产生荧光猝灭。除了检测水中的有机污染物外，功能化的 AIE 聚合物体系同样可以实现对有机磷农药、酸类、脂肪族胺等物质的快速灵敏的荧光检测[81-83]。

氧化还原响应的聚合物胶束是一种潜在的按需给药的多功能纳米体系。氧化还原响应的高分子材料的设计往往基于氧化还原敏感基团的电化学过程，如二硫烯、硼酸酯、二茂铁或二硫化物，它们会对环境氧化还原的变化而改变自身氧化还原的状态[84, 85]。与此同时，药物释放的原位检测仍然是一个挑战性的课题。赵燕军等[86]通过将 AIE 和 FRET 效应与氧化还原响应聚合物结合实现了药物释放过程的检测。该策略为实时分析药物释放提供了一个有用的工具。受激发波长穿透能力的限制，该体系无法进行体内药物释放的原位监测。具有近红外吸收和发射性质的氧化还原响应聚合物体系将有望解决这一难题。

对生物分子具有特异性响应的功能聚合物体系有望成为生物探针候选材料[19, 87]。水溶性 AIE 聚电解质可以灵敏、特异地检测各种生物小分子和生物大分子。汪凌云等开发了一种 AIE 活性的阳离子聚（二酮吡咯-共乙基芴）电解质，并对牛血清白蛋白（BSA）表现出优秀的荧光响应性质[88]。其响应机理是牛血清白蛋白可以诱导 AIE 聚合物的解聚并与之结合，对接于水介质中蛋白质的折叠表面而产生荧光增强的信号。与传统的 ACQ 型荧光猝灭型生物探针相比，AIE 的生物探针具有"点亮型"荧光响应、低背景干扰和抗光漂白性的优点。因此，生物分子响应型 AIE 聚合物探针具有较高的灵敏度和分辨率，有望用于生理过程的连续监测。

6.4　对物理刺激的响应

除上述化学刺激外，物理刺激的检测和测量也具有重要意义。本节将以典型例子介绍单物理刺激（如机械力、温度、光、电、γ 射线和形态）下功能 AIE 聚合物的结构设计、响应性能和潜在应用。

6.4.1　机械力响应

力致发光聚合物材料能感知机械力的强度并可以通过荧光信号进行定量分析，这类材料在内置荧光力传感器、损伤报告涂料、柔性光学器件等方面有着潜在的应用前景。与传统的 ACQ 材料相比，具有 AIE 性质的力致发光高分子材料具有更好的固态发光性能。到目前为止，已经有多种类型的 AIE 力致发光聚合物材料被报道，包括 AIE 线型聚合物和交联聚合物、AIE 簇发光聚合物、AIE 发光体/聚合物薄膜及 AIE 微胶囊复合材料[44]。

最近，池振国课题组报道了一种在固态中具有显著力致发光的线型 AIE 活性聚合物[28]。如图 6-12 所示，聚合物 **P3** 的主链中含有共轭的芴和 9,10-二芳基蒽，侧基含有大位阻的 TPE 单元，其中大位阻侧基能有效阻碍刚性主链的 π-π 堆积。**P3** 固体粉末在 541 nm 处表现出强烈的黄色荧光。经研磨后，荧光明显由黄色变为红色，发射峰值红移了 61 nm。研磨后的粉末通过 200℃加热或二氯甲烷蒸气熏 30 min 的方式可以将发射峰分别蓝移至 580 nm、574 nm。聚合物 **P3** 经研磨后晶体结构被破坏导致其构象平面化和聚合物主链分子共轭性增加，高分子结晶较慢是其可逆性较差的主要原因。

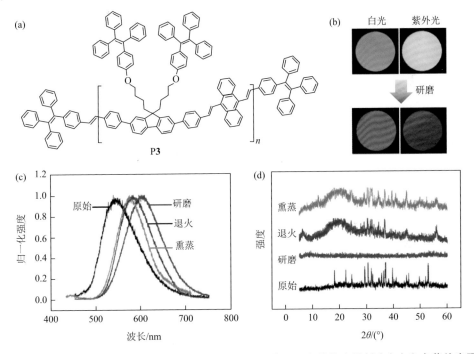

图 6-12　（a）**P3** 的结构；（b）**P3** 粉末不同状态的图像，没有紫外光照射（左）和有紫外光照射（右）；（c）**P3** 在不同状态下的发射光谱；（d）不同处理条件下 **P3** 的 XRD 谱图[28]

如图 6-13 所示，一种基于 CTE 机理的 AIE 力致发光聚合物被制备，该聚合物是由一种蓬松的纤维状外观的非共轭聚 L-脯氨酸（PPRO）组成，在紫外光照射下仅有微弱的荧光。当施加一定的压力时，受压部分的荧光明显增强，从图中的挤压处可以看出明显的蓝色荧光。这是由于富电子酰胺基团在近距离聚集和加压后分子构象的刚性化导致了簇发光。

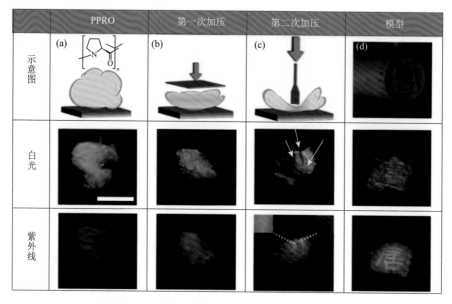

图 6-13　蓬松的 PPRO 对压力的反应示意图

（a）原始蓬松纤维 PPRO；（b）在低压下对原始 PPRO 进行第一次加压；（c）在高压下使用刮刀对 PPRO 膜进行
第二次加压，箭头表示刮刀边缘在日光下产生的皱纹，插图是放大后的切片，在紫外光下显示不同的亮度；
（d）用中国传统邮票印制的 PPRO 胶片，比例尺：1 cm[89]

　　在早期的研究中，通过向聚合物中加入具有力致发光性质的 AIE 分子来制备 AIEgen/聚合物的复合材料[90]。2016，Moore 等提出了将含有 AIEgen 的微胶囊分散到聚合物基质中制备 AIEgen/聚合物的复合材料的策略，并将其应用于分子材料的自主损伤检测[91]。如图 6-14 所示，完整的聚合物复合材料在紫外光照射下无荧光，材料受到机械损伤时微胶囊会被破坏释放出 AIEgen 溶液，AIEgen 在裂纹区沉积并出现明亮的荧光。这种自报告涂层可以清晰直观地显示单层表面损伤，但不能检测出裂纹穿透的深度信息。为了自主报告微裂纹的同时区分不同的穿透深度，他们在类似策略的基础上进一步开发了自报告多层聚合物体系[92]。

　　2019 年，Tang 和 Yang 等联合报道了一种通过将单组分微胶囊简单集成到基体中，无须外部干预，便可具有自动自愈合和自报告功能的智能涂层[93]。当涂层被破坏时，微胶囊的载荷会释放到裂缝中，这将立即激活六亚甲基二异氰酸酯（HDI）的核心材料与水的自发反应，以及 AIEgen 受限的自修复和自感知进程（图 6-15）。照片、扫描电子显微图像证实了 AIEgen/HDI 微胶囊嵌入的涂层能够自主修复并实现可视化。该方法简便、经济、可行性高，为智能防腐涂料的制备提供了一条新的途径。

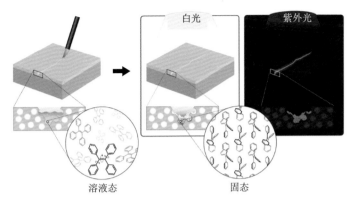

图 6-14　使用 AIEgen 负载的微胶囊自主损伤报告聚合物复合材料示意图[91]

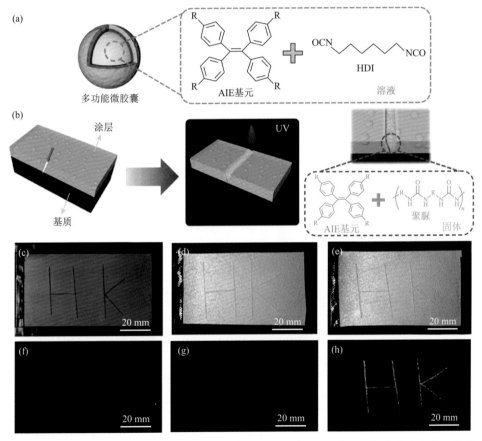

图 6-15　（a）含 AIEgen 的 HDI 溶液的单组分微胶囊（MC）示意图；（b）自发自愈和自我报告双重功能的简图说明；涂有纯 E-环氧涂层的钢板（c，f），HDI 微胶囊内嵌的 E-环氧涂层（d，g），TPE/HDI 微胶囊内嵌的 E-环氧涂层（e，h）在（c，e）白光和（f，h）紫外光照明下拍摄[93]

AIE 微胶囊体系除了具有自主报告功能外，还可以被赋予自修复特性，从而实现了自感知和自修复的双重功能[94, 95]。聚合物材料表面甚至内部的损伤不仅可以显示出来，而且可以立即修复。这种高分子材料可以显著提高关键工程部件的安全性和可靠性。此外，可以在一定程度上降低定期维修和检查工程部件所产生的寿命周期费用。因此，这种材料在结构健康监测方面可能会产生重大的经济和社会影响。

6.4.2 光响应

光响应聚合物在智能光学和生物应用领域有着广泛的应用。通过改变照射时间和光强及光源的波长范围，可以精确控制响应的强度和刺激的区域或体积。研究最多的光响应分子包括偶氮苯、螺吡喃、螺噁嗪、俘精酸酐和二噻吩乙烯（DTE）衍生物[96]。功能性光响应聚合物的制备通常是通过化学方法或物理方法将光响应单元与聚合物结合，光响应性 AIE 聚合物/复合物具有优秀的固态荧光性质，因此其在生物医学应用方面具有良好的应用前景。

传统的光致变色体系常常存在 ACQ 的现象，这限制了它在高灵敏度、高精度光学系统中的实际应用[97]。为了解决 ACQ 的问题，Lin 等将 TPE 引入含有 DTE 的光致变色聚合物体系中[98]。当 DTE 结构单元处于未环化的结构状态时，聚合物固体薄膜显示亮蓝色荧光。在紫外光照射薄膜后，DTE 关环产生了从 TPE 向 DTE 单元的非辐射能量转移，这一过程完全猝灭了 TPE 的固态荧光。2018 年，刘育教授报道了一种 AIE-DTE 的光响应聚合物体系[99]。如图 6-16 所示，开环态的 DTE-桥联双吡啶盐（DTE-BP）同时具有分子内光致变色性和分子间 AIE 性质，DTE 由于双吡啶盐分子构象对受限环境敏感，DTE-BP 掺杂的聚偏氟乙烯（PVDF）薄膜显示出明亮的绿色荧光。254 nm 的紫外光照射 4 min 后 DTE 核发生光环化反应，闭环态的 DTE-BP 无荧光发射性质，材料荧光猝灭率高达 91%。在可见光（＞490 nm）下照射 20 s 后，猝灭的荧光几乎可以完全恢复到开环态。这类可逆的光转换的荧光材料可以用于制备可写入和可擦除材料。

四苯乙烯（TPE）是最经典的 AIE 基元之一，在紫外光照射下 TPE 会发生光环氧化反应生成 9,10-二苯基菲（DPP），由蓝色荧光转变为无荧光，发射波长由 460 nm 蓝移至约 375 nm。最近，唐本忠教授报道了一种利用结晶聚合物来控制 TPE 光环化活性的策略[100]。如图 6-17（a）所示，半晶聚乙二醇（TPE-PEG）的一端连接 TPE，PEG 柔软的非晶结构可以促进 TPE 的分子内运动，有利于猝灭荧光和增加光反应活性。在刚性晶体相时 TPE 的分子内运动被限制会产生强烈的蓝色荧光，同时降低光环化活性。在 TPE-PEG 薄膜的等温结晶过程中，利用以运动为主的光响应性质，通过间歇性紫外线照射轻松生成具有明显荧光对比度的荧光图案［图 6-17（b）］。除此之外，AIE 聚合物被广泛用于光响应荧光图案[101-104]。

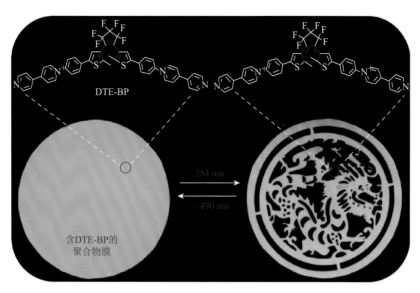

图 6-16　在 254 nm 紫外光和可见光照射下嵌入 DTE-BP 的 PVDF 薄膜的荧光照片[99]

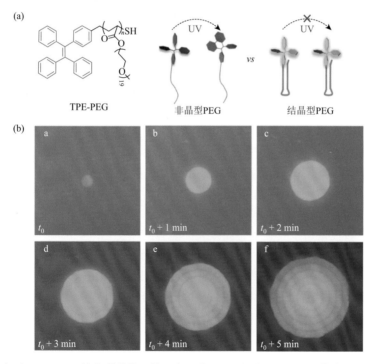

图 6-17　（a）TPE-PEG 的化学结构及其图案形成机理；（b）TPE-PEG 薄膜在 21℃下等温结晶过程中图形演化的实时荧光显微图，比例尺为 100 μm[100]

AIE 聚电解质在光照射下不仅能诱导产生明显的荧光变化，而且具有产生活性氧（ROS）的能力，因此 AIE 聚电解质是一种优秀的光敏剂[105, 106]。最近，唐本忠教授报道了一系列含氮阳离子的聚电解质[107]。如图 6-18（a）所示，聚电解质 P4 具有较强的供体-受体共轭结构，同时具有明显的 $^1O_2$ 生成能力和良好的光稳定性。在白光照射下，P4 能有效抑制革兰氏阳性的金黄色葡萄球菌。该聚电解质对耐药细菌也具有较好的抗菌能力。动物实验结果证明 P4 的物理杀伤和光动力作用对耐甲氧西林金黄色葡萄球菌（耐药的超级细菌）具有较强的抑制作用。

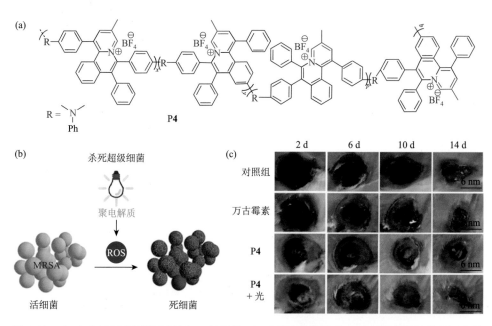

图 6-18　（a）含氮阳离子聚电解质 P4 的结构；（b）聚电解质作为光敏剂在超级细菌杀灭中的应用示意图；（c）典型的 MRSA 感染烧伤部位的照片，在黑暗或光线照射下的不同治疗过程[107]

　　唐本忠教授报道了一类具有高效灭菌能力的超支化聚电解质（图 6-19）[108]。该聚电解质在白光照射下产生大量活性氧，从而起到杀死细菌的作用。同时，该聚电解质具有良好的可加工性、高量子产率及固态发光性质，因此有望成为高度有序的荧光致图案化的理想材料。该研究首次报道超支化聚电解质通过光动力治疗杀死活细菌的策略，为后续研究如光电材料、疾病治疗学、生物芯片提供了新方向。

　　除了上述应用外，基于 AIE 的聚合物体系的光响应性还可以应用于防伪材料、超分辨率荧光显像剂、微激光器、集成光子学、可擦除光存储、逻辑门、光捕获薄膜等[97, 109, 110]。

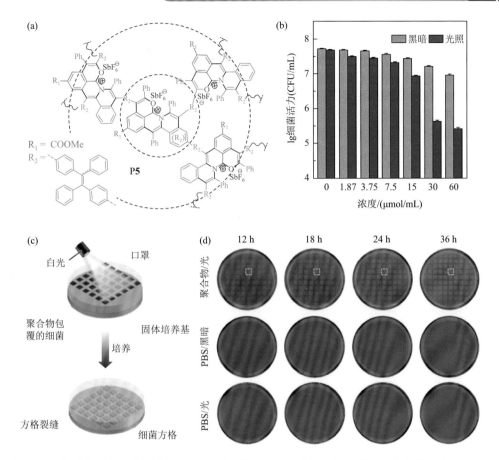

图 6-19 （a）杂芳超支化聚电解质 P5 的化学结构；（b）在无白光照射和有白光照射的情况下，以对数计算细菌活力的统计分析；（c）用白光光源和预先印制的黏附罩绘制的细菌图案示意图；（d）白光照射 12 h、18 h、24 h 和 36 h 后在日光灯下拍摄的细菌模式照片，"聚合物/光"和"PBS/光"分别代表 P5 孵育组和 PBS 孵育组，"PBS/黑暗"代表只孵育 PBS 组。黄色虚线矩形勾勒出 CLSM 图像中感兴趣的区域[108]

6.4.3 温度响应

温度响应的荧光聚合物在荧光温度计、药物释放载体、细胞内温度成像、软致动器等方面有着广泛的应用前景。不同于其他刺激，温度刺激可以更容易地从外界施加和调节。聚（N-异丙基丙烯酰胺）（PNIPAM）是研究最多的热响应聚合物之一，该聚合物在水中表现出明显的最低临界共溶温度（LCST）特征。在最低临界溶液温度处，会发生从稳定的单一相到不稳定的两相系统的急剧转变。由于聚合物从有利于焓的卷曲结构向有利于熵的致密球状结构的转变，在最低临界溶液温度时聚合物开始与溶液相分离，使溶液变得浑浊[111]。通过用 AIEgen 对 PNIPAM 链进行化学标记，温度引起 PNIPAM 链中微观结构变化可以直接影响接枝的 AIEgen 的聚集行为，从而导致荧光变化。这样就可以根据荧光信号的变化，清晰地揭示或监测热诱导的液固相变过程的细节。例如，唐本忠教授在 2009 年通过直接聚合制备了一个 TPE 标记的 PNIPAM 体系，并利用其热响应荧光变化来探测 PNIPAM 在水中的热转变[112]。同样，朱为宏教授最近报道了一种接枝 AIEgen 的共聚物 P(NIPAM-*co*-EM)，用于构建荧光温度计[113]。如图 6-20（a）所示，P(NIPAM-*co*-EM)由含喹啉甲腈的 AIEgen 作为信号响应单元和 NIPAM 单元作为热响应单元组成。温度的吸收实验表明，共聚物的水溶液表现出特定的最低临界溶液温度（30℃左右）。在 30～45℃的温度区域，共聚物体积收缩，最终形成致密的团聚体。这种微观结构的变化导致共聚物的 AIE 性质被激活，从而增强了荧光。如图 6-20（b）和（c）所示，当温度低于最低临界溶液温度值时，荧光强度几乎保持不变。当温度从 30℃加热到 45℃时，荧光强度增加了约 3.7 倍。此外，P(NIPAM-*co*-EM)的荧光信号的热响应过程是可逆的。通过调整共聚物的亲水性可以将最低临界溶液温度及检测温度控制在生理温度范围，有利于推动此类温度响应性 AIE 聚合物的实际应用[114]。

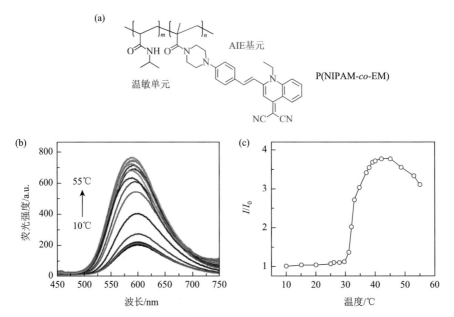

图 6-20　（a）含有喹啉甲腈侧链接枝 AIEgen 的荧光温度计 P(NIPAM-*co*-EM)的化学结构；P(NIPAM-*co*-EM)（14 mmol/L）在水溶液中加热时的温度依赖发射光谱（b），在 607 nm 处的相对荧光强度随温度的变化（c）[113]

除了聚丙烯酰胺类聚合物，AIEgen 修饰尼龙 6 同样具备温度响应性质[115]。如图 6-21（b）和（c）所示，在低温下，TPE 标记的尼龙 6 在 485 nm 处有较强的蓝色荧光。随着温度的升高，发射强度逐渐降低，温度达到 120℃以上时，最大发射峰的位置开始蓝移。这是由于温度升高时尼龙 6 链间强烈的氢键逐渐被破坏，聚合物链间体积膨胀导致 TPE 中的分子内运动逐渐被激活，进而荧光强度下降。温度升高至一定程度时，尼龙 6 链构象变化会引起 TPE 的扭转角发生显著变化，扭转角增加导致 TPE 的共轭度降低，最终表现为最大发射峰蓝移。

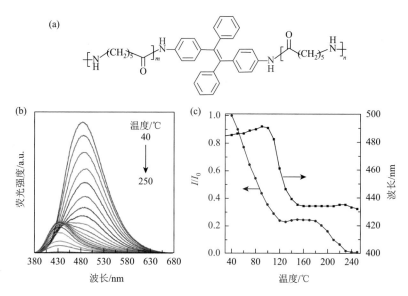

图 6-21　TPE 标记尼龙 6 的化学结构（a），在不同温度下的荧光光谱（b），相对发射强度和发射波长随温度的变化曲线（c）[115]

如图 6-22 所示，AIE LCE 材料在热刺激下表现出荧光变化和形状变化，当温度从 35℃增加到 135℃时荧光发射强度呈线性下降，LCE 样品的纵向形状变形（L/L_{iso}）在各向同性相变温度（110℃）附近发生了明显变化。温度升高可以为 TPE 的分子内运动提供活化能，从而导致荧光强度的降低。这项工作展示了 AIE LCE 材料在耐热机械可控荧光软驱动器方面的潜在应用[116]。

2017 年，唐本忠教授利用 AIEgen 的热响应荧光特性，通过将 AIEgen 物理掺杂到聚合物基体中，成功检测了各种聚合物体系的玻璃化转变温度[117]。另外，吉岩等进一步报道了一种基于 AIEgen 的荧光方法，可用于精确测量玻璃状聚合物的拓扑冻结转变温度（T_v）[118]。玻璃高分子是一种可再加工的交联聚合物，它的 T_v 是指使用的上限温度和回收的下限温度。在 T_v 之下，玻璃高分子的交联网络将

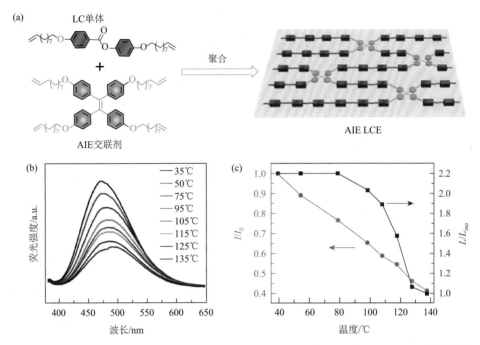

图 6-22 （a）AIE 活性 LCE 薄膜的化学组成；（b）LC 弹性体样品在不同温度下的荧光光谱；（c）LC 弹性体带的相对荧光强度和纵向形状变形（L/L_{iso}）随温度的变化[116]

限制 AIEgen 的分子内运动。因此，在这种状态下可以观察到较强的荧光。而在 T_v 温度以上时会发生玻璃高分子网络的重排，导致分子内运动将被极大地激活，从而使 AIEgen 的荧光减弱。将 AIEgen 掺杂或溶胀到玻璃体中后，AIEgen/玻璃体复合材料的荧光在 T_v 以下和 T_v 以上发生了显著变化，并具有不同的降低速率。因此，T_v 可以通过降低速率的转折点来确定。这种检测方法简单、灵敏、通用且可靠。

　　除上述例子外，还有一系列其他具有热响应性和 AIE 特性的功能聚合物体系，包括 AIEgen 修饰的多臂星形聚合物、结晶聚合物、AIE 簇发光聚合物、共混 AIEgen/聚合物薄膜等[119-124]。这些研究进展证明了 AIE 在促进对聚合物热力学的理解和促进功能性刺激响应聚合物的开发方面的重要意义。

6.4.4　电响应

　　电致荧光变色（EFC）材料因其在电致荧光变色器件、有机光电晶体管存储器件、圆偏振有机发光二极管（CP-OLED）等光电器件中具有潜在的应用而备受关注[125]。这些实际应用通常需要 EFC 材料具有快速响应性、高荧光对比度和稳定的转换能力。然而，传统的 EFC 材料由于在固体状态下荧光性质较差而表现出低的荧光对比度。这种问题可以通过 AIE 的功能得到有效解决。

到目前为止，已经有几种 AIE 电致荧光变色聚合体系被报道[125-127]。例如，刘贵生教授等设计并合成了一系列具有 AIE 活性的三苯胺聚酰胺，并将其制备成高性能的 EFC 器件[图 6-23（a）][128]。TPA-CN-CH、TPA-CN-TPE 和 TPA-OMe-TPE 均具有 AIE 性质，且其固体薄膜的量子产率分别为 46%、16%和 5%。EFC 器件的荧光光谱和吸收光谱显示出良好的重叠，这有利于提高 EFC 器件的荧光对比度。如图 6-23（c）所示，随着施加的脉冲从 0 V 变为 2 V 时，TPA-CN-CH EFC 器件的亮蓝色荧光明显变弱。当将电势施加到−2.1 V 时，该 EFC 器件的荧光可以很好地恢复。TPA-CN-TPE 和 TPA-OMe-TPE 的 EFC 器件也可以观察到类似的现

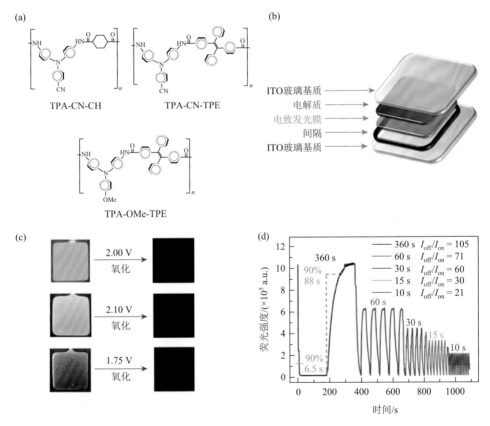

图 6-23　（a）三种聚酰胺的化学结构;（b）基于聚酰胺的 EFC 器件原理图;（c）基于 TPA-CN-CH
（上）、TPA-CN-TPE（中）和 TPA-OMe-TPE（下）的 EFC 器件在特定氧化电压下的行为;
（d）估算了 TPA-CN-CH/正庚基紫精在 1.4 V 和 1.5 V 之间不同阶段循环时间下的荧光转换
时间[128]

象。在电化学转换过程中，TPA 单元在电化学转换过程中从中性状态变为氧化状态，其结构会平面化并且光吸收红移，进而导致荧光猝灭。通过将正庚基紫精（HV）作为反电致变色（EC）层引入器件体系中来平衡电荷，TPA-CN-CH 的 EFC 器件由于其固态具有强荧光显示出最高可达 I_{off}/I_{on} = 105 的荧光对比度 [图 6-23（d）]。由于其共轭结构和低氧化电位，在含 HV 的 TPA-OMe-TPE 的 EFC 器件中实现了最短的响应时间，其响应时间小于 4.9 s。实验结果表明，结合 EC 和 AIE 特性的聚合物体系是制备高效 EFC 器件的可行方法。

2019 年，陈春海等报道了一种具有电活性和 AIE 活性的聚酰胺，该聚酰胺具有包含 TPE 和 TPA 的大位阻不对称侧基[127]。TPE 的引入可以提高荧光开/关的对比度，而高度共轭的 TPA 结构可以作为稳定的电化学调制器来转换两者间的发射和颜色。此外，高度共轭的 TPA 和庞大的侧链取代基起到协同作用，缩短了响应时间。TPE 和 TPA 合理的组合使聚合物（TPE-TPA-CH）具有高度协调的 EC 和 EFC 性能，包括优异的发射/颜色转换性质、持续时间为 20 s 的高荧光对比度（对比度为 82），快速响应速度（EC 过程为 1.8 s/1.1 s，EFC 过程为 0.4 s/2.9 s），以及超过 300 次循环的卓越的长期开关稳定性。因此，AIE 功能与高度共轭氧化还原单元的结合可能是制备响应外部电刺激的高性能荧光发射和颜色的双转换材料的有效策略。此外，TPE-TPA-CH 的器件性能优于聚酰胺，这也说明通过连接甲氧基、TPE 等供电子基团，可以稳定 TPA 的氧化态，从而可以提高器件结构的稳定性。

唐本忠和秦安军等设计并制备了两种具有 AIE 特性的电致变色的功能聚合物 P(TPE-TPA) 和 P(DTDPE-TPA)[129]。如图 6-24（a）所示，4-甲氧基三苯胺（TPA-OMe）由于具有电化学稳定性高和氧化电位低的性质，被认为是电致变色领域的一颗璀璨之星，因此将其作为电活性调制器。为了提高材料在固态下的荧光强度，在聚合物中引入了两种不同的 AIE 单元，即四苯乙烯（TPE）和二噻吩基二苯基乙烯（DTDPE）。通过改变聚合物骨架的结构，可以根据需要很好地控制 P(TPE-TPA) 和 P(DTDPE-TPA) 的吸收、荧光和电刺激性能。

由于其良好的溶解性，聚合物可用于通过喷涂技术构建不同图案的显示和转换设备 [图 6-24（b）]。在不同电压的刺激下，两种聚合物的颜色和荧光强度发生了明显的变化 [图 6-24（c）]。该研究为探索电致变色和电致荧光双功能 AIE 聚合物在信息存储和动态安全方面的应用提供了新的视角，为电刺激响应材料的开发开辟了新的途径。

尽管取得了这些进展，但 AIE 在 EFC 材料中的应用仍有很大的探索空间。在上述策略的指导下，为促进 AIE EFC 材料在传感器、智能窗和显示器中的应用仍然有许多工作需要研究。

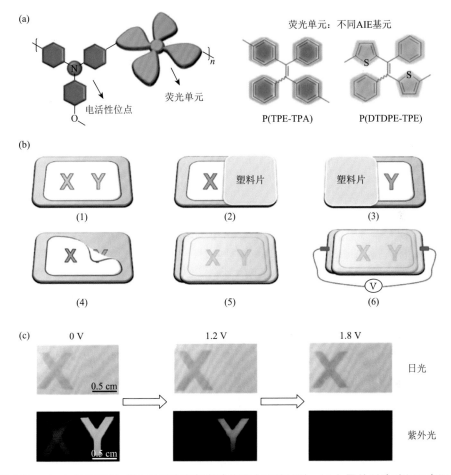

图 6-24　（a）具有不同 AIE 单元的电刺激响应聚合物的设计；（b）器件制造过程示意图；（c）在日光和紫外光照射后在不同电压下"X"和"Y"图案的变化[129]

6.4.5　其他物理刺激响应

　　除了上述物理刺激响应之外，还有很多其他刺激源，如伽马射线、微观物理环境等。这里以具有伽马射线响应和形貌响应为例进行介绍。

　　伽马（γ）射线是一种源自原子核和粒子湮灭的电磁辐射。γ 射线在许多领域中发挥着重要的作用，包括天体物理学研究、核动力工业、食品杀菌、材料制备和加工、生物医学应用等。例如，基于 γ 射线放疗是一种有效的癌症治疗方法[131]。然而，γ 射线也对人体健康非常不利[131]。为了安全起见，开发简便易用的探测方法来检测 γ 射线辐射具有重要意义。

Zhang 等利用 AIE 特性和 γ 射线诱导聚合物降解的性质，开发了一种简单高效的 γ 射线辐射荧光检测方法[132]。含有砜基团（—SO₂—）的带负电荷聚电解质对 γ 射线敏感。在 γ 射线辐射下，聚电解质中的 C—S 键可以被裂解，使聚合物分解成小的片段。当阳离子 AIEgen（噻咯-镍）与聚电解质水溶液混合时，在静电和疏水相互作用下形成聚集复合体，因此可以观察到亮蓝色荧光。然而，当聚电解质被 γ 射线辐射降解时，噻咯-镍与聚合物残基之间的相互作用变弱，从而降低了共聚趋势，并在一定程度上促进了 AIEgen 的分子内运动。因此，混合物的荧光在 γ 射线照射下变弱，噻咯-镍和聚电解质的混合物的荧光强度随着 γ 射线的增强而逐渐降低。该检测方法可在常温条件下进行，γ 射线辐射的检出限低至 0.13 kGy。通过优化 AIE 探针和 γ 射线敏感的聚合物的化学结构，可以进一步提高灵敏度。

在 γ 射线辐射下，二硒键可以被裂解和氧化，生成亚硒酸[133]。同时，亚硒酸可以上调癌细胞中的 ROS 水平，导致细胞凋亡[134]。因此，含二硒化物的体系在提高抗癌活性的放疗和化疗联合应用中具有广阔的前景。将 AIE 单元引入二硒化物体系可以进一步赋予药物生物成像能力。例如，许华平等合成了一种含二硒键的两亲性 AIEgen（图 6-25）[135]。这种 AIEgen 可以自组装成球形粒子，但由于二硒键的存在，球形粒子在 γ 射线辐射下容易裂解。在 γ 射线照射下聚合物被分解，聚合物的荧光强度显著降低。裂解后的含硒组装体含有亚硒酸，因此显示出优异的抗癌活性。这种无载体组装系统展示了 γ 辐射响应性 AIE 材料在联合治疗癌症的纳米药物领域的巨大潜力。

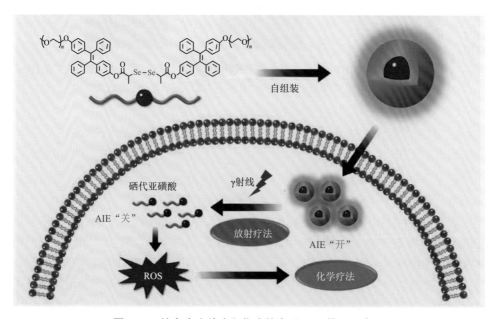

图 6-25　结合癌症放疗和化疗的含硒 AIE 体系示意图

　　聚合物形态直接影响材料的性能，因此聚合物形貌变化的可视化和监测具有重要意义。基于 AIEgen 在分子分散状态和聚集态不同的荧光性质，AIEgen 聚合物体系可以用来检测聚合物的构象变化、相分离结构、自修复结构和溶胀过程[27, 136-140]。

　　2020 年，唐本忠等报道了具备可视化聚合物微观结构功能的 AIE 聚合物体系[141]。将多晶特性的两亲性 AIEgen（TPE-EP）掺杂到聚（L-丙交酯）的半晶状的聚合物中，当亚稳态晶态（Y 聚集体）转变到热力学稳定晶态（G 聚集体）时，复合物的荧光从黄色变为绿色。通过从氯仿溶液中快速和缓慢蒸发，分别制备了非晶态和晶态 AIE 聚（L-丙内酯）复合物薄膜。两亲性 TPE-EP 分子在疏水性的聚（L-丙内酯）基质中形成纳米晶体。在非晶态聚（L-丙内酯）中，TPE-EP 的 G 聚集体被稳定而形成绿色发射的薄膜，这是因为非晶态聚（L-丙内酯）的松散和可移动网络允许嵌入的 TPE-EP 分子稳定地排列和堆积。相反，在晶态聚（L-丙内酯）中，Y 聚集体被限制在晶体薄片之间，显示出黄色发射。在二维和三维显微图像中，半结晶聚（L-丙内酯）膜中大量黄色的圆形球粒随机分布在非晶态的绿色区域内。此外，通过建立复合膜的结晶度和发射强度之间的线性关系，可以定量测量聚合物平均结晶度。结构响应的 AIEgen/聚合物体系可用于表征聚合物微观结构，该研究对研究聚合物材料的形态和性能的关系有着重要的指导意义。

6.5　多重刺激响应

　　与单一刺激响应聚合物材料相比，双重或多重刺激响应聚合物能够对多种刺激做出智能反应，为丰富刺激响应聚合物在仿生设计、分析研究、纳米技术等方面的应用提供了重要途径。开发多刺激响应聚合物最常用的设计策略是将两个或多个刺激响应基团或组分组合成一个聚合物体系[6]。刺激反应部分之间的组合影响可以是独立的、连续的或协同的，这取决于具体应用场景的需要。

　　例如，Kim 等报道了一种用于化学储存涂层的双刺激响应聚合物材料[142]。装载 AIE 基团的微胶囊和商用 pH 指示剂被物理嵌入聚合物基体中，分别用于检测裂缝和 pH 变化。这两个刺激响应组分在聚合物体系中独立工作。张震等通过化学方法将 pH 响应性结构单元与热敏性 AIE 单元结合，构建了 pH 和热敏性双响应性共聚物体系[143]。2018 年，王云兵等开发了一种具有氧化还原和 pH 双重刺激响应的 AIE 活性聚合物胶束体系，该体系为含有 pH 和氧化还原敏感单元的 AIE 共聚物。该共聚物体系可用于超灵敏的 pH 和氧化还原引发的药物释放及生物成像[144]。后来，唐本忠等利用物理结合的方式将 AIE 光敏剂与刺激响应聚合物制备了多刺激响应纳米颗粒，并将其应用于光动力治疗[145]。如图 6-26 所示，远红发射 AIEgen（MeTTMN）作为光敏剂，以腙键和二硫键为刺激响应位点，分别设计合成了 pH 响应型聚合物 P-Hyd 和氧化还原响应型聚合物 P-SS。同时，以亲水性聚乙二醇和疏水性聚己内酯制备非响应性聚合物 P-control。在溶酶体的酸性环境中，pH响应型纳米胶束酰腙键被裂解并释放光敏剂。在癌细胞质中谷胱甘肽浓度较高，氧化还原反应型纳米胶束分解并释放出 MeTTMN。因此，对肿瘤微环境的刺激响应可以实现药物的可控释放行为。与包裹在非响应性聚合物中的 MeTTMN 相比，释放出来的 MeTTMN 有较高的 ROS 产生效率，从而产生更好的光动力治疗效果。

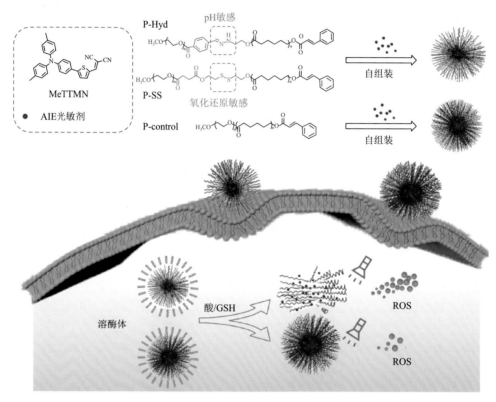

图 6-26　具有高活性氧生成效率和增强 PDT 效应的刺激响应性 AIE 聚合物纳米颗粒的示意图[145]

　　另外，胡金莲等利用 AIEgen 的高环境敏感性和聚氨酯（PU）固有的形状记忆性质开发了一种多刺激响应性变色聚合物[146]。该聚合物薄膜在机械力、温度和有机溶剂的刺激下表现出显著的荧光变化。TPE 单元的解聚和膜厚的变化有关，因此当聚合物薄膜被拉伸时，膜厚度变窄从而荧光强度明显降低。然而，经加热或溶剂处理后，薄膜的荧光和形状均能恢复，其中形状恢复率接近 100%。这是由于溶剂蒸气和温度的刺激通常会影响聚合物的构象和 AIEgen 的分子内运动，进而影响荧光强度的变化[44]。

6.6　总结与展望

在科学家和研究人员多年来的积极努力下，具有 AIE 性质的刺激响应性聚合物体系得到充分发展，为智能聚合物材料提供了更多、更好的新材料。AIE 性质和刺激响应能力结合的策略打开了研究刺激响应聚合物领域新的大门，并推动其在不同领域的应用。在这一领域取得的显著进展和丰硕成果的鼓舞下，可以进行更多的探索和突破。未来的方向和挑战可能包括但不限于以下几个方面。

首先，刺激响应聚合物的制备方法可以进一步发展。例如，开发便捷高效的合成策略对于创造新的刺激响应性 AIE 聚合物具有重要意义。通过选择合适的化学方法，可以将不同的刺激受体和信号单元集成到一个体系中，从而提高材料的性能并丰富材料的功能。对于物理共混方法，可以更多地利用熔融加工方法，如熔融挤压工艺和 3D 打印等高科技制造方法，以推进刺激响应性 AIE 聚合物的工业化。需要特别注意的是，3D 打印技术在这一领域的应用可能有利于分子机器的研究。通过将 AIEgen 分子致动器整合到水凝胶软基质中，并借助 3D 甚至 4D 打印技术，可以方便地制备具有各种尺寸、形状及放大响应的宏观致动器。其次，智能 AIE 聚合物体系的发展需要持续的努力，可以实现对单一或多种刺激的多级反应，即达到输出信号多样化的目的。当暴露于外界刺激时，聚合物的外观、荧光颜色和/或强度、宏观尺寸和/或形状及其他特性和功能会同时发生变化，这种响应系统更符合自然界中生命系统的响应行为。在 AIE 聚合物体系的选择上，簇发光聚合物值得更多的关注和研究，基于 CTE 机理，这类聚合物本身对压力和温度等外界刺激具有天然的响应性。此外，需要进一步努力提高现有刺激响应体系的 AIE 性能，包括改善固态荧光效率、提高响应前后的颜色差异等。最后，刺激响应性 AIE 聚合物的应用形式可以进一步多样化。例如，对水分敏感、抗菌的 AIE 高分子纤维可以进一步制成智能纺织品，造福于日常生活。通过本章节内容的介绍，希望能够阐明刺激响应性 AIE 聚合物的性能和应用优势，吸引更多的科学家致力于研究刺激响应性 AIE 聚合物材料。

（晏贺伟　王康　范冬阳　苏湘　韩婷）

参 考 文 献

[1]　Wei M L，Gao Y F，Li X，et al. Stimuli-responsive polymers and their applications. Polymer Chemistry，2017，8（1）：127-143.

[2]　Bauri K，Nandi M，De P. Amino acid-derived stimuli-responsive polymers and their applications. Polymer

Chemistry，2018，9（11）：1257-1287.

[3] Islam M R, Lu Z, Li X, et al. Responsive polymers for analytical applications: a review. Analytica Chimica Acta, 2013, 789: 17-32.

[4] Vazquez-Gonzalez M，Willner I. Stimuli-responsive biomolecule-based hydrogels and their applications. Angewandte Chemie International Edition，2020，59（36）：15342-15377.

[5] Stuart M A C, Huck W T S, Genzer J, et al. Emerging applications of stimuli-responsive polymer materials. Nature Materials，2010，9（2）：101-113.

[6] Schattling P，Jochum F D, Theato P. Multi-stimuli responsive Polymers-the all-in-one talents. Polymer Chemistry，2014，5（1）：25-36.

[7] Smith A E，Xu X W, McCormick C L. Stimuli-responsive amphiphilic (*co*) polymers via RAFT polymerization. Progress in Polymer Science，2010，35（1-2）：45-93.

[8] Wang J A，Mei J，Qin A J，et al. Stimulus responsive fluorescent hyperbranched polymers and their applications. Science China Chemistry，2010，53（12）：2409-2428.

[9] Li C H，Liu S Y. Polymeric assemblies and nanoparticles with stimuli-responsive fluorescence emission characteristics. Chemical Communication，2012，48（27）：3262-3278.

[10] Uchiyama S，Gota C，Tsuji T，et al. Intracellular temperature measurements with fluorescent polymeric thermometers. Chemical Communication，2017，53（80）：10976-10992.

[11] Hu J M，Zhang G Y，Ge Z S，et al. Stimuli-responsive tertiary amine methacrylate-based block copolymers: synthesis, supramolecular self-assembly and functional applications. Progress in Polymer Science，2014，39（6）：1096-1143.

[12] Ellison C J, Kim S D, Hall D B，et al. Confinement and processing effects on glass transition temperature and physical aging in ultrathin polymer films: novel fluorescence measurements. European Physical Journal E，2002，8（2）：155-166.

[13] Kim S，Torkelson J M. Distribution of glass transition temperatures in free-standing，nanoconfined polystyrene films: a test of de Gennes' sliding motion mechanism. Macromolecules，2011，44（11）：4546-4553.

[14] Ellison C J，Mundra M K，Torkelson J M. Impacts of polystyrene molecular weight and modification to the repeat unit structure on the glass transition-nanoconfinement effect and the cooperativity length scale. Macromolecules，2005，38（5）：1767-1778.

[15] Ellison C J，Torkelson J M. Sensing the glass transition in thin and ultrathin polymer films via fluorescence probes and labels. Journal of Polymer Science Part B: Polymer Physics，2002，40（24）：2745-2758.

[16] Sobakinskaya E，Busch M S A, Renger T. Theory of FRET "spectroscopic ruler" for short distances: application to polyproline. Journal of Physical Chemistry B，2018，122（1）：54-67.

[17] Ciruela F. Fluorescence-based methods in the study of protein-protein interactions in living cells. Current Opinion in Biotechnology，2008，19（4）：338-343.

[18] Luo J D，Xie Z L，Lam J W Y，et al. Aggregation-induced emission of 1-methyl-1, 2, 3, 4, 5-pentaphenylsilole. Chemical Communication，2001（18）:1740-1741.

[19] Mei J，Leung N L C, Kwok R T K，et al. Aggregation-induced emission: together we shine, united we soar! Chemical Reviews，2015，115（21）：11718-11940.

[20] Mei J，Hong Y N，Lam J W Y，et al. Aggregation-induced emission: the whole is more brilliant than the parts. Advanced Materials，2014，26（31）：5429-5479.

[21]　Leung N L C，Xie N，Yuan W Z，et al. Restriction of intramolecular motions: the general mechanism behind aggregation-induced emission. Chemistry: A European Journal，2014，20（47）：15349-15353.

[22]　Cai X L，Liu B. Aggregation-induced emission: recent advances in materials and biomedical applications. Angewandte Chemie International Edition，2020，59（25）：9868-9886.

[23]　Hu R，Qin A J，Tang B Z. AIE polymers: synthesis and applications. Progress in Polymer Science，2020，100：101176.

[24]　Hu R，Leung N L C，Tang B Z. AIE macromolecules: syntheses, structures and functionalities. Chemical Society Review，2014，43（13）：4494-4562.

[25]　Zhan R Y，Pan Y T，Manghnani P N，et al. AIE polymers: synthesis, properties, and biological applications. Macromolecular Bioscience，2017，17（5）：1600433.

[26]　Liu J Z，Zhong Y C，Lam J W Y，et al. Hyperbranched conjugated polysiloles: synthesis, structure, aggregation-enhanced emission，multicolor fluorescent photopatterning，and superamplified detection of explosives. Macromolecules，2010，43（11）：4921-4936.

[27]　Han T，Gui C，Lam J W Y，et al. High-contrast visualization and differentiation of microphase separation in polymer blends by fluorescent AIE probes. Macromolecules，2017，50（15）：5807-5815.

[28]　Chen J R，Zhao J，Xu B J，et al. An AEE-active polymer containing tetraphenylethene and 9, 10-distyrylanthracene moieties with remarkable mechanochromism. Chinese Journal of Polymer Science，2017，35（2）：282-292.

[29]　Li Z，Liu P C，Ji X F，et al. Bioinspired simultaneous changes in fluorescence color，brightness，and shape of hydrogels enabled by AIEgens. Advanced Materials，2020，32（11）：1906493.

[30]　Taniguchi R，Yamada T，Sada K，et al. Stimuli-responsive fluorescence of AIE elastomer based on PDMS and tetraphenylethene. Macromolecules，2014，47（18）：6382-6388.

[31]　Wang Y J，Nie J Y，Fang W，et al. Sugar-based aggregation-induced emission luminogens: design, structures, and applications. Chemical Reviews，2020，120（10）：4534-4577.

[32]　Li B，He T，Shen X，et al. Fluorescent supramolecular polymers with aggregation induced emission properties. Polymer Chemistry，2019，10（7）：796-818.

[33]　Li J，Wang J X，Li H X，et al. Supramolecular materials based on AIE luminogens（AIEgens）: construction and applications. Chemical Society Review，2020，49（4）：1144-1172.

[34]　Wang H，Ji X F，Li Z T，et al. Fluorescent supramolecular polymeric materials. Advanced Materials，2017，29（14）：1606117.

[35]　Li Y Y，Liu S J，Han T，et al. Sparks fly when AIE meets with polymers. Materials Chemistry Frontiers，2019，3（11）：2207-2220.

[36]　Ma L，Feng X，Wang S，et al. Recent advances in AIEgen-based luminescent metal-organic frameworks and covalent organic frameworks. Materials Chemistry Frontiers，2017，1（12）：2474-2486.

[37]　Chen H，Li M H. Recent progress in fluorescent vesicles with aggregation-induced emission. Chinese Journal of Polymer Science，2019，37（4）：352-371.

[38]　Han T，Liu L J，Wang D，et al. Mechanochromic fluorescent polymers enabled by AIE processes. Macromolecular Rapid Communications，2020，22（1）：2000311.

[39]　Chen S J，Wang H，Hong Y N. Fabrication of fluorescent nanoparticles based on AIE luminogens（AIE dots）and their applications in bioimaging. Materials Horizons，2016，3（4）：283-293.

[40]　Battistelli G，Cantelli A，Guidetti G，et al. Ultra-bright and stimuli-responsive fluorescent nanoparticles for

bioimaging. Wiley Interdisciplinary Reviews-Nanomedicine and Nanobiotechnology，2016，8（1）：139-150.

[41] Feng G X，Liu B. Aggregation-induced emission（AIE）dots：emerging theranostic nanolights. Accounts of Chemical Research，2018，51（6）：1404-1414.

[42] Calvino C，Weder C. Microcapsule-containing self-reporting polymers. Small，2018，14（46）：1802489.

[43] Zheng H Y，Li C Y，He C C，et al. Luminescent hydrogels based on di(4-propoxyphenyl)-dibenzofulvene exhibiting four emission colours and organic solvents/thermal dual-responsive properties. Journal of Materials Chemistry C，2014，2（29）：5829-5835.

[44] Yao W，Tebyetekerwa M，Bian X H，et al. Materials interaction in aggregation-induced emission（AIE）-based fluorescent resin for smart coatings. Journal of Materials Chemistry C，2018，6（47）：12849-12857.

[45] Han T，Wang X N，Wang D，et al. Functional polymer systems with aggregation-induced emission and stimuli responses. Topics in Current Chemistry，2021，7：379.

[46] Dalapati S，Gu C，Jiang D L. Luminescent porous polymers based on aggregation-induced mechanism：design，synthesis and functions. Small，2016，12（47）：6513-6527.

[47] Feng H T，Yuan Y X，Xiong J B，et al. Macrocycles and cages based on tetraphenylethylene with aggregation-induced emission effect. Chemical Society Review，2018，47（19）：7452-7476.

[48] Yuan W Z，Zhang Y M. Nonconventional macromolecular luminogens with aggregation-induced emission characteristics. Journal of Polymer Science Part A：Polymer Chemistry，2017，55（4）：560-574.

[49] Zhang H K，Zhao Z，McGonigal P R，et al. Clusterization-triggered emission：uncommon luminescence from common materials. Materials Today，2020，32：275-292.

[50] Wang R B，Yuan W Z，Zhu X Y. Aggregation-induced emission of non-conjugated poly(amido amine)s：discovering，luminescent mechanism understanding and bioapplication. Chinese Journal of Polymer Science，2015，33（5）：680-687.

[51] Jiang X Y，Gao H F，Zhang X Q，et al. Highly-sensitive optical organic vapor sensor through polymeric swelling induced variation of fluorescent intensity. Nature Communications，2018，9（1）：3799.

[52] Tao L，Li M L，Yang K P，et al. Color-tunable and stimulus-responsive luminescent liquid crystalline polymers fabricated by hydrogen bonding. ACS Applied Materials & Interfaces，2019，11（16）：15051-15059.

[53] Huang H C，Qiu Z J，Han T，et al. Synthesis of functional poly(propargyl imine)s by multicomponent polymerizations of bromoarenes，isonitriles，and alkynes. ACS Macro Letters，2017，6（12）：1352-1356.

[54] Cheng Y H，Wang J G，Qiu Z J，et al. Multiscale humidity visualization by environmentally sensitive fluorescent molecular rotors. Advanced Materials，2017，29（46）：1703900.

[55] Lu W，Xiao P，Gu J C，et al. Aggregation-induced emission of tetraphenylethylene-modified polyethyleneimine for highly selective CO_2 detection. Sensors and Actuators B：Chemical，2016，228：551-556.

[56] Zhang D P，Fan Y J，Chen H，et al. CO_2-activated reversible transition between polymersomes and micelles with AIE fluorescence. Angewandte Chemie International Edition，2019，58（30）：10260-10265.

[57] Qiu L，Zhang H R，Wang B，et al. CO_2-responsive nano-objects with assembly-related aggregation-induced emission and tunable morphologies. ACS Applied Materials & Interfaces，2020，12（1）：1348-1358.

[58] Hu Y B，Han T，Yan N，et al. Visualization of biogenic amines and *in vivo* ratiometric mapping of intestinal pH by AIE-active polyheterocycles synthesized by metal-free multicomponent polymerizations. Advanced Functional Materials，2019，29（31）：1902240.

[59] Chen Y J，Han H J，Tong H X，et al. Zwitterionic phosphorylcholine-TPE conjugate for pH-responsive drug

delivery and AIE active imaging. ACS Applied Materials & Interfaces，2016，8（33）：21185-21192.

[60]　Qi Q K，Li Y，Yan X Y，et al. Intracellular pH sensing using polymeric micelle containing tetraphenylethylene-oxazolidine. Polymer Chemistry，2016，7（33）：5273-5280.

[61]　Li Z，Liu P，Tang B Z，et al. Bioinspired simultaneous changes in fluorescence color，brightness，and shape of hydrogels enabled by AIEgens. Advanced Materials. 2020，32：1906493.

[62]　He N，Chen Z J，Yuan J，et al. Tumor pH-responsive release of drug-conjugated micelles from fiber fragments for intratumoral chemotherapy. ACS Applied Materials & Interfaces，2017，9（38）：32534-32544.

[63]　Ma H H，Zhang A D，Zhang X M，et al. Novel platform for visualization monitoring of hydrolytic degradation of bio-degradable polymers based on aggregation-induced emission（AIE）technique. Sensors and Actuators B：Chemical，2020，304：127342.

[64]　Huang W，Bender M，Seehafer K，et al. Novel functional TPE polymers：aggregation-induced emission，pH response，and solvatochromic behavior. Macromolecular Rapid Communications，2019，40（6）：1800774.

[65]　Gao M X，Wu Y，Chen B，et al. Di(naphthalen-2-yl)-1, 2-diphenylethene-based conjugated polymers：aggregation-enhanced emission and explosive detection. Polymer Chemistry，2015，6（44）：7641-7645.

[66]　He B Z，Su H F，Bai T W，et al. Spontaneous amino-yne click polymerization：a powerful tool toward regio-and stereospecific poly(β-aminoacrylate)s. Journal of the American Chemical Society，2017，139（15）：5437-5443.

[67]　Chen T，Yin H，Chen Z Q，et al. Monodisperse AIE-active conjugated polymer nanoparticles via dispersion polymerization using geminal cross-coupling of 1, 1-dibromoolefins. Small，2016，12（47）：6547-6552.

[68]　Zhou H，Chua M H，Tang B Z，et al. Aggregation-induced emission（AIE）-active polymers for explosive detection. Polymer Chemistry，2019，10（28）：3822-3840.

[69]　Ryu S H，Lee D H，Ko Y J，et al. Aligned tubular conjugated microporous polymer films for the aggregation-induced emission-based sensing of explosives. Macromolecular Chemistry and Physics，2019，220（11）：1900157.

[70]　Wu Y W，Qin A J，Tang B Z. AIE-active polymers for explosive detection. Chinese Journal of Polymer Science，2017，35（2）：141-154.

[71]　Han T，Zhang Y，He B Z，et al. Functional poly(dihalopentadiene)s：stereoselective synthesis，aggregation-enhanced emission and sensitive detection of explosives. Polymers，2018，10（8）：821.

[72]　Zhou H，Wang X B，Lin T T，et al. Poly(triphenyl ethene) and poly(tetraphenyl ethene)：synthesis，aggregation-induced emission property and application as paper sensors for effective nitro-compounds detection. Polymer Chemistry，2016，7（41）：6309-6317.

[73]　Dong W，Wu H，Chen M，et al. Anionic conjugated polytriazole：direct preparation，aggregation-enhanced emission，and highly efficient Al^{3+} sensing. Polymer Chemistry，2016，7（37）：5835-5839.

[74]　Tian T，Hu R，Tang B Z. Room temperature one-step conversion from elemental sulfur to functional polythioureas through catalyst-free multicomponent polymerizations. Journal of the American Chemical Society，2018，140（19）：6156-6163.

[75]　Shan Y，Yao W，Liang Z，et al. Reaction-based AIEE-active conjugated polymer as fluorescent turn on probe for mercury ions with good sensing performance. Dyes and Pigments，2018，156：1-7.

[76]　Ishiwari F，Hasebe H，Matsumura S，et al. Bioinspired design of a polymer gel sensor for the realization of extracellular Ca^{2+} imaging. Scientific Reports，2016，6（1）：24275.

[77]　Morishima K，Ishiwari F，Matsumura S，et al. Mesoscopic structural aspects of Ca^{2+}-triggered polymer chain folding of a tetraphenylethene-appended poly(acrylic acid) in relation to its aggregation-induced emission behavior.

Macromolecules，2017，50（15）：5940-5945.

[78] Wang Y，Bin X，Chen X，et al. Emission and emissive mechanism of nonaromatic oxygen clusters. Macromolecular Rapid Communications，2018，39（21）：1800528.

[79] Liang G，Ren F，Gao H，et al. Sticky nanopads made of crystallizable fluorescent polymers for rapid and sensitive detection of organic pollutants in water. Journal of Materials Chemistry A，2017，5（5）：2115-2122.

[80] Zhou Y，Zhang L，Gao H，et al. Rapid detection of aromatic pollutants in water using swellable micelles of fluorescent polymers. Sensors and Actuators B：Chemical，2019，283：415-425.

[81] Qi C，Zheng C，Hu R，et al. Direct construction of acid-responsive poly(indolone)s through multicomponent tandem polymerizations. ACS Macro Letters，2019，8（5）：569-575.

[82] Zhou Y，Gao H，Zhu F，et al. Sensitive and rapid detection of aliphatic amines in water using self-stabilized micelles of fluorescent block copolymers. Journal of Hazardous Materials，2019，368：630-637.

[83] Chen J，Chen X，Huang Q，et al. Amphiphilic polymer-mediated aggregation-induced emission nanoparticles for highly sensitive organophosphorus pesticide biosensing. ACS Applied Materials & Interfaces，2019，11（36）：32689-32696.

[84] Hirose A，Tanaka K，Yoshii R，et al. Film-type chemosensors based on boron diiminate polymers having oxidation-induced emission properties. Polymer Chemistry，2015，6（31）：5590-5595.

[85] Zhang G，Liao Q，Liu Y，et al. Secondary structure-induced aggregation by hydrogen peroxide: a stimuli-triggered open/close implementation by recombination. Nanoscale，2018，10（12）：5503-5514.

[86] Wang X，Li J，Yan Q，et al. In situ probing intracellular drug release from redox-responsive micelles by united FRET and AIE. Macromolecular Bioscience，2018，18（3）：1700339.

[87] Chen C，Ni X，Jia S，et al. Massively evoking immunogenic cell death by focused mitochondrial oxidative stress using an AIE luminogen with a twisted molecular structure. Advanced Materials，2019，31（52）：1904914.

[88] Wang L，Yang L，Zhu L，et al. Synthesis，characterization and fluorescence "turn-on" detection of BSA based on the cationic poly(diketopyrrolopyrrole-co-ethynylfluorene) through deaggregating process. Sensors and Actuators B：Chemical，2016，231：733-743.

[89] Ye R Q，Liu Y Y，Zhang H K，et al. Non-conventional fluorescent biogenic and synthetic polymers without aromatic rings. Polymer Chemistry，2017，8（10）：1722-1727.

[90] Yoon S J，Chung J W，Gierschner J，et al. Multistimuli two-color luminescence switching via different slip-stacking of highly fluorescent molecular sheets. Journal of the American Chemical Society，2010，132（39）：13675-13683.

[91] Robb M J，Li W L，Gergely R C R，et al. A robust damage-reporting strategy for polymeric materials enabled by aggregation-induced emission. ACS Central Science，2016，2（9）：598-603.

[92] Lu X C，Li W L，Sottos N R，et al. Autonomous damage detection in multilayered coatings via integrated aggregation-induced emission luminogens. ACS Applied Materials & Interfaces，2018，10（47）：40361-40365.

[93] Chen S S，Han T，Zhao Y，et al. A facile strategy to prepare smart coatings with autonomous self-healing and self-reporting functions. ACS Applied Materials & Interfaces，2019，12（4）：4870-4877.

[94] Song Y K，Lee T H，Kim J C，et al. Dual monitoring of cracking and healing in self-healing coatings using microcapsules loaded with two fluorescent dyes. Molecules，2019，24：1679.

[95] Song Y K，Lee T H，Lee K C，et al. Coating that self-reports cracking and healing using microcapsules loaded with a single AIE fluorophore. Applied Surface Science，2020，511：145556.

[96] Luo W H, Wang G J. Photo-responsive fluorescent materials with aggregation-induced emission characteristics. Advanced Optical Materials, 2020, 8 (24): 2001362.

[97] Xie N H, Chen Y, Ye H, et al. Progress on photochromic diarylethenes with aggregation induced emission. Frontiers of Optoelectronics, 2018, 11 (4): 317-332.

[98] Singh R, Wu H Y, Dwivedi A K, et al. Monomeric and aggregation emissions of tetraphenylethene in a photo-switchable polymer controlled by cyclization of diarylethene and solvent conditions. Journal of Materials Chemistry C, 2017, 5 (38): 9952-9962.

[99] Liu G X, Zhang Y M, Zhang L, et al. Controlled photoerasable fluorescent behaviors with dithienylethene-based molecular turnstile. ACS Applied Materials & Interfaces, 2018, 10 (15): 12135-12140.

[100] Liu S J, Cheng Y H, Li Y Y, et al. Manipulating solid-state intramolecular motion toward controlled fluorescence patterns. ACS Nano, 2020, 14 (2): 2090-2098.

[101] Han T, Yao Z S, Qiu Z J, et al. Photoresponsive spiro-polymers generated *in situ* by C—H-activated polyspiroannulation. Nature Communications, 2019, 10 (1): 5483.

[102] Zhu J C, Han T, Guo Y, et al. Design and synthesis of luminescent liquid crystalline polymers with "Jacketing" effect and luminescent patterning applications. Macromolecules, 2019, 52 (10): 3668-3679.

[103] Han T, Deng H Q, Qiu Z J, et al. Facile multicomponent polymerizations toward unconventional luminescent polymers with readily openable small heterocycles. Journal of the American Chemical Society, 2018, 140 (16): 5588-5598.

[104] Chen S, Ma T J, Bai J, et al. Photodynamic pattern memory surfaces with responsive wrinkled and fluorescent patterns. Advanced Science, 2020, 7 (22): 2002372.

[105] Wu W B. High-performance conjugated polymer photosensitizers. Chem, 2018, 4 (8): 1762-1764.

[106] Zhao Z, Zhang H K, Lam J W Y, et al. Aggregation-induced emission: new vistas at the aggregate level. Angewandte Chemie International Edition, 2020, 59 (25): 9888-9907.

[107] Liu X L, Li M G, Han T, et al. *In situ* generation of azonia-containing polyelectrolytes for luminescent photopatterning and superbug killing. Journal of the American Chemical Society, 2019, 141 (28): 11259-11268.

[108] Liu X L, Xiao M H, Xue K, et al. Heteroaromatic hyperbranched polyelectrolytes: multicomponent polyannulation and photodynamic biopatterning. Angewandte Chemie International Edition, 2021, 60: 19222-19231.

[109] Liu W W, Yu H K, Hu R R, et al. Microlasers from AIE-active BODIPY derivative. Small, 2020, 16 (8): e1907074.

[110] Nakasha K, Fukuhara G. Aggregation-induced emission-based polymer materials: ratiometric fluorescence responses controlled by hydrostatic pressure. ACS Applied Polymer Materials, 2020, 2 (6): 2303-2310.

[111] Doberenz F, Zeng K, Willems C, et al. Thermoresponsive polymers and their biomedical application in tissue engineering. Journal of Materials Chemistry B, 2020, 8 (4): 607-628.

[112] Tang L, Jin J K, Qin A J, et al. A fluorescent thermometer operating in aggregation-induced emission mechanism: probing thermal transitions of PNIPAM in water. Chemical Communications, 2009, 33: 4974-4976.

[113] Yang J F, Gu K Z, Shi C X, et al. Fluorescent thermometer based on a quinolinemalononitrile copolymer with aggregation-induced emission characteristics. Materials Chemistry Frontiers, 2019, 3 (8): 1503-1509.

[114] Li T Z, He S C, Qu J N, et al. Thermoresponsive AIE polymers with fine-tuned response temperature. Journal of Materials Chemistry C, 2016, 4 (14): 2964-2970.

[115] Xu J R, Ji W X, Li C, et al. Reversible thermal-induced fluorescence color change of tetraphenylethylene-labeled

Nylon-6. Advanced Optical Materials，2018，6（6）：1701149.

[116] Liu L，Wang M，Guo L X，et al. Aggregation-induced emission luminogen-functionalized liquid crystal elastomer soft actuators. Macromolecules，2018，51（12）：4516-4524.

[117] Qiu Z J，Chu E K K，Jiang M J，et al. A simple and sensitive method for an important physical parameter：reliable measurement of glass transition temperature by AIEgens. Macromolecules，2017，50（19）：7620-7627.

[118] Yang Y，Zhang S，Zhang X Q，et al. Detecting topology freezing transition temperature of vitrimers by AIE luminogens. Nature Communications，2019，10（1）：3165.

[119] Song Z H，Lv X L，Gao L C，et al. Dramatic differences in the fluorescence of AIEgen-doped micro-and macrophase separated systems. Journal of Materials Chemistry C，2018，6（1）：171-177.

[120] Bao S P，Wu Q H，Qin W，et al. Sensitive and reliable detection of glass transition of polymers by fluorescent probes based on AIE luminogens. Polymer Chemistry，2015，6（18）：3537-3542.

[121] Echeverri M，Ruiz C，Gamez-Valenzuela S，et al. Stimuli-responsive benzothiadiazole derivative as a dopant for rewritable polymer blends. ACS Applied Materials & Interfaces，2020，12（9）：10929-10937.

[122] Lai C T，Chien R H，Kuo S W，et al. Tetraphenylthiophene-functionalized poly(N-isopropylacrylamide)：probing LCST with aggregation-induced emission. Macromolecules，2011，44（16）：6546-6556.

[123] Saha B，Ruidas B，Mete S，et al. AIE-active non-conjugated poly(N-vinylcaprolactam) as a fluorescent thermometer for intracellular temperature imaging. Chemical Science，2020，11（1）：141-147.

[124] Zhang Z，Bilalis P，Zhang H F，et al. Core cross-linked multiarm star polymers with aggregation-induced emission and temperature responsive fluorescence characteristics. Macromolecules，2017，50（11）：4217-4226.

[125] Sun N W，Su K X，Zhou Z W，et al. Synergistic effect between electroactive tetraphenyl-p-phenylenediamine and AIE-active tetraphenylethylene for highly integrated electrochromic/electrofluorochromic performances. Journal of Materials Chemistry C，2019，7（30）：9308-9315.

[126] Sun N W，Su K X，Zhou Z W，et al. AIE-active polyamide containing diphenylamine-TPE moiety with superior electrofluorochromic performance. ACS Applied Materials & Interfaces，2018，10（18）：16105-16112.

[127] Sun N W，Su K X，Zhou Z W，et al. High-performance emission/color dual-switchable polymer-bearing pendant tetraphenylethylene（TPE）and triphenylamine（TPA）moieties. Macromolecules，2019，52（14）：5131-5139.

[128] Cheng S W，Han T，Huang T Y，et al. High-performance electrofluorochromic devices based on aromatic polyamides with AIE-active tetraphenylethene and electro-active triphenylamine moieties. Polymer Chemistry，2018，9（33）：4364-4373.

[129] Lu L，Wang K J，Wu H Z，et al. Simultaneously achieving high capacity storage and multilevel anti-counterfeiting using electrochromic and electrofluorochromic dual-functional AIE polymers. Chemical Science，2021，12（20）：7058-7065.

[130] Zhang X D，Chen X K，Jiang Y W，et al. Glutathione-depleting gold nanoclusters for enhanced cancer radiotherapy through synergistic external and internal regulations. ACS Applied Materials & Interfaces，2018，10（13）：10601-10606.

[131] Yang C H，Ni X，Mao D，et al. Seeing the fate and mechanism of stem cells in treatment of ionizing radiation-induced injury using highly near-infrared emissive AIE dots. Biomaterials，2019，188：107-117.

[132] Liu Z T，Xue W X，Cai Z X，et al. A facile and convenient fluorescence detection of γ-ray radiation based on the aggregation-induced emission. Journal of Materials Chemistry，2011，21（38）：14487-14491.

[133] Cao W，Zhang X L，Miao X M，et al. γ-Ray-responsive supramolecular hydrogel based on a diselenide-containing

polymer and a peptide. Angewandte Chemie International Edition，2013，52（24）：6233-6237.

[134] Ma N，Xu H P，An L P，et al. Radiation-sensitive diselenide block co-polymer micellar aggregates：toward the combination of radiotherapy and chemotherapy. Langmuir，2011，27（10）：5874-5878.

[135] Li T Y，Pan S J，Xu H P，et al. Selenium-containing carrier-free assemblies with aggregation-induced emission property combine cancer radiotherapy with chemotherapy. ACS Applied Bio Materials，2020，3（2）：1283-1292.

[136] Iasilli G，Battisti A，Tantussi F，et al. Aggregation-induced emission of tetraphenylethylene in styrene-based polymers. Macromolecular Chemistry and Physics，2014，215（6）：499-506.

[137] Cheng Y H，Liu S J，Song F Y，et al. Facile emission color tuning and circularly polarized light generation of single luminogen in engineering robust forms. Materials Horizons，2019，6（2）：405-411.

[138] Sun J M，Wang J G，Chen M，et al. Fluorescence turn-on visualization of microscopic processes for self-healing gels by AIEgens and anticounterfeiting application. Chemistry of Materials，2019，31（15）：5683-5690.

[139] Wang G J，Zhang R C，Xu C，et al. Fluorescence detection of DNA hybridization based on the aggregation-induced emission of a perylene-functionalized polymer. ACS Applied Materials & Interfaces，2014，6（14）：11136-11141.

[140] Tavakoli J，Gascooke J，Xie N，et al. Enlightening freeze thaw process of physically cross-linked poly(vinyl alcohol) hydrogels by aggregation-induced emission fluorogens. ACS Applied Polymer Materials，2019，1（6）：1390-1398.

[141] Khorloo M，Cheng Y H，Zhang H K，et al. Polymorph selectivity of an AIE luminogen under nano-confinement to visualize polymer microstructures. Chemical Science，2020，11（4）：997-1005.

[142] Lee T H，Song Y K，Kim J C，et al. Dual stimuli responsive self-reporting material for chemical reservoir coating. Applied. Surface. Science，2018，434：1327-1335.

[143] Zhang Z，Hadjichristidis N. Temperature and pH-dual responsive AIE-active core crosslinked polyethylene-poly(methacrylic acid) multimiktoarm star copolymers. ACS Macro Letters，2018，7（7）：886-891.

[144] Zhuang W，Xu Y，Li G，et al. Redox and pH dual-responsive polymeric micelles with aggregation-induced emission feature for cellular imaging and chemotherapy. ACS Applied Materials & Interfaces，2018，10（22）：18489-18498.

[145] Li Y，Wu Q，Kang M，et al. Boosting the photodynamic therapy efficiency by using stimuli-responsive and AIE-featured nanoparticles. Biomaterials，2020，232：119749.

[146] Wu Y，Hu J，Huang H，et al. Memory chromic polyurethane with tetraphenylethylene. Journal of Polymer Science Part B：Polymer Physics，2014，52（2）：104-110.

第7章

>>

AIE 分子在高分子材料可视化检测中的应用

在材料科学领域，高分子的链结构和凝聚态结构对材料最终的宏观性能起着决定性作用。因此，如何在线跟踪材料制备过程中高分子材料结构演变，把控材料制备过程，提高材料生产效率，是高分子材料设计加工过程中的迫切需求。尽管目前有很多先进仪器设备已经成功实现高分子结构的表征，但是这些技术大多数局限在某一固定状态，较难实现动态演变过程跟踪。荧光成像可以为其提供一种简单、灵敏、易读的方法。但传统的荧光分子由于聚集导致荧光猝灭（ACQ）效应，在固态条件下不发光或发光变弱；另外，分子间相互作用较强，限制了其在高分子网络中的运动能力，无法对分子所在微环境实现智能感应。

聚集诱导发光（AIE）是一种荧光染料在稀溶液状态下不发光而在聚集态表现高效发光的独特光物理现象，突破了传统荧光染料分子的 ACQ 性质，极大拓展了其在材料科学中的应用。一方面，AIE 分子的螺旋桨结构和高度扭曲的分子构象促使其在发生聚集时分子内旋转受到限制，致使 AIE 分子在单分散态不发光或发光很弱，而在聚集态发射强烈荧光；另一方面，基于 AIE 分子高度扭曲的构象和非紧密堆积特点，在聚集态下仍然可以发生分子内运动，在固态条件下其分子构象仍易受到外界环境刺激发生改变，从而表现出多发光状态。因此，采用此类 AIE 分子作为智能分子，基于其高度扭曲的分子构象和聚集发光优势，利用该分子的发光行为对周围微环境的高度依赖性，通过物理/化学作用将其与高分子网络复合，可对 AIE 分子构象、聚集态进行有效调控，产生多重发光，以实现高分子结构的在线可视化追踪（图 7-1）。

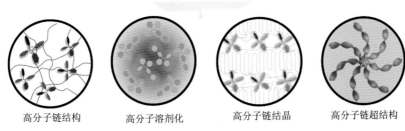

图 7-1　AIE 分子检测高分子微环境、形态及结构演化的分子内运动受限（RIM）机理[1]

本章从高分子的链结构和凝聚态结构入手,介绍了如何采用 AIE 分子作为"内置"传感器来可视化高分子的形态以及监测高分子结构的演变,综述了 AIE 分子在检测高分子交联反应、支化结构、分子量、结晶结构、自组装行为等方面的进展,建立了材料微观结构和宏观光信号之间的构效关系。此外,基于纤维的高比表面积、良好的机械柔韧性、易于器件集成等优势,将纤维与 AIE 分子结合可提升功能特性,进一步扩展 AIE 分子的应用领域,并对未来发展前景进行了展望。本章旨在通过介绍和分析 AIE 分子在高分子形态和结构可视化方面取得的成果,为高分子加工过程结构可视化表征提供理论依据和实验基础。

7.2　高分子链结构

高分子的链结构是指单个高分子的结构和形态,包括高分子链的一级结构和二级结构。一级结构是构成高分子最基本的微观结构,主要包括重复单元的化学组成、键接方式、支化和交联等;二级结构是指整个高分子链的结构,主要包括高分子链的大小与形态、链的柔顺性及在各种环境中采取的构象,与一级结构共同决定了高分子的基本性能特点。高分子的链结构是建立分子信息与宏观性能之间的桥梁,基于 AIE 荧光技术,将高分子的微观结构转化为宏观光学信号,为研究高分子的链结构提供了一种全新的手段。

Nikos Hadjichristidis 等[2]将 AIE 分子引入 Diels-Alder 反应的动态高分子网络中,研究了体系温度响应的动态交联行为。Diels-Alder 可逆高分子网络是由双马来酰亚胺（BMI）取代的四苯乙烯（TPE-2MI）、甲基丙烯酸甲酯（MMA）与甲基丙烯酸糠酯（FM）的线型无规共聚物（PMFM）溶解在 N, N-二甲基甲酰胺中制得［图 7-2（a）］。反应初始（25℃），TPE-2MI 中的 MI 基团与 TPE 基团存在光致电子转移效应[3]，溶液无荧光发射；随着 Diels-Alder 反应的进行，TPE-2MI 中的 MI 基团与 PMFM 中的呋喃基团发生键合［图 7-2（b）］，抑制了光致电子转移效应，且交联程度的增大导致溶液黏度增加，限制了 TPE 单元的分子内运动，表现出逐渐增强的荧光发射，并趋于平衡［图 7-2（c）］。而当体系温度升至 150℃时，逆 Diels-Alder 反应占主导地位，释放的 MI 基团会再次激活光致电子转移效应而使荧光猝灭。进一步跟踪体系在 80～150℃温度范围内升降温循环过程中的荧光变化，发现体系表现出可逆的荧光"开/关"行为［图 7-2（d）］，实现了动态交联的可视化，对超分子网络[4]、乳胶自交联[5]、荧光水凝胶[6-10]、光敏高分子 3D 打印[11]等领域中交联反应的可视化监测具有启示性作用。

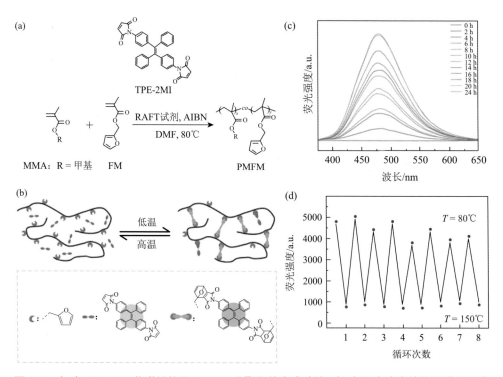

图 7-2　（a）TPE-2MI 化学结构及 PMFM 共聚物的合成路线；（b）温度响应性的交联诱导发光示意图；（c）PMFM/TPE-2MI 在 N, N-二甲基甲酰胺中反应过程的荧光强度变化（$\lambda_{ex} = 342$ nm，温度为 25℃)；（d）在 80℃和 150℃两个温度点的循环过程中，PMFM/TPE-2MI 交联网络在 483 nm 处荧光强度的可逆变化图

碱性尿素水溶液体系为多糖的利用提供了一种新的重要途径，作为最重要的多糖之一，壳聚糖（CS）可以很好地溶解在氢氧化锂-尿素水溶液体系中，获得的水凝胶材料具有优异的力学性能。CS 的凝胶化过程包括热凝胶化阶段和漂洗阶段，其中热凝胶化阶段是由高温驱动的，CS 链发生结晶并形成初始的凝胶结构；漂洗阶段是去除氢氧化锂与尿素的过程，受氢氧根离子的浓度差驱动，CS 形成分子间/内氢键网络。为探究以上两个阶段所涉及的机理，王征科等[12]将 TPE 标记到 CS 大分子链上制得 TPE-CS［图 7-3（a）］，采用激光扫描共聚焦显微镜（CLSM）原位观察了 CS 在氢氧化锂-尿素水溶液中的凝胶化过程。如图 7-3（b）～（d）所示，CS 氢氧化锂-尿素溶液荧光图像呈现均匀弱发光图案；而在热凝胶化阶段，荧光图像中开始出现一些明亮的区域；当氢氧化锂和尿素被完全去除后，凝胶结构进一步发展，荧光图像中的明亮区域进行细分和收缩，最终生成明暗交错的网状结构。

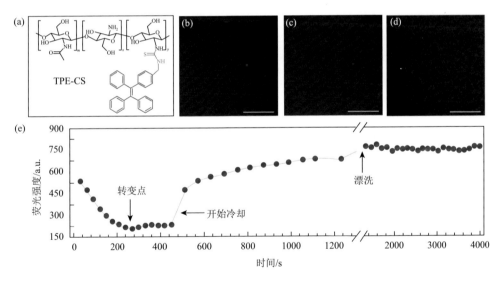

图 7-3　（a）TPE-CS 化学结构；TPE-CS 氢氧化锂-尿素水溶液体系（b）、热凝胶阶段后（c）及漂洗过程后（d）的 CLSM 图像，比例尺为 250 μm；（e）TPE-CS 在 479 nm 处的荧光强度随整个凝胶化过程的变化

体系中存在两个相互竞争的反应：一是氢氧根离子（OH⁻）与 CS 的氢键反应，二是 CS 分子间或分子内的氢键反应，跟踪整个凝胶过程的荧光强度［图 7-3（e）］，并结合动态黏弹性分析、X 射线衍射等手段，在线分析热凝胶化阶段和漂洗阶段凝胶网络的结构演变。在热凝胶化阶段，体系吸热激活了 TPE 的分子内运动，荧光强度逐渐降低；随着体系温度升高，OH⁻与 CS 的分离和再结合频率增加，但由

于凝胶大分子网络的限制，反应二比反应一更不容易受温度的影响，因此反应平衡向 CS 分子间或分子内形成氢键的方向移动，加强了对 TPE 的分子内旋转的限制，故荧光强度增加，并随着交联反应的放缓而趋于稳定；在冷却过程中，荧光强度逐渐恢复，但由于体系处于聚集态，在同一温度下凝胶态比溶液态拥有更高的荧光强度。在漂洗阶段，OH^- 的去除促进了其与 CS 之间氢键的解离，极大地促进了 CS 分子内/间的氢键形成，导致体系的体积明显收缩，但在热凝胶化以后，TPE 中的苯环转子运动基本就已被交联的 CS 网络所限制，故在漂洗阶段荧光强度基本不变。以上结果表明热凝胶化阶段和漂洗阶段在本质上存在共同之处，即溶剂与 CS 之间的相互作用减少，而 CS 分子间/内相互作用增加。这项工作促进了 CS 凝胶化过程的深入理解和多糖凝胶化应用。

作为生物成像的一个分支，具有高灵敏度和时空分辨率的荧光成像是一种非常强大的工具，可对生物样本进行无创、原位、实时监测，揭示生物结构和过程信息[13]。二硫化物功能化的超支化高分子是一种具有特定拓扑结构的高分子，当遇到谷胱甘肽或半胱氨酸时，其中的二硫键发生裂解，并通过与荧光分子结合，可实现超支化结构解离过程可视化，在谷胱甘肽或半胱氨酸参与的疾病（如囊性纤维化、肝损伤、人类免疫缺陷、帕金森病等）检测方面具有广阔的应用前景。王勇等[14]将 TPE 嵌入超支化聚酰胺-胺（ssHPA）中，ssHPA 与半胱氨酸发生反应，超支化结构逐渐发生裂解，并基于 TPE 发光对 ssHPA 超支化结构的敏感性，实现超支化结构演变的在线跟踪。他们将疏水性的 TPE 接枝到 ssHPA 中制得 TPE-ssHPA［图 7-4（a）］。在硼酸盐缓冲液（pH = 7.4，0.05 mol/L）中，将 0.1 mmol/L 的半胱氨酸与 200 μg/mL 的 TPE-ssHPA 进行孵育，记录不同时间下的荧光强度。如图 7-4（b）所示，未添加半胱氨酸时，体系在 475 nm 处的荧光强度较低，这是由于 ssHPA 的空腔为 TPE 单元提供了自由空间以促进其分子内旋转，同时 ssHPA 中链段的弱迁移性充分抑制了 TPE 基团的聚集，故促进了 TPE 的非辐射跃迁途径而极大降低了其荧光发射；加入半胱氨酸后，TPE-ssHPA 骨架中的二硫键裂解，导致树枝状结构坍塌，TPE 基团摆脱了树枝状骨架的束缚发生聚集，从而"点亮"荧光［图 7-4（c）］，荧光强度在 30 min 内迅速增加，大约在 1 h 后趋于平稳，实现了对 ssHPA 超支化结构的在线跟踪。

原位监测高分子聚合反应动力学对学术研究和工业控制十分重要，近年来，AIE 技术在自修复智能涂层[15-17]、生物降解[18]、自由基聚合[19, 20]、沉淀聚合[21] 等领域中的应用取得了系列进展。例如，Jacky W. Y. Lam 等[22]采用甲基丙烯酸甲酯单体和一种含 TPE 的二硫代甲酸酯为引发剂，原位可视化单体的可逆加成断裂链转移聚合过程［图 7-5（a）］。如图 7-5（b）所示，反应初始，由于羰基硫基团的猝灭作用，引发剂在溶液和聚集体状态下均不发光；当单体转化率低于约 34%

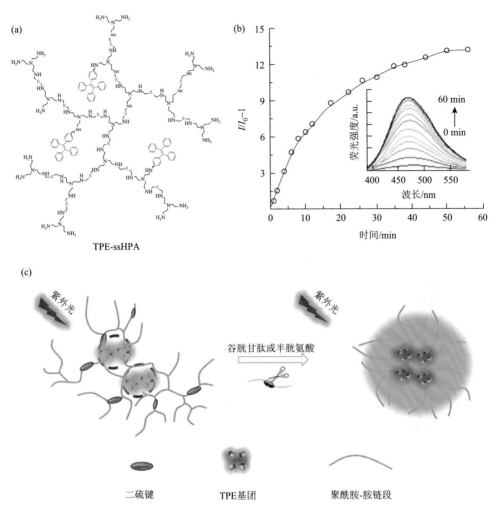

图 7-4　（a）TPE-ssHPA 化学结构；（b）在 TPE-ssHPA 硼酸盐缓冲液中加入半胱氨酸后，荧光强度随时间变化图；（c）TPE-ssHPA 作为荧光探针检测生物硫醇的机理示意图

时，虽然聚合的进行打破了猝灭作用，但此时聚甲基丙烯酸甲酯（PMMA）分子量较低，体系黏度较小，TPE 单元的分子内运动在这种低黏度介质中仍然活跃，体系几乎没有荧光；随着单体转化率（47%～84%）的增加，分子量逐渐增大，体系黏度显著增加，抑制了 TPE 单元的分子内运动，荧光强度逐渐增强 [图 7-5（c）]；在单体转化率超过 84%时，荧光强度增速减缓并趋于稳定。由此建立了 PMMA 分子量与体系荧光强度的指数关系 [图 7-5（d）]，为高分子聚合过程的研究提供了一种新的策略。

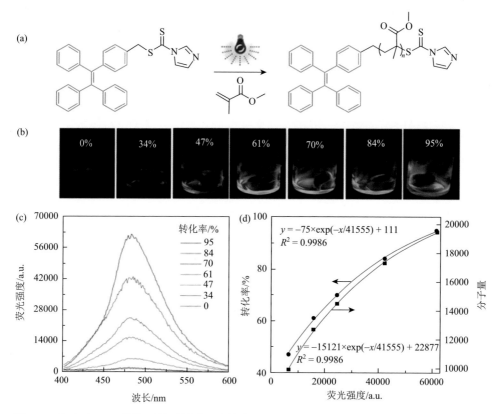

图 7-5　（a）含 TPE 的聚甲基丙烯酸甲酯的合成路线；（b）365 nm 紫外光照射下，不同单体转化率的高分子溶液荧光照片；（c）不同单体转化率下体系的荧光光谱图；（d）单体转化率和分子量与荧光强度的指数关系

　　玻璃化转变温度（T_g）直接影响高分子的性质及性能，是高分子加工过程中重要的参数之一，T_g 的可靠测定对于高分子科学的基本理解和实际应用具有重要价值。动态热机械分析和差示扫描量热法是测定高分子 T_g 的常用方法，但前者耗样量大，后者经常无法准确测定 T_g。例如，在测定一些嵌段共聚物时，嵌段共聚物中次要组分在玻璃化转变过程中涉及的热流变化很小，导致数据难以分析。而 AIE 分子发光对环境温度具有较高敏感性[23, 24]，基于 AIE 分子的 RIM 发光机理，温度低于 T_g 时，AIE 分子在刚性高分子链中运动受限，发射强烈的荧光；温度高于 T_g 时，高分子链段开始运动，AIE 分子局部微环境的刚性降低，荧光发射强度下降［图 7-6（a）］。基于该机理，将 AIE 分子 DPA-IQ［图 7-6（b）］引入苯乙烯-丁二烯-苯乙烯嵌段共聚物（SBS）基体中，利用相机跟踪其在加热过程中（30～130℃）的荧光变化，结合 Matlab 程序处理，获取拍摄图片红绿蓝（RGB）值，并转化为灰度值（G），成功建立了相对灰度值（G/G_0）与温度

的关系［图 7-6（c）和（d）］，并进行二阶导数处理，获得了荧光强度的突变温度，也就是 T_g，由此确定了 SBS 中苯乙烯段的 T_g 为 93.6℃。而用差示扫描量热法测试时，SBS 中苯乙烯段的玻璃化转变过程涉及的热流很可能被周围的丁二烯吸收，热流变化很小，故 T_g 信号微弱导致无法辨识［图 7-6（e）］。因此，AIE 荧光技术表现出了更灵敏的检测优势。此外，AIE 技术可实现多个样品的平行检测，有望实现高分子 T_g 的高通量检测。

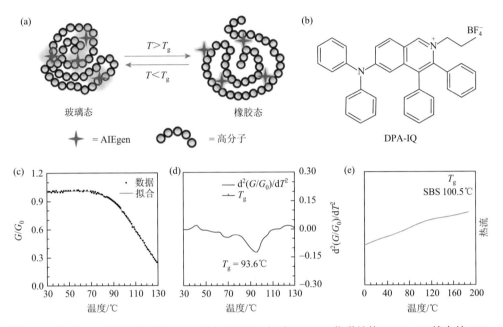

图 7-6 （a）AIE 分子检测高分子 T_g 的工作机理；（b）DPA-IQ 化学结构；DPA-IQ 掺杂的 SBS 薄膜的相对灰度随温度的变化及其拟合曲线（c）和拟合曲线的二阶导数（d）；（e）SBS 在氮气环境中第二次加热过程的差示扫描量热图[25]

与嵌段共聚物相比，高分子共混物在升温过程中则表现出不同的链段运动形式。高龙成等[26]在聚苯乙烯和聚乳酸的嵌段共聚物（PS-b-PLA）及两者的共混物（PS/PLA）中掺入 TPE 分子，通过变温荧光测试，对比了高分子嵌段共聚物和共混物中高分子链运动的差异。TPE 凭借着较低的极性而选择性地富集在 PS-b-PLA 或 PS/PLA 体系的 PS 相中。对掺有 TPE 分子的 PS-b-PLA 嵌段共聚物体系，当温度从 40℃升至 200℃时，体系荧光强度逐渐降低［图 7-7（a）］。这是因为在低温下，体系呈玻璃态，TPE 的分子内运动受到一定程度限制，表现出强的荧光发射；随着温度升高，PS 链的运动增强导致体系的自由空间增加，TPE 的分子内运动逐渐被激活，从而荧光强度逐渐降低。在升温过程中，荧光强度在 56℃（PLA 的 T_g）、

97℃（PS 的 T_g）和 167℃（PLA 的熔点 T_m）三个温度点处出现了突变，表明尽管 TPE 选择性地富集在 PS 区域内，但 PLA 链段与 PS 链段之间存在共价键，PLA 链段的运动驱动了 PS 链段的运动，并依次诱导了 TPE 的分子内运动，从而导致荧光强度在 PLA 的 T_g 和 T_m 处出现突变 [图 7-7（b）]。而对掺有 TPE 的 PS/PLA 共混物体系，由于 PS 链和 PLA 链之间没有共价键连接，PS 相与 PLA 相中的高分子运动相对独立，故只有 PS 链的运动会引起 TPE 的分子内运动。因此，当温度从 40℃升至 200℃时，体系的荧光强度逐渐降低 [图 7-7（c）]，且只在 78℃（PS 的 T_g）附近出现突变 [图 7-7（d）]，这为监测具有复杂结构的大分子链段运动提供了一种实时、原位的可视化方法。

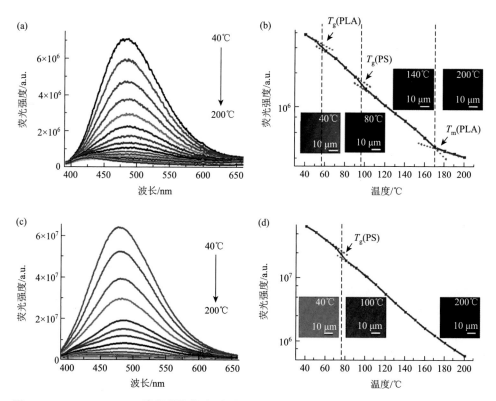

图 7-7 TPE@ PS-*b*-PLA 嵌段共聚物（a）和 TPE@PS/PLA 共混物（c）在 40～200℃范围内的荧光光谱图；TPE@PS/PLA 嵌段共聚物（b）和 TPE@PS/PLA 共混物（d）在 40～200℃范围内最大发射波长处的荧光强度随温度的变化关系图，插图为相应温度下的荧光显微图像

vitrimer 是一种可以再加工的共价键交联高分子。对于这类材料，拓扑冻结转变温度（T_v）是其特征温度。在 T_v 以上，vitrimer 可以再加工和回收利用；在 T_v 以下，则表现出类似于传统的热固性塑料性质。T_v 不仅决定了 vitrimer 的上限使

用温度，还直接影响 vitrimer 的服役性能和再加工性能。然而，动态力学分析等传统方法都会使样品受到外力作用，为交联键提供额外的张力，从而影响交联的断裂速率和有效活化能，故难以检测 vitrimer 的本征 T_v。吉岩等[27]将 AIE 荧光探针 TPE 引入 vitrimer 中，实现了在静态下对 vitrimer 的 T_v 测定［图 7-8（a）］。当温度低于 T_v 时，vitrimer 是一种玻璃化的交联网络，极大地限制了 TPE 分子内运动，表现出强烈的荧光发射；而当温度高于 T_v 时，高分子网络进行重排，为 AIE 分子内运动提供了更大的自由空间，表现出弱的荧光发射［图 7-8（b）］。如图 7-8（c）和（d）所示，跟踪 TPE 在 vitrimer 网络内的荧光强度随温度的变化情况，通过对曲线两端做切线取交点得到 T_v 值（102℃）。该方法具有灵敏度高、重现性好且不受加热速率影响的特点，为研究 vitrimer 网络随温度变化的特性提供了可靠信息。

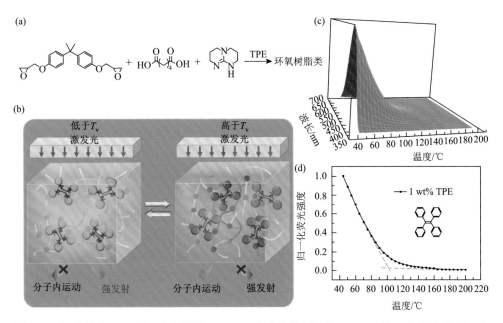

图 7-8　（a）掺有 TPE 的环氧树脂类 vitrimer 合成路线；（b）vitrimer 的 T_v 可视化机理；在系列温度下，掺有 TPE 的环氧树脂类 vitrimer 的荧光光谱图（c）及在 479 nm 处的归一化荧光光谱图（λ_{ex} = 365 nm）（d）

　　高分子的构象是指由于单键旋转而产生的分子在空间的不同形态，影响着高分子的光、电、磁等性能。高龙成等[28]利用带有两个氨基的 TPE 作为共引发剂，通过己内酰胺的开环聚合制备了 TPE 标记的尼龙 6［图 7-9（a）］，并利用荧光跟踪了尼龙 6 随温度的构象变化。结合广角 X 射线衍射和原位变温傅里叶变换红外光谱分析，如图 7-9（b）和（c）所示，在低温下，尼龙 6 的氢键网络限制了 TPE

单元中的苯环内旋转，表现出强烈的荧光发射；随着温度升高，晶胞的 c 轴间距
变大，而强氢键使 a 轴基本保持不变，发生各向异性膨胀，为 TPE 的分子内旋转
提供自由空间，TPE 分子非辐射途径增加，荧光强度逐渐降低；当温度升至 120℃
时，尼龙 6 发生 α 到 α' 的构象转变 [图 7-9（d）]，氢键强度减弱，分子链网络发
生膨胀，为 TPE 中未被共价键固定的苯环提供旋转的空间，而 TPE 的另两个苯环
仍被尼龙链所限制，使 TPE 的共轭程度降低，荧光发生蓝移；当温度升至熔点
以上时，高分子链的运动被完全激活，因此促进了 TPE 单元中所有苯环的旋转，
导致其荧光逐渐猝灭。以上研究为在线监测高分子的构象转变提供了一种简便
的策略。

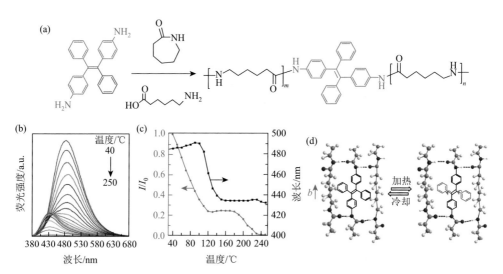

图 7-9 （a）TPE 标记尼龙 6 的合成路线；（b）TPE 标记的尼龙 6 在不同温度下的荧光光谱；
（c）TPE 标记的尼龙 6 的相对荧光强度（I/I_0）和发射波长与温度的曲线图，其中 I_0 是 40℃时
的荧光强度；（d）TPE 标记的尼龙 6 可逆热致荧光颜色变化示意图

　　孙景志等[29]报道了一种利用荧光分子探究水溶液中高分子链构象的方法，采用
DCTPE 分子研究了不同 pH 环境对聚丙烯酸链构象的影响，结构式如图 7-10（a）
所示。由于 DCTPE 含有两个季铵阳离子基团，故在水溶液或缓冲液中都不发
光。将其溶解于含聚丙烯酸的缓冲液中，当溶液的 pH 在 12.06～6.00 范围内变化
时，DCTPE 发光微弱，荧光强度几乎保持不变 [图 7-10（c）]。因为在碱性环境
下，聚丙烯酸侧链携带有大量的羧基阴离子，高分子链内的静电斥力使其形成延
伸的非折叠构象 [图 7-10（b）]。尽管 DCTPE 可通过静电吸引与聚丙烯酸相互作
用，但 DCTPE 与聚丙烯酸在水中的良好溶解性使两者的吸附和解离成为一个高
度动态的过程，因此聚丙烯酸链对 DCTPE 分子几乎没有限制作用，故荧光强度

没有大的变化；而当 pH 从 6.00 降至 3.86 时，聚丙烯酸链上更多的羧基被质子化，导致高分子链上负电荷密度降低，形成分子内/分子间氢键，促进高分子链呈螺旋状构象，形成松散堆积的高分子线团，从而捕获更多的 DCTPE 分子，导致体系荧光增强。进一步，将 pH 从 3.86 降至 1.78，聚丙烯酸链中质子化占主导地位，阴离子侧基数量减少，导致聚丙烯酸链和 DCTPE 分子之间的静电相互作用减弱，同时链内/链间氢键相互作用增强，促使高分子链堆积更紧密，限制 DCTPE 分子进入高分子网络，二者协同作用促使荧光强度降低。该研究成功构建了发光强度与高分子溶液中链构象的关系。

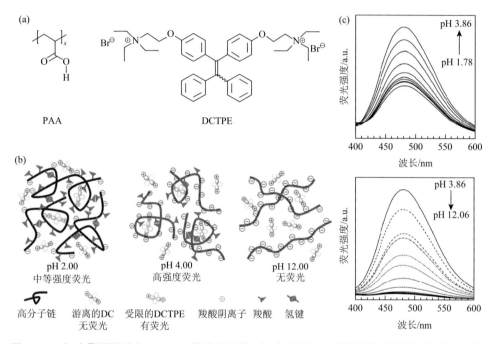

图 7-10　（a）聚丙烯酸和 DCTPE 的分子结构；（b）不同 pH 下聚丙烯酸链的构象动态变化；（c）聚丙烯酸（1 g/L）和 DCTPE（10^{-5} mol/L）的混合物在 Britton-Robinson 缓冲溶液（0.04 mol/L）中的荧光强度与 pH 的关系曲线（$\lambda_{ex} = 298$ nm）

7.3　高分子凝聚态结构

　　高分子的凝聚态结构是指高分子链之间的排列和堆砌结构，主要包括：晶态结构、非晶态结构、取向结构、织态结构等，决定了高分子材料及其制品的最终性能。研究高分子的凝聚态结构特征、形成条件及其与材料性能之间的关系，对于控制加工参数以获得预期结构和性能的材料具有重要意义。

高分子通过自组装形成有序凝聚态结构是高分子化学和纳米尺度研究的重要内容。要实现自组装基元的合理设计并对其进行精确调控，对于自组装过程的理解尤为关键。为此，Hadjichristidis 等[30]通过原子转移自由基聚合，制备了三种丙烯酸叔丁酯含量不同并以 TPE 封端的聚乙烯基共聚物 TPE-PE$_{82}$-b-PtBuA$_m$（m = 29、80和 150，代表 PtBuA 的聚合度）[图 7-11（a）]，基于 TPE 的 RIM 机理，研究了共聚物中组分比例对自组装行为的影响。由于 N, N-二甲基甲酰胺为 PtBuA 的选择性溶剂，因此当以上嵌段共聚物溶解在 N, N-二甲基甲酰胺中时，疏溶剂的 TPE-PE 链段形成核，而亲溶剂的 PtBuA 形成壳。进一步，跟踪荧光强度在不同高分子浓度下的变化情况 [图 7-11（b）～（d）]，确定 TPE-PE$_{82}$-b-PtBuA$_m$ 在 N, N-二甲基甲酰胺中的临界胶束浓度。发现在低浓度时，共聚物呈单链分散的形式，溶液没有荧光；当浓度逐渐升高达到临界胶束浓度时，共聚物开始自组装，TPE-PE 聚集成核，荧光强度显著增强。通过研究荧光强度和浓度间的关系变化，确定三种共聚物的临界胶束浓度（cmc）分别为 0.0053 mg/mL、0.0083 mg/mL 和 0.0147 mg/mL。与其他两个嵌段共聚物相比，TPE-PE$_{82}$-b-PtBuA$_{150}$ 具有更长的 PtBuA 链，阻止了 PE 段的聚集，故形成胶束的溶液浓度更高，这为深入研究高分子的自组装行为带来启发[31-33]。

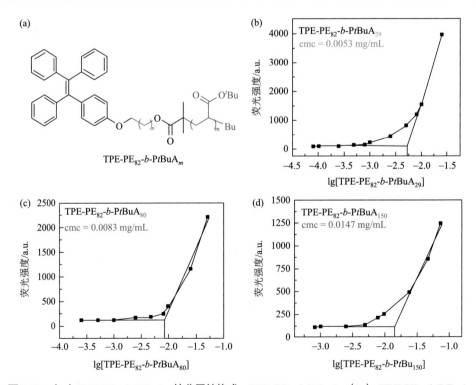

图 7-11 （a）TPE-PE$_{82}$-b-PtBuA$_m$ 的分子结构式；TPE-PE$_{82}$-b-PtBuA$_{29}$（b）、TPE-PE$_{82}$-b-PtBuA$_{80}$（c）和 TPE-PE$_{82}$-b-PtBuA$_{150}$（d）在 483 nm 处的荧光强度与浓度对数的关系曲线图

共聚物中各组分比例不仅影响临界胶束浓度，还深刻影响着自组装体的形态。袁金颖等[34]采用聚合诱导自组装（PISA）技术制备了一种尺寸和形态可控的 AIE 活性高分子共聚物自组装体，结合动态激光散射、荧光光谱、荧光量子产率等测试方法研究了共聚物组成对自组装体纳米结构的影响。如图 7-12（a）所示，以聚合度为 39 的聚（甲基丙烯酸-N,N-二甲氨基乙酯）（PDMA）大分子链转移剂介导 BzMA 和 TPE 进行可逆加成断裂链转移分散聚合，控制 TPE/PDMA 摩尔比恒定，调整 BzMA/PDMA 摩尔比，制得 PDMA$_{39}$-P(BzMA-TPE)$_x$ 嵌段共聚物（x = 120、240 和 360），通过动态光散射、透射电子显微镜等手段分析，发现三种共聚物在水或乙醇中可分别自组装形成球形胶束、蠕虫状胶束和囊泡。进一步采用配有旋转圆盘扫描仪的 CLSM 进行观察，发现 PDMA$_{39}$-P(BzMA-TPE)$_{120}$ 胶束因尺寸较小，只能观察到一些微弱的荧光点；而 PDMA$_{39}$-P(BzMA-TPE)$_{240}$ 自组装体尺寸较大，可以观察到明亮的蠕虫状胶束；PDMA$_{39}$-P(BzMA-TPE)$_{360}$ 的 CLSM 图则显示出更大更亮的球状结构 [图 7-12（b）]，证明了 AIE 技术可视化自组装体纳米结构的可行性。跟踪三种自组装体在水和乙醇中的量子产率变化 [图 7-12（c）]，在水中时，球形胶束、蠕虫状胶束和囊泡的量子产率依次增加，这是因为以上三种结构中链的堆积紧密程度依次升高，对 AIE 分子的运动限制逐渐增强；对

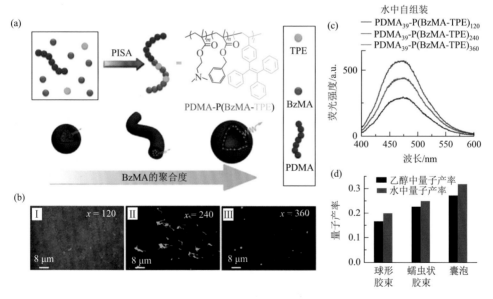

图 7-12　（a）聚合诱导自组装制备 AIE 活性自组装体示意图；（b）PDMA$_{39}$-P(BzMA-TPE)$_x$ 在水中的 CLSM 图像（Ⅰ、Ⅱ、Ⅲ分别对应 x = 120、240 和 360）；（c）PDMA$_{39}$-P(BzMA-TPE)$_x$ 在水中自组装体的荧光光谱图，所有样品的 TPE 基团浓度均为 2.5 μg/mL；（d）PDMA$_{39}$-P(BzMA-TPE)$_x$ 分别在水和乙醇中的自组装体量子产率

比水和乙醇中同一形态自组装体的量子产率［图 7-12（d）］，发现体系在水中比在乙醇中的量子产率高，这是因为 PDMA$_{39}$-P(BzMA-TPE)$_x$ 在水中的溶解性相比于在乙醇中更差，自组装体在水中会形成更加紧密的核，从而对 AIE 分子的运动进行更强的抑制，进一步提高其量子产率，由此建立了荧光信号与自组装体结构的构效关系。

此外，一些外源性因素也可影响高分子自组装体的形态。例如，李敏慧等[35]开发了一种具有 CO$_2$ 响应特性的两亲嵌段共聚物体系，并利用 AIE 技术研究了 CO$_2$ 对共聚物自组装体形态（囊泡-胶束可逆转变）的影响。如图 7-13（a）所示，该共聚物的亲水段为聚乙二醇，疏水段为 TPE 修饰的甲基丙烯酸酯与 2-(二乙胺基)甲基丙烯酸乙酯的共聚物。通过纳米沉淀法在二氧六环/水的混合溶液中自组装成高分子囊泡，并跟踪囊泡形成过程的荧光强度变化。如图 7-13（b）所示，随着二氧六环/水体系中含水量增加，TPE 段与共聚物中疏水段在核中聚集紧密度增加，对 TPE 的分子内运动受限程度逐渐增大，从而荧光逐渐增强。随后用纯水进行透析以除去有机溶剂，则分散在水中的囊泡被冻结。进一步研究高分子囊泡对 CO$_2$ 的响应性，对水中的囊泡进行 CO$_2$ 鼓泡，溶液产生碳酸氢根离子和质子导致 2-(二乙胺基)甲基丙烯酸乙酯链段上的叔胺发生质子化［图 7-13（c）］，链段由疏水性转变为亲水性，界面张力再次降低，聚集体解冻，高分子自组装体开始动态重组，由囊泡转变为具有更高界面曲率的胶束。在胶束中，TPE 基团具有更高的分子内旋转自由度，荧光强度降低［图 7-13（d）］。通过对体系进行氩气鼓泡，CO$_2$ 逐渐去除，2-(二乙胺基)甲基丙烯酸乙酯链段上质子化的叔胺发生去质子化过程，疏水段与溶剂之间的界面张力逐渐增加，故自组装体由胶束逆向转变为囊泡。该工作成功实现了对高分子自组装过程的实时跟踪，并建立了荧光强度与自组装体形态的关系，在设计 CO$_2$ 响应性荧光高分子囊泡及原位跟踪药物可控释放方面具有潜在应用。

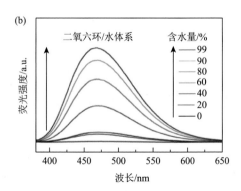

(a) PEG-*b*-P(DEAEMA-*co*-TPEMA)

(b) 二氧六环/水体系　含水量/%

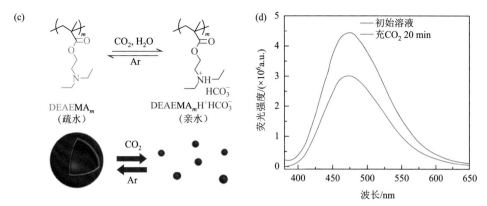

图 7-13　（a）PEG-*b*-P(DEAEMA-*co*-TPEMA)化学结构；（b）在二氧六环/水混合溶液中，PEG-*b*-P(DEAEMA-*co*-TPEMA)的荧光强度随含水量的变化曲线（10⁻⁵ mol/L）；（c）CO_2/Ar 处理的可逆囊泡-胶束转变机理及示意图；（d）CO_2 鼓泡前后 PEG-*b*-P(DEAEMA-*co*-TPEMA)溶液的荧光光谱图（λ_{ex} = 360 nm）

手性与高分子的晶体形态有着紧密联系，将手性引入高分子中，通过非共价相互作用进行自组装可得到不同尺度的螺旋结构。成艳华等[36]制备了一种晶态超手性结构薄膜，将非手性的 AIE 发光分子限制在扭曲排列的微晶之间，探究了螺旋晶体的结构与荧光信号之间的关系。如图 7-14（a）所示，将左旋聚乳酸（PLLA）和非手性 AIE 分子 TPE-EP［图 7-14（b）］在溶液中共混形成均匀混合物，其中 PLLA 采取左手手性构象，随着溶剂蒸发，发生结晶，螺旋 PLLA 链折叠并将 TPE-EP 排除在结晶区外，基于 RIM 机理被限制在结晶区与结晶区之间的 TPE-EP 发出强烈的荧光。此外，在球晶的径向生长过程中，由于表面张力的影响，折叠链沿螺旋轴顺时针生长，生成逆时针排列的螺旋微晶［图 7-14（c）］。获得的螺旋结构具有圆偏振布拉格反射调节的固有属性，通过扭曲晶体的左手螺旋结构实现对左旋圆偏振光（*L*-CPL）的选择性反射，同时透射右旋圆偏振光（*R*-CPL）。如图 7-14（d）所示，在一系列倾斜角度下，检测复合材料的 CPL 信号，发现当薄膜向右倾斜时，检测到负信号，表明透射光为 *R*-CPL；而薄膜向左倾斜时，检测到正信号（*L*-CPL），即通过简单的薄膜倾斜，即可调控 CPL 信号。该工作成功实现了 PLLA 螺旋球晶的可视化，同时为下一代光子学中的 CPL 活性材料的制备、新兴的信息加密和不对称反应提供一种简便而有效的方法。

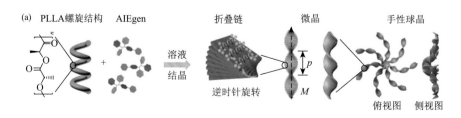

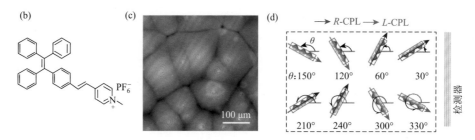

图 7-14　（a）在溶剂蒸发的驱动下形成自组装仿生手性复合物体系的示意图；（b）TPE-EP
化学结构；（c）掺有 TPE-EP 的 PLLA 薄膜的荧光显微图像；（d）测试 CPL 信号与倾斜角关
系的实验装置侧视图

　　为进一步研究高分子的结晶区和非晶区，成艳华等[37]开发了一种多晶型 AIE
分子用于可视化半结晶高分子的非晶区和结晶区分布及定量测定结晶度的方法。
如图 7-15（a）所示，采用溶液共混法将 TPE-EP 荧光分子引入 PLLA 基体中，通
过控制溶剂的蒸发速率来控制 PLLA 的结晶行为。在 PLLA 的非晶基体中，非晶
态的高分子网络存在较大的自由体积，TPE-EP 采取的是热力学稳定的交叉排列聚
集体结构，发出绿色荧光 [图 7-15（b）]；而在 PLLA 的晶态基体中，TPE-EP 采
取亚稳态的平行排列聚集体结构，与交叉排列聚集体结构相比，平行排列聚集体
结构中吡啶环与双键的重叠增加，导致分子间相互作用更强，从而诱导发射光的
红移 [图 7-15（c）]，成功实现了高分子结晶区/非晶区的可视化区分。进一步研
究结晶度与最大发射波长的关系，发现随着 PLLA 结晶度（0%～48%）的增加，

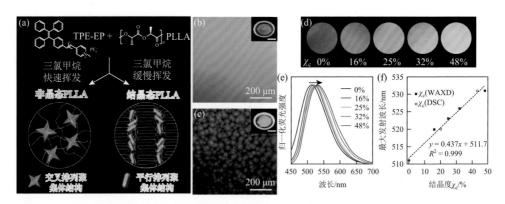

图 7-15　（a）含 TPE-EP 的 PLLA 结晶态和非晶态薄膜的制备及 TPE-EP 在不同高分子相中
的微环境敏感性荧光示意图；含 TPE-EP 的非晶态（b）和结晶态 PLLA 薄膜（c）的荧光显微
图像，插图为相应的薄膜宏观图；嵌有 TPE-EP 的 PLLA 薄膜在不同结晶度 χ_c 下的荧光图像（d）、
归一化荧光光谱图（e）及最大发射波长与结晶度的线性拟合曲线（f）

最大发射波长从 511 nm 逐渐红移至 531 nm，建立了高分子结晶度与 AIE 分子荧光颜色的线性关系［图 7-15（d）～（f）］，实现简单用肉眼来区分高分子结晶度，为高分子加工过程结构的三维可视化在线表征提供了一种新的方法。

　　除分子堆叠模式外，化学反应也会对高分子的非晶相和晶相敏感[38]。如图 7-16（a）所示，通过可逆加成断裂链转移聚合将 TPE 引入 PEG 中，其中 TPE 的分子内运动不仅可以影响荧光强度，还可以决定光环化活性。当 PEG 处于非晶态时，其分子链可以自由运动，促进了 TPE 的分子内运动，同时激活了其光环化反应，TPE 转化为 c-TPE，最大发射波长从 460 nm 蓝移至 375 nm（不可见光），从而表现弱的荧光；在 PEG 结晶过程中，由于 TPE 与 PEG 的不相容性，PEG 高分子链折叠成晶体片层，TPE 被推入两个晶体层之间，其分子内运动被限制，同时抑制了光环化反应，从而表现出强烈的蓝光发射。更重要的是，在等温结晶过程中，球晶和非晶结合部位会存在一个 PEG 链预排列的晶体生长边界层，进一步促进 TPE 的分子内运动和光环化反应，从而在边界上形成更加明显的暗环［图 7-16（b）］。利用 TPE 在结晶界面层区域、非晶区域、结晶区域的三种不同运动形式，通过控制等温结晶和紫外光照的时间实现了荧光图案的精确控制，进一步将莫尔斯码信息编译到荧光图案中［图 7-16（c）］，为信息加密提供了一种新方法。

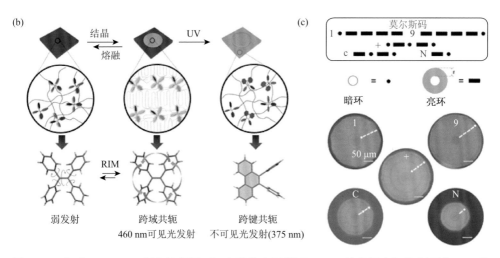

图 7-16　（a）TPE-PEG 制备流程图；（b）紫外光照射下，PEG 的非晶态和晶态区域 TPE 的发射变化及其光环化反应；（c）莫尔斯码信息编译[38]

　　高分子共混是一种常用的高分子技术，通过简单地混合两种或多种高分子的方式来制备新材料，所得共混物在固态下通常比单组分材料具有更合乎需求的结构和物理特性。然而，大多数高分子共混物是不相容的，并且很容易且不可避免地经历相分离过程。相分离结构对材料的韧性、加工性、透明度、耐候性等宏观性能有很大影响。因此，检测高分子共混物中的相分离结构，了解潜在的形态-性能关系，并最终通过操纵相分离来实现对不相容高分子性能的控制，具有非常大的学术意义和工业价值。

　　基于 AIE 的成像体系具有吸收率大、固态亮度高、背景噪声低等优势，可直接用于可视化呼吸图像成形[39]、微观损伤[40]、无机填料在有机-无机复合材料中的宏观分散[41]等过程。唐本忠等[42]利用 AIE 荧光探针展示了一种简单、快速的可视化高分子共混物微相分离的方法。通过溶液共混将 AIE 分子 TPE 引入聚丁二烯（PB）和 PS 的共混物中，并采用旋涂法制备膜。如图 7-17（a）所示，掺有 TPE 的 PB 和 PS 的共混物扫描电子显微图像对比度差，只能观察到模糊的相分离形貌；尽管亮场下的显微图像可以显示出清晰的相分离结构，但它不能提供混合物成分信息。此外，由于薄膜固有的粗糙度和光学效应的干扰，亮场下的显微图可能会提供误导性的信息。例如，图 7-17（a）中的Ⅱ图展现的圆形区域既可能是空心微管也可能是实心球体。而基于 AIE 的荧光成像技术可以克服以上缺陷，如图 7-17（a）中的Ⅲ图所示，通过 AIE 成像技术可清晰地观察到发射强烈蓝色荧光的球状的 PS 相在 PB 相中的分布，这是因为在常温下，PS 呈玻璃态，PB 呈橡胶态，基于 RIM 机理，PS 对 TPE 分子内运动的限制能力比 PB 强，故 PS 中 TPE 的荧光强度比 PB 中的高，从而实现高对比度微相分离的可视化。为了更加直观地观察微相分离形貌，进一步采用了具有扭曲分子内电荷转移（TICT）效应的 TPABMO 分子 [图 7-17（b）]，其荧光颜色通常随着环境极性的变化而变化。TPABMO 分子含有电子供体（D）和电子受体（A），在非极性高分子基体中，TPABMO 将处于局部激发（LE）态，其 D、A 单元以几乎平行的方式存在；在极性高分子基体中，TPABMO 分子的激发态通过分子内旋转发生几何重排，D、A 单元采取扭曲构象，导致电荷分离，此时发光体处于 TICT 状态。由于 TICT 态的带隙比 LE 态的带隙窄，与非极性环境相比，在极性环境中荧光分子的发射将会发生红移。将 TPABMO 分别掺入 PB、PS、PMMA 和 PEG 中，结果表明 TPABMO 在非极性 PB 和相对极性的 PEG 基体中分别在 499 nm 和 567 nm 处发出蓝色和橙色的荧光，而在 PS 和 PMMA 基体中分别在 512 nm 和 525 nm 处发出绿色荧光 [图 7-17（c）]。令人兴奋的是，PS 和 PB 之间极性的细微差异会导致 TPABMO 的发光颜色发生明显的变化，表明 TPABMO 对高分子基体中的极性变化表现出敏感的响应。进一步用荧光显微镜研究 TPABMO 染色的 PS/PB、PMMA/PB、PEG/PB 的共混物形态，如图 7-17（d）～（l）所示，掺有 TPABMO 的单一组分高分子的荧光照片显示出光滑的形貌，相反在高分子共混物中则表现出明显的相分离结构，并通过颜色的差异简单辨别出相应的组分，为高分子共混物中的微相分离行为提供了一种方便、省时且功能强大的可视化方法。

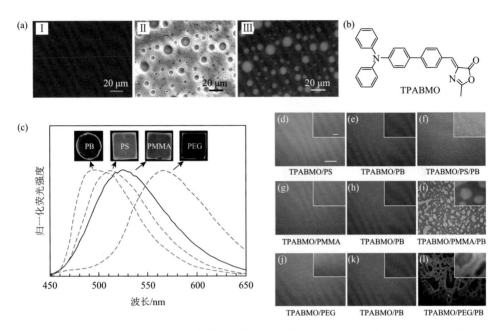

图 7-17　（a）掺杂 TPE 的 PS/PB 薄膜的扫描电子显微图像（Ⅰ）、亮场图像（Ⅱ）和荧光显微图像（Ⅲ）；（b）TPABMO 化学结构；（c）掺有 TPABMO 的 PB、PS、PMMA 和 PEG 的归一化荧光光谱图；（d～l）TPABMO 在 PS/PB、PMMA/PB、PEG/PB 高分子共混物及相应单组分高分子中的荧光显微图像

此外，通过设计高分子的微观结构来调整 AIE 分子的组装结构也可实现微相分离的可视化。如图 7-18（a）所示，TDHA 是一种多态的 AIE 分子，其结晶态结构（TDHA-c）发出蓝色荧光，最大发射波长为 425 nm；而其非晶态结构（TDHA-am）发出黄色荧光，最大发射波长为 530 nm。通过溶液共混将 TDHA 引入到 PS/PB 混合物中并制备成膜，在 PS 基体内，刚性的高分子微环境抑制 TDHA 的分子内转动并促使其采取平面构象，此外 PS 的苯环与 TDHA 的苯环产生丰富的分子间相互作用，迫使 TDHA 分子采取非晶排列，发出黄色荧光；在 PB 基体内，柔性的高分子微环境促进 TDHA 分子自由移动采取扭曲的构象，且 PB 高分子链与 TDHA 分子间的微相分离促使 TDHA 团聚并形成微晶聚集体，发射蓝色荧光。基于 TDHA 的组装结构对周围环境刚性的敏感性，将其嵌入 PS/PB 共混物中，通过荧光显微镜观察 PS 的质量分数对共混物相分离的影响。如图 7-18（b）所示，

当 PS 的质量分数低于 60%时，观察到 PB 基体中存在球状的 PS 相；当 PS 的质量分数增至 70%时，荧光图像显示出互相穿透、连续扩展的区域；当 PS 的质量分数高于 80%时，相发生反转，PS 相占主导并形成连续网络。同时，随着 PS 质量分数的增加，荧光图像颜色逐渐红移。这些结果表明，分别锁定在橡胶态和玻璃态基体中的结晶态和非晶态的 TDHA 分子可作为纳米基元来调节高分子共混物的发光颜色，并实现共混物微相结构演变的可视化。

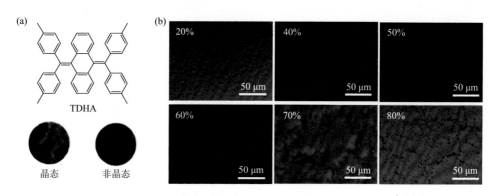

图 7-18　（a）TDHA 的化学结构及其在结晶态和非晶态时的荧光图像；（b）不同 PS 质量分数的掺有 TDHA 的 PS/PB 共混物的荧光显微图像[43]

　　刺激响应和抗裂水凝胶的仿生探索具有重要的理论和实践意义，然而缺乏在介观水平上研究水凝胶的成像技术而导致对其机理研究不深入，从而限制了高强度水凝胶的合理设计。为此，索邦大学 Alba Marcellan 教授等[44]利用聚（N-异丙基丙烯酰胺）（PNIPAM）和聚（N,N-二甲基丙烯酰胺）（PDMA）制备了具有优异机械性能的温敏性水凝胶，采用 AIE 分子作为荧光指示剂，直接观察了水凝胶的亲水性-疏水性转化和微相分离过程。如图 7-19（a）所示，该团队采用了 TVPA 荧光分子，其电子供体三苯胺和电子受体吡啶单元连接到乙烯上，赋予 TVPA 分子 TICT 效应，可感知环境极性的改变［图 7-19（b）］。随后将其以共价连接的方式引入化学交联的 PNIPAM 网络中，该网络接枝有 PDMA 侧链，通过控制 NIPAM 与 PDMA 的质量比（2∶3、3∶3 和 6∶3），分别制备得到三种水凝胶 GN2D3、GN3D3 和 GN6D3，此外还额外制备了含 TVPA 的 PNIPAM、PDMA 水凝胶（分别命名为 GN 和 GD）用作比较［图 7-19（c）］。通过对样品在制备状态下和水中加热 30 min 后的荧光光谱图对比[图 7-19（d）]，发现从 20℃升温至 60℃，GN2D3、GN3D3 和 GN6D3 的荧光均发生蓝移且强度增加。这是因为在 PNIPAM 的低临界溶解温度时，水合良好的 PNIPAM 链会发生从延伸状态到坍塌状态的转变，形成强烈脱水的致密区域，降低了局部环境的极性且加强了对 TVPA 分子的束缚,故荧光蓝移且强度增加。结合 GN 与 GD 的荧光光谱图[图 7-19(e)和(f)],发现温度只对 GN 的荧光产生强烈影响,进一步证实了产生荧光变化的来源。因此,TVPA 可作为一种简单有效的传感器来观察水凝胶微环境的变化,特别是从分子亲水性形态到疏水形态的转变。

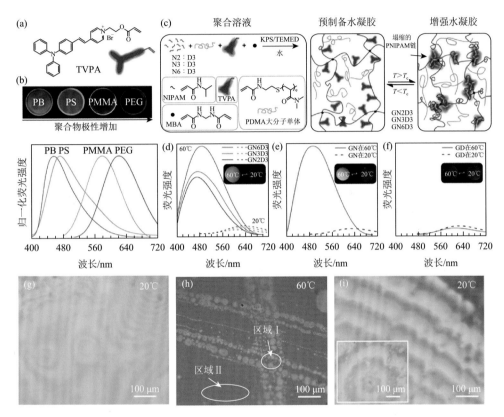

图 7-19　TVPA 的化学结构(a)及其在不同极性高分子基体中的荧光光谱图(b);(c)通过 NIPAM、TVPA、PDMA 大分子单体和 MBA 交联剂的自由基聚合制备交联的 NIPAM 高分子网络;在水中分别于 20℃ 和 60℃ 下 GN2D3、GN3D3、GN6D3 (d)、GN (e) 和 GD (f) 的光致发光谱图(λ_{ex} = 380 nm);热响应性水凝胶 GN3D3 在制备状态下(g)和浸入 60℃ 水中后(h)及室温过夜自行恢复后(i)的荧光图像

　　基于以上结果,采用荧光显微镜在介观尺度上系统地研究了水凝胶的热响应形态。以 GN3D3 为例,其在制备状态(20℃)下,荧光显微图中的干涉图样显示出互相结合的连续不规则牛顿环[图 7-19(g)],这与聚合过程中截留的水相与部分水合的高分子相的空间异质性分布有关。进一步将其置于 60℃ 水中 30 min 后,GN3D3 产生了两个不同区域的形态图案[图 7-19(h)],区域 I 显出了大量

的强烈发射荧光的球形区域,这是因为当温度高于 PNIPAM 的低临界溶解温度时,PNIPAM 脱水坍塌成富含 PNIPAM 的疏水区域,同时释放的水被亲水性的 PDMA 吸收,导致富含 PNIPAM 的区域和高度水合的高分子区域之间折射率差异变大,故形成区域Ⅰ所示的图案。区域Ⅱ是一个更均匀的图案,表现出弱发射,对应着具有与水相似折射率的高度水合 PDMA 区域。当 GN3D3 在室温下放置过夜后,牛顿环又逐渐恢复,并且以相对较宽的条纹间距分布在整个区域 [图 7-19 (i)],表明 PNIPAM 的再水化,以及 PNIPAM 和 PDMA 的链重排产生了更均匀的网络,证明了荧光观察的可靠性和可逆性。该工作中采用的荧光技术提供了一种揭示水凝胶中微观结构的新方法。

聚二甲基硅氧烷是目前常用的软材料之一,然而其杨氏模量和韧性较低,难以抵抗较大的外力,对裂纹扩散的抵抗能力较差。程群峰等[45]构建了一种聚二甲基硅氧烷-蒙脱土层状纳米复合物材料,模仿具有"砖-泥"结构的鲍鱼壳结构,实现了杨氏模量和韧性的提高,同时将该层状结构与 AIE 荧光功能化结合起来,采用共聚焦荧光成像技术解释了纳米复合材料的增强增韧机理。具体如下:通过醇醛缩合将荧光分子 TPE-CHO 共价连接在聚乙烯醇(PVA)链上 [图 7-20 (a)],将其溶液与蒙脱土纳米片溶液共混,依次进行双向冷冻、冷冻干燥和真空辅助渗透制得聚二甲基硅氧烷-蒙脱土层状纳米复合物材料 [图 7-20 (b)]。为了更加明显地区分复合材料的基体与骨架结构,又在聚二甲基硅氧烷基体中引入了另外一种荧光分子 1-氨基芘,通过双通道荧光成像观察到基体呈蓝色,骨架呈绿色,避免了扫描电子显微镜等传统表征方法所遇到的表面形貌干扰、骨架与基体区分不大、受导电性的限制等缺点。为探索复合材料的增韧和增强机理,采用共聚焦荧光技术并结合有限元模拟分析,如图 7-20 (c) 所示,在应变 0%~10%范围内的裂纹尖端扩展过程中,裂纹尖端被拉伸导致尖端变形,尖端附近的聚二甲基硅氧烷产生强烈的纵向剪切应力;当应变达到 5%时,刚性蒙脱土-聚乙烯醇层状支架(白色箭头)断裂,表明支架在初始阶段承受了较大应力。与传统的颗粒增强机理不同,连续的层状支架还可直接承受沿平行于层方向的应力,从而显著提高杨氏模量。随着应变增加,应力更加集中在裂纹尖端。当应变达到 7.5%时,纵向剪切应力使尖端附近的层状支架与聚二甲基硅氧烷基体脱粘,导致裂纹沿平行于层的方向偏转。在裂纹的纵向扩散中,层状支架的两侧也发生脱粘,该层可能会桥接裂纹(黄色箭头)。当应变在 12.5%~20%范围时,支架与基体不断脱粘,导致裂纹纵向扩展。在这个过程中,聚二甲基硅氧烷基体也可以桥接裂纹(绿色箭头),最后裂纹向试样底部扩散,导致试样断裂。以上过程中的裂纹偏转和桥接提高了材料抗断裂性能。该工作成功利用 AIE 荧光成像技术揭示了层状结构的增强增韧机理,为高柔性材料的研究提供了新的研究思路和理论基础。

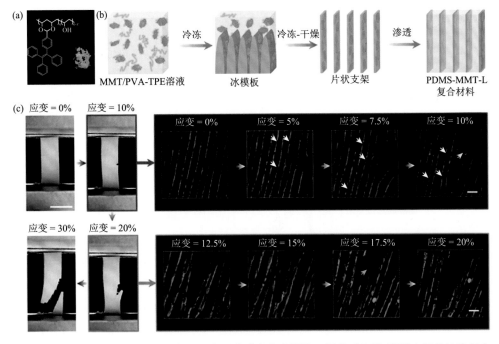

图 7-20 （a）PVA-TPE 化学结构；（b）受珍珠壳启发的聚二甲基硅氧烷-蒙脱土层状纳米复合材料的制备流程；（c）由激光扫描共聚焦显微镜捕获的聚二甲基硅氧烷-蒙脱土层状纳米复合物材料裂纹萌生和进一步裂纹扩展的微观裂纹发展荧光图

7.4 展望

　　纤维具有比表面积大、机械柔韧性良好、易与器件集成等优势，对 AIE 分子的性能具有协同放大效应，可作为智能人机界面的无接触式定位接口，为集成化柔性新系统构筑提供可能。Mike Tebyetekerwa 等[46]将 AIE 分子 TPE-2CH$_2$Br 与热固性环氧树脂进行共价连接 [图 7-21（a）]，通过静电纺丝技术制备得到荧光纳米纤维，并探索了其化学传感功能。与其在薄膜状态的发光性质相比，AIE 分子在纳米纤维中具有更高的荧光强度 [图 7-21（b）]。这是因为静电纺丝过程中高分子链发生了取向，紧密的高分子链堆积限制了 TPE 的分子内旋转；另外，纳米纤维在静电纺丝过程中逐层堆叠，有利于膜内形成纳米/微米孔结构，从而吸收更多的紫外光，最终增强材料的荧光强度。进一步，将荧光纳米纤维置于饱和二氯甲烷蒸气中，二氯甲烷进入交联的纳米纤维网络，高分子从非溶剂化的玻璃态转变为膨胀的橡胶态，并发生体积膨胀，促进了 TPE 分子内自由旋转，导致荧光强度迅速下降 [图 7-21（c）]，从而实现了对高分子溶剂化过程的可视化，并成功开发了有机蒸气光学传感材料。受益于纤维较高的比表面积，与薄膜材料相比，荧光纳米纤维表现出了对有机蒸气更高的灵敏度［图 7-21（d）］。

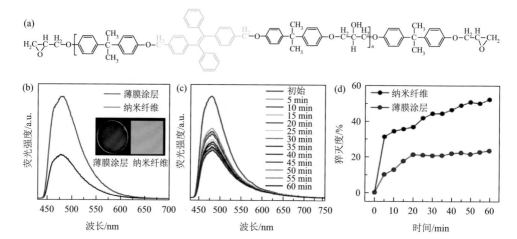

图 7-21　（a）TPE-环氧树脂化学结构式；（b）荧光纳米纤维与薄膜体系的光学性能对比；（c）荧光纳米纤维在二氯甲烷蒸气中各个时间下的荧光强度变化；（d）荧光纳米纤维与薄膜体系在二氯甲烷蒸气中猝灭度的比较

此外，还可利用具有 TICT 效应的 AIE 分子的荧光颜色变化更加直观地跟踪高分子网络的溶剂化作用。成艳华等[47]采用 D-A 结构的 TPE-Py 和 TPE-VPy［图 7-22（a）］作为智能感应单元，将其与吸水性的聚丙烯酸网络进行组装，成功构建了湿度敏感性光学智能传感材料。TPE-Py 和 TPE-VPy 分子由三部分组成：TPE 电子供体、吡啶盐单元电子受体和间隔单元键。高度扭曲的 TPE 基团保证了良好的分子内运动能力，而吡啶盐单元促进了极性环境中 TICT 态的形成。随着环境极性增大，D-A 单元之间发生分子内旋转，且旋转角随极性的增大而增大，此时 AIE 分子采取扭曲构象且电荷分离，带隙变窄，荧光发生红移。以 TPE-Py 为例，将其通过离子相互作用与聚丙烯酸高分子网络组装，获得了具有湿度响应的"可视化"智能探针［图 7-22（b）］。在干燥环境中，聚丙烯酸呈玻璃态，TPE-Py 分子内运动受限，显示高强度蓝色发射。而当相对湿度增加至 99% 时，局部环境的极性增加，激活了 TPE-Py 分子的 TICT 效应，荧光发生红移并发射橙色光；除 TICT 效应外，薄膜还会吸收水分子而变软，柔性的高分子网络对嵌入的 TPE-Py 的分子内运动限制下降，荧光分子非辐射途径弛豫增加，荧光强度进一步降低。而采用 TPE-VPy 分子与聚丙烯酸组装，当相对湿度从 0% 增加至 99% 时，荧光颜色则从黄光红移至红光，这是因为 TPE-VPy 分子单元间的双键增加了分子共轭长度，此外 TPE-VPy 中额外的甲氧基给电子基团也促进了分子内电荷转移。

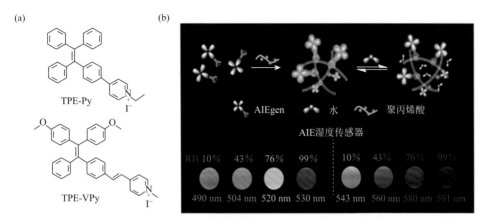

图 7-22　（a）TPE-Py 和 TPE-VPy 的化学结构；（b）湿度传感器组装示意图及在 365 nm 紫外光照射下不同湿度的荧光图像

　　凭借微/纳米纤维的一维柔性结构，将 AIE 分子与纤维进行组装获得智能纤维传感器，赋予其优异的形状适应性、高度系统集成能力和无接触定位（痕量水汽检测）功能，可实现湿度的定量化"时空"实时跟踪。例如，采用连续纤维纺丝工艺，将这种 AIE 传感材料编织到纺织品中，可构建高度集成的智能可穿戴系统[图 7-23（a）]。还可采用静电纺丝技术将 AIE 传感材料加工成纳米纤维膜，基于纤维的高比表面积可实现对人体活动的快速跟踪监测，包括指纹和汗孔成像应用 [图 7-23 （b）]，为人工智能集成化新器件提供了可能。AIE 分子与一维纤维的协同策略不仅为湿度传感器的开发提供了一条新路径，而且可以作为人工神经来感知广泛的环境刺激。

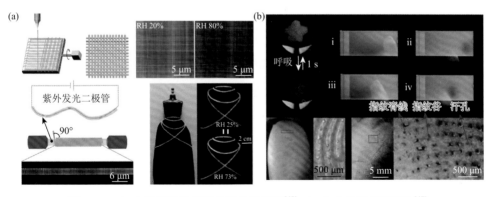

图 7-23　（a）微纤维传感器纺织品显示器[48]；（b）人体湿度可视化[47]

　　AIE 分子除了具有通过辐射途径发射荧光的性质外，还可以通过非辐射途径释放热量，以及通过电子转移或能量转移产生活性氧（ROS）物种，在光热转化[49]、杀菌[50]、光声成像[51]、肿瘤治疗[52]等领域具有广阔的应用前景，其中具有光热转化功能的 AIE 分子可与纤维进行结合，在太阳能蒸汽发生器、智能服装、热管理和癌症治疗等领域表现出极大潜力。但具有光热转化功能的 AIE 分子的工作机理与纤维的性质具有固有的不相容性，导致所制备的光热纤维效率不足，难以满足实际应用要求。为此，如何放大纤维中的分子运动以提高其光热效率是一项至关重要且具有挑战性的任务。王东等[53]提出了一种放大分子运动以提高纤维光热效率的巧妙通用方案。采用同轴静电纺丝，以 AIE 分子 BPBBT 的橄榄油溶液为核心，以偏氟乙烯和六氟丙烯的共聚物为壳层，制备了核壳型纳米纤维[图 7-24(a)]。油相中的 BPBBT 处于单分子状态，在受到光激发时，BPBBT 的分子运动被激活可在纳米纤维中自由转动或振动，从而显著提高非辐射能量耗散的比例，相同BPBBT 含量的纤维毡，核壳纤维毡的光热转换效率是非核壳纤维毡的 26 倍，即使低 BPBBT 含量的核壳纤维毡也比非核壳纤维毡的光热转换效率高[图 7-24(b)]。他们进一步展示了该核壳纤维在光热纺织品中的应用，如图 7-24（c）和（d）所示，在自然光照射下志愿者将核壳纤维贴片覆盖在膝盖 1 min 后，贴片温度达到了 51.2℃，即使当环境温度为 0℃时，自然光照射下纤维贴片的温度也达到了约24℃。用这种由自然光诱导的光热转换材料制成的户外服装有利于人们克服寒冷环境的影响，为下一代绿色、零碳排放的光热材料提供了蓝图。

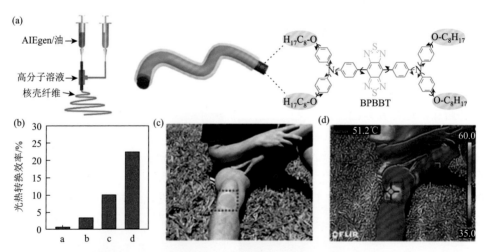

图 7-24　（a）同轴静电纺丝及核壳结构纤维示意图；（b）在 1 个太阳光下，各纤维毡的光热转化效率，其中 a 为含 0.6% 的 BPBBT 与偏氟乙烯和六氟丙烯的共聚物的非核壳纤维毡，b、c、d 分别为含 0.2%、0.4%、0.6% 的 BPBBT 与偏氟乙烯和六氟丙烯的共聚物的核壳纤维毡；自然光照射下光热贴片加热志愿者膝盖的光学（c）及红外（d）图像

太阳能驱动的界面蒸汽生成是利用海水和太阳能连续生产清洁水的理想策略。该过程是一个零碳排放的过程，且海水和太阳能都被认为是地球上取之不尽

的资源，这使其成为缓解全球水资源短缺的巨大潜在候选者[54]。与二维蒸发器相比，三维蒸发器可减少光反射和从环境中的能量获取而表现出优异的蒸发性能。值得注意的是，在蒸发过程中，蒸发器周围形成的温暖环境会促进微生物的生长，严重影响蒸发器的使用寿命，因此探索具有光热转换和抗生物污损能力的单一材料是一项有吸引力但极具挑战性的任务。AIE 活性分子作为一种新出现的光敏剂，可以通过合理的设计同时提供高性能的光热转换和 ROS 生成，是构建具有高效蒸发和抗生物污垢功能的三维蒸发器的理想候选者。王东等[55]制备了一种含有 AIE 分子的全纤维多孔圆柱状泡沫，首次将侧面辅助蒸发和抗生物污垢功能集成到蒸发器中，所呈现的蒸发器含互连的多孔结构，具有出色的亲水性，可用于蒸汽逸出和供水，侧面辅助蒸发系统可增加有效蒸发面积，以及提供有效光动力杀死纤维附近的细菌以防止生物污染。如图 7-25（a）所示，首先采用静电纺丝制备出 TPA-BTDH/PMMA 纳米纤维垫，其中 TPA-BTDH 是一种典型的 D-A-D 分子，具有丰富的分子旋子、大扭曲角和非平面结构，处于纤维内时，其分子内运动受到部分限制但仍然比较活跃，可允许 TPA-BTDH 具有高光热转换和 ROS 生成能力。随后通过等离子体处理赋予纳米纤维垫亲水性，并置于 NaBH$_4$ 溶液中进行膨胀，每层纳米纤维之间的间隙随着膨胀时间的增加而增加，这种具有互连孔隙和优异亲水性的全纤维结构赋予三维全纤维多孔圆柱状泡沫水分输送和蒸汽逃逸功能。在 1 个太阳光照射 10 min 内，干燥的全纤维多孔圆柱状泡沫的温度可升至 59.2℃ [图 7-25（b）]。为探究太阳光照射角度对蒸汽生成能力的影响，记录跟踪了蒸发器在不同阳光照射角度下的蒸发速度。在 1 个太阳光的垂直照射下，蒸发器的蒸发速度达 2.4 kg/(m^2·h)；随着垂直照射转向倾斜照射，蒸发速度从 2.4 kg/(m^2·h) 急剧增加，这主要是因为侧面区域也会产生额外的热量导致蒸发速度的整体提高 [图 7-25（c）]。此外，由于 TPA-BTDH 的高效 ROS 生成能力及光动力杀菌效率，在模拟光照 10 min 后，全纤维多孔圆柱状泡沫对大肠杆菌、表皮葡萄球菌、金黄色葡萄球菌和耐甲氧西林金黄色葡萄球菌的抗菌率分别可达 99.86%、99.91%、99.96%和99.98% [图 7-25（d）]，表现出优异的抗菌性能。这种多功能侧区域辅助蒸发器为构建用于水净化和其他应用的下一代智能蒸发器打开了一扇窗。

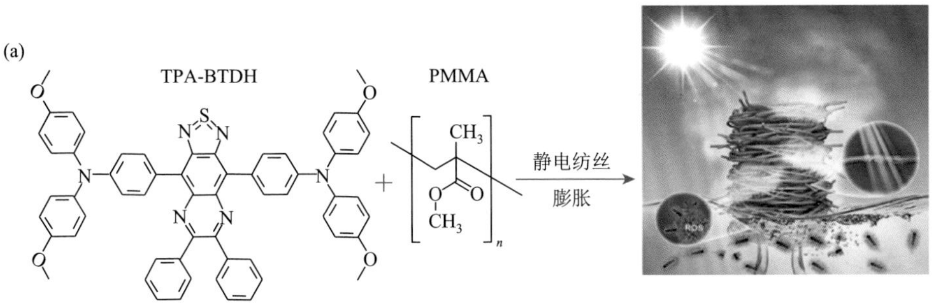

(a) TPA-BTDH　PMMA　静电纺丝　膨胀

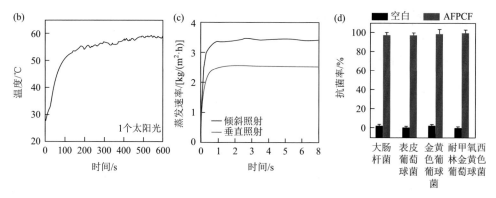

图 7-25　（a）TPA-BTDH 化学结构及侧区辅助蒸发器的设计图；（b）在 1 个太阳光照射下，干燥的全纤维多孔圆柱状泡沫的温度变化；（c）1 个太阳光垂直和倾斜照射下，高度为 3 cm 的全纤维多孔圆柱状泡沫的蒸发速率随时间的变化；（d）在模拟太阳光照射 10 min 后，对照组与全纤维多孔圆柱状泡沫对大肠杆菌、表皮葡萄球菌、金黄色葡萄球菌和耐甲氧西林金黄色葡萄球菌的抗菌能力对比

7.5　总结

　　近二十年来，自唐本忠院士提出 AIE 概念，其理论在发光领域不断创新。作为一种新的前沿发光工具，AIE 技术不仅可用于生命科学领域的生物过程跟踪和分析，而且在高分子材料领域也展现出巨大的应用前景。基于 RIM 核心机理，AIE 技术已成功地用于可视化跟踪高分子的链结构和凝聚态结构演变，包括高分子聚合、玻璃化转变、微相分离、高分子结晶等过程的可视化。AIE 技术在高分子结构和可检测的光学信号之间架起了一座桥梁，涉及从纳米到微观、介观和宏观尺度的跨学科合作。未来，将聚焦高分子材料（如碳纤维、凯夫拉纤维和气凝胶纤维等）加工过程的可视化，包括温度梯度、溶剂双扩散、高分子取向、结晶演变等过程。同时，利用高分子链对 AIE 分子发光性能的放大效应，获得了"1＋1≥2"超越分子本征性能的高分子荧光智能材料。尤其结合 AIE 技术和一维纤维结构，获得的光学纤维具有高比表面积、高柔韧性和高延展性等优异性能，在下一代智能光学材料领域具有广阔的应用前景。

（成艳华　葛一帆　朱美芳）

参 考 文 献

[1]　Gao M Y，Cheng Y H，Zhang J Y，et al. Molecular motions in polymer matrix for microenvironment sensing. Chemical Research in Chinese Universities，2021，37（1）：90-99.

[2]　Jiang Y，Hadjichristidis N. Diels-Alder polymer networks with temperature-reversible cross-linking-induced

emission. Angewandte Chemie International Edition，2021，60（1）：331-337.

[3]　Wu D，Sedgwick A C，Gunnlaugsson T，et al. Fluorescent chemosensors：the past，present and future. Chemical Society Reviews，2017，46（23）：7105-7123.

[4]　Xu L N，Chen D，Zhang Q，et al. A fluorescent cross-linked supramolecular network formed by orthogonal metal-coordination and host-guest interactions for multiple ratiometric sensing. Polymer Chemistry，2018，9（4）：399-403.

[5]　Qiu Z Y，Wang L J，Wu J M，et al. Study the synthesis and the properties of self-crosslinking acrylic latex via a novel fluorescent labeling method. Journal of Applied Polymer Science，2020，138（10）：49973.

[6]　Ji X F，Wu R T，Long L L，et al. Encoding，reading，and transforming information using multifluorescent supramolecular polymeric hydrogels. Advanced Materials，2018，30（11）：1705480.

[7]　Li Z Q，Chen H Z，Li B，et al. Photoresponsive luminescent polymeric hydrogels for reversible information encryption and decryption. Advanced Science，2019，6（21）：1901529.

[8]　Qiu H Y，Wei S X，Liu H，et al. Programming multistate aggregation-induced emissive polymeric hydrogel into 3D structures for on-demand information decryption and transmission. Advanced Intelligent Systems，2021，3（6）：2000239.

[9]　Ji X F，Li Z，Liu X L，et al. A functioning macroscopic "Rubik's Cube" assembled via controllable dynamic covalent interactions. Advanced Materials，2019，31（40）：1902365.

[10]　Li Z，Liu P C，Ji X F，et al. Bioinspired simultaneous changes in fluorescence color，brightness，and shape of hydrogels enabled by AIEgens. Advanced Materials，2020，32（11）：1906493.

[11]　Ji J J，Wang M S，Hu M M，et al. 3D-printing AIE stereolithography resins with real-time monitored printing process to fabricate fluorescent objects. Composites Part B：Engineering，2021，206：108526.

[12]　Wang Z K，Nie J Y，Qin W，et al. Gelation process visualized by aggregation-induced emission fluorogens. Nature Communications，2016，7（1）：12033.

[13]　Qian J，Tang B Z. AIE luminogens for bioimaging and theranostics：from organelles to animals. Chem，2017，3（1）：56-91.

[14]　Wang B，Li C，Yang L J，et al. Tetraphenylethene decorated with disulfide-functionalized hyperbranched poly(amido amine)s as metal/organic solvent-free turn-on AIE probes for biothiol determination. Journal of Materials Chemistry B，2019，7（24）：3846-3855.

[15]　Chen S S，Han T，Zhao Y，et al. A facile strategy to prepare smart coatings with autonomous self-healing and self-reporting functions. ACS Applied Materials & Interfaces，2020，12（4）：4870-4877.

[16]　Song Y K，Kim B，Lee T H，et al. Fluorescence detection of microcapsule-type self-healing，based on aggregation-induced emission. Macromolecular Rapid Communications，2017，38（6）：1600657.

[17]　Song Y K，Kim B，Lee T H，et al. Monitoring fluorescence colors to separately identify cracks and healed cracks in microcapsule-containing self-healing coating. Sensors and Actuators B：Chemical，2018，257：1001-1008.

[18]　Ma H H，Zhang A D，Zhang X M，et al. Novel platform for visualization monitoring of hydrolytic degradation of bio-degradable polymers based on aggregation-induced emission（AIE）technique. Sensors and Actuators B：Chemical，2020，304：127342.

[19]　Wang X，Qiao X G，Yin X Z，et al. Visualization of atom transfer radical polymerization by aggregation-induced emission technology. Chemistry：An Asian Journal，2020，15（7）：1014-1017.

[20]　Nölle J M，Jüngst C，Zumbusch A，et al. Monitoring of viscosity changes during free radical polymerization using

fluorescence lifetime measurements. Polymer Chemistry，2014，5（8）：2700-2703.

[21] Wang G，Zhou L Y，Zhang P F，et al. Fluorescence self-reporting precipitation polymerization based on aggregation-induced emission for constructing optical nanoagents. Angewandte Chemie International Edition，2020，59（25）：10122-10128.

[22] Liu S J，Cheng Y H，Zhang H K，et al. *In situ* monitoring of RAFT polymerization by tetraphenylethylene-containing agents with aggregation-induced emission characteristics. Angewandte Chemie International Edition，2018，57（21）：6274-6278.

[23] Xue K，Wang C，Wang J X，et al. A sensitive and reliable organic fluorescent nanothermometer for noninvasive temperature sensing. Journal of the American Chemical Society，2021，143（35）：14147-14157.

[24] Bao S P，Wu Q H，Qin W，et al. Sensitive and reliable detection of glass transition of polymers by fluorescent probes based on AIE luminogens. Polymer Chemistry，2015，6（18）：3537-3542.

[25] Qiu Z J，Chu E K K，Jiang M J，et al. A simple and sensitive method for an important physical parameter：reliable measurement of glass transition temperature by AIEgens. Macromolecules，2017，50（19）：7620-7627.

[26] Song Z H，Lv X L，Gao L C，et al. Dramatic differences in the fluorescence of AIEgen-doped micro-and macrophase separated systems. Journal of Materials Chemistry C，2018，6（1）：171-177.

[27] Yang Y，Zhang S，Zhang X Q，et al. Detecting topology freezing transition temperature of vitrimers by AIE luminogens. Nature Communications，2019，10（1）：3165.

[28] Xu J R，Ji W X，Li C，et al. Reversible thermal-induced fluorescence color change of tetraphenylethylene-labeled nylon-6. Advanced Optical Materials，2018，6（6）：1701149.

[29] Zhang S，Yan J M，Qin A J，et al. Probing the pH-dependent chain dynamics of poly(acrylate acid) in concentrated solution by using a cationic AIE fluorophore. Science China Chemistry，2013，56（9）：1253-1257.

[30] Jiang Y，Hadjichristidis N. Tetraphenylethene-functionalized polyethylene-based polymers with aggregation-induced emission. Macromolecules，2019，52（5）：1955-1964.

[31] Lai C T，Chien R H，Kuo S W，et al. Tetraphenylthiophene-functionalized poly(*N*-isopropylacrylamide)：probing LCST with aggregation-induced emission. Macromolecules，2011，44（16）：6546-6556.

[32] Li H Y，Zhang X Q，Zhang X Y，et al. Ultra-stable biocompatible cross-linked fluorescent polymeric nanoparticles using AIE chain transfer agent. Polymer Chemistry，2014，5（12）：3758-3762.

[33] Peng H Q，Liu B，Wei P F，et al. Visualizing the initial step of self-assembly and the phase transition by stereogenic amphiphiles with aggregation-induced emission. ACS Nano，2019，13（1）：839-846.

[34] Huo M，Ye Q Q，Che H L，et al. Polymer assemblies with nanostructure-correlated aggregation-induced emission. Macromolecules，2017，50（3）：1126-1133.

[35] Zhang D P，Fan Y J，Chen H，et al. CO_2-activated reversible transition between polymersomes and micelles with AIE fluorescence. Angewandte Chemie International Edition，2019，58（30）：10260-10265.

[36] Khorloo M，Yu X X，Cheng Y H，et al. Enantiomeric switching of the circularly polarized luminescence processes in a hierarchical biomimetic system by film tilting. ACS Nano，2021，15（1）：1397-1406.

[37] Khorloo M，Cheng Y H，Zhang H K，et al. Polymorph selectivity of an AIE luminogen under nano-confinement to visualize polymer microstructures. Chemical Science，2019，11（4）：997-1005.

[38] Liu S J，Cheng Y H，Li Y Y，et al. Manipulating solid-state intramolecular motion toward controlled fluorescence patterns. ACS Nano，2020，14（2）：2090-2098.

[39] Li J W，Li Y，Chan C Y K，et al. An aggregation-induced-emission platform for direct visualization of interfacial

dynamic self-assembly. Angewandte Chemie International Edition，2014，53（49）：13518-13522.

[40]　Robb M J，Li W L，Gergely R C R，et al. A robust damage-reporting strategy for polymeric materials enabled by aggregation-induced emission. ACS Central Science，2016，2（9）：598-603.

[41]　Guan W J，Wang S，Lu C，et al. Fluorescence microscopy as an alternative to electron microscopy for microscale dispersion evaluation of organic-inorganic composites. Nature Communications，2016，7（1）：11811.

[42]　Han T，Gui C，Lam J W Y，et al. High-contrast visualization and differentiation of microphase separation in polymer blends by fluorescent AIE probes. Macromolecules，2017，50（15）：5807-5815.

[43]　Cheng Y H，Liu S J，Song F Y，et al. Facile emission color tuning and circularly polarized light generation of single luminogen in engineering robust forms. Materials Horizons，2019，6（2）：405-411.

[44]　Hu Y B，Barbier L，Li Z，et al. Hydrophilicity-hydrophobicity transformation，thermoresponsive morpho-mechanics，and crack multifurcation revealed by AIEgens in mechanically strong hydrogels. Advanced Materials，2021，33（39）：2101500.

[45]　Peng J S，Tomsia A P，Jiang L，et al. Stiff and tough PDMS-MMT layered nanocomposites visualized by AIE luminogens. Nature Communications，2021，12（1）：4539.

[46]　Li W L，Ding Y X，Tebyetekerwa M，et al. Fluorescent aggregation-induced emission（AIE）-based thermosetting electrospun nanofibers：fabrication，properties and applications. Materials Chemistry Frontiers，2019，3（11）：2491-2498.

[47]　Cheng Y H，Wang J G，Qiu Z J，et al. Multiscale humidity visualization by environmentally sensitive fluorescent molecular rotors. Advanced Materials，2017，29（46）：1703900.

[48]　Jiang Y M，Cheng Y H，Liu S J，et al. Solid-state intramolecular motions in continuous fibers driven by ambient humidity for fluorescent sensors. National Science Review，2021，8（4）：nwaa135.

[49]　Tian S，Bai H T，Li S L，et al. Water-soluble organic nanoparticles with programable intermolecular charge transfer for NIR-Ⅱ photothermal anti-bacterial therapy. Angewandte Chemie International Edition，2021，60（21）：11758-11762.

[50]　Li M，Wen H F，Li H X，et al. AIEgen-loaded nanofibrous membrane as photodynamic/photothermal antimicrobial surface for sunlight-triggered bioprotection. Biomaterials，2021，276：121007.

[51]　Qi J，Chen C，Zhang X Y，et al. Light-driven transformable optical agent with adaptive functions for boosting cancer surgery outcomes. Nature Communications，2018，9（1）：1848.

[52]　Wan Q，Zhang R Y，Zhuang Z Y，et al. Molecular engineering to boost AIE-active free radical photogenerators and enable high-performance photodynamic therapy under hypoxia. Advanced Functional Materials，2020，30（39）：2002057.

[53]　Li H X，Wen H F，Zhang Z J，et al. Reverse thinking of the aggregation-induced emission principle：amplifying molecular motions to boost photothermal efficiency of nanofibers. Angewandte Chemie International Edition，2020，59（46）：20371-20375.

[54]　Li H X，Wen H F，Li J，et al. Doping AIE photothermal molecular into all-fiber aerogel with self-pumping water function for efficiency solar steam generation. ACS Applied Materials & Interfaces，2020，12（23）：26033-26040.

[55]　Li H X，Zhu W，Li M，et al. Side area-assisted 3D evaporator with antibiofouling function for ultra-efficient solar steam generation. Advanced Materials，2021，33（36）：2102258.

第8章

>>

AIE 聚合物在传感和检测领域中的应用

8.1 ▶ 引言

具有 AIE 性质的聚合物在传感和检测领域有着很大的优势。其一，AIE 聚合物在固态下表现出良好的荧光信号，易于制备便携式的固态检测器，且便于观察；其二，聚合物有很好的成膜性，便于涂膜或者负载于基底材料制备成为方便使用的试纸或器件；其三，共轭聚合物的"分子导线效应"和"信号放大效应"、超支化聚合物拓扑结构的"尺度效应"和"超放大效应"（super-amplification effect）、交联聚合物的多孔可吸附性等都可以大大提高传感器的选择性和灵敏性。本章总结了 AIE 聚合物在爆炸物检测、生物分子检测和离子检测方面的研究进展。

8.2 ▶ AIE 聚合物在爆炸物检测中的应用

8.2.1 检测机理

硝基芳香类爆炸物［如 2, 4, 6-三硝基甲苯（TNT）、2, 4, 6-三硝基苯酚（苦味酸，PA）、2, 4-二硝基甲苯（DNT）、对硝基苯酚（NP）、对硝基甲苯（NT）等］在军事、采矿、工业、建筑等行业中发挥了重要的作用，但易燃易爆的硝基芳香类化合物的不合理使用，也会对国家安全、人身安全、环境生态造成极其严重的影响，因此对硝基芳香类爆炸物的检测识别至关重要。

AIE 聚合物用于硝基芳香类爆炸物检测主要是利用固态或聚集态下有荧光信号的传感器材料在接触到硝基芳香类爆炸物时荧光信号发生明显猝灭而实现的。其机理主要有光致电子转移（photoinduced electron transfer，PET）和荧光共振能量转移（fluorescence resonance energy transfer，FRET）两种。

在光致电子转移过程中，硝基芳香类爆炸物的最低未占分子轨道（lowest

unoccupied molecular orbital，LUMO）能级较低，在过程中充当电子受体；而传感器材料拥有相对较高的 LUMO 能级，充当电子供体。在供受体发生碰撞或距离足够接近（一般为小于 10 nm）时，被光激发的供体分子的 LUMO 能级上的电子有效传递给缺电子的硝基芳香类爆炸物受体，从而发生供体荧光的猝灭，如图 8-1 所示。

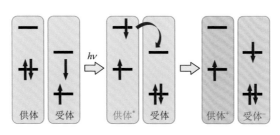

图 8-1　光致电子转移过程机理简图

例如，徐建伟课题组设计合成了具有 AIE 性质的聚三苯乙烯（P1）和聚四苯乙烯（P2）两种聚合物用作硝基芳香类爆炸物的传感器[1]。基于 P1 的纸质传感器在聚合物表面浓度低至 1.0 μg/cm² 的情况下仍然有效，可以有效地检测出小于 1 ng 的各种硝基芳香化合物。其检测机理为：硝基芳烃化合物具有相对较低 LUMO 能级，可以从聚合物接受一个激发态电子，从而猝灭聚合物的荧光。因为 PA 的 LUMO 能量在常见的硝基芳烃化合物中最低，P1 对 PA 的检测响应是最灵敏的。与 P2 相比，P1 对硝基芳烃化合物有更明显的荧光猝灭效应，主要是由于 P1 具有更高的 LUMO 能级，对低 LUMO 能级的硝基芳香化合物有更强的 PET 效应，如图 8-2 所示，当 PA 浓度为 50 μg/mL 时，荧光猝灭效率为 97%。

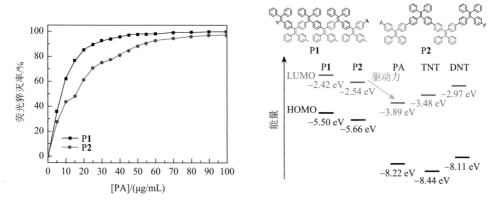

图 8-2　徐建伟课题组报道的硝基芳香类爆炸物传感器结构及机理

荧光共振能量转移（FRET）过程指的是，一个荧光基团（能量供体）的发射光谱与另一个基团（能量受体）的吸收光谱有一定的重叠，当这两个基团间的距离合适时（一般小于 10 nm），就可观察到荧光能量由供体向受体转移的现象，即以供体荧光基团的激发波长激发时，可观察到受体基团发射的荧光；或者当受体为非荧光基团时，可能表现出供体荧光的猝灭。当传感器分子与硝基芳烃化合物分子满足 FRET 所需的条件时，发生能量由传感器（能量供体）向硝基芳烃化合物（能量受体）的转移，进而表现出荧光信号的猝灭，从而达到检测识别硝基芳烃化合物的目的，如图 8-3 所示。

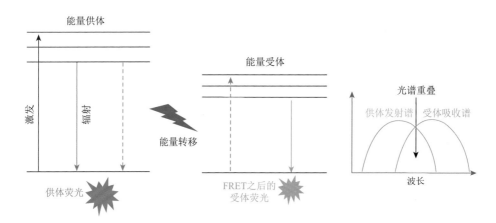

图 8-3　荧光共振能量转移机理简图

通常，PET 与 FRET 协同的检测机理可提高传感器的检测灵敏度和选择性。例如，曹志海课题组利用简单水性微型乳液法制备的 AIE 聚合物纳米颗粒 P3 具有高比表面积和松散多孔的内部结构，为其与硝基芳香类爆炸物充分接触和扩散提供了便利[2]。在该检测体系中，聚合物 P3 纳米颗粒与硝基芳香类爆炸物之间存在 PET 过程，但与 PA 分子之间存在 FRET 过程，这使得 P3 对 PA 的检测灵敏度大大提高，而且表现出较好的选择性，如图 8-4 所示。P3 对 PA 的检出限为 5.43 μmol/L，猝灭常数可以达到 2.65×10^4 L/mol。

8.2.2　AIE 聚合物的种类

1. 链状聚合物

顾名思义，链状聚合物是由一种或几种聚合单体首尾相连聚合而成的聚合物链，其单体一般有两个聚合活性位点。根据 AIE 单元所在位置的不同，可分为主链

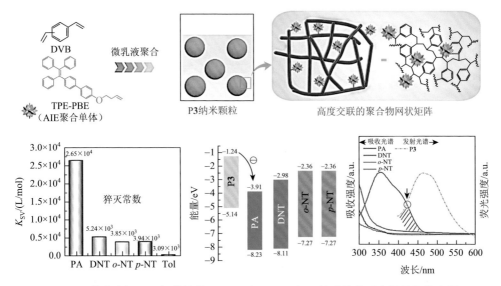

图 8-4　曹志海课题组报道的基于 PET 和 FRET 机理的硝基芳香类爆炸物传感器

含有 AIE 基团的链状聚合物、侧链含有 AIE 基团的链状聚合物和末端含有 AIE 基团的链状聚合物三类。

利用双位点含有 AIE 基团的聚合单体，通过偶联反应，合成主链含有 AIE 基团的链状聚合物，是目前制备基于 AIE 聚合物硝基芳香爆炸物探针的最广泛的方法之一[3]。例如，刘蒲课题组合成了主链含有 TPE 单元的 AIE 直链的共轭聚合物 **P4**，利用 π-π 相互作用和聚合物的包裹效应，制备了稳定的还原氧化石墨烯（rGO）和 **P4** 复合物（rGO-P4）[4]。相比于 **P4**，rGO-P4 在聚集态表现出更强的 AIE 性能，即在 THF/H_2O 体积比为 1∶9 的溶剂体系中表现出更强的荧光信号。基于 PET 和 FRET 机理，该复合物可用于苦味酸的检测，检测限低至 1.3 ppb，猝灭常数高达 $4.16×10^6$ L/mol，这使得 rGO-P4 能够对苦味酸进行痕量检测，如图 8-5 所示。

Rahaman Laskar 课题组通过 Wittig 反应设计合成了一种基于电子给体-π-电子受体（D-π-A）结构的 AIE 共轭聚合物 **P5**[5]。其中，富含电子的联噻吩单元作为电子供体，而 TPE 单元作为电子受体，两聚合单元通过碳碳双键交替连接。这种共轭的 D-π-A 结构在聚合物链中实现了分子内电荷转移或扭曲分子内电荷转移（ICT/TICT）相互作用。因此，该聚合物在聚集时，不仅表现出聚集诱导发光增强（AEE）性质，还表现出变色性质，发生聚集时荧光由绿色变为黄色。基于 PET 和 FRET 荧光猝灭机理，该聚合物作为硝基芳香类爆炸物传感器，可以检测多种硝基芳香类爆炸物，尤其对苦味酸的识别效果最好，其检测限为 12 ppm，如图 8-6 所示。

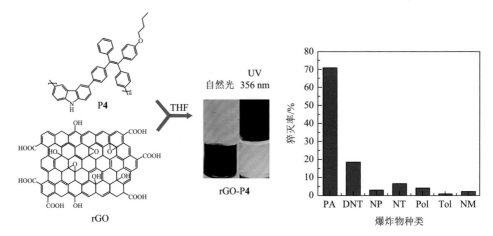

图 8-5　刘蒲课题组报道的主链含 TPE 的硝基芳香类爆炸物链状聚合物传感器

DNT：硝基甲苯；NM：硝基甲烷；NT：4-硝基甲苯；NP：4-硝基苯酚；Pol：苯酚；PA：苦味酸；Tol：甲苯

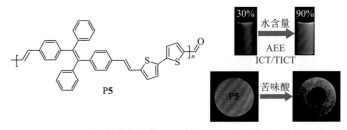

图 8-6　Rahaman Laskar 课题组报道的主链含 TPE 的 D-π-A 型硝基芳香类爆炸物链状聚合物传感器

赵祖金课题组通过 Pd 催化的 Suzuki 或 Stille 偶联反应，将折叠的四苯乙烯单元引入聚合物主链，设计合成了一系列具有 AEE 性质的空间共轭聚合物（through-space conjugated polymer）P6[6]。在以苦味酸为模型的水介质中，P6 对爆炸物表现出良好的检测性能，其中 P6 纳米聚集体对苦味酸显示出高达 5.52×10^5 L/mol 的猝灭常数，如图 8-7 所示。

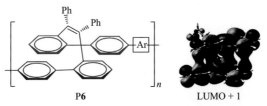

图 8-7　赵祖金课题组报道的主链含折叠的 TPE 单元的硝基芳香类爆炸物链状聚合物传感器

相较于主链含有 AIE 基团的链状聚合物，侧链含有 AIE 基团的链状聚合物的设计更加灵活多样，其主链可以是柔性高分子链，也可以是刚性高分子链；侧链 AIE

基团可以先引入单体，再聚合；也可以先聚合后再功能化引入 AIE 基团；同时，侧链与主链间的距离也可以进行调节，以优化聚合物材料对硝基芳香类爆炸物的传感性能[7]。路建美课题组通过可逆加成-断裂链转移聚合反应合成了两种侧链含有 TPE 基团的柔性嵌段共聚物 P7 和 P8。它们都具有典型的 AIE 特性，在 THF/水混合溶剂中可以形成稳定的聚合物纳米颗粒，发绿色荧光，并具有高荧光量子产率[8]。该纳米颗粒的荧光可以被多种硝基芳烃污染物（包括 1,3-二硝基苯、对硝基甲苯、硝基苯和对氟硝基苯）猝灭，且检测限较低，P7 纳米颗粒对 1,3-二硝基苯、对硝基甲苯、硝基苯和对氟硝基苯的检测限分别为 0.020 ppm、0.19 ppm、0.20 ppm 和 0.23 ppm；其猝灭常数分别为 3.4×10^5 L/mol、2.9×10^4 L/mol、2.5×10^4 L/mol 和 2.4×10^4 L/mol。P8 纳米颗粒对 1,3-二硝基苯、对硝基甲苯、硝基苯和对氟硝基苯的检测限分别为 0.015 ppm、0.12 ppm、0.12 ppm 和 0.25 ppm；其猝灭常数分别为 4.6×10^5 L/mol、4.4×10^4 L/mol、3.9×10^4 L/mol 和 2.2×10^4 L/mol。此外，该聚合物纳米颗粒显示出优良的细胞成像特性，并可能用于细胞内检测硝基芳烃污染物，如图 8-8 所示。

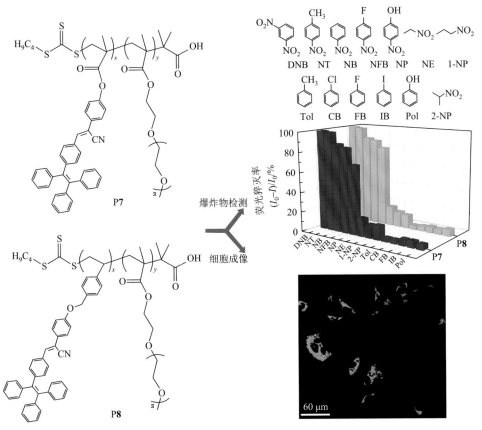

图 8-8　路建美课题组报道的侧链含 TPE 单元的 AIE 聚合物及其对硝基芳香类爆炸物检测

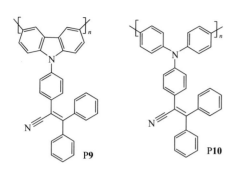

图 8-9 Ullrich Scherf 课题组报道的侧链
含 TPAN 单元 AIE 聚合物

Ullrich Scherf 课题组成功地合成了具有电子供体-电子受体结构的共轭聚合物 **P9** 和 **P10**，其中侧链的 2, 3, 3-三苯基丙烯腈（TPAN）为电子受体，主链的三苯胺和咔唑为电子供体，它们都表现出 AIE 活性和分子内电荷转移（ICT）行为[9]。**P9** 和 **P10** 在水/THF 混合溶液（9∶1，v/v）中形成纳米聚集体，可用来检测 1, 3, 5-三硝基苯（TNB），表现出信号放大效应的荧光猝灭，最大猝灭常数为 $5.5×10^5$ L/mol，如图 8-9 所示。

周金平课题组将 TPE 单元修饰在纤维素侧链，制备了具有 AIE 活性的纤维素纳米晶体（**P11**）[10]。在水中 **P11** 显示出良好的分散性和稳定的荧光，可通过荧光猝灭法对硝基芳烃化合物进行特异性检测。**P11** 可以定量且灵敏地识别苦味酸（PA）、2, 4-二硝基苯酚（DNP）和硝基苯酚（NP），检测限分别为 220 nmol/L、250 nmol/L 和 520 nmol/L。其识别机理为静态的荧光猝灭机理，即 **P11** 和爆炸物之间形成非荧光复合物，如图 8-10 所示。

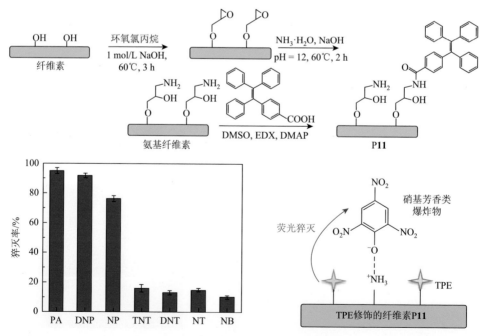

图 8-10 周金平课题组报道的 TPE 修饰的纤维素用于硝基芳香类爆炸物传感器

　　唐本忠课题组将 TPE 基团修饰在聚（ε-己内酯）的末端，制备具有 AIE 特性的结晶诱导荧光聚合物杂化纳米片（**P12**），并用于爆炸物检测[11]。在聚合物的结晶过程中，末端的 TPE 片段被挤出聚合物的片状晶体，并最终停留在表面。这种表面镶嵌有 AIE 基团的荧光纳米片对爆炸物检测显示出高灵敏性和高特异性。**P12** 纳米片对苦味酸可以实现特异性检测，其猝灭常数可达 3.8×10^5 L/mol，如图 8-11 所示，这种聚合物结晶诱导的荧光纳米材料为制造具有 AIE 分子富集区的功能性纳米材料提供了一个独特的途径。

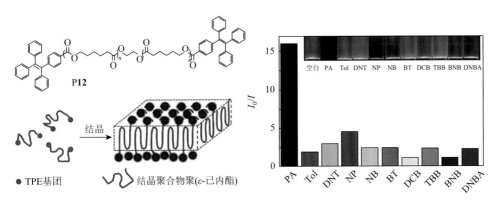

图 8-11　唐本忠课题组报道的端位 TPE 修饰的结晶聚合物用于硝基芳香类爆炸物传感器

2. 三维体型聚合物

　　三维体型聚合物一般由三个或三个以上聚合位点的单体聚合而成，具有多孔交联结构[12]、有机框架结构[13]或者超支化结构[14]。作为爆炸物传感器，三维体型聚合物的"孔道效应""尺寸效应""放大效应"等可以使其对爆炸物的识别更为灵敏。

　　因具有扩展的 π 共轭框架和多孔结构，共轭的多孔交联聚合物是潜在的荧光传感器材料。刘聪课题组设计合成了具有 AIE 活性的化合物（PhTPECz）作为电活性前体，该前体分子由多个 AIE 基团作为中心"核心"和八个咔唑电活性"臂"组成，采用简单的原位电聚合方法构建了一种强荧光发射的多孔交联聚合物薄膜（**P13**）[15]。**P13** 有两种可能的扭曲构象，计算出相应的孔径分别约为 1.2 nm 和 2.9 nm。由于该多孔聚合物膜的优异荧光性能和交联的多孔结构，**P13** 薄膜可实现对水介质中 2, 4, 6-三硝基苯酚的高灵敏检测，其检测限为 10.0 nmol/L，**P13** 薄膜还显示了对 2, 4, 6-三硝基苯酚蒸气的敏感检测，其检测机理是 PET 和 FRET 的协同作用，如图 8-12 所示。但由于交联聚合物的溶解性普遍不佳，不易进一步加工制备，制约了其功能化的应用。

　　田文晶课题组以具有 AIE 活性的 1, 1, 2, 2-四[4-甲酰-(1, 10-联苯)]-乙烷为单体，肼为连接剂，利用有"动态共价键"性质的席夫碱结构，制备了三种共轭网络聚合物[13]。通过调节合成条件，聚合物网络可以形成平面的交联聚合物纳米片

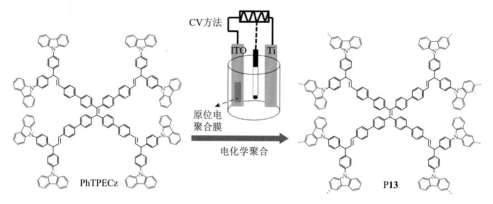

图 8-12　刘聪课题组报道的电化学原位合成的多孔聚合物用于硝基芳香类爆炸物传感器

（P14-A-NS）、共轭微孔聚合物（P14-A-CMP）或共价有机框架（P14-A-COF）。所有聚合物均表现出良好的稳定性和较高的荧光量子产率，且对 2, 4, 6-三硝基苯酚具有快速、选择性的荧光猝灭响应。在这三种材料中，P14-A-NS 对 PA 有最好的传感性能，其猝灭常数（K_{sv}）高达 8×10^5 L/mol，检测限为 0.09 µmol/L，如图 8-13 所示。该研究探索了基于相同构造基元构建具有不同纳米结构的共轭聚合物的各种策略，以实现对爆炸物的灵敏检测。

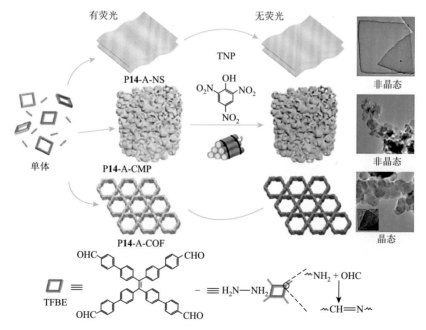

图 8-13　田文晶课题组报道的形貌可控的交联聚合物用于硝基芳香类爆炸物传感器

　　超支化聚合物因拥有高度枝化的聚合物链，使得其溶解性大大改善，也拓展了超支化聚合物的应用场景。AIE 超支化聚合物用于爆炸物检测时，通常表现出"超放大"效应，即检测体系的猝灭常数 K_{sv} 随爆炸物浓度增加而增大，对爆炸物的检测也越灵敏。李振课题组通过"$A_2 + B_4$"的方法，利用一锅式 Suzuki 偶联反应，构建了具有 AIE 性能且有良好发光性能的共轭超支化聚合物 P15[16]。该聚合物由于 TPE 单元的存在，表现出 AEE 活性。在"超放大"效应和共轭结构的"分子导线"效应的协同作用下，P15 作为高效的爆炸物传感器，无论是作为溶剂中分散的纳米颗粒还是负载在试纸上的固体状态，都具有很高的灵敏度。其中，处于溶液分散态时，P15 对苦味酸的检测限为 0.33 μg/mL（0.33 ppm）；40 μg/mL 的苦味酸溶液可以使 P15 的检测试纸的荧光完全猝灭，如图 8-14 所示。

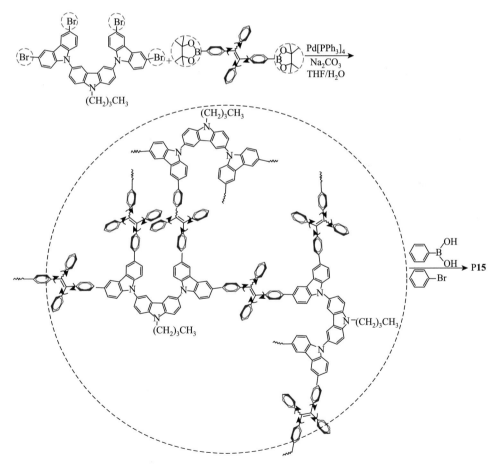

图 8-14　李振课题组报道的超支化聚合物 P15 用于硝基芳香类爆炸物传感器

　　李红坤课题组利用点击反应制备了含 TPE 单元的柔性超支化聚合物 **P16**[17]。**P16** 分子量高，且表现出非常好的规整性，在普通有机溶剂中具有良好的溶解性。超支化聚合物 **P16** 在溶液状态没有荧光，但在聚集态时有强荧光，表现出 AIE 活性。基于超支化聚合物的"超放大"效应，**P16** 可作为荧光传感器，用于高灵敏度的爆炸物检测。**P16** 对苦味酸检测的猝灭常数可达到 1.07×10^4 L/mol，如图 8-15 所示。

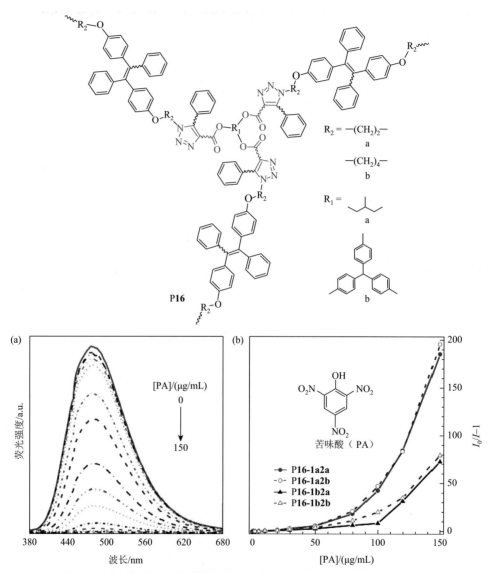

图 8-15　李红坤课题组报道的超支化聚合物用于硝基芳香类爆炸物传感器

（a）**P16-1a2a** 在 THF/H$_2$O（1/9，*v/v*）混合溶剂中加入不同浓度 PA 的荧光光谱；（b）**P16** 系列聚合物的 I_0/I–1 与 PA 浓度的关系图

8.3 AIE 聚合物在生物分子检测中的应用

　　张德清课题组制备了含有 TPE 基团的两亲性共聚物 **P17** 的荧光聚合物胶束[18]。**P17** 由含疏水的苯乙烯/TPE 组分和亲水的 *N*-甲基吡啶盐组分组成。在水溶液中，**P17** 发生自组装形成胶束，由于 TPE 处于胶束的疏水核内，其旋转受限导致聚合物胶束在 480 nm 处的荧光强度比在 DMSO/H$_2$O 中的荧光强度高 4.0 倍，其荧光量子产率为 0.12。高温导致胶束结构改变，**P17** 胶束的荧光强度在加热时降低，在进一步冷却后恢复。光物理研究结果表明，加入 I$_2$ 后，TPE 基团与 I$_2$ 形成静态络合物，导致 **P17** 胶束的荧光被猝灭，其荧光猝灭常数为 1.21×10^6 L/mol。由于过氧化氢与碘离子发生反应生成 I$_2$，因此，在过氧化氢与碘离子存在下，**P17** 胶束的荧光也能被猝灭，如图 8-16 所示。在过氧化氢存在时，**P17** 胶束荧光猝灭的优化反应条件是：胶束浓度为 5.5 μmol/L，

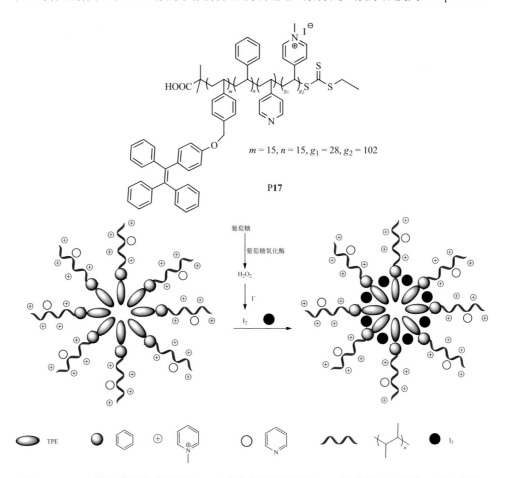

图 8-16　**P17** 的化学结构式及其与 I$_2$ 生成静态络合物导致 **P17** 胶束的荧光被猝灭的示意图

KI 浓度为 6.3×10^{-4} mol/L,反应时间为 20 min,反应温度为 25℃。众所周知,葡萄糖在葡萄糖氧化酶(GOx)作用下产生过氧化氢,通过串联酶法和化学氧化法,共聚物 **P17** 胶束、葡萄糖氧化酶和 KI 可用于葡萄糖的检测,其检测限为 2.29×10^{-6} mol/L,还原剂(抗坏血酸)和血清蛋白对葡萄糖的检测有一定的干扰,但由于血液中葡萄糖的浓度比这些干扰物高,**P17** 胶束、KI 和葡萄糖氧化酶的组装体对血液中葡萄糖的检测仍然敏感。

研究报道主链含咔唑衍生物的共轭聚吡啶盐(**P18**)具有 AIE 效应[19],其数均分子量为 13760,分子量分布为 1.83。它在 DMSO 溶液中弱发光,发射峰位于 615 nm,当加入 100%的水溶液后,其荧光强度增加 3 倍,发射峰蓝移到 603 nm,当 **P18** 的浓度从 5 μmol/L 增加到 100 μmol/L 时,其荧光强度增加 12 倍,表明 **P18** 具有 AIE 效应。带负电荷的小牛胸腺 DNA 与 **P18** 发生静电相互作用导致 **P18** 发生聚集产生荧光增强的现象,如图 8-17 所示。研究结果表明,当带负电荷的小牛胸腺 DNA(ctDNA)浓度从 0 mmol/L 增加到 95 mmol/L 时,**P18** 在乙醇-磷酸盐缓冲液(2 mmol/L,pH 7.4)(1:1,v/v)中的荧光强度增加约 2.4 倍,发射峰从 604 nm 蓝移至 586 nm。在 0~60 mmol/L 的浓度范围内,其荧光强度增加与 DNA 浓度有良好的线性关系,计算检测限为 1.2 μmol/L,DNA 与 **P18** 的络合常数为 9.93×10^{4} L/mol。

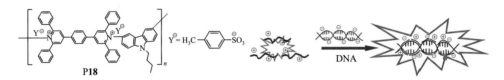

图 8-17　**P18** 的化学结构式及其与 **ctDNA** 发生静电相互作用导致 **P18** 的荧光增强的示意图

通过原子转移自由基聚合(ATRP)反应合成了含成像造影剂 Gd 的 AIE 效应两亲性星型四臂共聚物 **P19**[TPE-*star*-P(DMA-*co*-BMA-*co*-Gd)][20],聚合物中包含 2-(二甲氨基)甲基丙烯酸乙酯铵盐、甲基丙烯酸丁酯和 TPE 组分,当甲基丙烯酸丁酯含量为 0%、7%和 15%时,聚合物的聚合度分别为 18、23 和 24,如图 8-18 所示。当带正电荷的 **P19** 与带负电荷的细菌表面接触时,形成的静电络合物导致荧光发射开启和磁共振(MR)纵向弛豫率增强,因此 **P19** 可作为水介质中大肠杆菌的荧光和 MR 双通道传感探针,其最低检测限分别约为 8.5×10^{5} CFU/mL 和 5×10^{3} CFU/mL。此外,**P19** 对革兰氏阴性菌(大肠杆菌和铜绿假单胞菌)和革兰氏阳性菌(金黄色葡萄球菌)均具有抗菌活性。

董宇平课题组设计合成一系列主链含 AIE 组分(TPE)和 ACQ 组分(芴)的共轭聚合物,然后通过季铵化反应得到一系列 TPE 和芴含量不同的聚电解质 **P20**[21]。**P20-1** 和 **P20-2** 的发射峰分别位于 522 nm 和 509 nm,**P20-3** 和 **P20-4** 有

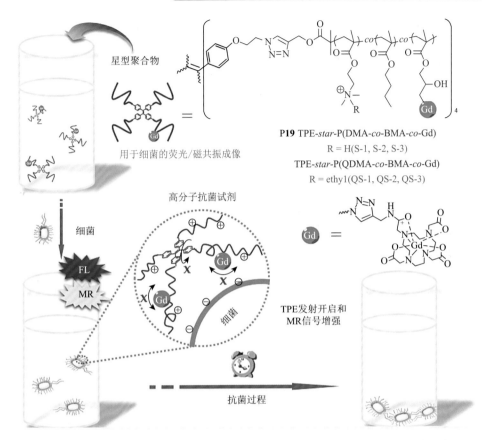

星型聚合物

用于细菌的荧光/磁共振成像

P19 TPE-*star*-P(DMA-*co*-BMA-*co*-Gd)
R = H(S-1, S-2, S-3)
TPE-*star*-P(QDMA-*co*-BMA-*co*-Gd)
R = ethy1(QS-1, QS-2, QS-3)

细菌

FL

MR

高分子抗菌试剂

细菌

TPE发射开启和
MR信号增强

抗菌过程

图 8-18 **P19** 的化学结构式及其与细菌发生静电相互作用导致 **P19** 荧光变化的示意图

2 个特征发射峰，分别是 502 nm/426 nm 和 498 nm/421 nm。在水/THF 混合溶液中，**P20-1** 在 THF 含量大于 60%时荧光开始增强，当 THF 含量为 99%时，荧光强度最大，为水溶液中荧光强度的 2.5 倍，同时荧光发射峰从 522 nm 蓝移到 510 nm，**P20-2** 与 **P20-1** 具有类似的 AIE 现象。但 **P20-3** 和 **P20-4** 却表现出与 **P20-1** 不同的 AIE 现象，当 THF 含量低于 60%时，芴和 TPE 的荧光发射有轻微的降低，THF 含量大于 60%时，芴的发射随着 THF 含量的增加而降低，而 TPE 的发射随着 THF 含量的增加而增强，当 THF 含量达 99%时，芴和 TPE 的发射分别达到最小和最大。肝素是含多个负电荷的生物分子，与带正电荷的 **P20** 发生静电相互作用，导致 **P20** 聚集发生荧光增强。源于 TPE 和芴段对聚集的不同光物理响应，研究发现随着肝素浓度的增加，TPE 的荧光量子产率不断增加（约 2.6 倍），而芴的荧光量子产率不断降低（约 10 倍），通过双通道荧光响应定量检测 1～10 μmol/L 的肝素，具有选择性好、灵敏度高和可靠性强的特点，如图 8-19 所示。

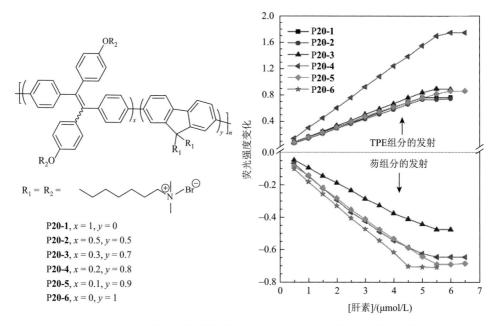

图 8-19　P20 的化学结构式及其与肝素发生静电相互作用的荧光变化图

　　唐本忠课题组通过末端二炔、二醛和脲的原位聚合反应得到一系列具有 AIE 特性的多功能聚噁嗪杂环[22]，其重均分子量高达 49900，具有强的固态发射。由于噁嗪杂环具有质子化能力，该类聚合物可作为快速响应、可逆的氨荧光传感器，其检测限为 960 ppb，并可应用于生物胺和海鲜腐败的检测。此外，这类聚合物纳米颗粒在细胞成像中显示出优异的溶酶体靶向特异性。同时，该类聚合物具有比率 pH 敏感性，有助于胃肠道的生理 pH 的可视化。以淡水枝角藻为模型生物，将其与该聚合物纳米粒子共培养，共聚焦图像表明，淡水多刺裸腹蚤的前肠和后肠 pH 分别为 4.2 和 7.8。

　　汪凌云课题组合成了一种具有电子推拉结构的 AIE 聚合物 P21（图 8-20），吡咯并吡咯二酮和三苯胺分别作为电子受体和电子供体[23]。由于聚合物结构中存在分子内电荷转移，P21 具有显著的溶剂致变色效应，因此可用作 THF 中低浓度水的定性和定量检测的荧光指示剂。P21 被 CH$_3$I 季铵化后得到带正电荷的 P22，与带负电荷的牛血清白蛋白发生静电络合和疏水相互作用，导致 P22 聚集并发生荧光增强。例如，在 DMSO/PBS（1∶1，*v/v*）体系中加入 BSA，荧光强度增加了 1.9 倍，可实现对 BSA 的定量检测。

　　最近，有文献报道非手性聚集诱导发射增强（AIEE）活性共轭聚合物 P23 可实现对组氨酸对映体的选择性识别[24]，聚合物主链包含 TPE 和可与 Cu^{2+}络合的三氮唑-吡啶组分（图 8-21）。其检测原理是：P23 在四氢呋喃和水的混合溶液中发出亮绿色荧光，当 P23 与 Cu^{2+}发生络合后，荧光被猝灭，P23-Cu^{2+}复合物对组氨

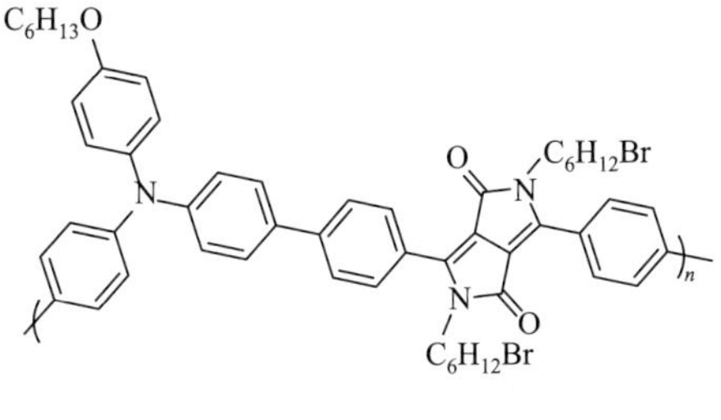

图 8-20　P21 和 P22 的化学结构式

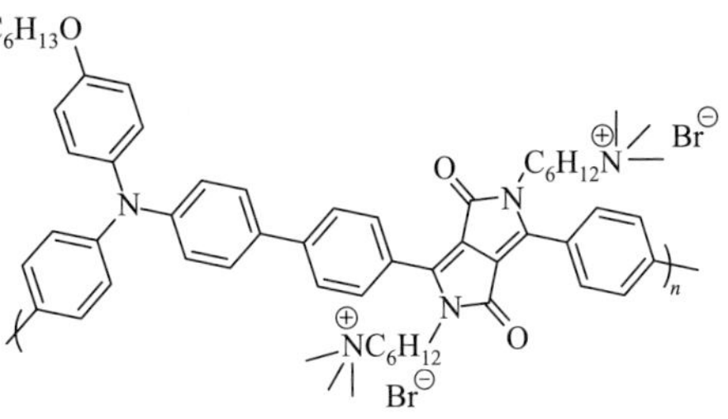

酸的选择性反应优于其他氨基酸，当加入 200 eq 的组氨酸，最大发射峰的荧光强度增加 10.5 倍，具有明显的荧光恢复响应，为 P23 初始荧光的 60%。此外，圆二色谱数据表明 P23-Cu^{2+}复合物也可实现对组氨酸对映体的选择性识别，其识别机理为 P23-Cu^{2+}复合物与组氨酸形成三元 P23-Cu^{2+}-组氨酸复合物。

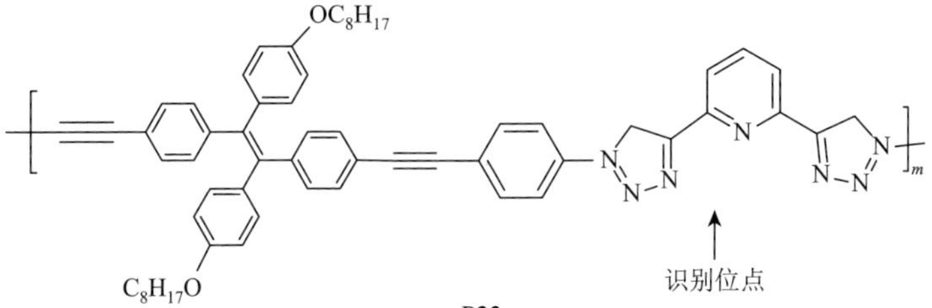

图 8-21　P23 的化学结构式

8.4　AIE 聚合物在离子检测中的应用

秦安军课题组利用 Cu$^+$催化的点击聚合反应合成具有聚集诱导发光增强（AEE）的阴离子聚合物 P24[25]，该聚合反应条件温和，反应 6 h 后，重均分子量达 190300，分子量分布为 2.06，产率高达 98.1%。由于聚合物结构中磺酸基的存在，P24 溶于 DMF 和 DMSO，部分溶于水，不溶于 THF。P24 在 DMF 溶液中的荧光很弱，发射峰位于 492 nm，当不良溶剂 THF 含量为 70% 时，发射还是很微弱，当 THF 含量为 90% 时，发射强度增加 5.8 倍，其荧光量子产率也从 0.6%（DMF 溶液）增加到 11.7%（DMF/THF 体积比为 1∶9），表现出明显的 AEE 特性。在 DMSO/水体积比为 95∶5 的混合溶液中，加入 Al^{3+}使得溶液荧光发射增强，其他金属离子无此效应。其检测机理为 Al^{3+}分别与 P24 中三氮唑环中 3 位 N 原子和另一个聚合物中磺酸根阴离子作用,拉近了两个聚合物链的距离,限制了 P24 中 TPE 基团苯环的旋转,使得 P24 发射增强,如图 8-22 所示。P24 对 Al^{3+}的检测限为 31 ppb,远远低于美国国家环境保护局和 WHO 规定的饮用水中 Al^{3+}浓度(分别为 200 ppb 和 0.2 mg/L)。

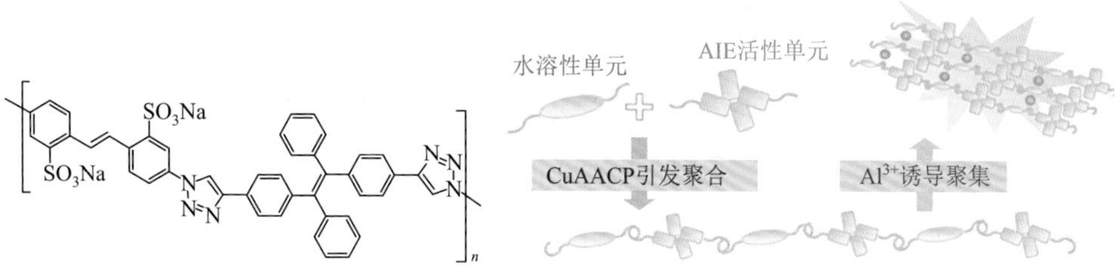

图 8-22　P24 的化学结构式及其对 Al^{3+}检测的机理示意图

基于水杨醛吖嗪类的荧光分子具有 AIE 和 ESIPT 特征,卢江课题组通过醛-肼缩合反应合成了两亲性 AIE 聚合物(P25)[26],如图 8-23 所示。聚合物重复单元中引入亲水的 PEG 链段,该聚合物在 THF 中发弱荧光,加入不良溶剂正己烷,荧光强度增加,当正己烷含量达到90%时,其荧光强度增加 5 倍。该聚合物在水中可自组装成稳定的胶束,其粒径为 40.5 nm,临界胶束浓度为 7.1 μg/mL,并发出橘色的强荧光,此外,该聚合物具有热敏感性,由于聚合物结构的水杨醛部分可与金属离子配位,胶束通过 570 nm 处荧光猝灭检测水中 Cu^{2+},检测限为 53 nmol/L,所形成的 $P25$-Cu^{2+}体系可用作"荧光开"探针检测 S^{2-},检测限为 0.24 μmol/L。

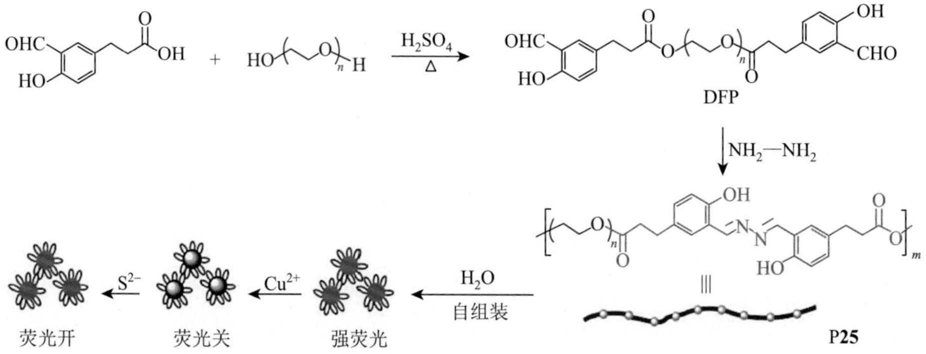

图 8-23　P25 的化学结构式及其对 Cu^{2+}和 S^{2-}检测的机理示意图

UO$_2^{2+}$ 是一种半衰期长、对人体有害的放射性离子，基于 AIE 活性的聚合物 **P26** 纳米颗粒被制备成便携式电化学发光系统用于检测 UO$_2^{2+}$ [27]。**P26** 含 TPE 和硼酮亚胺组分，可通过 Suzuki 方法合成。**P26** 先通过纳米沉淀法制备成纳米颗粒，然后用 ssDNA 改性以便捕获 UO$_2^{2+}$，这样可以通过共振能量转移放大改性后纳米颗粒的电化学信号（图 8-24）。这个探针只对 UO$_2^{2+}$ 有响应，产生明显的电化学发光信号，并具有良好的选择性，其检测限为 10.6 ppm。此外，这个探针还可以制备成便携式检测器用于野外检测 UO$_2^{2+}$。

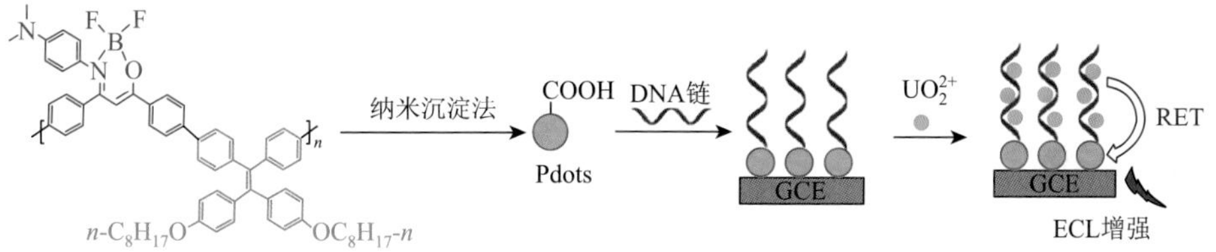

图 8-24　**P26** 的化学结构式及其对 UO$_2^{2+}$ 检测的机理示意图

二羧酸假冠基团可络合 Pb^{2+}。有报道通过 Suzuki 反应合成一系列含二羧酸假冠识别基的 AIE 聚合物[28]，在强极性溶剂（如水）中，TPE 聚集导致聚合物发强荧光，一旦加入 Pb^{2+}，离子间的作用超过 TPE 间的 CH-π 作用，使得聚合物的聚集体解聚，导致荧光猝灭，实现"荧光关"模式；在弱极性良溶剂中，分散态聚合物发弱荧光，Pb^{2+} 的加入使得聚合物链发生聚集形成聚合物-Pb^{2+} 配合物，在弱极性溶剂中溶解度下降，导致荧光增强，实现"荧光开"模式，因此，通过改变检测溶剂体系可实现对 Pb^{2+} 的双模式荧光检测（图 8-25）。最近有文献报道含 TPE 的无规聚合物在 THF/水体系中形成强荧光的聚集体，这些聚集体的荧光被 Pd^{2+} 猝灭[29]，荧光猝灭程度与聚合物结构和溶剂极性相关，检测限为 0.03 μmol/L，其猝灭机理为动态猝灭。

有报道通过 Sonogashira 反应合成具有 AIEE 活性的聚合物 **P27**[30]，聚合物主链中 TPE 是 AIE 基团，苯并噻唑是金属离子识别基团。在 THF/水体系中，当水含量为 90% 时，525 nm 处的荧光强度增加 3.17 倍，以 THF/水（1∶9）为检测体系，发现 Hg^{2+} 和 Ag$^+$ 的加入使得 525 nm 处荧光猝灭，如 1 mmol/L 的 Hg^{2+} 猝灭了 88% 的荧光，0.4 mmol/L 的 Ag$^+$ 猝灭了 91.5% 的荧光。其检测机理为：由于 Hg^{2+} 和 Ag$^+$ 对 S 原子具有亲和性，Hg^{2+} 与 **P27** 形成 1∶1 的配合物，而 Ag$^+$ 与 **P27** 形成 1∶2 的配合物，如图 8-26 所示。

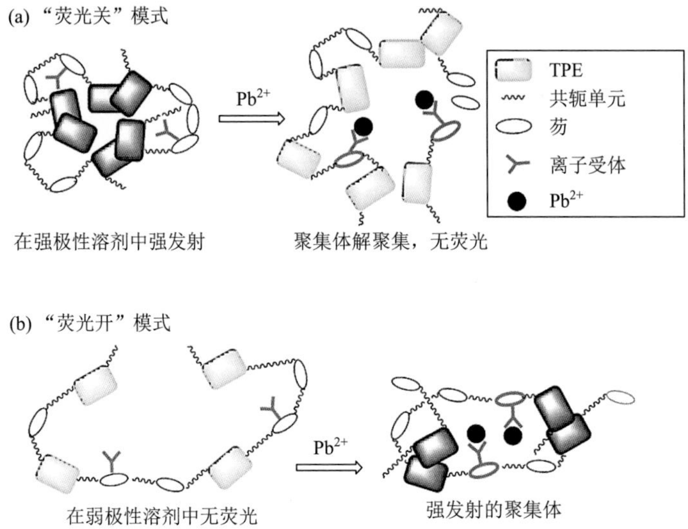

(a) “荧光关”模式
TPE
共轭单元
芴
离子受体
Pb2+
Pb2+
在强极性溶剂中强发射
聚集体解聚集，无荧光
(b) “荧光开”模式
Pb2+
在弱极性溶剂中无荧光
强发射的聚集体

图 8-25 不同荧光信号检测 Pb^{2+}的机理示意图

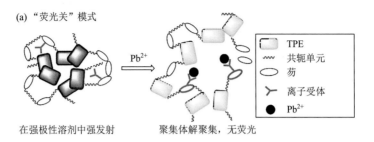

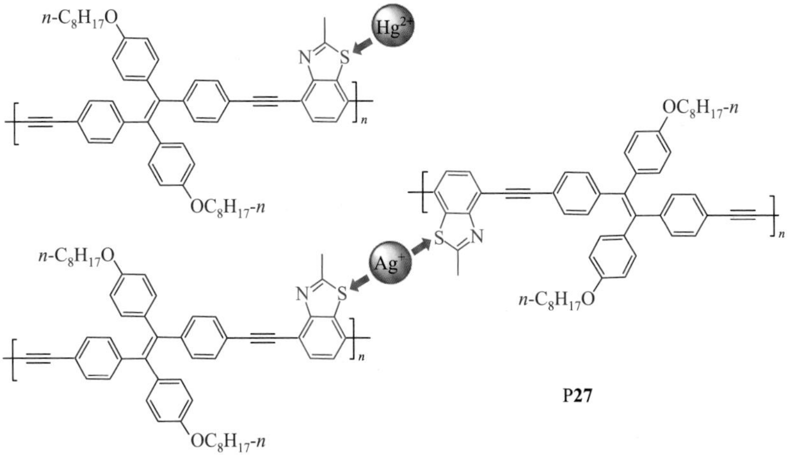

n-C8H17O
Hg2+
OC8H17-n
Ag+
P27

图 8-26 P27 的化学结构式及其对 Hg^{2+}和 Ag^{+}检测的机理示意图

胸腺嘧啶与 Hg^{2+}容易形成胸腺嘧啶-Hg^{2+}-胸腺嘧啶三元络合物，有报道将侧链修饰有胸腺嘧啶、具有 AIEE 活性的聚合物用于 Hg^{2+}的检测[31]。由于胸腺嘧啶对 Hg^{2+}的亲和性，加入 Hg^{2+}使得聚合物发生聚集，导致荧光增强，当加入 0.24 mmol/L Hg^{2+}时，荧光强度增加 2.4 倍，检测限为 15.3 nmol/L。也有文献报道利用 Hg^{2+}与 AIE 聚合物中的三氮唑单元配位导致荧光猝灭，以实现对 Hg^{2+}的检测[32]。

（汪凌云　曹德榕）

参 考 文 献

[1]　Zhou H，Wang X B，Lin T T，et al. Poly(triphenyl ethene) and poly(tetraphenyl ethene)：synthesis，aggregation-induced emission property and application as paper sensors for effective nitro-compounds detection. Polymer Chemistry，2016，7（41）：6309-6317.

[2]　Liang X Q，Wen L X，Mi Y F，et al. Highly cross-linked polymeric nanoparticles with aggregation-induced emission for sensitive and recyclable explosive detection. Dyes and Pigments，2021，191：109369.

[3]　Chi W W，Zhang R Y，Han T，et al. Facile synthesis of functional poly(methyltriazolylcarboxylate)s by solvent- and catalyst-free butynoate-azide polycycloaddition. Chinese Journal of Polymer Science，2020，38：17-23.

[4]　Li P Y，Qu Z，Chen X，et al. Soluble graphene composite with aggregation-induced emission feature：non-covalent functionalization and application in explosive detection. Journal of Materials Chemistry C，2017，5（25）：6216-6223.

[5]　Dineshkumar S，Laskar I R. Study of the mechanoluminescence and 'aggregation-induced emission enhancement' properties of a new conjugated oligomer containing tetraphenylethylene in the backbone：application in the selective and sensitive detection of explosive. Polymer Chemistry，2018，9（41）：5123-5132.

[6]　Zhang Y，Shen P，He B，et al. New fluorescent through-space conjugated polymers：synthesis，optical properties and explosive detection. Polymer Chemistry，2018，9（5）：558-564.

[7]　Li Q，Li X，Wu Z，et al. Highly efficient luminescent side-chain polymers with short-spacer attached tetraphenylethylene AIEgens via RAFT polymerization capable of naked eye explosive detection. Polymer Chemistry，2018，9（30）：4150-4160.

[8]　Zhou S，Gu P，Wan H，et al. TPE-containing amphiphilic block copolymers：synthesis and application in the detection of nitroaromatic pollutants. Polymer Chemistry，2020，11（45）：7244-7252.

[9]　Dong W Y，Pina J，Pan Y Y，et al. Polycarbazoles and polytriphenylamines showing aggregation-induced emission（AIE）and intramolecular charge transfer（ICT）behavior for the optical detection of nitroaromatic compounds. Polymer，2015，76：173-181.

[10]　Ye X，Wang H，Yu L，et al. Aggregation-induced emission（AIE）-labeled cellulose nanocrystals for the detection of nitrophenolic explosives in aqueous solutions. Nanomaterials，2019，9（5）：707.

[11]　Liang G，Weng L T，Lam J W Y，et al. Crystallization-induced hybrid nano-sheets of fluorescent polymers with aggregation-induced emission characteristics for sensitive explosive detection. ACS Macro Letters，2014，3（1）：21-25.

[12]　Ryu S H，Lee D H，Ko Y J，et al. Aligned tubular conjugated microporous polymer films for the aggregation-induced emission-based sensing of explosives. Macromolecular Chemistry and Physics，2019，220（11）：1900157.

[13]　Jiang S，Meng L，Ma W，et al. Morphology controllable conjugated network polymers based on AIE-active building block for TNP detection. Chinese Chemical Letters，2021，32（3）：1037-1040.

[14]　Wu W，Ye S，Huang L，et al. A functional conjugated hyperbranched polymer derived from tetraphenylethene and oxadiazole moieties：synthesis by one-pot "A₄ + B₂ + C₂" polymerization and applicaion as explosive chemosensor and PLED. Chinese Journal of Polymer Science，2013，31：1432-1442.

[15]　Hao H，Xu C，Luo H，et al. An AIE luminogen-based electropolymerized film：an ultrasensitive fluorescent probe for TNP and Fe³⁺ in water. Materials Chemistry Frontiers，2021，5（1）：492-499.

[16] Wu W，Ye S，Huang L，et al. A conjugated hyperbranched polymer constructed from carbazole and tetraphenylethylene moieties: convenient synthesis through one-pot "$A_2 + B_4$" Suzuki polymerization, aggregation-induced enhanced emission, and application as explosive chemosensors and PLEDs. Journal of Materials Chemistry，2012，22（13）：6374-6382.

[17] Chi W，Yuan W，Du J，et al. Construction of functional hyperbranched poly(phenyltriazolylcarboxylate)s by metal-free phenylpropiolate-azide polycycloaddition. Macromolecular Rapid Communications，2018，39（24）：1800604.

[18] Shen X，Shi Y，Peng B，et al. Fluorescent polymeric micelles with tetraphenylethylene moieties and their application for the selective detection of glucose. Macromolecular Bioscience，2012，12（11）：1583-1590.

[19] Sun J，Lu Y，Wang L，et al. Fluorescence turn-on detection of DNA based on the aggregation-induced emission of conjugated poly(pyridinium salt)s. Polymer Chemistry，2013，4（14）：4045-4051.

[20] Li Y，Yu H，Qian Y，et al. Amphiphilic star copolymer-based bimodal fluorogenic/magnetic resonance probes for concomitant bacteria detection and inhibition. Advanced Materials，2014，26（39）：6734-6741.

[21] Shi J，Wu Y，Tong B，et al. Tunable fluorescence upon aggregation: photophysical properties of cationic conjugated polyelectrolytes containing AIE and ACQ units and their use in the dual-channel quantification of heparin. Sensors and Actuators B：Chemical，2014，197：334-341.

[22] Hu Y，Han T，Yan N，et al. Visualization of biogenic amines and *in vivo* ratiometric mapping of intestinal pH by AIE-active polyheterocycles synthesized by metal-free multicomponent polymerizations. Advanced Functional Materials，2019，29（31）：1902240.

[23] Wang L，Yang L，Li L，et al. The synthesis and highly sensitive detection of water content in THF using a novel solvatochromic AIE polymer containing diketopyrrolopyrrole and triphenylamine. New Journal of Chemistry，2016，40（8）：6706-6713.

[24] Wei G，Jiang Y，Wang F. A achiral AIEE-active polymer-Cu(II) complex sensor for highly selective and enantioselective recognition of histidine. Tetrahedron Letters，2020，61（14）：151722.

[25] Dong W，Wu H，Chen M，et al. Anionic conjugated polytriazole: direct preparation, aggregation-enhanced emission, and highly efficient Al^{3+} sensing. Polymer Chemistry，2016，7（37）：5835-5839.

[26] Huang J，Qin H，Liang H，et al. An AIE polymer prepared via aldehyde-hydrazine step polymerization and the application in Cu^{2+} and S^{2-} detection. Polymer，2020，202：122663.

[27] Wang Z，Pan J，Li Q，et al. Improved AIE-active probe with high sensitivity for accurate uranyl ion monitoring in the wild using portable electrochemiluminescence system for environmental applications. Advanced Functional Materials，2020，30（30）：2000220.

[28] Saha S K，Ghosh K R，Gao J P，et al. Highly sensitive dual-mode fluorescence detection of lead ion in water using aggregation-induced emissive polymers. Macromolecular Rapid Communications，2014，35（18）：1592-1597.

[29] Liu X，Chen T，Yu F，et al. AIE-active random conjugated copolymers synthesized by ADMET polymerization as a fluorescent probe specific for palladium detection. Macromolecules，2020，53（4）：1224-1232.

[30] Wei G，Jiang Y，Wang F. A novel AIEE polymer sensor for detection of Hg^{2+} and Ag^+ in aqueous solution. Journal of Photochemistry and Photobiology A：Chemistry，2018，358：38-43.

[31] Sun X，Shi W，Ma F，et al. Thymine-covalently decorated, AIEE-type conjugated polymer as fluorescence turn-on probe for aqueous Hg^{2+}. Sensors and Actuators B：Chemical，2014，198：395-401.

[32] Wei G，Jiang Y，Wang F. A new click reaction generated AIE-active polymer sensor for Hg^{2+} detection in aqueous solution. Tetrahedron Letters，2018，59（15）：1476-1479.

第**9**章

>>

高分子聚集体的圆偏振发光和电致化学发光材料

9.1 ▶ 引言

相比于有机小分子，共轭高分子（CPs）链骨架结构中离域 π 电子云如同"分子导线"，电子或能量可沿着刚性的 D-π-A/D-A 型高分子共轭链迁移形成累积效应，使得其性能得到放大，因而受到了有机功能材料化学研究者的广泛关注[1, 2]。例如，在共轭高分子骨架引入不同类别电子效应的官能团以对其进行结构修饰，可在分子水平上调控其光电性质，展示较高摩尔吸光系数、良好载流子迁移率、较强分子内电荷转移（ICT）能力、较高荧光强度和量子产率[3, 4]。在过去的三十多年内，基于共轭高分子的新型材料被广泛应用于荧光传感器、有机发光器件、太阳能电池、生物探针等领域[5-8]。共轭高分子由于独特的荧光传感信号放大响应，在活细胞成像、生物荧光探针、疾病诊疗及化学检测等方面具有明显优势[9-11]。

在实际应用中，共轭高分子多以聚集体的形式存在，可以提高其在光电领域的适用性与生物传感领域的灵敏度。通常制备共轭高分子的聚集体主要采用以下两种方式：①将共轭高分子溶解在良溶剂中，通过将溶液滴涂/旋涂于载片上，然后干燥成膜；②将共轭高分子溶解在良溶剂中，通过加入不良溶剂，高分子溶解度降低，聚合物开始聚集成不同尺度的颗粒。这些高分子聚集体不仅继承了共轭高分子优异的光学性能，还具有发光可调控性强、制备简单、荧光强度高、生物毒性低和光化学稳定性好等特性，在光电器件、生物医学分析及成像方面逐渐成为热点研究领域[12]。

9.2　高分子聚集体的圆偏振发光材料

9.2.1　圆偏振发光基本原理

手性（chirality）这一概念，是指某些物质或系统的一种自体与其镜像不能重合的不对称性质，即非镜面对称，是三维物体的一个基本属性。手性结构广泛存在于自然界及生命体系中，涵盖了不同的空间尺度，从亚原子和分子尺度，到如超分子及 DNA 和蛋白质等生物大分子的纳微米尺度，再到生命体系的宏观尺度，如动植物上，乃至银河星系的光年尺度上，都可以观察到不对称性身影。手性物质在大自然的生命体中发挥着不可替代的作用，也给神奇的自然界蒙上了一层美丽而诱人的面纱，手性之美吸引了如天文、物理、生命和化学等各个领域的科学家对其进行了广泛而深入的研究。化学中的手性分子，是同分异构体的一种。通常具有手性的有机化合物，是互为镜像关系的对映异构体。随着对手性分子的深入研究，科学家发现手性分子能够显示出独特的光学活性，常见的有旋光性（optical activity）、圆二色性（circular dichroism，CD）和圆偏振发光（circularly polarized luminescence，CPL）等。

麦克斯韦（Maxwell）电磁场理论指出，光具有波粒二象性，是一种横电磁波，其电振动矢量 E 和磁振动矢量 H 都与传播速度 V 垂直［图 9-1（a）］。在统计水平上矢量分布对称，光矢量的振幅（光强度）相等的光，为各向同性的光，则表现出无偏振性；例如，这种电振动方向与传播方向的不对称性就是光的偏振［图 9-1（b）］。根据振幅和相位的区别，可将偏振光按照电振动矢量端点的轨迹主要分为椭圆偏振光、圆偏振光及线偏振光［图 9-2（a）］[13, 14]，其轨迹形状分别为椭圆、圆形和直线。对于圆偏振光，电振动矢量的大小保持不变（振幅相等），而振动方向随时间以恒定的速度在垂直传播方向的平面上转动［图 9-2（b）］[13]。根据玻恩左手定则及光矢量随着前进方向的旋转方向不同，圆偏振光可分为左旋圆偏振光（L-CPL）和右旋圆偏振光（R-CPL）。手性有机分子的某些特征中最为常见光学活性，可以用 CD 和 CPL 来表征。手性光学活性物质对 L-CPL、R-CPL 的吸收率不同，其差值便为该物质的 CD，通常 CD 光谱产生的科顿（Cotton）效应反映其手性物质的基态手性结构和基态的电子手性特征[15-18]。手性光学活性物质在被激发后从激发态返回基态的过程中会发射出不同强度的 L-CPL 和 R-CPL，这代表的是其激发态的手性特征。手性发光体系发射的圆偏振光的偏振程度可用发光不对称因子 g_{lum} 来衡量，g_{lum} 可由公式 $g_{lum} = 2(I_L - I_R)/(I_L + I_R)$ 计算得出，其中 I_L 和 I_R 分别指 L-CPL 和 R-CPL 的强度，因此 g_{lum} 值的大小在[−2, 2]范围内，越接近−2 或 2

表明圆偏振光偏振程度越高[19]。此外，研究偶极子跃迁，电子跃迁偶极矩对产生 CPL 信号的作用时，g_{lum} 值通常用以下方程来表示：

$$g_{lum} \cong 4\frac{|m_{ij}|}{|\mu_{ij}|}\cos\theta_{\mu,m}$$

其中，μ_{ij} 和 m_{ij} 分别为电、磁跃迁偶极矩矢量；$\theta_{\mu,m}$ 为它们之间的夹角[19, 20]。对于磁偶极子跃迁允许和电偶极子跃迁禁阻材料，可以得到较高的 g_{lum} 值[21]。

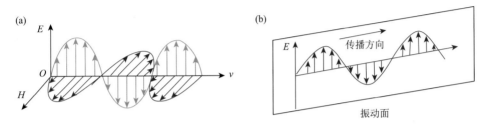

图 9-1　电磁波电场 *E*、磁场 *H* 与传播方向 *v* 的示意图

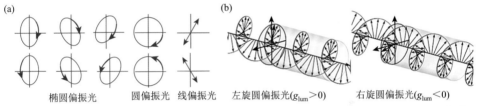

图 9-2　（a）按照电振动矢量端点的轨迹分类的偏振光；（b）CPL 电振动矢量方向[13, 14]

9.2.2　偏振光应用和圆偏振发光材料设计

从 19 世纪到现在，偏振光的应用已有悠久的历史，如摄影、汽车车灯、偏振太阳镜、望远镜、LCD 液晶屏、偏光显微镜、可逆光数据存储器、保密刻录光盘信息等光学材料。通常光源发出的光为各向同性的自然光，非偏振的自然光通过手性向列相液晶也可转变成圆偏振光，但转变过程中，各种偏振光片对入射光都有一定的吸收。另外，部分入射光的能量转变成热能或通过光散射而被损失掉，导致只有较少部分的光能得到利用，最终影响显示亮度。在主动显示设备中各种发光器件产生的单色光一般也是非偏振光，同样也需要转变成圆偏振光。各式各样的偏振器结构复杂，光利用率低。而使用有机 CPL 材料作为发光器件的活性层，能使光源的利用率几乎达到 100%，可大大地改善信息显示器的亮度和清晰度。相比于相应的无机材料，有机 CPL 材料具有许多优势，如易制造加工、柔韧性好、工作电压低、耐形变稳定性高、发光颜色易调节等。由于有机分子发射光的振动方向与其分子长轴方向一致，且有机高分子可通过机械方法或分子设计使其采取

一定的构象从而获得偏振发光,这使得发光高分子作为 CPL 的发射源成为可能。例如,在共轭发光高分子主链或侧链引入手性单元,CPL 信号就会被观察到,可作为 CPL 发光高分子材料。传统的发光体通常在溶液态的单分子状态具有高的荧光量子产率,但是当它们处于聚集态时,聚集导致荧光猝灭效应(aggregation-caused quenching,ACQ)作用显著降低其荧光量子产率[22, 23]。而对于 CPL 材料,获得高发射效率和光谱稳定性是极其重要的,这将直接影响 CPL 材料的实际应用。为了克服这一现象,在 2001 年,唐本忠团队首次发现了一种溶液态的单分子状态发光微弱而聚集态发射出超强荧光增强的现象,称为聚集诱导发光(aggregation-induced emission,AIE),具有这种现象的发光体称为聚集诱导发光体(aggregation-induced emission luminogen,AIEgen)(图 9-3)[12, 24-29]。这种现象是由于聚集态时,分子内的转动和振动受到限制而产生的,这大大改善了发光体的荧光量子产率。例如,从分子层次上对手性共轭高分子中手性单元和具有 AIE 活性的荧光团进行合理的结构修饰,可获得量子产率高的、可调控发射波长与强度的 CPL 材料。

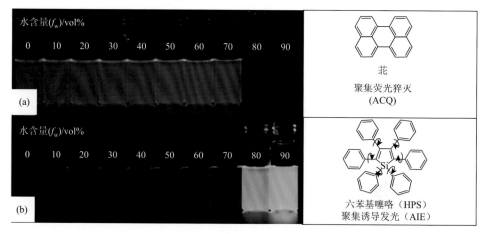

图 9-3 ACQ 和 AIE 的发光特性[26]

9.2.3 具有 AIE 活性的手性高分子圆偏振发光材料

2018 年,唐本忠课题组[30]以含叠氮单元的具有 AIE 活性四苯乙烯(TPE)为发光团和单体,通过 Cu(Ⅰ)催化点击反应与含手性丙氨基酸酯单体合成得到具有 AIE 活性的手性聚三唑高分子 [图 9-4,P(TPE-alanine)]。P(TPE-alanine)展示出典型的 AIE 特征,成功实现了原位可视化自组装、聚集诱导荧光增强发射和 CPL 信号。这种 TPE-alanine 手性高分子能够自组装成荧光纳米/微米结构,在低浓度下通过调整 P(TPE-alanine)溶液的浓度和水含量(f_{w})观测其形貌变化,原子力显微镜（AFM）、透射电子显微镜（TEM）和扫描电子显微镜（SEM）表征揭示：形成的纳米结构经历了从囊泡、"梨形项链"到螺旋纳米纤维和微纤维的形态转变（图 9-5）。在高浓度下，荧光显微镜（FM）可观测形成的微聚集体，实现具有 AIE 活性的手性高分子组件的"荧光"形态改变过程的简单和直接的原位可视化。该手性高分子虽在 THF 溶液态无 CPL 信号，因其具有良好的成膜性和透明性，聚集薄膜显示出高效的荧光发射强度、圆二色性（AI-CD）和良好的圆偏振发光（AI-CPL，g_{lum} = 0.0045），展示其未来在光电子器件领域中的应用前景。

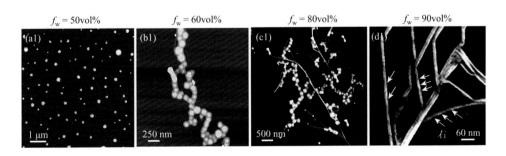

图 9-4　手性高分子 P(TPE-alanine)的合成路线（a）与不同 f_w 浓度（THF/H$_2$O）自组装和形态转变（b）[30]

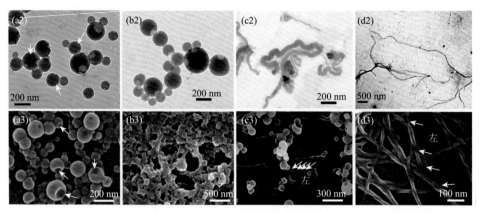

图 9-5 具有 AIE 活性的手性高分子（1.0×10⁻⁵ mol/L）在 THF/H₂O 溶液中的 AFM(a1～d1)，TEM(a2～d2)和 SEM(a3～d3)图像[30]

2020 年，唐本忠和李冰石课题组[31]进一步以 L-苯丙氨酸及其酯化物为手性单体，与含叠氮 TPE 的单体（发光团）通过点击聚合反应，合成得到侧链含手性苯丙氨酸及其酯的两种具有 AIE 活性的手性高分子（图 9-6）。若向含羧酸聚合物中分别加入手性(1S, 2S)-环己烷-1, 2-二胺（Chxn）和(1R, 2R)-Chxn，通过分子间多重氢键作用，形成主客体聚合物自组装体，此类手性超分子组装体不仅具有 AIE 特征，还展示强 CD 与 CPL 响应信号。尤其(1S, 2S)-Chxn 与 TPE-苯丙氨酸共聚物形成自组装体系，可形成规则的螺旋纤维排列和强 CPL 发射信号（图 9-7）。另外，他们还观察到自组装过程中，手性侧基通过氢键作用促进手性诱导从侧链转移至主链，且氢键作用越强，侧链手性诱导主链发光体产生的 CPL 信号越强（g_{lum} 分别为 0.0025、0.0075 和 0.018）。结果表明通过侧链分子间氢键相互作用方式细微变化，自组装过程能够导致具有 AIE 活性的手性高分子排列更加有序，促进聚合物 CPL 信号放大。

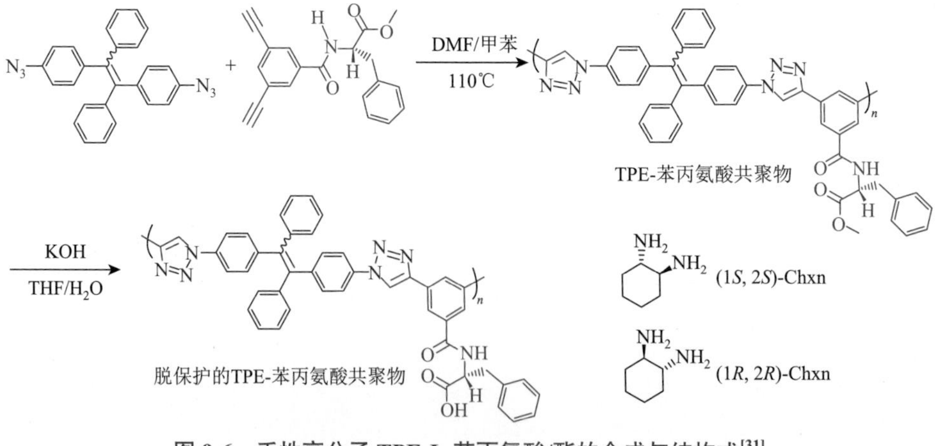

图 9-6 手性高分子 TPE-L-苯丙氨酸/酯的合成与结构式[31]

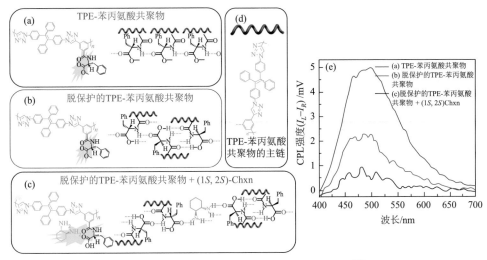

图 9-7　氢键形成示意图及各体系 CPL 光谱[31]

　　成义祥课题组一直致力于开发具有 AIE 活性的手性共轭高分子 CPL 材料体系[32-36]。在 2015 年，他们课题组[32]首先设计合成了以 TPE 为发光桥联单体，*R/S*-联萘衍生物为手性单体，通过 Pd 催化 Sonogashira 偶联反应，形成二组分主链手性共轭高分子异构体（*R/S*-BINOL-TPE）（图 9-8）。研究表明，该手性共轭高分子具有明显的聚集诱导荧光增强效应，且聚集态对 CPL 发光强度也有很大的影响。当手性高分子在纯 THF 溶液中时，并未检测到 CPL 信号，而当高分子处于聚集态（THF/H$_2$O）时，可观察到 CPL 发射信号，且其 CPL 信号强度随着不良溶剂水含量增大而增强，当 f_w = 80vol% 时，g_{lum} 高达 1.6×10^{-3}（λ_{em} = 520 nm）。此外，TEM 和 AFM 测试也证明了该手性共轭高分子在聚集过程中可以自组装形

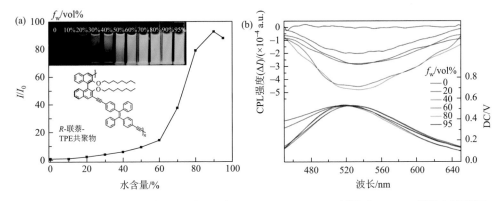

图 9-8　（a）手性高分子的 *I/I$_0$* 值与 *f$_w$* 关系图，λ_{ex} = 360 nm，插图为 365 nm 紫外光照射下
f$_w$ = 0vol%～95vol% 的照片；（b）手性高分子在 THF/H$_2$O 混合溶液中的 CPL 光谱
（浓度：1.0×10^{-5} mol/L）[32]

成螺旋纤维纳米结构，并可以通过改变混合溶液中的水含量进而有规律地组装其聚集体的高度规整纳米螺旋结构形态（图9-9）。

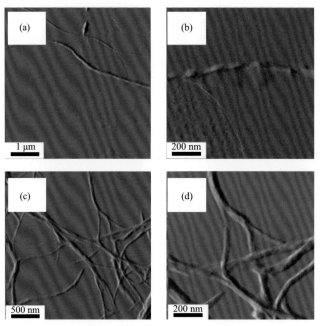

图9-9　手性高分子（浓度：0.01 mg/mL）的 AFM 图（$f_w = 40\%$）（a，b）和 AFM 图（$f_w = 60\%$）（c，d）[32]

　　2017 年，成义祥课题组还以联萘作为手性骨架基团，芴作为能量供体（energy donor），以具有 AIE 活性的 TPE 作为能量受体（energy acceptor），通过 Pd 催化下 C—C 成键偶联反应合成一系列三组分手性共轭高分子 P1～P5（图 9-10），所有聚合物聚集体不仅展示明显的 AIE 活性荧光增强特征，还表现聚集诱导 CPL 放大效应[33]。实验表明，芴基团与 TPE 发光体发生分子内荧光共振能量转移（FRET）机理，通过改变高分子中 TPE 单元和芴单元的摩尔比，可以调节其分子内 FRET 效率，调控手性共轭高分子的 AIE 活性发光体荧光强度及其 AI-CPL 信号。例如，当芴/TPE 摩尔比为 2∶8 时，高分子的蓝绿色荧光发射及 AI-CPL 强度可以达到最大，g_{lum} 为 4.0×10^{-3}（$\lambda_{em} = 472\ nm$）。与二组分仅含有(R)-1, 1'-联萘和 TPE 单元的 CPL 的 g_{lum} 值（图 9-8，$g_{lum} = -1.6 \times 10^{-3}$，$f_w = 80vol\%$）相比，三组分手性共轭高分子 P2 发射更强的 AI-CPL 信号。如进一步在三组分手性高分子主链骨架结构中加入红光发色团 DTBT 单元，构建四组分手性高分子 P6 和 P7（图 9-11）[34]，具有 AIE 活性的 TPE 可作为两次分子内 FRET 过程的中间基元，首先从芴到 TPE 第一次分子内 FRET，然后具有 AIE 活性的 TPE 发光团发射荧光可激发 DTBT 红色荧光团产生第二次分子内 FRET［图 9-12（c）］。这两种手性共轭高分子均表现出较大的斯托克斯位移（257 nm），为发生分子内 FRET 过程提供可能。该手性共轭高分子通过两次 FRET 过程成功获得深红光 AI-CPL 材料（$g_{\text{lum}} = \pm 2.0 \times 10^{-3}$，$\lambda_{\text{em}} = 650$ nm）（图 9-12）。

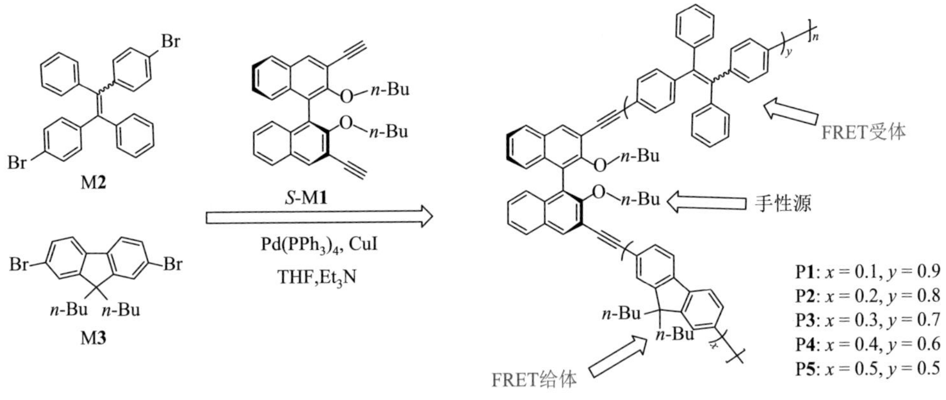

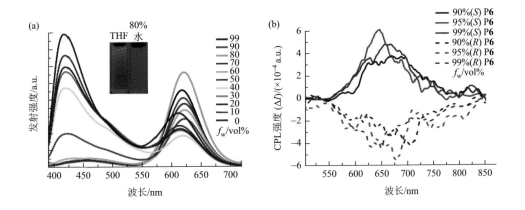

图 9-10　P1～P5 的三组分手性高分子合成路线[33]

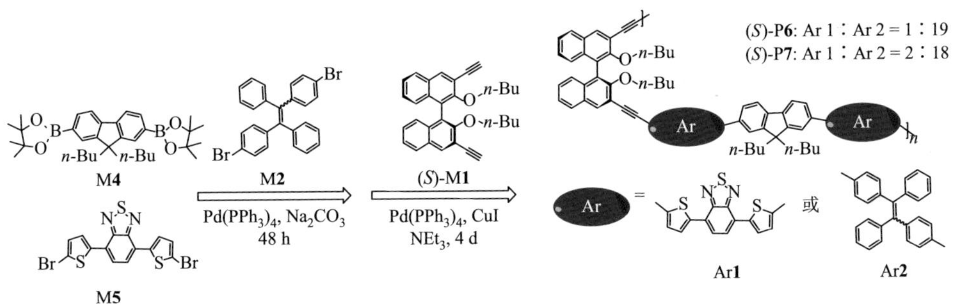

图 9-11　(*S*)-P6 和(*S*)-P7 四组分手性高分子合成路线[34]

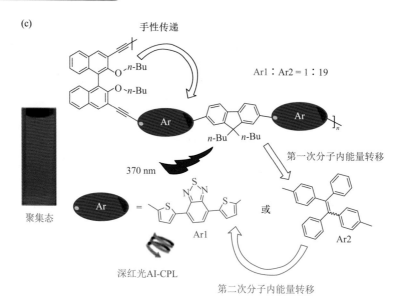

(c)

手性传递

Ar1 : Ar2 = 1 : 19

聚集态

370 nm

第一次分子内能量转移

Ar =

Ar1

或

Ar2

深红光AI-CPL

第二次分子内能量转移

图 9-12 四组分手性高分子的荧光光谱（a）、CPL 光谱（b）和 FRET 过程路径示意图（c）[34]

2018 年，成义祥课题组[35]还首次报道了使用具有 AIE 活性的手性共轭高分子 *S-/R*-P 作为手性发光层制备非掺杂的 CP-OLED 器件（图 9-13）。薄膜态的手性高分子在 360 nm 处表现出较弱的 CD 信号，归属于萘环单元之间的乙烯基连接体的扩展共轭结构诱导产生的手性信号，同时也检测出明显的 CPL 信号，其光致发光 g_{lum} 为 $1.1×10^{-3}$ 和 $-1.3×10^{-3}$（λ_{em} = 496 nm）。相较于手性共轭高分子，薄膜态的模板单体小分子无 CD 和 CPL 信号。以 *S-/R*-P 为手性发光层的非掺杂圆偏振有机发光二极管（CP-OLED）器件（图 9-14），在 5.7 V 驱动下可发射较强的蓝绿色 CPL，并具有较高的电致发光不对称因子（g_{EL}）值（λ_{em} = 505 nm，g_{EL} = + 0.024/ -0.019）。此研究工作为制备高荧光强度和高 g_{EL} 的 CP-OLED 器件提供了一个新的设计思路。

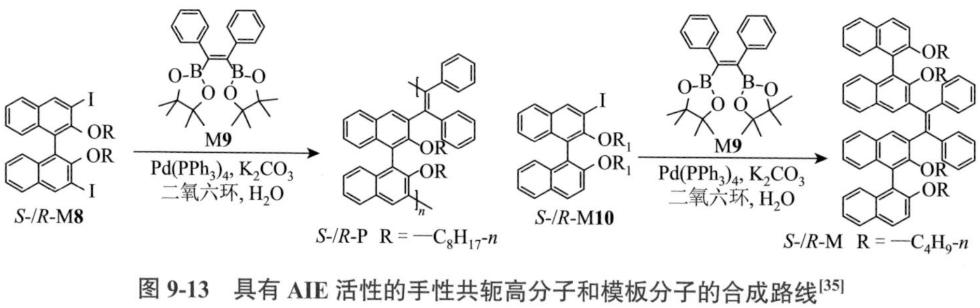

S-/R-M8

M9
Pd(PPh₃)₄, K₂CO₃
二氧六环, H₂O

S-/R-P R —C₈H₁₇-*n*

S-/R-M10

M9
Pd(PPh₃)₄, K₂CO₃
二氧六环, H₂O

S-/R-M R —C₄H₉-*n*

图 9-13 具有 AIE 活性的手性共轭高分子和模板分子的合成路线[35]

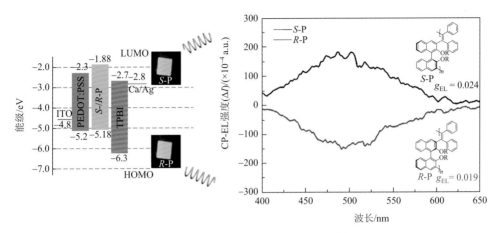

图 9-14　器件结构及电致 CPL 光谱[35]

2018 年，陈传峰课题组[37]通过将光学稳定的 3,3′-二溴取代螺环芳烃和二硼酸双（片呐醇）酯进行 Suzuki 偶联反应，合成了一系列手性共轭高分子（图 9-15）。高分子(+)-*P*-**P11**、(−)-*M*-**P11**、(+)-*P*-**P12** 和(−)-*M*-**P12** 在 THF 溶液中显示出强烈的荧光发射和镜像对称的 CD、CPL 信号。由于含有具有 AIE 活性的 TPE 单元，高分子(+)-*P*-**P13** 和(−)-*M*-**P13** 在 THF/H$_2$O 体系中不仅表现出明显的聚集诱导发光增强（aggregation induced enhancement emission，AIEE）性质，而且展现了镜像对称的 CD 信号和聚集诱导增强的 CPL 信号。此外，该手性共轭高分子可以自组装成规

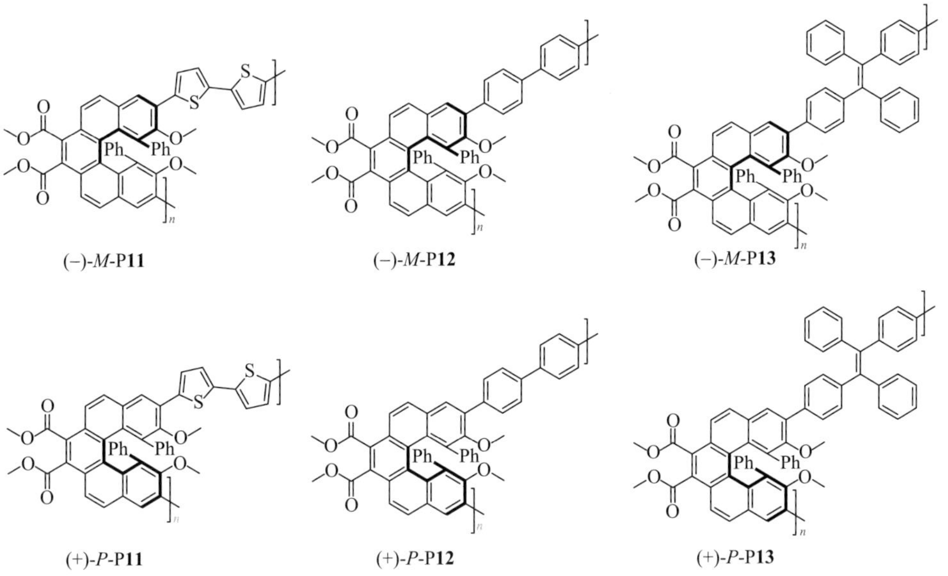

(−)-*M*-**P11**　　　　　(−)-*M*-**P12**　　　　　(−)-*M*-**P13**

(+)-*P*-**P11**　　　　　(+)-*P*-**P12**　　　　　(+)-*P*-**P13**

图 9-15　三对手性高分子聚合物的结构式[37]

则的手性纳米颗粒，且形成的纳米颗粒尺寸可以通过改变 THF/H₂O 的摩尔比来控制（图 9-16）。该手性纳米颗粒依然表现出明显的荧光发射和镜像对称的 CPL 信号。该工作成功探索了基于螺旋手性单体合成的手性共轭高分子的 AIEE 活性和 AI-CPL 特性，为发展新型 CPL 材料提供了新的理念。

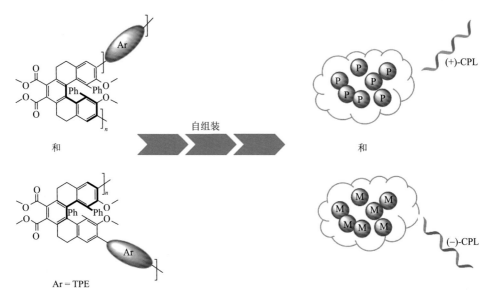

图 9-16　手性高分子聚合物的自组装示意图[37]

　　2020 年，邓建平课题组[38]报道了一种含 TPE 基团非手性炔基单体 TPE-单体的合成，并将其用于螺旋聚合物的制备。由于 TPE 基团的 AIE 特性，该 TPE-单体在 THF/H₂O 混合溶液体系中随水含量的增加表现出显著的 AIE 性能。该单体通过与手性单体共聚形成手性螺旋高分子（图 9-17），所得高分子展现出 AIE 性能及较为独特的、依赖状态变化的 CPL 响应行为（图 9-18）：该聚合物的 THF 纯溶液没有 CPL 响应性能，而基于该聚合物所制备的固体薄膜能发射较强的圆偏振光（$|g_{lum}| = 3.6 \times 10^{-2}$，$\lambda_{em} = 500 \text{ nm}$）。在此研究中，首先通过手性炔单体与非手性荧光炔单体（TPE-单体）的共聚获得手性荧光聚合物，手性螺旋取代聚炔独特的单手螺旋结构赋予聚合物显著的光学活性，这为实现 CPL 发射提供了必要条件。遗憾的是，聚合物主链的螺旋手性并不能有效地转移到荧光侧链，因此，所制备的手性荧光聚合物在溶液状态下不具有 CPL 发射特性。然而，当将聚合物制备成薄膜后，在成膜过程中手性聚合物链通过自组装而发生有序排列，致使薄膜呈现出增强的科顿效应及 CPL 活性，该研究工作为制备固态且具有高不对称因子的 CPL 材料提供了一个新策略；TPE 基团的 AIE 特性解决了传统荧光素在聚集态时的

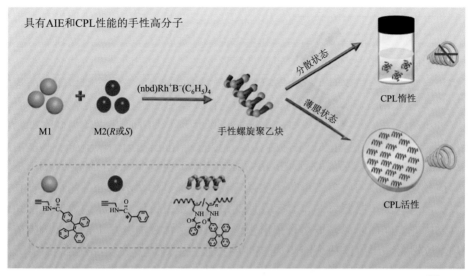

图 9-17　制备具有 AIE 和 CPL 性能的手性聚合物及其圆偏振光发射的示意图[38]

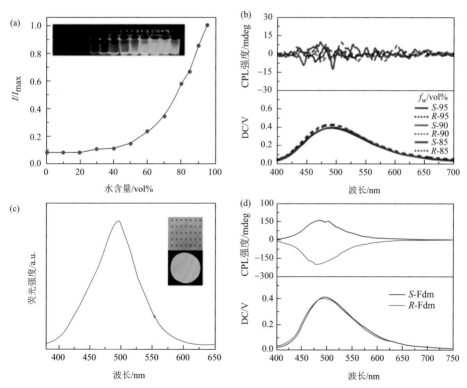

图 9-18　（a）*S*-高分子的相对荧光强度（I/I_{max}），插图为 UV-365 光照荧光图；（b）在 THF/H₂O
混合溶液中 CPL 和 DC 光谱；（c）*S*-高分子复合膜的荧光光谱，插图为日光和紫外光照下
复合膜数码照片；（d）*S*-/*R*-高分子复合膜的 CPL 光谱[38]

聚集导致荧光猝灭（ACQ）效应。相比于手性溶液体系产生的 CPL 材料，此研究工作所获得的固体薄膜具有 AIE 活性的 CPL 材料，在光学显示、数据存储及光电器件等领域有着更令人期待的应用前景。

9.2.4　具有 AIE 活性的手性高分子自组装圆偏振发光液晶材料

实现 3D 显示虚拟现实环境，是未来 CPL 材料最具价值的应用。目前基于有机手性发光团或金属配合物的圆偏振光研究体系主要集中于溶液体系、超分子自组装及 OLED 器件，其 g_{lum} 值通常介于 0.0001~0.01，很少有突破 0.5 以上的 CPL 材料。高荧光量子产率（Φ_F）和 g_{lum} 值的可见光全波段和白光的 CPL 材料研究是近几年来最为关注的热点课题，能实现目前 CPL 转成实际应用中的重大突破，并具有广泛的应用前景。

液晶（liquid crystals，LCs）是介于各向同性的液体和完全有序的晶体之间的一种取向有序的流体，它既有液体的流动性，又有晶体的双折射等各向异性特征。液晶作为宏观超分子系统，包含各种非共价二级相互作用，如偶极和色散、氢卤键、π-π 和电荷转移等相互作用，通过最大化分子间的相互作用和最小化自由空间（即排除体积），形成了从简单到复杂的高度有序的多级自组装结构[39]。比较常见的液晶相包括向列相（N）、胆甾相（手性向列相）（N*）和近晶相（S_m）。在手性向列相液晶（胆甾相，N*LCs）中，分子取向相对于其相邻的分子层略有扭曲，因此其分子在组装过程中可形成高阶有序的螺旋超分子结构[40]。N*LCs 可以通过在向列相液晶（NLCs）中加入少量手性化合物作为手性掺杂剂诱导而成（图 9-19），通过偏光显微镜（POM）可以观察到，经过退火处理后，NLCs 特征性的纹影织构转变成 N*LCs 特征性的指纹织构。如果手性荧光分子能够自发形成手性液晶相，即能够进行高度有序组装形成螺旋结构，该分子可以获得高 g_{lum} 的 CPL。尤其是胆甾相液晶对圆偏振光的反射具有选择性，并被证实是一种有效放大 CPL 的 g_{lum} 值的手段，在 CPL 发射材料的应用中具有十分重要的研究价值[39]。最为经典的研究工作是 Blanton 课题组 1999 年发表在 *Nature* 上的

向列相LC（NLC）　　手性掺杂剂　　手性向列相LC（N*LC）　　半螺距

图 9-19　向列相液晶加入手性掺杂剂诱导产生胆甾相液晶示意图

手性向列相玻璃成型液晶（glass-forming liquid crystal，GLC）分子，将发光物以 0.2%的质量比例掺杂到此液晶分子中，退火后制备不同厚度的液晶薄膜。液晶薄膜在 400～420 nm 范围内 CPL 的 g_{lum} 值随薄膜厚度的增加而增加，当厚度达到 35 μm 时，g_{lum} 值接近于–2，几乎完全是右旋圆偏振光[41]。

2020 年，张海良课题组[42]合成了一类以聚 L-谷氨酸为主链，以氰基二苯乙烯为发光液晶基元的新型圆偏振发光手性侧链型液晶聚合物 PGAC-*m*（*m* 为间隔基长度，*m* = 4, 6, 10），并探究了柔性间隔基长度对 PGAC-*m* 相结构和光物理性质的影响（图 9-20）。研究结果表明，PGAC-*m* 能自组装形成具有螺旋堆积结构的手性近晶 C（SmC*）相液晶，且其清亮点温度随着柔性间隔基长度的增加而降低。PGAC-*m* 均表现出典型的 AIEE 性质和高的固态荧光量子产率，固态荧光量子产率随着柔性间隔基长度的增加从 30.2%逐渐提升至 34.1%（图 9-21）。在退火过程中，聚 L-谷氨酸主链的手性成功转移至氰基二苯乙烯生色团，并通过液晶的螺旋组装作用得到放大。PGAC-*m* 在玻璃态 SmC*薄膜中展现出强烈的 CPL 信号，且 CPL 性能可以通过改变柔性间隔基长度进行有效调控。随着柔性间隔基长度的增加，其 g_{lum} 值从 + 4.5×10^{-2} 逐渐降低至 + 3.9×10^{-3}（图 9-22）。该研究为制备兼具大 g_{lum} 值、高固态荧光量子产率的新型有机 CPL 材料提供了新思路，同时所制备的 CPL 液晶材料在液晶显示器背光源、3D 显示、不对称合成等领域均具有广泛应用前景。

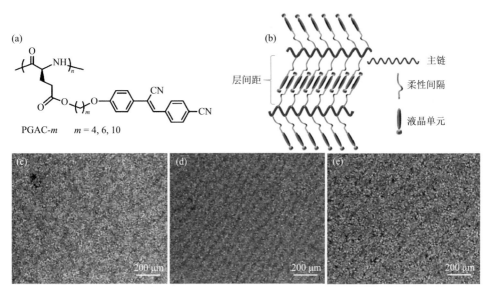

图 9-20　（a）PGAC-*m* 的化学结构式；（b）PGAC-*m* 可能的分子堆积模拟图；（c）PGAC-4 在 130℃时的 POM 图；（d）PGAC-6 在 125℃时的 POM 图；（e）PGAC-10 在 120℃时的 POM 图[42]

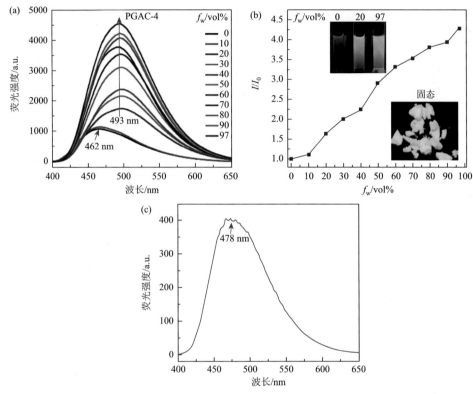

图 9-21 （a）PGAC-4 在不同比例 DMF/H₂O 溶液体系中的荧光光谱图（浓度 1×10⁻⁵ mol/L）；（b）PGAC-4 在不同含水量的混合溶液中荧光强度比值曲线（I/I_0）；（c）PGAC-4 薄膜态的荧光光谱（λ_{ex} = 365 nm）[42]

    2021 年，张海良课题组[43]还报道了一种以胆甾醇为手性基团，氰基二苯乙烯为发光液晶基元的新型圆偏振发光手性侧链型液晶聚合物 PMC*m*CSChol（*m* 为间隔基长度，*m* = 6, 8, 10），并详细探究了柔性间隔基长度对 PMC*m*CSChol 的相结构和光物理性质的影响。研究结果表明，PMC*m*CSChol 能自组装形成具有螺旋堆积结构的 SmC* 相液晶，且清亮点温度随着柔性间隔基长度的增加而降

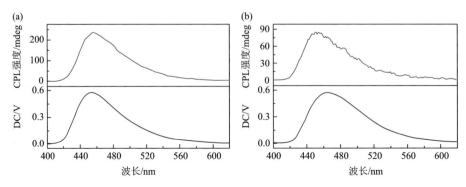

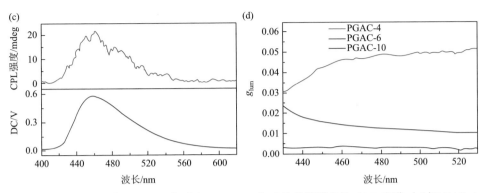

图 9-22　PGAC-4（a）、PGAC-6（b）和 PGAC-10（c）液晶薄膜态的 CPL 光谱；（d）PGAC-4、
PGAC-6、PGAC-10 的 g_{lum}（$\lambda_{ex} = 350$ nm）[42]

低（图 9-23）。PMC*m*CSChol 均表现出典型的 AIEE 性质和较高的固态荧光量子产率，聚合物的固态荧光量子产率随柔性间隔基长度的增加而增加，最高可达 15.3%（图 9-24）。通过液晶的组装作用，胆甾醇基手性成功转移至氰基二苯乙烯荧光基团上并获得了放大，使聚合物在玻璃态 SmC* 薄膜中表现出强烈的 CPL 信号。同时，聚合物的 CPL 性能强烈地依赖于柔性间隔基长度，柔性间隔基长度越长，聚合物的 g_{lum} 值越大，最大可达−0.037（图 9-25）。该研究阐明了聚合物的液晶相结构与 CPL 性能之间的关系，为制备薄膜态下兼具大 g_{lum} 值和高发光量子率的高效有机 CPL 材料提供了一种普适性的策略。

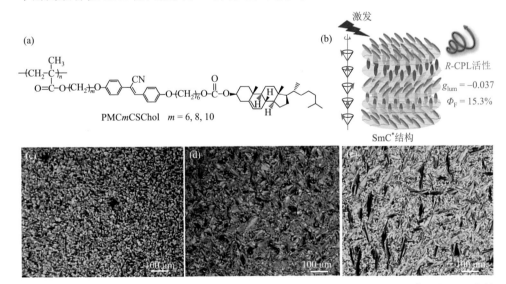

图 9-23　（a）PMC*m*CSChol 分子的化学结构式；（b）PMC*m*CSChol 在 SmC* 相时 CPL 发射示意图；（c）PMC10CSChol 在 170℃时的 POM 图；（d）PMC8CSChol 在 175℃时的 POM 图；（e）PMC6CSChol 在 185℃时的 POM 图[43]

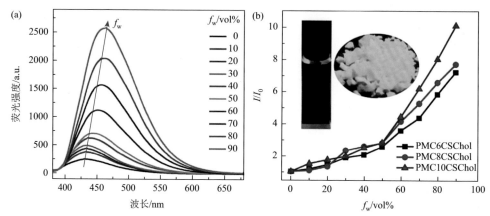

图 9-24 （a）PMC10CSChol 在不同比例的 THF/H₂O 溶液体系中的荧光光谱图，浓度
1×10^{-5} mol/L，$\lambda_{ex} = 350$ nm；（b）PMCmCSChol 不同含水量的混合溶液中
荧光强度比值曲线（I/I_0），$\lambda_{ex} = 350$ nm[43]

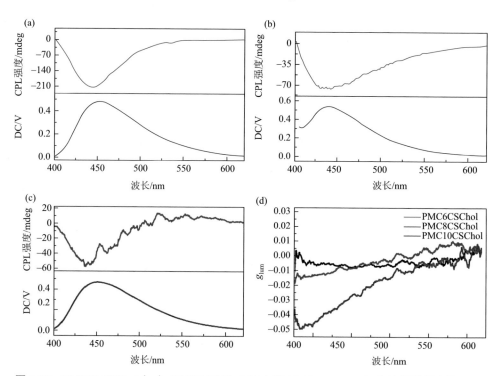

图 9-25　PMC10CSChol（a）、PMC8CSChol（b）和 PMC6CSChol（c）液晶薄膜态的 CPL
光谱，$\lambda_{ex} = 350$ nm；（d）PMCmCSChol（$m = 6, 8, 10$）的 g_{lum}[43]

　　2020 年，谢鹤楼课题组[44]成功合成了以胆固醇为手性基团、TPE 为 AIE 发光
基团的手性聚合物 PT-Chol。聚合物 PT-Chol 表现出典型的 AIE 行为，但其溶液

态和薄膜态均不显示任何 CD 和 CPL 信号（图 9-26）。进一步将聚合物 PT-Chol 与商用向列相液晶 5CB（4-氰基-4′-戊基联苯）共混，当样品的 PT-Chol 含量低于 10wt%时，可以检测到比较微弱的荧光发射，当样品的 PT-Chol 含量超过 10wt% 时，可以在 475 nm 处观察到明显的发射峰，且随着 PT-Chol 含量的继续增加，该发射强度逐渐增加，并在含量为 70wt%时达到最大值。对其 CPL 性质研究发现，当 PT-Chol 含量低于 10wt%时，无法检测到 CPL 信号。该结果与上述 PL 实验一致，这是因为 PT-Chol 在 5CB 中完全溶解导致低发光效率。当 PT-Chol 含量高于 20wt%时，CPL 信号逐渐显现。进一步增加 PT-Chol 的含量，当 PT-Chol 含量为 30wt% 时，g_{lum} 值达到最大为 +0.45。然而，继续增加 PT-Chol 含量会导致 CPL 信号降低，当 PT-Chol 含量达到 70wt%时，共混物不能发出 CPL，这是因为当 5CB 含量非常低时，共混物无法形成螺旋超分子结构，因此无法检测到 CPL 信号。进一步对这一过程对应液晶相态的变化进行研究，混合样品（PT-Chol-1%@5CB）在高角度区域仅显示 1.42 Å^{-1} 处的一个散射光晕。同时，样品的 POM 图显示了非典型纹理，推测该样品仍保持与 5CB 相同的向列相结构。混合样品（PT-Chol-5%@5CB）不仅在低角度区域 0.11 Å^{-1} 处显示一个散射峰，而且在高角度区域 1.42 Å^{-1} 处显示另一个散射峰。其 POM 图显示了典型的指纹织构，该结果表明 PT-Chol 作为手性掺杂剂诱导 5CB 形成典型的 N*LC。对于样品 PT-Chol-10%@5CB、PT-Chol-20%@5CB、PT-Chol-30%@5CB、PT-Chol-50%@5CB、PT-Chol-70%@5CB，在低角度区域有两个明显的衍射峰，在高角度区域有一个弥散的衍射峰，低角度区域峰的散射矢量 q 比始终保持 1∶2，这意味着这些样品始终保持层状结构。然而，5CB 含量的减少导致晶面间距（d）显著减小，这表明层之间的距离随着 5CB 含量的减少而逐渐缩小。同时，样品的 POM 图呈现典型的焦扇纹理，PT-Chol-30%@5CB 的图像呈现砾石纹理。特别是，对于样品 PT-Chol-10%，在高倍镜下进一步观察到指纹焦扇纹理，这意味着这种混合物形成了典型的 SmC* 相。显然，混合浓度是控制相结构的关键因素。他们认为强的 CPL 信号是由于 5CB 分子作为增塑剂减少了聚合物 PT-Chol 刚性链的限制，有利于聚合物链的螺旋高级有序排列方式。该研究为手性发光液晶高分子的手性放大提供了一个新颖的思路，为手性发光液晶高分子在显示、防伪、传感等方面应用提供理论依据。

(a)　PT-Chol

(b) SmC相　混合　-5CB　-PT-Chol　SmC*相　激发　R-CPL

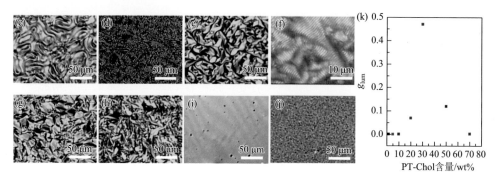

图 9-26 （a）PT-Chol 的化学结构式；（b）PT-Chol 在 SmC*相时的 CPL 发射示意图；1 wt%（c）、5 wt%（d）、10 wt%（e）、10 wt%（f）、20 wt%（g）、30 wt%（h）、50 wt%（i）和 70 wt%（j）PT-Chol 掺杂到 5CB 中的 POM 图；（k）不同浓度 PT-Chol 掺杂到 5CB 中的 g_{lum} 值[44]

近年来，具有胆甾相结构的高分子薄膜发展迅速。这种具有胆甾相结构的高分子薄膜可以利用反应型液晶单体制备，如丙烯酸酯类[40, 45]、环氧类[46, 47]及有机硅氧烷类液晶单体[48, 49]等。此外，也可以通过纤维素纳米晶组装得到[50, 51]。对于环氧树脂薄膜，其制备可以采取光引发阳离子聚合，主要的优势在于其聚合不受空气中的氧气影响，而聚合速率较低的主要问题也十分明显。对于有机-无机杂化氧化硅薄膜，由于它是采取缩合聚合的方式制备的，薄膜的缺陷较多，其反射率较低。目前基于胆甾相结构的丙烯酸酯液晶高分子薄膜的发展最为成熟，并利用其选择性反射蓝光，实现护眼功能；根据其圆偏振性能，可以作为 1/4 波片应用到显示器件领域。杨永刚课题组采用反应型向列相液晶 C6M 和交联剂 RM105 为液晶单体，安息香双甲醚（BDK）为光引发剂（图 9-27），通过原位光引发聚合反应，制备得到胆甾相液晶薄膜[52]。在丙烯酸酯液晶混合物中，改变手性添加剂 R/S5011 的添加量可以调节液晶薄膜的布拉格反射波长（图 9-28），λ_{max} 由 657 nm 蓝移至 421 nm。通过添加荧光染料分子四苯乙烯（TPE），可以实现固态下的蓝色荧光发射（$\Phi_F = 25\%$）。在 CPL 光谱中观察到两个系列的液晶高分子膜 R/S-TPE-CLC 呈现几乎镜面对称的信号：R-TPE-CLC 表现出负 CPL 信号，发射出右手圆偏振光；S-TPE-CLC 表现出正 CPL 信号，发射左手圆偏振光（图 9-29）。CPL 信号最大发射波长与薄膜的荧光最大发射波长位置基本一致，即薄膜的 CPL 主要来源于体系中 TPE 分子的荧光；液晶薄膜的不对称因子 g_{lum} 的绝对值在 0.53～0.58 之间，较大的 g_{lum} 值主要来源于胆甾相液晶超分子螺旋结构的长程有序排列。当将液晶膜被研碎之后，g_{lum} 值急剧减小。

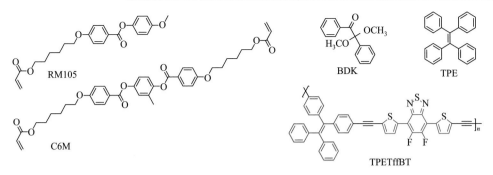

图 9-27　丙烯酸酯单体 C6M 和 RM105、光引发剂 BDK、TPE 及
聚合物 TPETffBT 的结构式[52]

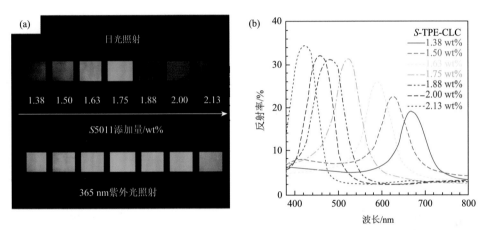

图 9-28　（a）含 TPE 的液晶薄膜在日光和 365 nm 紫外光照射下的照片；
（b）含 TPE 的液晶薄膜可见反射光谱图[53]

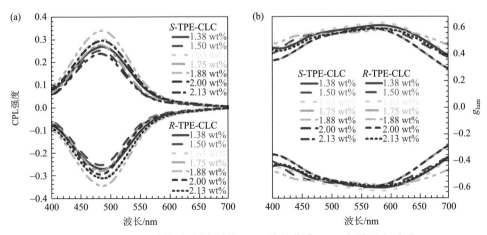

图 9-29　不同手性添加剂比例的 TPE-液晶薄膜 CPL 光谱图（a）和
g_{lum} 值（λ_{ex} = 340 nm）（b）[52]

当用 TPE 基 D-A 型共轭聚合物 TPETffBT（图 9-30）代替 TPE 加入丙烯酸酯液晶时，可制备得到具有强烈的橙黄色发射光的胆甾相液晶薄膜（$\varPhi_F$ 高达 60%）[53]。手性添加剂的加入同样成功诱导得到镜像对称的 CPL 光谱信号，且与 TPE 染料掺杂的液晶薄膜相比，获得了更高的 g_{lum} 值（高达 0.75）。由于聚合物染料本身具有 ACQ 效应，其在手性液晶薄膜中的浓度大小可以调节 g_{lum} 值的高低。无论是添加 TPE 还是 TPETffBT，其 CPL 的手性依赖于液晶薄膜的布拉格选择性反射的手性，这与液晶薄膜在发射波长处的布拉格反射率有着密切的关系。

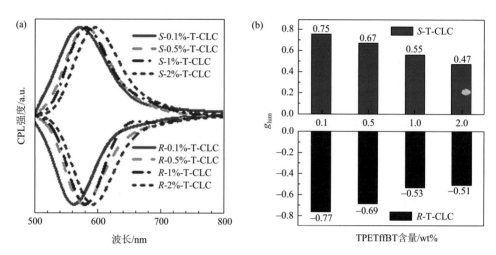

图 9-30　含聚合物 TPETffBT 的液晶薄膜的 CPL 光谱图（a）和 g_{lum} 值（λ_{ex} = 340 nm）（b）[53]

9.3　高分子聚集体的电致化学发光材料

9.3.1　电致化学发光基本原理

电致化学发光（electrochemiluminescence，ECL）是指电活性发光分子在电极表面发生电子转移反应生成相应的激发态，然后以辐射跃迁的形式回到基态发射光子的过程（图 9-31）。它是将化学发光和电化学相结合的一门分析技术[54-56]。ECL 作为强有力的分析工具，在基因毒素筛选、生物传感、免疫分析、核酸分析、食品安全及环境监测等领域发挥着越来越重要的作用[57]。为了满足对灵敏度日益增长的需求，许多新型 ECL 材料逐渐被开发，如鲁米诺和多环芳烃为代表的有机小分子发光体、钌（Ⅱ）和铱（Ⅲ）配合物等为代表的金属配合物发光体、纳米材料发光体。其中，ECL 纳米材料发光体，以其大的比表面积、丰富的活性位点和独特的光学性质得到了研究者的广泛关注。

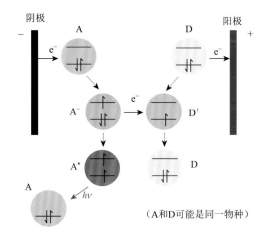

图 9-31　电致化学发光的示意图[57]

ECL 依据生成激发态发光体的途径，可以分为湮灭型 ECL 及共反应剂型 ECL。

（1）湮灭途径。湮灭途径的 ECL 是指纳米颗粒在电极表面通过电化学还原和氧化过程，分别生成阴离子自由基（$R^{·-}$）和阳离子自由基（$R^{·+}$），二者通过自由基的相互碰撞产生激发态发光体（R^*），然后以辐射跃迁的形式回到基态，发射出光子[50]。其机理如下：

$$R + e^- \longrightarrow R^{·-} \text{（电极还原）} \tag{9-1}$$

$$R - e^- \longrightarrow R^{·+} \text{（电极氧化）} \tag{9-2}$$

$$R^{·-} + R^{·+} \longrightarrow R^* \text{（自由基湮灭）} \tag{9-3}$$

$$R^* \longrightarrow R + h\nu \text{（发光过程）} \tag{9-4}$$

湮灭型 ECL 的发生取决于阴离子自由基和阳离子自由基的寿命和稳定性。如果某种发光分子的阳离子自由基比阴离子自由基更稳定，则其湮灭型 ECL 在阴极处表现出更强的 ECL 发射；相反，如果阴离子自由基比阳离子自由基更稳定，则其湮灭型 ECL 在阳极处表现出更强的 ECL 发射。关于湮灭型 ECL 的测量，通常是将待测物溶解在氮气饱和的极性非质子溶剂中，以排除氧气对自由基的猝灭，使自由基尽量保持稳定[58]。并且，通常会以较快的扫速或者较短的脉冲周期进行电化学测试，以此控制溶液中自由基物种的扩散速率，从而保证湮灭型 ECL 的发光效率。

（2）共反应剂途径。共反应剂途径在当前 ECL 研究中扮演着非常重要的角色。它是指发光体在电极表面通过单向电位扫描被氧化或还原，然后与溶液中的强还原性或氧化性的物种（共反应剂自由基）发生电子转移反应，生成激发态发光体

（R*），最后辐射弛豫发射出光子[4]。根据施加电位的极性，相应的共反应剂途径 ECL 可以分为氧化-还原型和还原-氧化型 ECL。前者是共反应剂在正向电位扫描过程中，发生电化学氧化生成氧化物种，接着分解生成强还原性的中间体，与氧化态的发光体发生反应产生 ECL。后者是共反应剂在负向电位扫描中电还原生成还原物种，分解生成强氧化性的中间体，接着与还原态的发光体反应产生 ECL。与此同时，所涉及的相应共反应剂分为两类：氧化-还原型共反应剂和还原-氧化型共反应剂。

相比于湮灭型 ECL，共反应剂型 ECL 具有诸多优势，例如，当 R$^{\cdot+}$ 或 R$^{\cdot-}$ 其中之一不稳定或不易生成时，加入共反应剂可以有效地促进 ECL 生成，提高发光效率；单向电位扫描有利于缩短扫描时间，提高实验效率；在氧化-还原型 ECL 中可以消除湮灭型 ECL 中经常遇到的氧猝灭效应，从而可以在空气环境中直接进行 ECL 分析；共反应剂型 ECL 能产生更强和稳定的信号。基于以上这些优点，共反应剂型 ECL 在生物传感、免疫分析、临床诊断及 ECL 成像等领域发挥着越来越重要的作用[59-62]。

9.3.2 基于 AIE@Pdots 的电致化学发光材料设计与合成

共轭聚合物点（polymer dots，Pdots）作为一类近年发展起来的 ECL 纳米发光材料，主要由 p 共轭聚合物构成。其电子可以通过跳跃、隧穿等相关机理沿聚合物骨架通过重叠的 p 电子云移动，具有小的颗粒直径[63]。结构上，聚合物具有更多的重复单元和更高的分子量，聚合物的主链结构对单体的发光性能起到放大的作用；Pdots 也表现出水溶性优异、无生物毒性、易于合成和结构可调等特性。然而，多数的共轭聚合物有着大的平面刚性共轭结构，在以纳米颗粒形式存在的情况下，芳环间有着强的 π-π 作用，激发态的能量多以热能的方式被耗散，从而使得 Pdots 的 ECL 效率大为下降。为了克服这一困难，设计含聚集诱导发光（AIE）高分子活性结构的 AIE@Pdots 成为很好的选择。AIE 是指分子在良溶剂中不发光或者发光弱而在聚集态时发光增强的现象。AIE 分子由于在聚集时能增强发光效率，因此被引入 ECL 领域，用于设计 ECL 发射增强的新型材料。2017 年，基于铂（Ⅱ）配合物聚集后表现出 ECL 信号增强的现象，de Cola 等首次提出了聚集诱导电化学发光（aggregation-induced electrochemiluminescence，AI-ECL）的概念（图 9-32）[64]。自此，结构多样化的新型 AIE@Pdots 的 ECL 材料逐渐被开发，以满足生命分析领域对检测灵敏度的需求。TPE 作为一类经典的 AIE 活性单元，以其在聚集态时高的发光效率，在光电和治疗等领域得到了研究者的广泛关注[24, 65]。在此，对含 TPE 单元 AIE@Pdots 的结构设计、合成、ECL 机理及其应用进行分类与总结。

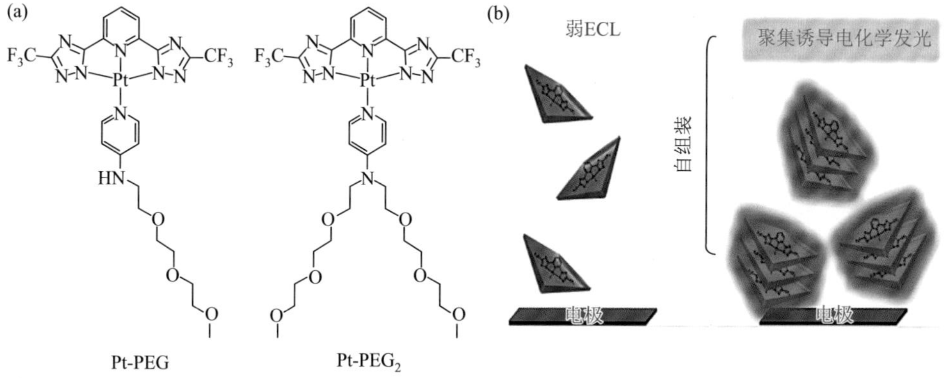

图 9-32　（a）铂（Ⅱ）配合物的化学结构式；（b）自组装 AI-ECL 示意图[64]

近年来，有机半导体聚合物纳米颗粒由于优异的荧光性质，引起了人们广泛的关注。这些聚合物纳米颗粒属于一类大分子纳米材料，是由很多重复的 π 共轭结构单元构成的。共轭聚合物作为一种直接带隙材料，可以通过改变聚合物的分子共轭结构或者多组分共轭聚合物中单体的组成比例来调节最高占据分子轨道（HOMO）和最低未占分子轨道（LUMO）能级，进而改变其吸收和发射特性。当前，半导体聚合物的发射颜色已经发展到可以覆盖整个可见光范围。目前商品化的荧光半导体聚合物有如下几例：聚芴（如 PDHF 和 PFO）、聚亚苯基乙炔衍生物（如 PPE）、聚亚苯基亚乙烯衍生物（如 MEH-PPV 和 CN-PPV）、芴基共轭聚合物（如 PFPV、PFBT、PF-DBT5）及其衍生物（图 9-33）。Pdots 是指疏水共轭聚合物组成的小粒径纳米颗粒（直径小于 100 nm），具有强的发光亮度、优异的抗光漂白性、无生物毒性等诸多优点[63]。

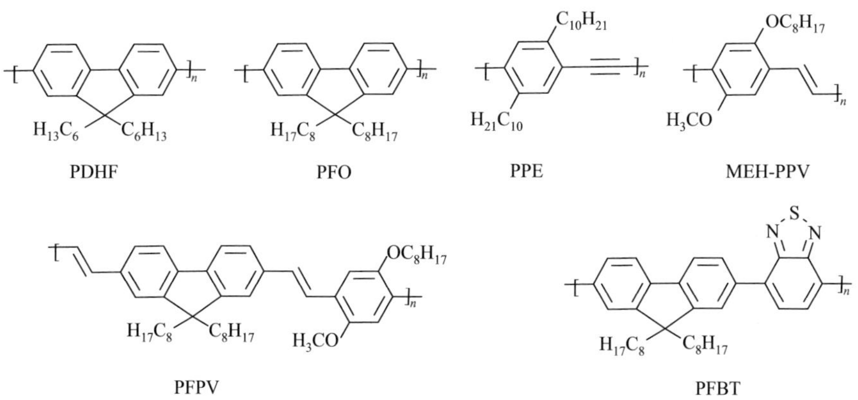

CN-PPV

PF-DBT5

图 9-33 商品化发光共轭聚合物的化学结构式[63]

　　Pdots 的制备主要有两种方法：一种是直接聚合法，由低分子量单体直接合成为纳米颗粒；另一种是后聚合法，即通过已合成的高分子量聚合物制备而成。从20 世纪 80 年代起，Schwartz 和 Vincent 等首次通过直接聚合法制备了几例导电聚合物纳米颗粒[66, 67]。当前，这种直接聚合法已扩展到荧光半导体聚合物纳米颗粒的制备[68]。导电聚合物一般可以通过水相氧化聚合合成。与此不同，荧光半导体聚合物一般是通过过渡金属催化的偶联反应得到，这就要求反应体系的溶剂必须与直接聚合法中的分散溶剂相兼容。与之相比，在后聚合法中，可供选择的半导体聚合物种类非常多，特别是已广泛使用的商品化半导体聚合物。它的优势在于不需要实验者具备有机和聚合物合成等方面的基础。目前，制备荧光半导体聚合物纳米颗粒的方法多是采用后聚合法。

　　典型的后聚合法包括微乳液法和再沉淀法（图 9-34），其中半导体聚合物溶解在有机溶剂中作为起始溶液。在生物应用中，水是纳米颗粒的最佳分散介质。在微乳液法中，半导体聚合物纳米颗粒可以从乳化的液滴溶液中形成，通常需要不溶于水的溶剂。在典型的微乳液制备中，半导体聚合物溶于有机溶剂（如氯仿），在表面活性剂（如十二烷基硫酸钠）存在的情况下，在水中形成稳定的液滴，有机溶剂逐渐挥发，最终获得聚合物纳米颗粒，其在水溶液中呈现出稳定的分散性[69]。再沉淀法，是指将聚合物有机溶液与水快速混合制备聚合物纳米颗粒的方法，这需要一种与水互溶的溶剂。再沉淀过程中，将聚合物有机溶液迅速注入水中，由于其溶解度突然下降，以及聚合物链之间强的疏水相互作用，聚合物发生坍塌或卷曲以颗粒的形式析出，从而制备了高荧光强度的聚合物纳米颗粒[70, 71]。

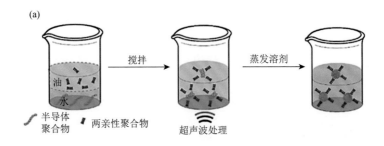

(a)

图 9-34　后聚合法制备纳米颗粒示意图[71]

（a）微乳液法；（b）再沉淀法

9.3.3　基于 Pdots 和 AIE@Pdots 的电致化学发光材料研究进展

2015 年，池毓务课题组[72]报道了 Triton X-100 包覆的亲水性 Pdots［聚（2-甲氧基-5-（2-乙基己氧基）-1,4-亚苯基亚乙烯基乙撑），MEH-PPV］在水溶液中的 ECL 性质研究（图 9-35）。在玻碳电极/水界面，其 MEH-PPV Pdots 表现出优异的多通道 ECL 发射性质。无共反应剂时表现出明显的湮灭型 ECL 信号；以三正丙胺（TPrA）和过硫酸钾（K$_2$S$_2$O$_8$）分别作为阳极和阴极共反应剂时，均可产生强的 ECL 发射（发射峰均位于 590 nm）。通过表面活性剂改性的 Pdots，其亲水性增加，有利于在均相界面的电子转移，从而促进 ECL 发射，因为油/水界面阻碍了电子或者

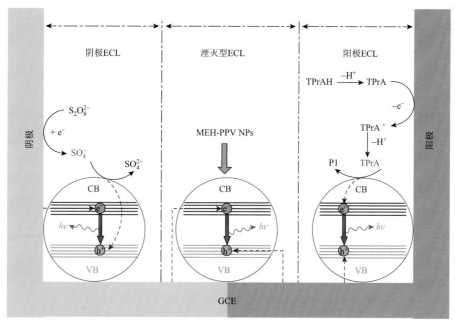

图 9-35　Pdots 在水溶液中可能的 ECL 发射机理示意图[72]

空穴向 Pdots 发光体的注入。基于此，诸多改性的亲水性 Pdots 不断被开发。此工作作为亲水性 Pdots 在新型化学传感、生物传感和发光二极管中的应用提供了更多选择。

此后，袁若课题组相继报道了多种基于聚芴 Pdots 的 ECL 的生物传感，如 microRNAs[73] 和生物蛋白[74, 75] 的高灵敏检测。此外，陈时洪等[76] 报道了聚芴 Pdots/草酸盐体系的阳极 ECL，基于三聚氰胺能有效猝灭 ECL 发光，是一种高灵敏检测三聚氰胺的 ECL 传感方法。

2018 年，鞠熀先课题组[77] 通过聚苯乙烯-顺丁烯二酸酐（PSMA）在水溶液中水解成含羧基的两亲性聚合物，制备了羧基功能化的聚[2-甲氧基-5-(2-乙基己基氧基)-1, 4-(1-氰基亚乙烯基-1, 4-亚苯基)] 纳米颗粒，研究了其在水溶液中的湮灭型和共反应剂型 ECL 行为（图 9-36）。此 Pdots 具有良好的 ECL 性质，它的 ECL 湮

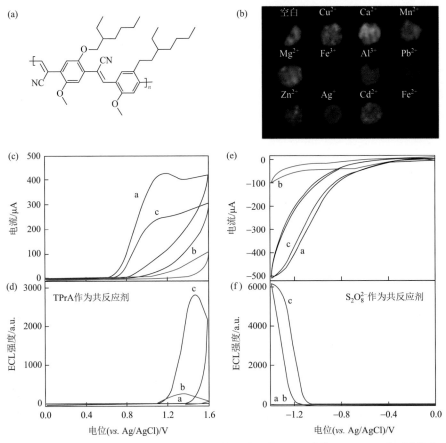

图 9-36 　（a）聚合物的化学结构式；（b）金属离子检测的 ECL 成像图；Pdots 分别在阳极（c）和阴极（e）的循环伏安（CV）图；Pdots 分别在阳极（d）和阴极（f）的 ECL-电位图[77]

图中 a 是仅含三正丙胺的玻碳电极；b 是不含三正丙胺的 CN-PPV Pdots 修饰的玻碳电极；c 是含三正丙胺的 CN-PPV Pdots 修饰的玻碳电极

灭行为受扫描电位方向的影响，表现出不一样的现象。在 TPrA 或 $S_2O_8^{2-}$ 共反应剂存在下，CN-PPV Pdots 在 602 nm 处表现出很强的带隙 ECL 发射，其 ECL 效率分别为 11.22% 和 1.84%［相对于 $Ru(bpy)_3^{2+}$/TPrA］。基于 Pdots/TPrA 系统具有较高的 ECL 效率，该课题组开发了高选择性检测 Fe^{3+} 的 ECL 成像方法。与通过 ECL 强度测量的方法相比，此 ECL 成像方法具有测试方法简单和通量高等优点，在水质监测和食品安全等方面表现出很大的应用潜力。

2016 年，成义祥和鞠熀先等[78]首次合成了咔唑和噻咯单元组成的 Pdots，并成功地将其应用于生物分子多巴胺的检测（图 9-37）。在含 25 mmol/L TPrA 的 0.1 mol/L pH 7.4 磷酸缓冲液中，测试了 SCP dots 的 ECL 行为，结果表明，其 ECL 起峰电位为 + 0.4 V，在 + 0.78 V 电位时 ECL 信号达到最高，这比商品化 $Ru(bpy)_3^{2+}$/TPrA 系统的电位（+ 1.1 V）更低。低电位 ECL 有利于提高生物传感的选择性和灵敏度。这一现象产生的原因可能是噻咯单元的引入能有效降低分子的 LUMO 能级，使得共反应剂 TPrA 自由基的电子注入分子的 LUMO 能级上变得更容易，从而得到 ECL 效率较高的 Pdots。由于多巴胺的氧化产物醌类物质能有效

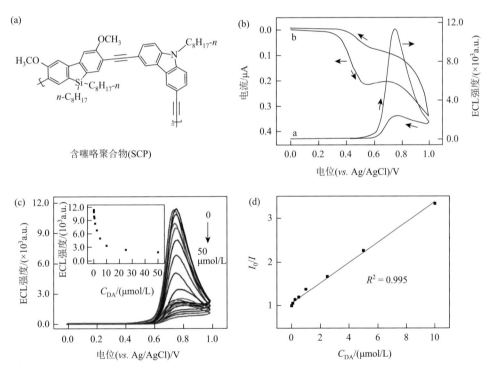

图 9-37 （a）聚合物 SCP 的化学结构式；（b）SCP dots 的 CV 和 ECL 曲线（含 25 mmol/L TPrA 的 0.1 mol/L pH 7.4 磷酸缓冲液）；（c）不同多巴胺浓度下传感器的 ECL 信号响应；（d）ECL 强度变化值与多巴胺浓度的线性关系曲线[78]

猝灭噻咯 Pdots 的 ECL 发光,该课题组通过共振能量转移(RET)策略构建了高灵敏测定多巴胺的 ECL 传感界面。在 0.05～50 mmol/L 浓度范围内,ECL 强度与多巴胺浓度呈现出很好的线性关系,检测限低至 50 nmol/L,并且呈现出很好的抗干扰能力(图 9-37)。

2021 年,鞠熀先课题组[79]设计合成了一种分子内自带共反应剂(三乙胺衍生物)的 Pdots(TEA-Pdots)(图 9-38),其中共轭骨架由芴和苯并噻二唑组成,这也是一类商品化共轭聚合物的主体结构(PFBT)(图 9-33)。该 Pdots 通过三乙胺与共轭骨架间的分子内电子转移策略促进了 ECL 发射,并通过实验和理论计算证实了此增强机理。该 Pdots 的 ECL 强度是模板 Pdots/三乙胺混合体系的 132 倍,其 ECL 效率是相同浓度$[Ru(bpy)_3]^{2+}$/三乙胺体系的 4 倍。此外,不需要对细胞膜

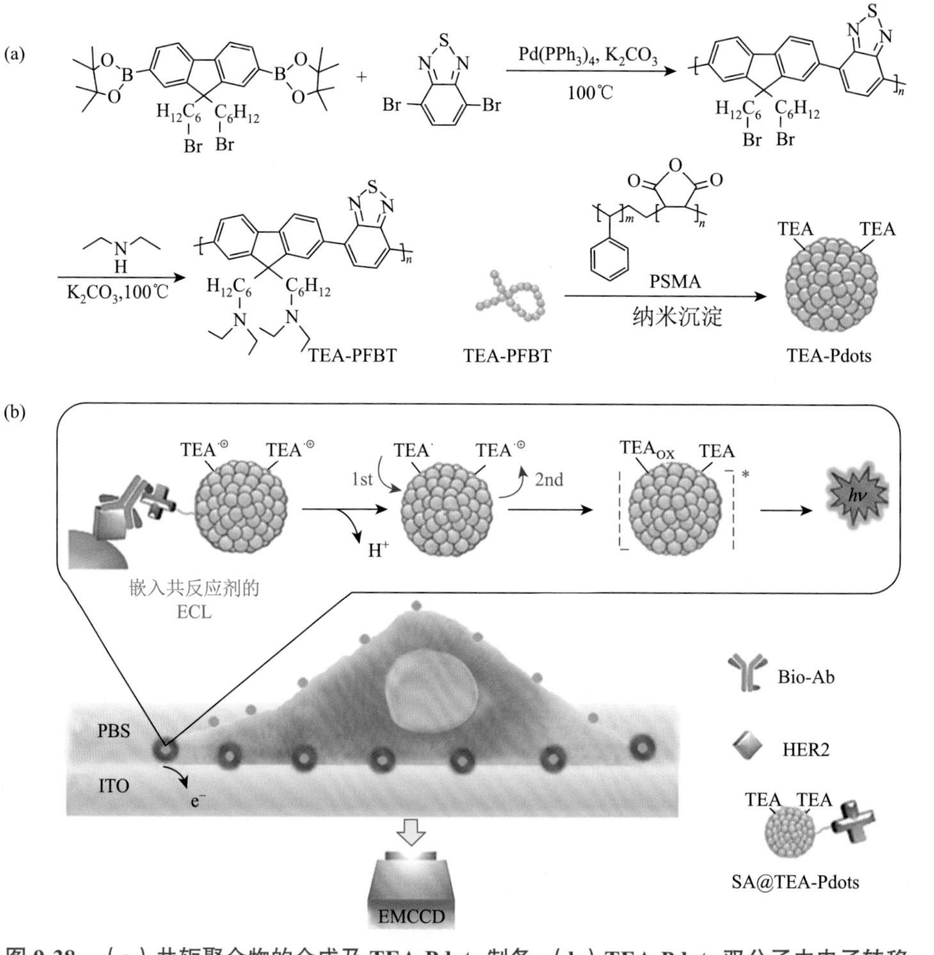

图 9-38 (a)共轭聚合物的合成及 TEA-Pdots 制备;(b)TEA-Pdots 双分子内电子转移示意图及单细胞上 HER2 的 ECL 成像[79]

进行额外的通透处理，仅在 PBS 缓冲液中即可实现对单个活细胞上膜蛋白的原位 ECL 显微成像。此外，与传统的荧光成像方法相比，ECL 成像可以显示更大范围的细胞边界，并可以表征两个细胞之间的接触部分（图 9-39）。这些优势可归因于非均相 ECL 的独特机理，它是表面限域的，并且避免了自荧光的产生[80]。并且，该方法还能够用来评估小干扰 RNA（siRNA）调控后的蛋白质表达情况（图 9-40）。

图 9-39 链霉亲和素@TEA-Pdots 处理的 SK-BR-3 细胞上 HER2 的荧光(a)和 ECL 成像(b)；(c) 荧光图 (a) 和 ECL 图 (b) 的合并图片，比例尺：20 μm[79]

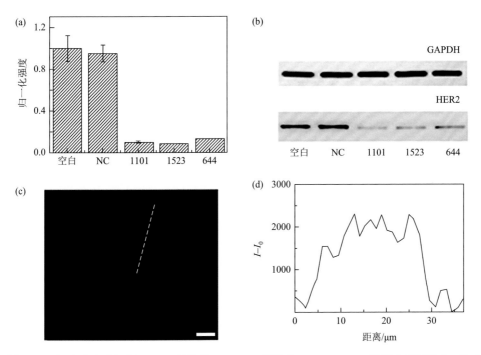

图 9-40 （ a ）空白和不同 siRNA 转染的 SK-BR-3 细胞中 HER2 mRNA 的蛋白质印迹（ PCR ）分析；（ b ）空白和不同 siRNA 转染的 SK-BR-3 细胞中 GAPDH 和 HER2 的蛋白质免疫印迹（ Western-blot，WB ）图；（ c, d ）siRNA-1101 转染的 SK-BR-3 细胞表面 HER2 的 ECL 图像和沿着白线的 ECL 强度分布；I_0 表示曝光时间（ 60 s ）期间的背景强度，比例尺：20 μm[79]

用 siRNA-1101、1523 和 644 转染 SK-BR-3 细胞后，HER2 基因的表达均显著降低，WB 图像也表明与空白或对照组相比，这些被 siRNA 干扰后的 SK-BR-3 细胞上 HER2 基因的表达明显降低。ECL 成像则直观地显示了转染 siRNA-1101 后单个 SK-BR-3 细胞上表达的 HER2 蛋白的信号变化，这表明所提出的显微 ECL 成像系统用于原位评估活细胞上特异性蛋白表达的可行性和有效性。

Pdots 纳米材料在 ECL 领域的应用主要集中于商品化的几类聚合物。虽然它们在生物分析领域得到了快速发展，但是由于它们具有大的平面刚性共轭结构，在以聚集体形式存在时，分子间强的 π-π 作用促进了激子的非辐射跃迁，从而降低了 ECL 效率。为了解决这一问题，设计具有 AIE 活性的 AIE@Pdots 成为很好的选择。

芴及其衍生物，由于具有刚性的平面联苯结构、优异的电子传输性能、好的热稳定性及化学稳定性、固态时较高的荧光量子产率和结构易修饰等优点，被广泛地应用于新型光电材料的设计与开发[81-83]。由于芴是典型的 ACQ 发光团，在聚集态时，其发光效率是下降的，为了避免能量以不利于发光的形式被损失掉，通常在芴结构中嫁接 AIE 活性单元以保持高的荧光量子产率。目前，对于芴基 AIE@Pdots 的 ECL 研究最为广泛。2018 年，成义祥和鞠熀先等[84]报道了第一例 AIE@Pdots 的 AI-ECL 行为（图 9-41）。以四苯乙烯衍生物为 AIE 活性单元及 RET 受体，芴单元作为 RET 供体，联萘酚结构作为连接子合成了 D-A 型聚合物。分子内荧光共振能量从芴部分转移到四苯乙烯部分，在 543 nm 处表现出明显的黄色荧光发射。并且，在 THF/H$_2$O 混合溶液中，其 ECL 和荧光随着水含量的增加均表现出发射增强的现象，这可能由于 AIE 活性基团在聚集过程中阻碍了分子的振动或基团的自由旋转，利于分子的辐射跃迁，导致发光增强。纳米沉淀法制备的 AIE@Pdots 修饰在电极表面，以 TEA 作为共反应剂，表现出明显的阳极 ECL 发射。通过共振能量转移，罗丹明 B 可以有效地猝灭 ECL 发射，从而构建了 ECL 传感，利用"关-开"策略实现了对 Pb^{2+} 的高灵敏检测，检测限低至 38.0 pmol/L。这项工作为 AIE@Pdots 在 AI-ECL 中的应用奠定了基础。

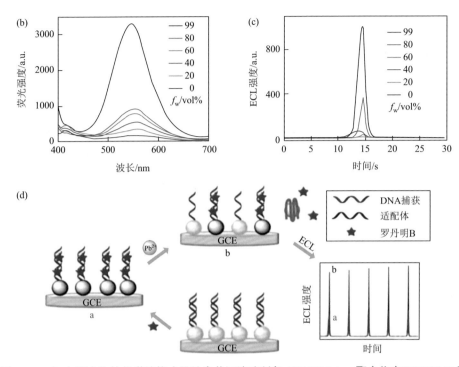

图 9-41　（a）聚合物的化学结构式及纳米共沉淀法制备 AIE@Pdots；聚合物在 THF/H₂O 混合溶剂中的聚集光致发光（b）和 ECL（c）行为；（d）Pb²⁺检测示意图[84]

　　2021 年，徐静娟和华道本课题组[85]设计合成了分子内自带共反应剂（三乙胺衍生物）的三组分 AIE 活性 AIE@Pdots，共轭骨架由芴、四苯乙烯及二噻吩苯并噻二唑组成（图 9-42）。通过引入苯并噻二唑，AIE@Pdots 发光呈红色，发射波长中心位于 650 nm 左右。不需要外加共反应剂的情况下，AIE@Pdots 在正电位扫描过程中表现出明显的 ECL 发射，且强度达到可视程度，这是由于分子内电子转移促进了 ECL 发射。鉴于三乙胺氮上电子云密度高，很容易捕获碘蒸气，进而导致共反应剂中毒失活，使得 ECL 信号减弱。基于此，构建了对环境中碘蒸气的高

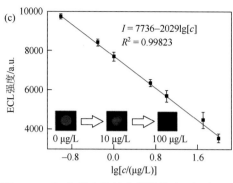
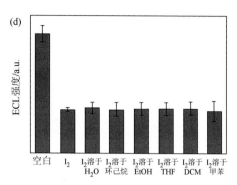

图 9-42 （a）聚合物的化学结构式；（b）AIE@Pdots 和聚合物的 ECL 对比图；（c）ECL 强度与碘蒸气浓度的线性关系图；（d）传感器对不同环境下碘蒸气的检测对比图[85]

灵敏 ECL 传感，检测限低至 0.51 pmol/L，并且表现出良好的抗干扰能力。这项研究首次报道了基于 AIE@Pdots 的 AI-ECL 在放射性碘蒸气监测上的应用，为核应急预警提供了一种新的方法，在环境和公共安全领域具有重要的意义。

2020 年，徐静娟和全一武等[86]将四苯乙烯单元引入聚芴，合成了一种含四苯乙烯的聚芴衍生物（图 9-43）。研究者发现，在 THF/H$_2$O 混合溶液中，从聚芴（P11）到含四苯乙烯的聚芴衍生物（P12），聚合物的荧光发射行为由聚集发光猝灭转变为聚集诱导荧光增强，实现了光物理性质的逆转。此外，与 P12 在有机溶液相中的 ECL 行为相比，通过纳米共沉淀法制备的含四苯乙烯的聚芴衍生物纳米颗粒（AIE@Pdots12）的 ECL 信号明显增强。值得注意的是，相较于聚芴纳米颗粒（AIE@Pdots11），TPE 单元的引入限制了分子内苯环的自由旋转及阻碍了分子间的 π-π 堆积相互作用，抑制了非辐射跃迁，从而使得 AIE@Pdots12 的 ECL 发射增强了 24 倍。此外，当分别以过硫酸钾和三丙胺为阴极和阳极共反应剂时，AIE@Pdots12 均观测到了可视化的 ECL 信号，且阴极的 ECL 强度是阳极的 6.5 倍[图 9-44（a）和（b）]。同时他们研究了 AIE@Pdots12 的共反应剂型瞬态 ECL[图 9-44（c）和（d）]，结果表明，在氧化-还原型 ECL 中，AIE@Pdots12 表现出稳定的 ECL 信号，归因于阳离子自由基具有好的稳定性；在还原-氧化型 ECL 中，ECL 信号是逐渐增强的，证实了此种模式下 ECL 源于阳离子自由基与阴离子自由基的碰撞。

2021 年，徐静娟和成义祥等[87]报道了不同羧基含量的芴基聚四苯乙烯及其 AIE@Pdots，研究了它们的荧光和 AI-ECL 行为（图 9-45）。这三种聚合物在 THF/H$_2$O 混合溶液中呈现出聚集诱导荧光增强且波长红移的现象。含中等比例羧基的 AIE@Pdots14，表现出最强的荧光发射，无羧基的 AIE@Pdots13 发光最弱，这是由于含羧基 Pdots，一方面纳米颗粒内部的发光体数量较多，另一方面羧基含量过高导致纳米颗粒内部发光体的堆积变得疏松。此外，在共反应剂 TEA 存在时，

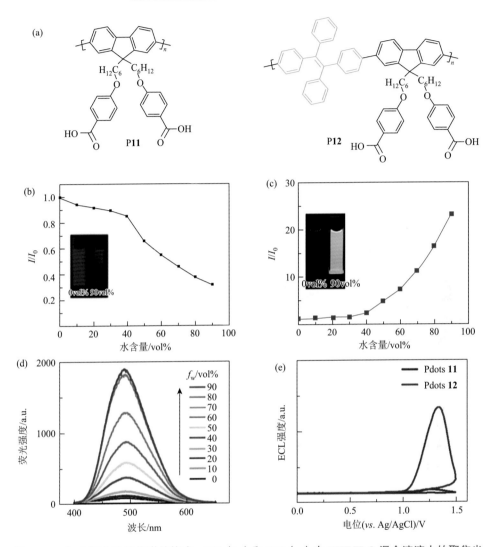

图 9-43　（a）聚合物的化学结构式；P11（b）和 P12（c）在 THF/H₂O 混合溶液中的聚集光致发光强度变化；（d）P12 在 THF/H₂O 混合溶液中的聚集光致发光光谱变化；（e）AIE@Pdots11 和 AIE@Pdots12 的 ECL 强度对比图[86]

相对于 AIE@Pdots13，含羧基的 AIE@Pdots14 和 AIE@Pdots15 有着明显增强的 ECL 信号，这可能是由于羧基型 Pdots 存在强的质子耦合电子转移作用，羧基含量最高的 AIE@Pdots15 表现出最高的 ECL 效率（54.7%）和最低的峰电位，ECL 发射达到可视程度。接下来，研究者对这个现象产生的原因进行了分析，以 AIE@Pdots15 为例，在不同 pH 的 PBS 缓冲液中测试了 AIE@Pdots15/玻碳电极的循环伏安（CV），结果表明，随着溶液 pH 的升高，AIE@Pdots15 的氧化峰不断负移，且峰电位与 pH 呈现出很好的线性关系（$E_{pa} = 1.471 - 0.0279 \times$ pH），意味着是一个双质子耦合的单电子过程。同时 X 射线光电子能谱（XPS）结果也证实了，AIE@Pdots15 与 TEA 之间形成了氢键，在 402.4 eV 处出现了季铵盐的峰。

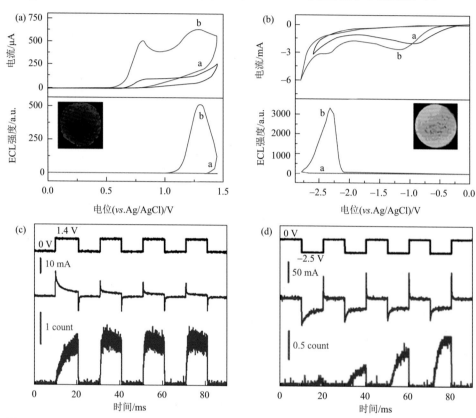

图 9-44　AIE@Pdots12/玻碳电极在三丙胺（a）和过硫酸钾（b）存在时的 CV 图和 ECL-电位图；AIE@Pdots12/玻碳电极在三丙胺（c）和过硫酸钾（d）条件下的瞬态 ECL 测试[86]

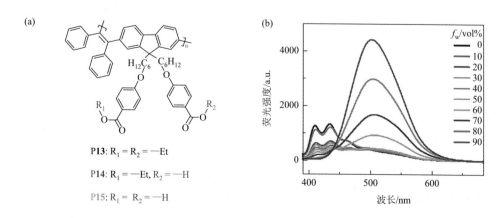

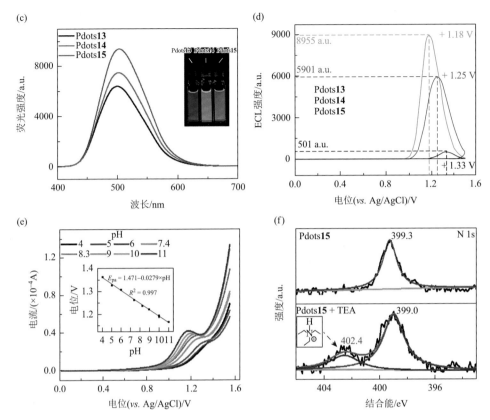

图 9-45　（a）聚合物的化学结构式；（b）P15 在 THF/H₂O 混合溶液中的聚集发光行为；（c）AIE@Pdots13～Pdots15 在水溶液中的荧光行为；（d）AIE@Pdots13～Pdots15 的 ECL 对比图；（e）AIE@Pdots15/玻碳电极循环伏安测试，插图为氧化电位-pH 线性关系图；（f）AIE@Pdots15 及 AIE@Pdots15 与三乙胺混合溶液的 XPS 图[87]

咔唑是一类与芴结构类似的发光体，由于具有更高的电子云密度，在调节分子的光电性能方面也发挥着重要的作用[88]。2018 年，鞠熀先和成义祥等[89]通过调节电子供体（donor）分别为芴单元和咔唑单元，设计合成了不同电子供体和受体（acceptor）的三组分聚合物（图 9-46），另外两种组分是四苯乙烯和氟硼二吡咯（BODIPY）。两种聚合物在不同水含量的 THF/H₂O 混合溶液中，荧光发射呈现出明显的 AIE 特征。同时，由于分子内芴或咔唑单元到四苯乙烯，四苯乙烯到BODIPY 的双过程共振能量转移，使得芴基 AIE@Pdots16 和咔唑基 AIE@Pdots17分别呈现出亮的橙色和红色发光。ECL 测试结果表明，具有更强电子供体效应的咔唑基 AIE@Pdots17 有着更高的 AI-ECL 效率和更低的氧化电位，这是由于咔唑的引入升高了聚合物分子的 HOMO 能级，同时也降低了其 LUMO 能级，使得空穴和电子均更容易注入共轭骨架，有利于 ECL 反应的进行。这项研究通过调节

D-A 型聚合物中单体的电子结构, 为开发具有低电位和高 ECL 发射强度的 AI-ECL 材料提供了新颖的策略。但是, 这两种 AIE@Pdots 的 ECL 稳定性都较差。

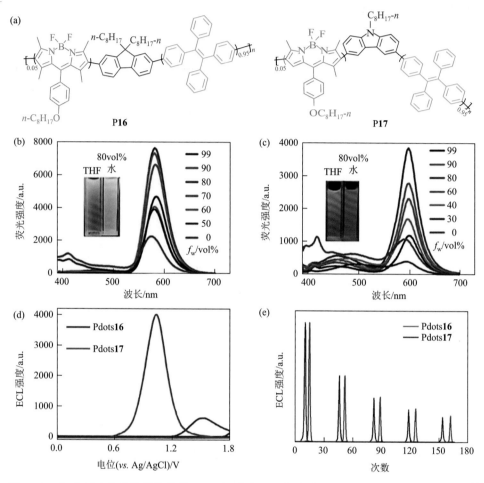

图 9-46　（a）聚合物的化学结构式；P16（b）和 P17（c）在 THF/H_2O 混合溶液中的聚集发光行为；（d）AIE@Pdots16 和 AIE@Pdots17 的 ECL 对比图；（e）AIE@Pdots16 和 AIE@Pdots17 的 ECL 稳定性[89]

鞠熀先和成义祥等[90]利用类似的分子设计, 合成了由咔唑、四苯乙烯和硼杂 β-二羰基化合物组成的三组分聚合物（图 9-47）。这些聚合物在 THF/H_2O 混合溶液中表现出明显的 AIE 行为。通过纳米共沉淀法制备的 AIE@Pdots, 随着 TPE 含量逐渐升高, ECL 发射强度逐渐增强。随之, 将 TPE 含量最高的 AIE@Pdots18 用于检测两种生物相关的儿茶酚衍生物：肾上腺素和多巴胺。传感构建的原理是通过邻苯醌衍生物作为邻苯二酚氧化的产物来猝灭 AIE@Pdots18 发射。利用此方法检测肾上腺素和多巴胺，分别在 10 nmol/L～500 μmol/L 和 10 nmol/L～100 μmol/L 的浓度范围内呈现出很好的线性，并且检测限分别为 3 nmol/L 和 7 nmol/L。

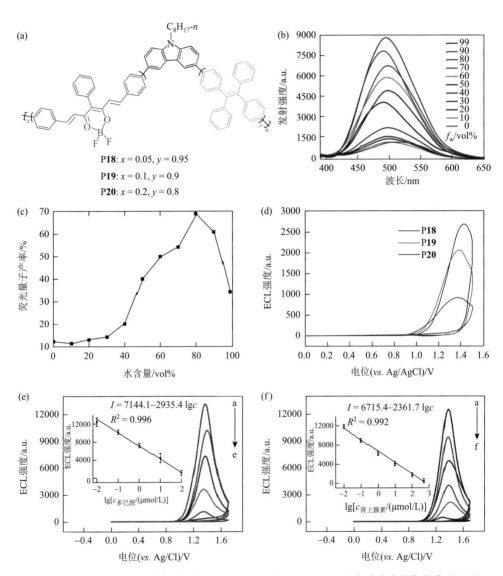

图 9-47 （a）聚合物的化学结构式；（b，c）P18 在 THF/H₂O 混合溶液中的聚集发光行为；（d）AIE@Pdots-18、AIE@Pdots-19 和 AIE@Pdots-20 的 ECL 对比图；不同多巴胺（e）和肾上腺素（f）浓度下传感器的 ECL 信号响应及 ECL 强度与待测物浓度的线性关系图[90]

在 D-A 型多组分聚合物中，通过改变不同供体的结构，能方便地调节 AIE 活

性 Pdots 的 ECL 发光效率。2019 年，鞠熄先和成义祥等[91]设计合成了咔唑基 AIE@Pdots 以获得高的 ECL 效率（图 9-48）。此 AIE@Pdots 由咔唑、四苯乙烯和 2, 2-二氟-3-(4-甲氧基苯基)-4, 6-二苯基-2H-1, 3|4, 2|4-噁唑硼碱（DMDO）三种组分构成，其 AI-ECL 效率高达 23.1%。通过与不含 RET（AIE@Pdots22）和含有单一分子内 RET（AIE@Pdots23）过程的 Pdots 对比，证实了含双分子内 RET 的三组分 AIE@Pdots21 能有效增强其 ECL 效率。此外，受体（DMDO）含量占比更小的三组分 AIE@Pdots24，表现出比 AIE@Pdots21 更弱的 ECL 强度，这是

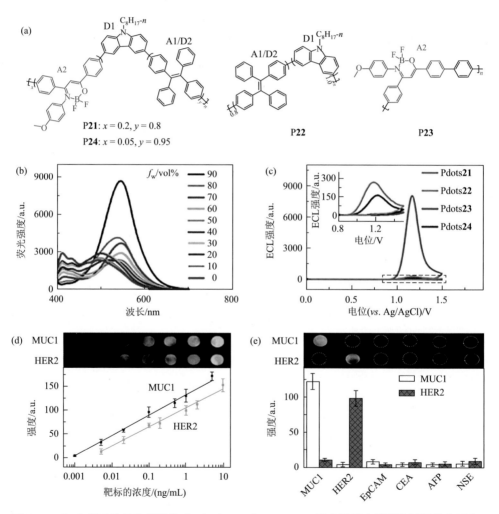

图 9-48　（a）聚合物的化学结构式；（b）P21 在 THF/H$_2$O 混合溶液中的聚集过程发光行为；（c）Pdots21～Pdots24 的 ECL-电位对比图；（d）MUC1 和 HER2 的 ECL 成像检测及标准曲线；（e）传感器的选择性[91]

由 AIE@Pdots-**24** 不充分的双分子内 RET 过程造成的。此外，他们利用 AIE@Pdots-**21** 高的 ECL 发光效率，设计了高灵敏 ECL 成像的传感策略，实现了同时对活细胞上的两种膜蛋白（MUC1 和 HER2）进行可视化分析，且分别在 1 pg/mL～5 ng/mL 和 5 pg/mL～10 ng/mL 浓度范围内呈现出很好的线性关系，检测限分别为 1 pg/mL 和 5 pg/mL，同时有着良好的抗干扰能力。这项研究表明，双分子内 RET 机理，为增强 ECL 发射提供了有效的策略，并扩展了 AIE@Pdots 在 ECL 成像和生物分析中的应用。

苯并噻二唑作为重要的电子受体，由于好的结构可修饰性、分子刚性及优异的电化学性质，在 OLED[92]、有机场效应晶体管[93]和有机太阳能电池[94]等光电领域得到了广泛的应用。构建以苯并噻二唑为核心的分子，在聚集态下表现出优异的氧化还原可逆性，这有利于得到稳定的 ECL 发射。2021 年，徐静娟课题组[95]设计并合成了苯并噻二唑和四苯乙烯衍生物组成的 AIE 活性聚合物及 AIE@Pdots（图 9-49）。该聚合物在 THF/H$_2$O 混合溶液中呈现出典型的 AIE 现象。纳米共沉淀法制备的 AIE@Pdots 在阴极和阳极电位扫描中分别表现出可逆和准可逆的电化学行为，最终呈现出稳定的湮灭型和共反应剂型 ECL 发射。同时，鉴于氧化-还

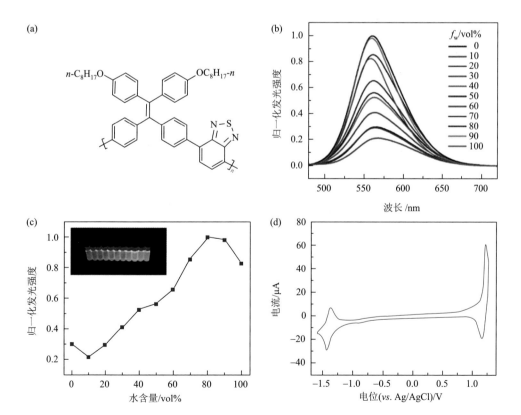

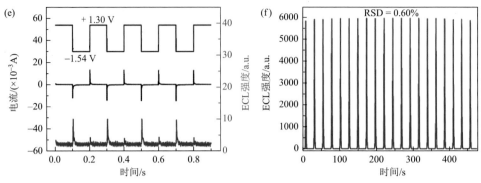

图 9-49　（a）聚合物的化学结构式；（b，c）聚合物在 THF/H$_2$O 混合溶液中的聚集发光行为；
（d）AIE@Pdots 的循环伏安图；（e）AIE@Pdots 的湮灭型 ECL-电位阶跃图；
（f）AIE@Pdots 氧化-还原型 ECL 的稳定性[95]

原型 ECL 具有更高的效率，他们设计了一种高灵敏检测 miRNA-21 的 ECL 生物传感。这项工作为未来设计具有 AIE 活性和稳定 ECL 发射的 AIE@Pdots 纳米材料提供了新的视角。

与苯并噻二唑发光团类似，硼杂 β-二酮衍生物作为一类重要的电子受体，在光电领域也得到了广泛的关注。2020 年，徐静娟和华道本课题组[96]以 TPE 为供体，硼杂 β-二酮衍生物为受体，设计合成了新型 D-A 结构的 AI-ECL 聚合物点（图 9-50）。AIE@Pdots 表面的羧基与 DNA 链上的氨基键合，随后 DNA 链上的磷酸基团吸附铀酰离子（UO$_2^{2+}$）。通过 UO$_2^{2+}$ 与 AIE@Pdots 间的 ECL 共振能量转移（RET）作用，实现了对水质中 UO$_2^{2+}$ 的高灵敏检测，在 0.05～100 nmol/L 浓度范围内，ECL 强度与 UO$_2^{2+}$ 浓度呈现出很好的线性关系，且检测限低至 10.6 pmol/L。这项研究为精准 UO$_2^{2+}$ 探针的开发和实用的 UO$_2^{2+}$ 监测方法提供了一种新方法，也在环境和能源领域显示了其巨大的应用潜力。

鉴于金属铱（III）配合物丰富的能级结构，结合共轭聚合物自身的分子导线效应，以及 AIE 活性带来的聚集态下发光增强的因素，铱包含的 AIE 聚合物点在 ECL 领域吸引了研究者的广泛关注。2020 年，徐静娟和全一武等[97]通过铱（III）配合物对聚四苯乙烯进行聚合封端反应合成得到了铱封端的聚四苯乙烯（Ir@pTPE）及其 Pdots（图 9-51）。由于具有相同的共轭骨架，模板聚合物苯基封端的聚四苯乙烯（Ph@pTPE）与 Ir@pTPE 具有相似的紫外吸收与荧光发射行为。在 THF/H$_2$O 混合溶液中，它们均呈现出典型的 AIE 现象。以聚合物作为发光体，通过纳米沉淀法制备了相应的 Pdots。与模板聚合物点（Ph@pTPE Pdots）相比，Ir@pTPE Pdots 的 ECL 信号增强了 9.9 倍，发射达到可视化，并且表现出优异的 ECL 发射稳定性。ECL 光谱显示基于 Ir@pTPE 的 Pdots 增强的 ECL 信号归因于铱（III）配合物单元与聚四苯乙烯共轭高分子骨架间的分子内电子转移。

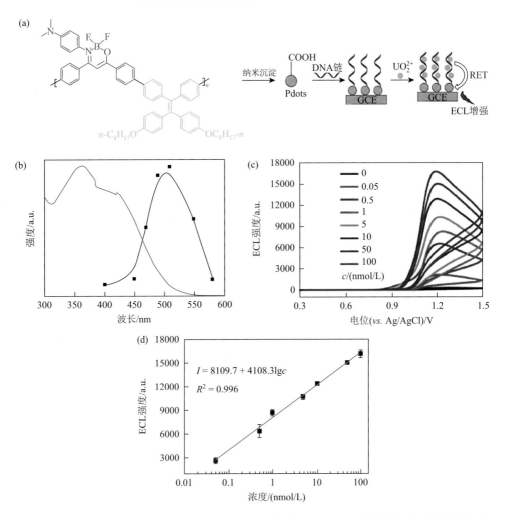

图 9-50 （a）聚合物的化学结构式及传感示意图；（b）AIE@Pdots 的紫外吸收光谱（红色曲线）与 UO_2^{2+} 的 ECL 光谱（黑色拟合曲线）；（c）不同 UO_2^{2+} 浓度下传感器的 ECL 信号响应；（d）ECL 强度与 UO_2^{2+} 浓度的线性关系图[96]

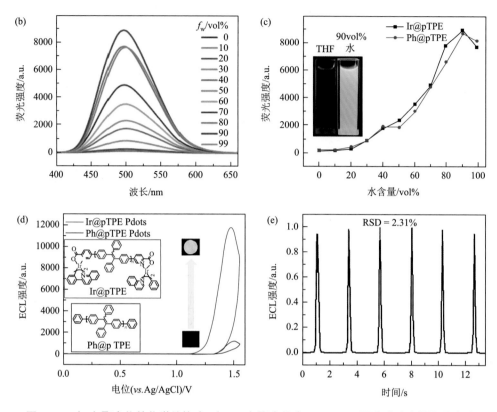

图 9-51 （a）聚合物的化学结构式；（b，c）聚合物在 THF/H₂O 混合溶液中的聚集发光
行为；（d）Pdots 的 ECL-电位对比图；（e）Ir@pTPE Pdots 的 ECL 稳定性[97]

　　2020 年，徐静娟和全一武等[98]通过辅助配体 2, 2′-联吡啶（bpy）与四苯乙烯
主链的 Suzuki 偶联反应，合成了环金属配体为 6-苯基菲啶（pphent）的铱（III）
配合物嵌入型和封端型聚合物（图 9-52）。由于它们具有相似的共轭结构，P25～
P30 表现出相似的紫外吸收和光致发光行为。在 THF/H₂O 混合溶液中，均表现出
典型的 AIE 现象。通过纳米共沉淀法制备了相应的 AIE@Pdots25～Pdots30。ECL
研究结果表明，铱（III）配合物封端的 AIE@Pdots26 表现出最强的 ECL 信号，
对于铱（III）配合物嵌入链中的 AIE@Pdots27～Pdots30，随着铱含量升高，ECL
发射强度逐渐降低。电化学阻抗谱显示，铱封端的聚四苯乙烯 AIE@Pdots26/玻碳
电极的电荷转移阻抗最小，随着链中铱含量的增加，电荷转移阻抗逐渐增大，这
是由于完整的共轭结构有利于铱（III）配合物与聚四苯乙烯共轭骨架间的分子内
电子传递。

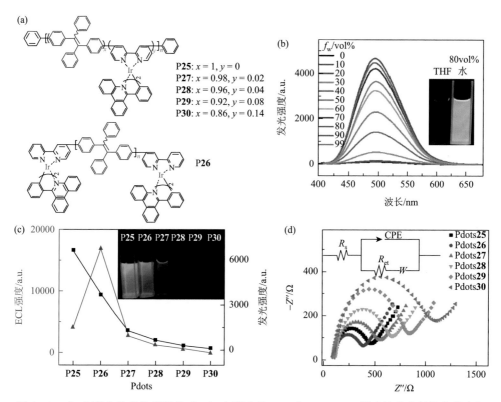

图 9-52　（a）聚合物的化学结构式；（b）聚合物 P26 在 THF/H₂O 混合溶液中的聚集发光行为；（c）AIE@Pdots25～Pdots30 的荧光及 ECL 强度变化图；（d）AIE@Pdots/玻碳电极的电化学阻抗谱[98]

　　此外，为满足 ECL 在各个领域快速发展的不同需求，结构多样化的共轭聚合物的 AI-ECL 材料也被逐渐报道。2020 年，张春阳课题组[99]合成了基于四苯乙烯的共轭微孔聚合物（CMP），并首次报道了其 AI-ECL 行为（图 9-53）。TPE 这一 AIE 活性基团有效地抑制了激子非辐射跃迁，使得 TBPE-CMP-1 的 ECL 效率达到 1.72%。此外，TBPE-CMP-1 也成功应用于多巴胺的检测。在 0.001～1000 μmol/L 浓度范围内，ECL 强度与多巴胺浓度呈现出很好的线性关系，检测限为 0.85 nmol/L。该传感器灵敏度高，对抗坏血酸和尿酸具有良好的抗干扰能力，在生物医学研究和临床诊断中表现出潜在的应用前景。

　　最近，张春阳课题组[79]合成了基于噻吩四苯乙烯的共轭微孔聚合物（ThT-CMP）（图 9-54）。此共轭微孔聚合物分别以 TPrA 和 K₂S₂O₈ 为共反应剂时，均表现出强的 AI-ECL 发射，且 ECL 效率分别为 11.49% 和 3.82%。进一步地，利用共振能量转移策略，研究者开发了一种阴阳两极 ECL 传感器用于检测罗丹明 B。该 ECL 传感器具有宽的检测范围和高的灵敏度。它们均在 0.0001～10 μmol/L 的浓度范围内，呈现出很好的线性关系，且阳极和阴极传感的检测限分别为 0.055 nmol/L 和 0.083 nmol/L。

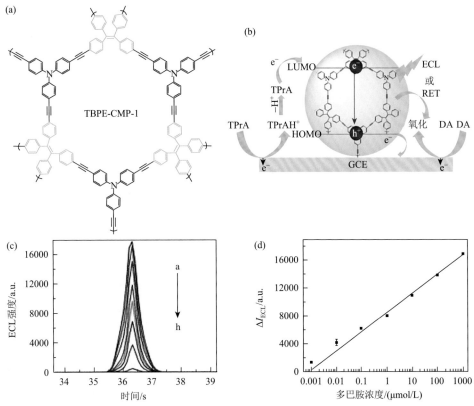

图 9-53 （a）共轭微孔聚合物的化学结构式；（b）ECL 传感示意图；（c）不同多巴胺浓度下传感器的 ECL 信号响应；（d）ECL 强度变化值与多巴胺浓度的线性关系图[99]

图（c）a～h 分别表示浓度 0μmol/L、0.001μmol/L、0.01μmol/L、0.1μmol/L、1μmol/L、10μmol/L、100μmol/L、1000μmol/L

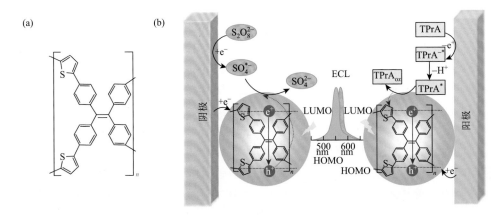

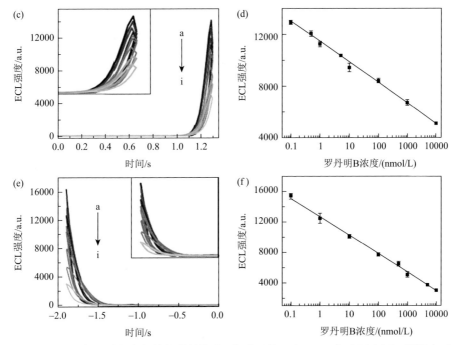

图 9-54　（a）共轭微孔聚合物的化学结构式；（b）阴阳两极 ECL 机理示意图；阳极（c）和阴极（e）端在不同罗丹明 B 浓度下传感器的 ECL 信号响应；阳极（d）和阴极（f）端 ECL 强度与罗丹明 B 浓度的线性关系图[79]

9.4　总结与展望

　　CPL 材料走向实际应用还存在以下几个核心科学问题：①g_{lum} 偏小，绝大多数 g_{lum} 在 0.1 以下，没有实际价值；②CPL 材料 $\varPhi_F$ 低；③基于有机小分子的器件稳定性差；④温度、磁场或压力等外界刺激产生的 CPL 光，在实际应用中无法真正实现 CPL 器件化。通过分子水平上对手性中心微环境和 AIE 活性基团进行合理结构的修饰，将含 AIE 活性基团与手性有机单元分子组装成结构规整、排列有序的手性高分子聚集体，不仅可充分利用高分子材料固有的光、电、磁、能量转化与储存等化学和物理特性，同时也可利用高分子材料稳定和易于成型加工等优点。将不同类别的 AIE 活性基团修饰为发光团，引入手性共轭高分子主链骨架，从而产生空间效应和电子诱导效应。另外，手性基团在含 AIE 活性发光团的高分子骨架上具有单一的手性方向，相同排列方式的手性单元可通过共轭结构产生协同效应，基于高分子共轭结构内电荷传递过程中促进手性诱导机理，在聚集诱导效应调控下，可实现手性信号特征获得放大效应，有效增强 AI-CPL 荧光量子产率和 g_{lum} 值。

　　目前，通过化学技术手段产生的低 g_{lum} 值 CPL 材料还无法走向实际应用，利用高度有序的胆甾相液晶对 CPL 的反射具有选择性，已被证实是一种放大 CPL 材料 g_{lum} 值的有效方法。例如，将 AIE 活性的手性发光高分子以一定质量比掺杂到商业可取的向列相液晶（NLC）中，形成手性发光胆甾相液晶材料（N*LC），在液晶介质环境中，产生高分子聚集体，退火后，AIE 活性的手性发光高分子聚集体可自组装成高阶有序、规整螺旋排列结构，可实现 g_{lum} 值高于 1.0 以上的 CPL 液晶器件。基于 AIE 活性基团调控的手性高分子 AI-CPL 液晶材料研究，能突破目前仅仅限于 CPL 材料理论研究转成实际应用重大飞跃。

AI-ECL 型 Pdots 已经广泛应用于分析化学领域，各种不同结构的 Pdots 也被研究与报道。本章主要介绍了含四苯乙烯和含 D-A 结构的 AI-ECL 型 Pdots 材料的设计、结构与性能的研究及应用。这些 Pdots/CMP 具有明显的 ECL 行为，极大地丰富了 ECL 纳米材料体系。此外，多种用于构建高 ECL 效率的策略被予以合理的解释。其核心可以分为两方面：一方面是通过促进电化学过程中的电子转移，发光分子激发态的形成变得容易；另一方面是通过构建具有高光致发光效率分子的策略，在电化学过程中形成的激子以辐射跃迁的形式回到基态，从而增强发光，为设计合成高效的 ECL 发光体提供了新的思路。

目前，开发更多新颖的 ECL 增强策略，以获得结构多样化、性能优异的 ECL 材料，仍然有着巨大的探索空间：发光体在电化学激发下，生成的激子符合量子统计力学的规律，25%的激子分配到单线态（S_1），75%的激子分配到三线态（T_1）。通常的有机发光体，T_1 到 S_0 的跃迁是禁阻的，因而最多只能利用 S_1 上 25%的激子用于发光，这就造成了大量的激子以非辐射跃迁的形式被损失掉。因此，为了获得更高 ECL 效率的发光体，充分利用 T_1 上的激子将会是很好的一种选择。将来可以在以下两个方面进行尝试：①构建 D-A 结构的分子，调节 S_1 与 T_1 能垒差足够小（$\Delta E_{ST} \leqslant 0.05$ eV），利于 T_1 上的激子以反系间窜越的方式回到 S_1，进而实现对 T_1 激子的充分利用，这也被称为热激活延迟荧光（thermally activated delayed fluorescence，TADF）。②通过引入卤素等重原子的方式，增强有机分子的旋轨耦合作用，使 T_1 到 S_0 的跃迁是允许的，从而直接利用 T_1 上的激子，这被称为室温磷光（room temperature phosphorescence，RTP）。随着对发光过程的理解及相应仪器的开发，我们相信未来研究者会提出更巧妙的设计策略，探索出更深入的原理，为高性能 AIE 活性的 ECL 材料发展提供更多的指引。

（张雨霞　姚昆　高杭　徐静娟　成义祥）

参考文献

[1]　McQuade D T，Pullen A E，Swager T M. Conjugated polymer-based chemical sensors. Chemical Reviews，2000，100（7）：2537-2574.

[2] Feng X, Liu L, Wang S, et al. Water-soluble fluorescent conjugated polymers and their interactions with biomacromolecules for sensitive biosensors. Chemical Society Reviews, 2010, 39 (7): 2411-2419.

[3] Thomas S W, Joly G D, Swager T M. Chemical sensors based on amplifying fluorescent conjugated polymers. Chemical Reviews, 2007, 107 (4): 1339-1386.

[4] Guo X, Baumgarten M, Müllen K. Designing π-conjugated polymers for organic electronics. Progress in Polymer Science, 2013, 38 (12): 1832-1908.

[5] Beaujuge P M, Reynolds J R. Color control in π-conjugated organic polymers for use in electrochromic devices. Chemical Reviews, 2010, 110 (1): 268-320.

[6] Dou L, Liu Y, Hong Z, et al. Low-bandgap near-IR conjugated polymers/molecules for organic electronics. Chemical Reviews, 2015, 115 (23): 12633-12665.

[7] Lei T, Wang J Y, Pei J. Design, synthesis, and structure-property relationships of isoindigo-based conjugated polymers. Accounts of Chemical Research, 2014, 47 (4): 1117-1126.

[8] Li W, Hendriks K H, Wienk M M, et al. Diketopyrrolopyrrole polymers for organic solar cells. Accounts of Chemical Research, 2016, 49 (1): 78-85.

[9] Duan X, Liu L, Feng F, et al. Cationic conjugated polymers for optical detection of DNA methylation, lesions, and single nucleotide polymorphisms. Accounts of Chemical Research, 2010, 43 (2): 260-270.

[10] Feng L, Zhu C, Yuan H, et al. Conjugated polymer nanoparticles: preparation, properties, functionalization and biological applications. Chemical Society Reviews, 2013, 42 (16): 6620-6633.

[11] Zhu C, Liu L, Yang Q, et al. Water-soluble conjugated polymers for imaging, diagnosis, and therapy. Chemical Reviews, 2012, 112 (8): 4687-4735.

[12] Zhao Z, Zhang H, Lam J W Y, et al. Aggregation-induced emission: new vistas at the aggregate level. Angewandte Chemie International Edition, 2020, 59 (25): 9888-9907.

[13] 新谷隆一, 范爱英, 康昌鹤. 偏振光. 北京: 原子能出版社, 1994: 7.

[14] 龙槐生, 张仲先, 谈恒英. 光的偏振及其应用. 北京: 机械工业出版社, 1989: 7.

[15] Ranjbar B, Gill P. Circular dichroism techniques: biomolecular and nanostructural analyses—a review. Chemical Biology Drug Design, 2009, 74 (2): 101-120.

[16] Pescitelli G, Bari L D, Berova N. Conformational aspects in the studies of organic compounds by electronic circular dichroism. Chemical Society Reviews, 2011, 40 (9): 4603-4625.

[17] Berova N, Bari L D, Pescitelli G. Application of electronic circular dichroism in configurational and conformational analysis of organic compounds. Chemical Society Reviews, 2007, 36 (6): 914-931.

[18] Ding S, Jia L, Durandin A, et al. Absolute configurations of spiroiminodihydantoin and allantoin stereoisomers: comparison of computed and measured electronic circular dichroism spectra. Chemical Research in Toxicology, 2009, 22 (6): 1189-1193.

[19] Richardson F S, Riehl J P. Circularly polarized luminescence spectroscopy. Chemical Reviews, 1977, 77(6): 773-792.

[20] Riehl J P, Richardson F S. Circularly polarized luminescence spectroscopy. Chemical Reviews, 1986, 86(1): 1-16.

[21] Albano G, Pescitelli G, di Bari L. Chiroptical properties in thin films of π-conjugated systems. Chemical Reviews, 2020, 120 (18): 10145-10243.

[22] Watson M D, Fechtenkötter A, Müllen K. Big is beautiful—"aromaticity" revisited from the viewpoint of

macromolecular and supramolecular benzene chemistry. Chemical Reviews，2001，101（5）：1267-1300.

[23] Figueira-Duarte T M，Müllen K. Pyrene-based materials for organic electronics. Chemical Reviews，2011，111（11）：7260-7314.

[24] Mei J，Leung N L C，Tang B Z，et al. Aggregation-induced emission: together we shine，united we soar. Chemical Reviews，2015，115（21）：11718-11940.

[25] Hong Y，Lam J W，Tang B. Aggregation-induced emission. Chemical Society Reviews，2011，40（11）：5361-5388.

[26] Feng H T，Liu C C，Tang B，et al. Structure，assembly，and function of (latent)-chiral AIEgens. ACS Materials Letters，2019，1（1）：192-202.

[27] Song F，Zhao Z，Liu Z，et al. Circularly polarized luminescence from AIEgens. Journal of Materials Chemistry C，2020，8（10）：3284-3301.

[28] Li Z，Ji X，Xie H，et al. Aggregation-induced emission-active gels: fabrications，functions，and applications. Advanced Materials，2021，33（33）：2100021.

[29] Liu C，Yang J C，Lam J W Y，et al. Chiral assembly of organic luminogens with aggregation-induced emission. Chemical Science，2022，13（3）：611-632.

[30] Liu Q，Xia Q，Wang S，et al. *In situ* visualizable self-assembly，aggregation-induced emission and circularly polarized luminescence of tetraphenylethene and alanine-based chiral polytriazole. Journal of Materials Chemistry C，2018，6（17）：4807-4816.

[31] Liu Q，Xia Q，Xiong Y，et al. Circularly polarized luminescence and tunable helical assemblies of aggregation-induced emission amphiphilic polytriazole carrying chiral L-phenylalanine pendants. Macromolecules，2020，53（15）：6288-6298.

[32] Zhang S，Sheng Y，Wei G，et al. Aggregation-induced circularly polarized luminescence of an (*R*)-binaphthyl-based AIE-active chiral conjugated polymer with self-assembled helical nanofibers. Polymer Chemistry，2015，6（13）：2416-2422.

[33] Wang Z，Liu S，Wang Y，et al. Tunable AICPL of (*S*)-binaphthyl-based three-component polymers via FRET mechanism. Macromolecular Rapid Communications，2017，38（14）：1700150.

[34] Wang Z，Fang Y，Tao X，et al. Deep red aggregation-induced CPL emission behavior of four-component tunable AIE-active chiral polymers via two FRET pairs mechanism. Polymer，2017，130：61-67.

[35] Yang L，Zhang Y，Zhang X，et al. Doping-free circularly polarized electroluminescence of AIE-active chiral binaphthyl-based polymers. Chemical Communications，2018，54（69）：9663-9666.

[36] Ma J，Wang Y，Li X，et al. Aggregation-induced CPL response from chiral binaphthyl-based AIE-active polymers via supramolecular self-assembled helical nanowires. Polymer，2018，143：184-189.

[37] Zhang C，Li M，Lu H Y，et al. Synthesis，chiroptical properties，and self-assembled nanoparticles of chiral conjugated polymers based on optically stable helical aromatic esters. RSC Advances，2018，8（2）：1014-1021.

[38] Lu N，Gao X，Pan M，et al. Aggregation-induced emission-active chiral helical polymers show strong circularly polarized luminescence in thin films. Macromolecules，2020，53（18）：8041-8049.

[39] Akagi K. Helical polyacetylene: asymmetric polymerization in a chiral liquid-crystal field. Chemical Reviews，2009，109（11）：5354-5401.

[40] Hu W，Chen M，Wang Q，et al. Broadband reflection in polymer-stabilized cholesteric liquid crystals via thiol-acrylate chemistry. Angewandte Chemie International Edition，2019，58（20）：6698-6702.

[41] Chen S H, Katsis D, Schmid A W, et al. Circularly polarized light generated by photoexcitation of luminophores in glassy liquid-crystal films. Nature, 1999, 397 (6719): 506-508.

[42] Chen Y, Lu P, Yuan Y, et al. Preparation and property manipulation of high efficiency circularly polarized luminescent liquid crystal polypeptides. Journal of Materials Chemistry C, 2020, 8 (39): 13632-13641.

[43] Chen Y, Lu P, Li Z, et al. Side-chain chiral fluorescent liquid crystal polymers with highly efficient circularly polarized luminescence emission in a glassy-state SmC* film. Polymer Chemistry, 2021, 12 (17): 2572-2579.

[44] Luo Z W, Tao L, Zhong C L, et al. High-efficiency circularly polarized luminescence from chiral luminescent liquid crystalline polymers with aggregation-induced emission properties. Macromolecules, 2020, 53 (22): 9758-9768.

[45] Broer D J, Lub J, Mol G N. Wide-band reflective polarizers from cholesteric polymer networks with a pitch gradient. Nature, 1995, 378 (6556): 467-469.

[46] Hoekstra D C, van der Lubbe B, Bus T, et al. Wavelength-selective photopolymerization of hybrid acrylate-oxetane liquid crystals. Angewandte Chemie International Edition, 2021, 60 (19): 10935-10941.

[47] Hoekstra D C, Nickmans K, Lub J, et al. High-resolution patternable oxetane-based liquid crystalline photonic films via flexographic printing. ACS Applied Materials Interfaces, 2019, 11 (7): 7423-7430.

[48] Liu W, Wei H, Li H, et al. Structurally coloured organic-inorganic hybrid silica films with a chiral nematic structure prepared through a self-templating approach. Liquid Crystals, 2021, 48 (4): 521-525.

[49] Wei H, Wu L, Sun W, et al. A series of organosilane liquid crystals and their application for the preparation of structurally colored organic-inorganic hybrid silica films. Liquid Crystals, 2021, 48 (15): 2209-2219.

[50] Shopsowitz K E, Qi H, Hamad W Y, et al. Free-standing mesoporous silica films with tunable chiral nematic structures. Nature, 2010, 468 (7322): 422-425.

[51] Nguyen T D, Hamad W Y, MacLachlan M J. CdS quantum dots encapsulated in chiral nematic mesoporous silica: new iridescent and luminescent materials. Advanced Functional Materials, 2014, 24 (6): 777-783.

[52] Ni B, Li Y, Liu W, et al. Circularly polarized luminescence from structurally coloured polymer films. Chemical Communications, 2021, 57 (22): 2796-2799.

[53] Zhang W, Ni B, Li H, et al. Circularly polarized luminescence from oriented polymer films doped with a tetraphenylethylene-based conjugated oligomer. Materials Chemistry Frontiers, 2021, 5 (14): 5471-5477.

[54] Hercules D M. Chemiluminescence resulting from electrochemically generated species. Science, 1964, 145 (3634): 808-809.

[55] Visco R E, Chandross E A. Electroluminescence in solutions of aromatic hydrocarbons. Journal of the American Chemical Society, 1964, 86 (23): 5350-5351.

[56] Santhanam K S V, Bard A J. Chemiluminescence of electrogenerated 9, 10-diphenylanthracene anion radical. Journal of the American Chemical Society, 1965, 87 (1): 139-140.

[57] Miao W. Electrogenerated chemiluminescence and its biorelated applications. Chemical Reviews, 2008, 108 (7): 2506-2553.

[58] Haram S K, Kshirsagar A, Gujarathi Y D, et al. Quantum confinement in CdTe quantum dots: investigation through cyclic voltammetry supported by density functional theory (DFT). Journal of Physical Chemistry C, 2011, 115 (14): 6243-6249.

[59] Hu L, Xu G. Applications and trends in electrochemiluminescence. Chemical Society Reviews, 2010, 39 (8): 3275-3304.

[60] Li M X, Zhang N, Zhao W, et al. Ultrasensitive detection of microRNA-21 based on plasmon-coupling-induced electrochemiluminescence enhancement. Electrochemistry Communications, 2018, 94: 36-40.

[61] Li H J, Han S, Hu L Z, et al. Progress in Ru(bpy)$_3^{2+}$ electrogenerated chemiluminescence. Chinese Journal of Analytical Chemistry, 2009, 37 (11): 1557-1565.

[62] Wei H, Wang E. Electrochemiluminescence of tris (2, 2′-bipyridyl) ruthenium and its applications in bioanalysis: a review. Luminescence, 2011, 26 (2): 77-85.

[63] Wu C, Chiu D T. Highly fluorescent semiconducting polymer dots for biology and medicine. Angewandte Chemie International Edition, 2013, 52 (11): 3086-3109.

[64] Carrara S, Aliprandi A, Hogan C F, et al. Aggregation-induced electrochemiluminescence of platinum(Ⅱ) complexes. Journal of the American Chemical Society, 2017, 139 (41): 14605-14610.

[65] Kumar K S S, Girish Y R, Ashrafizadeh M, et al. AIE-featured tetraphenylethylene nanoarchitectures in biomedical application: bioimaging, drug delivery and disease treatment. Coordination Chemistry Reviews, 2021, 447: 214135.

[66] Schwartz B J. Conjugated polymers as molecular materials: how chain conformation and film morphology influence energy transfer and interchain interactions. Annual Review of Physical Chemistry, 2003, 54 (1): 141-172.

[67] Armes S P, Miller J F, Vincent B. Aqueous dispersions of electrically conducting monodisperse polypyrrole particles. Journal of Colloid and Interface science, 1987, 118 (2): 410-416.

[68] Hittinger E, Kokil A, Weder C. Synthesis and characterization of cross-linked conjugated polymer milli-, micro-, and nanoparticles. Angewandte Chemie International Edition, 2004, 43 (14): 1808-1811.

[69] Kietzke T, Neher D, Landfester K, et al. Novel approaches to polymer blends based on polymer nanoparticles. Nature Materials, 2003, 2 (6): 408-412.

[70] Yu J, Wu C, Tian Z, et al. Tracking of single charge carriers in a conjugated polymer nanoparticle. Nano Letters, 2012, 12 (3): 1300-1306.

[71] Li J, Rao J, Pu K. Recent progress on semiconducting polymer nanoparticles for molecular imaging and cancer phototherapy. Biomaterials, 2018, 155: 217-235.

[72] Dai R, Wu F, Xu H, et al. Anodic, cathodic, and annihilation electrochemiluminescence emissions from hydrophilic conjugated polymer dots in aqueous medium. ACS Applied Materials & Interfaces, 2015, 7 (28): 15160-15167.

[73] Liu D, Zhang X, Zhao J, et al. An ultrasensitive sensing platform for microRNA-155 based on H$_2$O$_2$ quenched hydroxide-dependent ECL emission of PFO Pdots. Biosensors and Bioelectronics, 2020, 150: 111872.

[74] Zhang H, Zuo F, Tan X, et al. A novel electrochemiluminescent biosensor based on resonance energy transfer between poly (9, 9-di-n-octylfluorenyl-2, 7-diyl) and 3, 4, 9, 10-perylenetetracar-boxylic acid for insulin detection. Biosensors and Bioelectronics, 2018, 104: 65-71.

[75] Yang H, Wang H, Xiong C, et al. Highly sensitive electrochemiluminescence immunosensor based on ABEI/H$_2$O$_2$ system with PFO dots as enhancer for detection of kidney injury molecule-1. Biosensors and Bioelectronics, 2018, 116: 16-22.

[76] Lu Q, Zhang J, Wu Y, et al. Conjugated polymer dots/oxalate anodic electrochemiluminescence system and its application for detecting melamine. RSC Advances, 2015, 5 (78): 63650-63654.

[77] Feng Y, Wang N, Ju H. Highly efficient electrochemiluminescence of cyanovinylene-contained polymer dots in

aqueous medium and its application in imaging analysis. Analytical Chemistry，2018，90（2）：1202-1208.

[78]　Feng Y，Dai C，Lei J，et al. Silole-containing polymer nanodot: an aqueous low-potential electrochemiluminescence emitter for biosensing. Analytical Chemistry，2016，88（1）：845-850.

[79]　Wang N，Gao H，Li Y，et al. Dual intramolecular electron transfer for *in situ* coreactant-embedded electrochemiluminescence microimaging of membrane protein. Angewandte Chemie International Edition，2021，60（1）：197-201.

[80]　Valenti G，Scarabino S，Goudeau B，et al. Single cell electrochemiluminescence imaging：from the proof-of-concept to disposable device-based analysis. Journal of the American Chemical Society，2017，139（46）：16830-16837.

[81]　Inganäs O. Organic photovoltaics over three decades. Advanced Materials，2018，30（35）：1800388.

[82]　Jin X H，Price M B，Finnegan J R，et al. Long-range exciton transport in conjugated polymer nanofibers prepared by seeded growth. Science，2018，360（6391）：897-900.

[83]　Wu Z，Sun C，Dong S，et al. n-Type water/alcohol-soluble naphthalene diimide-based conjugated polymers for high-performance polymer solar cells. Journal of the American Chemical Society，2016，138（6）：2004-2013.

[84]　Sun F，Wang Z，Feng Y，et al. Electrochemiluminescent resonance energy transfer of polymer dots for aptasensing. Biosensors and Bioelectronics，2018，100：28-34.

[85]　Wang Z，Xu M，Zhang N，et al. An ultra-highly sensitive and selective self-enhanced AIECL sensor for public security early warning in a nuclear emergency via a co-reactive group poisoning mechanism. Journal of Materials Chemistry A，2021，9（21）：12584-12592.

[86]　Ji S Y，Zhao W，Gao H，et al. Highly efficient aggregation-induced electrochemiluminescence of polyfluorene derivative nanoparticles containing tetraphenylethylene. iScience，2020，23（1）：100774.

[87]　Gao H，Zhang N，Hu J，et al. Molecular engineering of polymer dots for electrochemiluminescence emission. ACS Applied Nano Materials，2021，4（7）：7244-7252.

[88]　Liu F，Wu F，Ling W，et al. Facile-effective hole-transporting materials based on dibenzo[*a, c*]carbazole：the key role of linkage position to photovoltaic performance of perovskite solar cells. ACS Energy Letters，2019，4（10）：2514-2521.

[89]　Wang Z，Feng Y，Wang N，et al. Donor-acceptor conjugated polymer dots for tunable electrochemiluminescence activated by aggregation-induced emission-active moieties. Journal of Physical Chemistry Letters，2018，9（18）：5296-5302.

[90]　Wang Z，Wang N，Gao H，et al. Amplified electrochemiluminescence signals promoted by the AIE-active moiety of D-A type polymer dots for biosensing. Analyst，2020，145（1）：233-239.

[91]　Wang N，Wang Z，Chen L，et al. Dual resonance energy transfer in triple-component polymer dots to enhance electrochemiluminescence for highly sensitive bioanalysis. Chemical Science，2019，10（28）：6815-6820.

[92]　Zhang Y，Song J，Wong W Y，et al. Recent progress of electronic materials based on 2, 1, 3-benzothiadiazole and its derivatives：synthesis and their application in organic light-emitting diodes. Science China Chemistry，2021，64：341-357.

[93]　Barłóg M，Zhang X，Kulai I，et al. Indacenodithiazole-ladder-type bridged di(thiophene)-difluoro-benzothiadiazole-conjugated copolymers as ambipolar organic field-effect transistors. Chemistry of Materials，2019，31（22）：9488-9496.

[94]　Wang Y，Liao Q，Chen J，et al. Teaching an old anchoring group new tricks：enabling low-cost, eco-friendly

hole-transporting materials for efficient and stable perovskite solar cells. Journal of the American Chemical Society，2020，142（39）：16632-16643.

[95] Zhang N，Gao H，Jia Y L，et al. Ultrasensitive nucleic acid assay based on AIE-active polymer dots with excellent electrochemiluminescence stability. Analytical Chemistry，2021，93（17）：6857-6864.

[96] Wang Z，Pan J，Li Q，et al. Improved AIE-active probe with high sensitivity for accurate uranyl ion monitoring in the wild using portable electrochemiluminescence system for environmental applications. Advanced Functional Materials，2020，30（30）：2000220.

[97] Gao H，Zhang N，Li Y，et al. Trace Ir(III) complex enhanced electrochemiluminescence of AIE-active Pdots in aqueous media. Science China Chemistry，2020，63：715-721.

[98] Gao H，Zhang N，Pan J B，et al. Aggregation-induced electrochemiluminescence of conjugated Pdots containing a trace Ir(III) complex：insights into structure-property relationships. ACS Applied Materials & Interfaces，2020，12（48）：54012-54019.

[99] Cui L，Yu S，Gao W，et al. Tetraphenylenthene-based conjugated microporous polymer for aggregation-induced electrochemiluminescence. ACS Applied Materials & Interfaces，2020，12（7）：7966-7973.

聚集诱导发光聚合物在生物传感和诊疗领域中的应用

10.1 引言

　　诊断和治疗是人类与疾病作斗争的最重要途径。各种成像手段的发展为准确诊断提供了有力保障。在成像方法中，荧光成像（FLI）因灵敏度高、灵活性强、操作简单、仪器成本低而成为研究最多、最常用的方法。因此，大量的发光材料应运而生。与含有重金属的无机材料相比，有机发光材料更多地被研究并用于生物诊疗。对于大多数荧光材料，在稀释溶液中荧光发光很强，但在浓溶液中，荧光强度大大降低，这被称为聚集导致荧光猝灭（ACQ）效应。这种现象限制了其在生物医学中的进一步应用。2001 年，唐本忠提出聚集诱导发光（AIE）的概念，打破了 ACQ 的瓶颈，推动了发光材料的快速发展[1]。AIE 是指发光分子在单分子状态下不发光或弱发光，而在聚集态下发光增强。其机理为分子内运动受限（RIM）[2]。通常情况下，具有 AIE 特性的有机发光材料很容易通过引入 AIE 基团来构建，例如，最常用的 AIE 基团为四苯乙烯（TPE）。在此指导下，各种小分子 AIE 探针[3-5]或 AIE 聚合物[6-13]被报道，并在生物成像和治疗方面取得了很大进展。

　　与小分子 AIE 探针相比，AIE 聚合物具有合成方法和结构多样化、易于修饰和多功能化、荧光发射可调等独特优势。而且，对于 AIE 共轭聚合物，它们还具有较高的光捕获能力和聚集态增强的 ROS 产生能力[12]。基于这些优势，AIE 聚合物已用于荧光成像、药物递送、肿瘤微环境响应、抗菌和抗肿瘤应用中。自 2003 年第一个 AIE 聚合物被报道以来[14]，多篇综述论文总结了 AIE 聚合物的进展，主要详细介绍了 AIE 聚合物的合成[7, 15]。本章重点介绍最近报道的 AIE 聚合物在生物诊疗中的应用。通过本章，我们希望读者能够掌握 AIE 聚合物在生物应用中的优势，启发科研工作者开发出更多在生物医学领域具有更好性能的 AIE 聚合物。

10.2 荧光成像

荧光成像是一种常见且重要的成像模式，尤其适用于体外成像和手术导航。它具有许多优点，包括高灵敏度、无辐射性、实时性和低成本。与非发光聚合物和小分子 AIE 探针相比，AIE 聚合物可以很容易地设计来控制在过氧化氢、pH、谷胱甘肽或半胱氨酸、缺氧或 pH/氧化还原响应条件下的荧光"关闭"过程，用于高灵敏、特异性体外和体内成像。

10.2.1 天然 AIE 生物大分子的细胞成像

天然大分子（葡聚糖、壳聚糖、蚕丝等）具有含量丰富、成本低、生物相容性好、易修饰等诸多优点，通过用简单的 AIE 单元修饰，即可得到 AIE 大分子。并且通过调节疏水 AIE 单元和亲水大分子的摩尔比，实现不同尺寸胶束或纳米颗粒的构建。这种自组装形式将限制 AIE 单元的分子内运动以增强荧光发射。方敏、李村及其合作者[16]报道了一种 AIE 葡聚糖纳米颗粒（Dex-OH-CHO），由疏水性 1，8-萘二甲酰亚胺衍生物和亲水性葡聚糖组成 [图 10-1（a）]。Dex-OH-CHO 具有浅蓝色荧光发射，荧光量子产率为 24.4%。此外，这些纳米颗粒具有良好的光稳定性和细胞摄取能力。这些优点使其能获得一个很好的细胞成像效果。除了葡聚糖，壳聚糖是另一种常用的大分子。王征科及其合作者[17]用 TPE 单元和季铵盐对壳聚糖进行了改性，以获得阳离子和水溶性的 TPE-QCS [图 10-1（b）]，其可以在很宽的 pH 范围内稳定存在。更重要的是，TPE-QCS 的正电性有利于它们被细胞摄取以进行超长期细胞追踪。

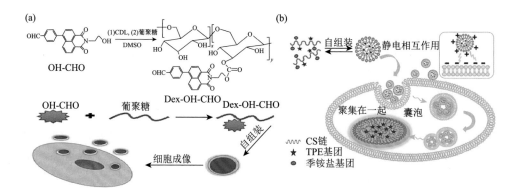

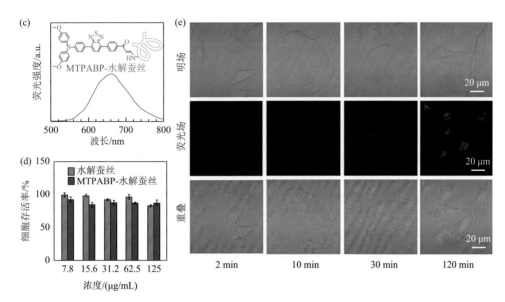

图 10-1 （a）以葡聚糖为支架的 AIE 聚合物用于细胞成像；（b）以壳聚糖为支架的 AIE 大分子用于细胞的长时间追踪；（c）MTPABP 的分子结构和荧光光谱；（d）蚕丝 AIE 探针的细胞存活率；（e）蚕丝 AIE 探针的细胞长效示踪

蚕丝是天然纤维蛋白，具有优良的物理性能和生物降解性。蚕丝蛋白的赖氨酸残基中有许多伯胺基团，可以与 AIE 单元偶联得到蚕丝 AIE 探针。唐本忠及其合作者[18]通过活化的炔胺点击反应将红色发光的 MTPABP 分子修饰到水解蚕丝上［图 10-1（c）］。由于其具有良好的生物相容性，这些 MTPABP-水解蚕丝可以在 2 min 内点亮 A549 细胞的质膜，通过荧光的不断增强，实现细胞摄取过程的可视化［图 10-1（d）和（e）］。此外，这些 MTPABP-水解蚕丝可以对细胞进行长达 11 天的成像，证明了它们具有长期细胞追踪的能力。

1. 合成 AIE 聚合物的细胞成像

细胞或细胞器成像是研究癌症最基本、最重要的手段。基于细胞膜的完整性、通透性、带电性质和靶向性，已经开发了许多小分子荧光探针，其中许多已经商业化。然而，这些荧光探针仍存在一些缺陷，如细胞毒性、光漂白、特异性差等。相比之下，AIE 聚合物具有良好的生物相容性、抗光漂白、高荧光量子产率（Φ_{F}）和多功能修饰等优点，这些优点使它们可以作为细胞成像的潜在荧光探针。

由于早期凋亡细胞的结构与活细胞不能很好地区分，因此活细胞靶向成像是一项重要且具有挑战性的工作。秦安军等[19]报道了一种两亲性 AIE 共轭聚合物 P(TPE-2OEG)，其主链中有 TPE 单元，侧链中有寡聚乙二醇（OEG）［图 10-2（a）］。这种聚合物在固态时具有大的斯托克斯位移和 56.2%的高荧光量子产率。与商业化的活细胞染料钙黄绿素（AM）相比，P(TPE-2OEG)具有出色的生物相容性。
H$_2$O$_2$ 可诱导细胞凋亡，不同浓度的 H$_2$O$_2$ 可诱导不同程度的细胞凋亡。他们利用
膜联蛋白 V-FITC 和碘化丙啶（PI）来区分凋亡细胞和死细胞。如图 10-2（b）所
示，细胞分别在 0 μmol/L、500 μmol/L、1000 μmol/L H$_2$O$_2$ 中孵育后，P(TPE-2OEG)
在活细胞中显示出强荧光，凋亡细胞荧光弱，死细胞无荧光。相比之下，钙黄
绿素 AM 和低质量 M(TPE-2OEG)无法区分活细胞、凋亡细胞和死细胞。此外，
P(TPE-2OEG)还可以灵敏地标记微生物中的活细胞。这种特异性主要归因于静电
排斥的强度和能量依赖的内吞过程。众所周知，磷脂酰丝氨酸（PS）会外翻到早
期细胞凋亡的表面，导致比活细胞更负的表面。P(TPE-2OEG)聚集体的 Zeta 电位

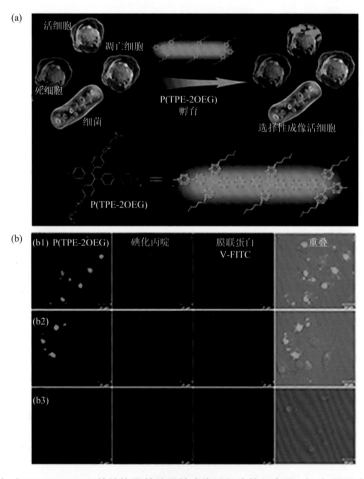

图 10-2　（a）P(TPE-2OEG)的结构及其特异性成像活细胞的示意图；（b）不同浓度过氧化氢
[（b1）0 μmol/L，（b2）500 μmol/L，（b3）1000 μmol/L] 处理过的细胞被 P(TPE-2OEG)染色
的共聚焦图片

也是负的，因此，细胞凋亡的标志物和 P(TPE-2OEG) 之间增强的静电排斥阻碍了内吞作用。此外，内吞过程是能量依赖性的。死细胞没有足够的能量来内化 P(TPE-2OEG)。而低质量 M(TPE-2OEG) 可以通过扩散，很容易地被凋亡细胞和死细胞内化。此外，P(TPE-2OEG) 的 OEG 侧链可以减少细胞膜的非特异性吸附，进一步提高特异性。这种相互作用机理也适用于微生物，因为它们的表面带负电。

在该分子结构的基础上，通过将主链从苯基调整为苯并噻二唑单元，将 OEG 的侧链调整为乙二胺四乙酸（EDTA），张忠民和秦安军等[20]进一步报道了另一种 PTB-EDTA 的 AIE 聚合物，用于靶向成骨细胞并原位监测成骨分化过程[图 10-3（a）]。该 PTB-EDTA 具有良好的水溶性和生物相容性。更重要的是，它们对 Ca^{2+} 具有高亲和力，确保了其对成骨细胞的特异性成像。在螯合 Ca^{2+} 后，该聚合物可以作为所需元素被成骨细胞吸收。为了探索成骨分化过程的敏感性，将最常用的茜素红 S 染色作为对照。如图 10-3（b）所示，在分化的第 7 天，检测到该聚合物的荧光。但对于茜素红 S 染色，仅在第 14 天记录到信号，表明 PTB-EDTA 在检测成骨分化方面比茜素红 S 染色更敏感。因此，PTB-EDTA 作为一种新型荧光探针具有巨大的潜力，可用于快速实时识别成骨分化程度。

良好的生物相容性对生物材料是至关重要的。除了上面所述的在聚合物侧面连接亲水性或生物相容性基团来确保生物相容性之外，介孔二氧化硅空心纳米球（MSHNs）也是运输功能分子的生物相容性载体。MSHNs 的表面可以用各种功能分子进行修饰。Dineshkumar、Chowdhury 和 Laskar 等[21]报道了一种具有 AIE 特

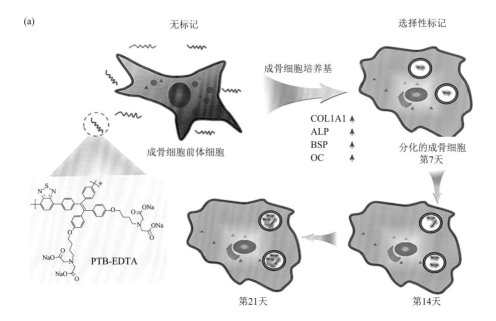

(a)

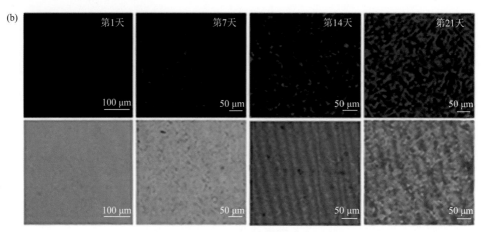

图 10-3 （a）PTB-EDTA 聚合物的结构及其对成骨细胞分化的特异性成像示意图；
（b）PTB-EDTA 标记成骨分化细胞的共聚焦图片

性的共轭聚合物 PTPA。为了实现良好的生物相容性，他们制造了 MSHNs 以负载疏水性 PTPA（PTPA-MSHNs）。与此同时，抗上皮细胞黏附分子（anti-EpCAM）适体通过 γ-缩水甘油氧基丙基三甲氧基硅烷（GTMS）偶联到 MSHNs 表面，获得用于靶向癌细胞成像的 Apt-PTPA-MSHNs［图 10-4（a）］。为了探索靶向，人肝癌 Huh-7 细胞、人乳腺癌 MCF-7 细胞和人乳腺癌 MDA-MB-231 细胞分别与 PTPA-MSHNs 和 Apt-PTPA-MSHNs 孵育。流式细胞术分析结果表明，Apt-PTPA-MSHNs 对 Huh-7 细胞和 MCF-7 细胞的特异性高于 PTPA-MSHNs，但对 MDA-MB-231 细胞则没有特异性［图 10-4（b）］。这主要归因于 Huh-7 细胞和 MCF-7 细胞可以高表达 EpCAM，而 MDA-MB-231 细胞不表达或低水平表达 EpCAM。这些结果表明，Apt-PTPA-MSHNs 有望成为靶向癌细胞成像的候选者。

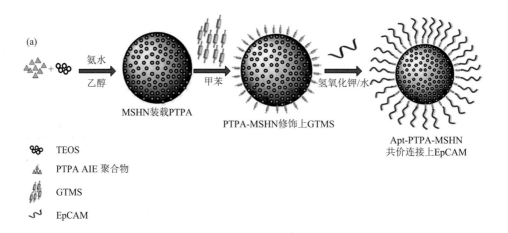

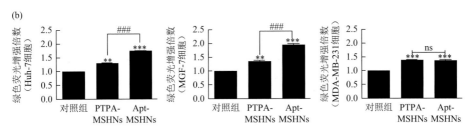

图 10-4 　（a）EpCAM 修饰的 **Apt-PTPA-MSHNs** 的合成过程；（b）修饰抗体和无抗体修饰的
纳米颗粒对三种癌细胞的选择性信号强度

图中的#和*代表不同处理组之间具有显著性差异，ns 表示没有显著性差异

2. 细胞器成像

溶酶体是最重要的细胞器之一，含有多种水解酶和辅助蛋白。它们可以在酸性环境中将许多生物大分子降解或分解为它们的基本成分。溶酶体功能障碍可导致多种疾病，包括溶酶体贮积病、癌症、神经退行性疾病等[22]。因此，可视化和监测溶酶体活性对于检测溶酶体相关疾病具有重要意义。赵祖金、周箭及其合作者[23]通过 Suziki 聚合合成了两种 AIE 共轭聚电解质（CPE）P1$^+$和 P2$^+$ ［图 10-5（a）］。由于在噻吩单体上引入了长链醚基团，P2 具有比 P1 更高的分子量，同时这也导致 P2 的聚集诱导发光性能减弱。表现为 P2 从单分散态到聚集态，其荧光强度和荧光量子产率（Φ_F）的增强均不及 P1。为了探索溶酶体靶向，三苯基膦（PPh$_3$）、吡啶（Pyr）和吗啉（Mor）分别被修饰到 P1 和 P2 的侧链上。激光扫描共聚焦显微镜（CLSM）结果表明，P1$^+$-PPh$_3$ 和 P1$^+$-Pyr 对溶酶体的特异性高于

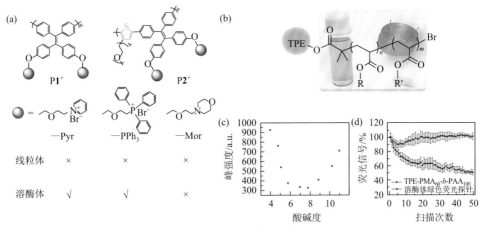

图 10-5 　溶酶体靶向成像

（a）AIE 聚合物 P1$^+$和 P2$^+$的分子结构，红球分别代表 PPh$_3$、Pyr、Mor 基团；（b）AIE 活性聚丙烯酸酯通过 Cu(0) 介导的可逆失活自由基聚合；（c）TPE-PMA$_{60}$-b-PAA$_{100}$ 的 PL 光谱的相应峰值强度（$\lambda_{max} \approx 468$ nm）与 pH 的关系；（d）4T1 细胞与 TPE-PMA$_{60}$-b-PAA$_{100}$ 和溶酶体绿色荧光探针孵育不同扫描时间的荧光信号

$P1^+$-Mor。溶酶体共定位率高达94%。这一结果也出现在 $P2^+$-PPh$_3$、$P2^+$-Pyr 和 $P2^+$-Mor 的 CLSM 结果中。众所周知，用 PPh$_3$ 和 Pyr 阳离子修饰的有机小分子是典型的线粒体导向剂。然而，当 PPh$_3$ 或 Pyr 基团结合到 P1 或 P2 上时，它们可以靶向溶酶体。该结果表明 CPE 链上具有强静电排斥作用的 PPh$_3^+$ 或 Pyr$^+$ 改变了聚合物的亲脂性，实现了溶酶体靶向能力。对于有机小分子上的 Mor 基团，它们可以靶向溶酶体。但是当连接到 CPE 链上时，它们的溶酶体靶向能力就消失了。这主要归因于刚性聚合物链部分阻断了 Mor 基团以有效接触溶酶体，导致溶酶体靶向能力的丧失。

除了一些靶向基团的修饰外，具有简便合成方法和靶向能力的新型聚合物非常重要。最近，Haddleton 等[24]通过 Cu(0)介导的可逆失活自由基聚合（RDRP）报道了一种 AIE 活性聚丙烯酸酯 TPE-聚（丙烯酸叔丁酯）（TPE-PtBA）。通过这种方法，可以获得高端基保真度、高转化率和低分散性的 TPE-PtBA 聚合物［图 10-5（b）］。TPE-PtBA 可以通过简单的脱保护转化为 TPE-PAA。此外，凭借端基保真度和原位扩链的特性，他们在 TPE-PtBA 的基础上，使用相同的 Cu(0)线介导的 RDRP 方法，进一步合成了一系列含 TPE 的嵌段共聚物。通过引入不同的疏水和亲水基团，可以调节发光特性和 pH 响应。以 TPE-PMA$_{60}$-b-PAA$_{100}$ 为例，当 pH 从 4.0 增加到 7.0 时，荧光强度逐渐降低，但如果 pH 进一步增加到 11.0，荧光强度会再次增加［图 10-5（c）］。这主要归因于 pH 的增加使 PAA 链的电荷强度增加，阻碍了 TPE 单元的有效聚集。相应地，聚集体的尺寸减小，荧光强度也降低。然而，进一步增加 pH（至 11.0）会导致 Rh 和 PL 强度增加。这应该归因于 Na$^+$ 和 PAA 链之间的相互作用阻碍了 TPE 核心和水分子之间的接触。此外，具有良好生物相容性的 TPE-PMA$_{60}$-b-PAA$_{100}$ 可以特异性染色溶酶体，它与 Lyso Tracker Green 重叠良好，Pearson 相关系数高（0.93）。此外，与 Lyso Tracker Green 相比，TPE-PMA$_{60}$-b-PAA$_{100}$ 表现出优异的耐光漂白性［图 10-5（d）］。因此，这些具有低细胞毒性、高特异性和优异光稳定性的新型 AIE 聚合物在溶酶体特异性成像方面具有巨大潜力。

细胞核带有很强的负电荷，因为它含有大量的核酸分子。马恒昌等[25]合成了一系列由 TPPA、DBO 和 TIPA 单元共聚的阳离子 AIE 超支化聚合物，用于细胞成像［图 10-6（a）］。有趣的是，这些聚合物可以染色细胞核，DAPI 证实了这一点，这是一种细胞核染料［图 10-6(b)］。以 TPPA-DBO 为例，当这些聚合物与 dsDNA 和 RNA 相互作用时，可以观察到强荧光，与游离化合物相比分别增强了 30 倍和 15 倍，相应的 Φ_F 从 6.213%增加到 14.41%和 7.847%。作为对照，由于 TPPA-DBO/PAAS 表面带负电荷，[TPPA-DBO]/PAAS 在与 DNA 和 RNA 相互作用后荧光并没有增强。在活细胞中，TPPA-DBO 染色 A549 细胞显示强黄色荧光。与 DNA 剪切酶（DNase）孵育后，荧光显著消失，但不受 RNA 剪切酶（RNase）消化的影响［图 10-6（c）］，表明 TPPA-DBO 对活细胞中 DNA 的特异性和敏感性超过 RNA。

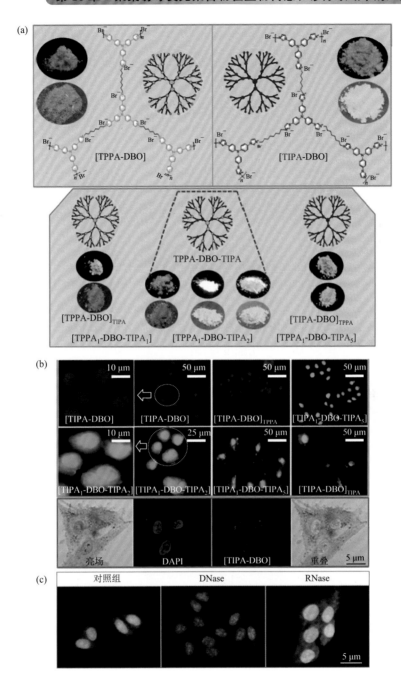

图 10-6 细胞核靶向成像

（a）超支化阳离子聚合物及其在紫外光照射（顶部）和日光（底部）下的发光特性的示意图；（b）HeGP-2 细胞在不同放大倍数下用超支化聚合物染色 60 min 的 CLSM 图像，以及核特异性染料 DAPI 与 TPPA-DBO 的共染色；（c）与 TPPA-DBO、TPPA-DBO 和 DNase 及 TPPA-DBO 和 RNase 一起孵育的固定 A549 细胞的荧光图像

10.2.2 响应式成像

在确保 AIE 聚合物良好的生物相容性的基础上，再引入对外界环境刺激响应的各种基团，即可实现刺激响应性 AIE 聚合物。通过改变其单分散与聚集态，实现荧光的"开与关"。

受多重修饰、"关-开"转换荧光和良好生物相容性的启发，各种响应键或基团（如 CO_2、pH、温度、氧化还原、乏氧）已共价连接到 AIE 聚合物的主链或侧链上。通过从单分散态到聚集态的结构转变，荧光将被打开或增强。

1. CO_2 响应成像

CO_2 是区分癌细胞与正常细胞的直接信号之一，但是高灵敏度检测细胞中的 CO_2 具有一定的挑战性。王耀及其合作者[26]通过可逆加成-断裂链转移（RAFT）聚合报道了一种"透气"三嵌段 AIE 聚合物 PTPE-*b*-PAD-*b*-PEO。它是由含脒的 CO_2 响应嵌段和 AIE 活性嵌段组成。它们可以在生理溶液中自组装成囊泡，核内是 TPE 部分，表面是亲水部分［图 10-7（a）］。当 CO_2 鼓泡到溶液中时，疏水性 PAD 嵌段可以被 CO_2 质子化并变成亲水性嵌段。同时，亲水表面积的增加诱导了 PTPE 嵌段的聚集和荧光发射增强［图 10-7（b）］。随后，当 N_2 被吹入质子化聚合物溶液时，荧光强度降低［图 10-7（c）］。并且该共聚物体系具有良好的可逆性。众所周知，癌细胞比正常细胞呼吸更剧烈，导致癌细胞中的 CO_2 浓度高于正常细胞。因此，体外荧光成像的结果［图 10-7（d）］也表明，无论是癌细胞（HeLa、5-8F 和 CNE-1）还是正常细胞（16HBE 和 GES-1），孵育时间越长，发出的荧光越强。同时，癌细胞的荧光强度比正常细胞更亮。因此，这些三嵌段 AIE 聚合物可以作为癌症诊断的细胞探针。

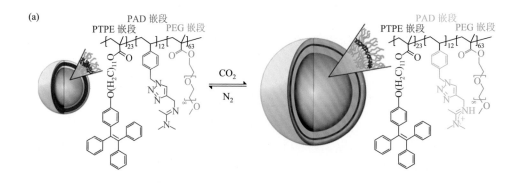

(a)

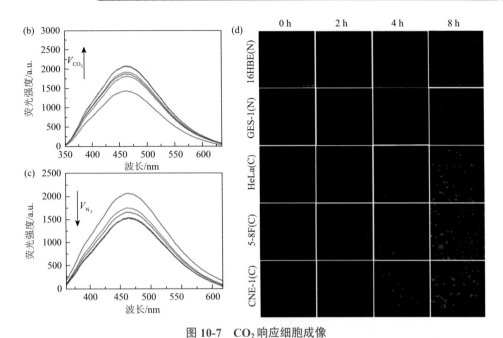

图 10-7　CO₂ 响应细胞成像

（a）PTPE-*b*-PAD-*b*-PEO 对 CO₂ 和 N₂ 的响应过程示意图；（b）PTPE-*b*-PAD-*b*-PEO 水溶液的荧光强度随着 CO₂ 体积的增加而增加；（c）随着 N₂ 体积的增加，CO₂ 处理的 PAD-*b*-PEO 水溶液的荧光强度降低；（d）两种正常细胞（16HBE 和 GES-1）和三种癌细胞（HeLa、5-8F 和 CNE-1）分别在 0 h、2 h、4 h 和 8 h 与 PTPE-*b*-PAD-*b*-PEO 溶液孵育后的 CLSM 图像

2. 温度和 pH 响应细胞成像

一般，高分子荧光温度计的合成较为复杂，其 π-π 共轭结构对生物应用有一定的限制。最近，Mukhopadhyay、Bauri 和 De 等[27]报道了一种非共轭 AIE 活性聚（*N*-乙烯基己内酰胺）（PNVCL）作为非传统荧光温度计［图 10-8（a）］。PNVCL 很容易通过自由基聚合由 *N*-乙烯基己内酰胺合成。由于 C=O 基团具有 π 电子/孤对电子，N 原子具有孤对电子，PNVCL 具有簇发光（CTE）的行为。PNVCL 具有浓度/激发依赖性荧光现象，表明聚集态中存在各种不同能级的稳定激发态。此外，PNVCL 具有良好的水溶性和温度依赖性相变行为。在 38℃时，PNVCL 发出微弱的荧光。超过 38℃，在 365 nm 照射下观察到强烈的蓝色荧光。这归因于内酰胺单元的 C=O 和水分子的 O—H 之间的氢键在较高温度下断裂，导致卷曲的聚合物链坍塌成球状聚集体。这不仅限制了分子内运动以实现荧光增强，而且促进了 PNVCL 的细胞摄取。人乳腺癌 MCF-7 细胞与 PNVCL 分别在 25℃、35℃和 38℃下孵育 24 h［图 10-8（b）］，然后在三个通道下成像。体外细胞成像显示，只有在 38℃时才能观察到具有强的蓝色、绿色和红色荧光［图 10-8（c）和（d）］。所有这些特性使 PNVCL 成为下一代荧光温度计，可以检测微小的温度变化，以便及早发现疾病。

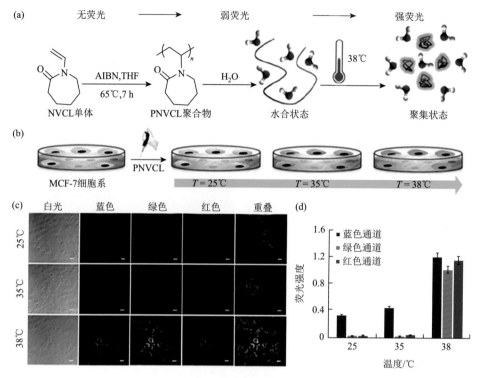

图 10-8 温度响应细胞成像

(a)通过 FRP 合成 PNVCL 及其温度响应构象转变以实现荧光增强；(b)在不同温度下与 PNVCL 一起孵育的 MCF-7 细胞的示意图；(c) MCF-7 细胞分别在 25℃、35℃和 38℃下用 PNVCL 染色 24 h 的 CLSM 图像（蓝色、绿色和红通道激发）；(d) 蓝色、绿色和红色荧光强度与 4,6-二脒基-2-苯基吲哚（DAPI）分别在 25℃、35℃和 38℃下发出的蓝色荧光强度的比率

　　除了温度响应外，朱新远、邓洪平及其合作者[28]报道了两种 AIE 活性可逆胶束用于温度和 pH 双重响应细胞成像。PNIPAM-*b*-P(DPA-*co*-TPE)和 P(NIPAM-*co*-TPE)-*b*-PDPA 通过可逆加成-断裂链转移（RAFT）聚合方便地制备得到［图 10-9（a）］。它们都具有相似的嵌段长度但不同的 TPE 位置，并且可以自组装成可逆胶束。对于 PNIPAM-*b*-P(DPA-*co*-TPE)，在 25℃，随着 pH 从 4.0 增加到 7.0，它们聚集以诱导荧光强度增强［图 10-9（b）］。对于 pH = 4.0 的 P(NIPAM-*co*-TPE)-*b*-PDPA，随着温度从 25℃增加到 45℃，荧光强度由于形成聚集体而增加。此外，这些对温度和 pH 的响应在几个循环中是可逆的。基于这些特性，这两种胶束的混合物对 MCF-7 细胞进行染色并通过 CLSM 进行评估。如图 10-9（c）所示，在 pH = 4.0 和 25℃下，几乎观察不到荧光，但在 pH = 7.4 和 25℃或 pH = 4.0 和 40℃下可以观察到强荧光，这是由于两种聚合物形成聚集体。这些结果表明 PNIPAM-*b*-P(DPA-*co*-TPE)和 P(NIPAM-*co*-TPE)-*b*-PDPA 可以在体外同时区分不同的 pH 和温度。

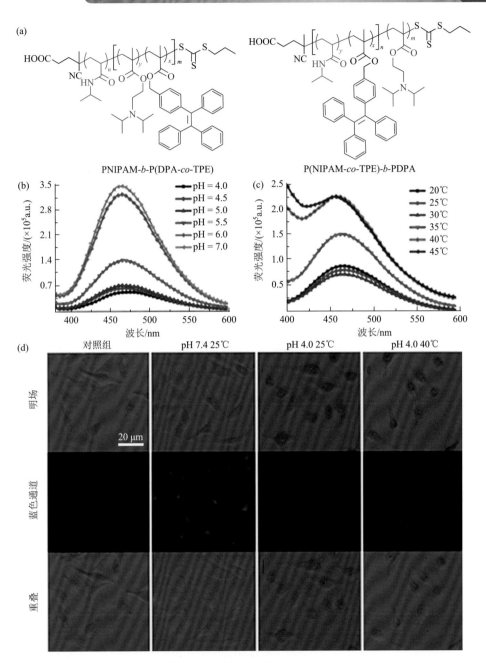

图 10-9　（a）具有温度或 pH 刺激响应成像的 AIE 活性可逆聚合物 PNIPAM-*b*-P(DPA-*co*-TPE)
和 P(NIPAM-*co*-TPE)-*b*-PDPA 的结构式；（b）PNIPAM-*b*-P(DPA-*co*-TPE)在 25℃下在 4.0~7.0
的不同 pH 下的荧光强度；（c）P(NIPAM-*co*-TPE)-*b*-PDPA 在不同温度下 pH = 4.0 的荧光强度；
（d）用 PNIPAM-*b*-P(DPA-*co*-TPE)和 P(NIPAM-*co*-TPE)-*b*-PDPA 的混合物在不同温度和 pH
下孵育的 MCF-7 细胞的共聚焦荧光图像

3. 乏氧响应细胞成像

由于肿瘤细胞的快速增殖，肿瘤微环境呈乏氧、低 pH 和氧化还原状态。如上所述，各种 AIE 聚合物已被设计用于 pH 和氧化还原响应成像。实际上，乏氧是肿瘤微环境的主要特征之一，但基于缺氧触发成像的 AIE 聚合物鲜见报道。最近，和亚宁等[30]报道了一种通过 RAFT 共聚的智能 AIE 聚合物 PEG-*b*-P(DEAEAN-*co*-TPMA)用于乏氧响应成像［图 10-10（a）］。该聚合物由于水溶性好，在水溶液中单分散性好，无荧光发射；但在乏氧条件下可观察到强烈的橙红色荧光。这可以归因于以下过程：偶氮键可以被乏氧触发裂解。之后，季铵转变成叔胺，释放出 4-氨基苯甲醇。随后，酯键通过自催化水解过程被切断以产生羧酸根阴离子［图 10-10（b）］。由于 TPMA 的分子内运动受限，带负电荷的羧酸根阴离子可以通过静电引力与带正电荷的 AIE 部分 TPMA 相互作用，产生具有强荧光发射的纳米颗粒。在细胞成像中也观察到这种荧光"关闭"过程。如图 10-10（c）所示，HeLa 细胞可以随着氧浓度的降低而被点亮。此外,应用三维多细胞球体(3D MCTS)模型模拟体内实体瘤微环境进行缺氧成像。随着孵育时间的延长，橙红色荧光继续增加［图 10-10（d）］，这表明乏氧介导的原位自组装过程促进了荧光的增强。这项工作将激励研究人员开发用于肿瘤乏氧成像的 NIR 或 NIR-Ⅱ AIE 聚合物。

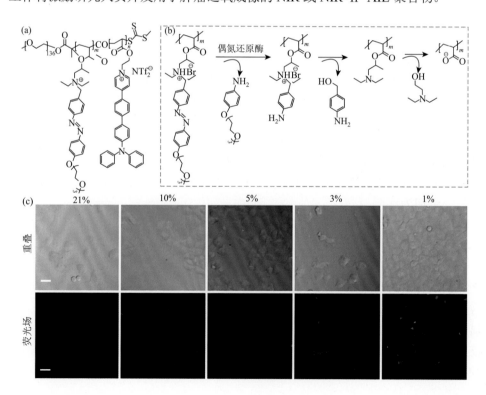

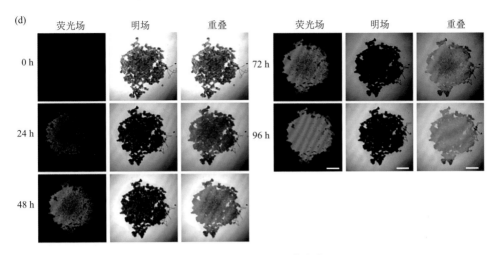

图 10-10　乏氧响应细胞成像

（a）PEG-*b*-P(DEAEAN-*co*-TPMA)的结构式；（b）肿瘤微环境下乏氧引发的电荷逆转过程；（c）在常氧（21vol% O₂）和不同乏氧（10 vol%、5 vol%、3 vol%、1 vol% O₂）下与 PEG-*b*-P(DEAEAEN-*co*-TPMA)一起孵育的 HeLa 细胞的 CLSM 图像，比例尺为 50 μm；（d）在不同时间点与 PEG-*b*-P（DEAEAEN-*co*-TPMA）一起孵育的 3D MCTS 的共聚焦荧光图像；$\lambda_{ex} = 405$ nm，$\lambda_{em} = 550 \sim 590$ nm；比例尺为 500 μm

10.2.3　NIR 和 NIR-Ⅱa 成像

由于低自发荧光背景和更好的光穿透深度，远红外/近红外（FIR/NIR）荧光成像是研究人员一直努力的方向。AIE 共轭聚合物具有较高的光捕获能力和高效的能量转移，有利于荧光共振能量转移（FRET）的发生，可以将荧光发射从蓝色调到深红色甚至是近红外。成义祥、全一武和袁弘等[31]报道了两个可调控颜色的 AIE 共轭聚合物纳米颗粒，通过调整其分子内荧光共振能量转移过程实现颜色调控。如图 10-11 所示，只有一个分子内荧光共振能量转移过程的 **P1** 表现出清晰的绿色荧光。在 **P2** 中加入第二个分子内荧光共振能量转移对后，荧光颜色从绿色调为红色。

接着，袁弘和华道本等[32]报道了三种颜色可调和的两亲性 AIE 聚合物 **P3**～**P5**，是具有 TPE 分子和供体-受体（D-A）型电子结构的共轭聚合物。**P3**～**P5** 的荧光可以从 AIE 调到 ACQ，并且通过连续选择较强的电子供体可以很容易地将发光颜色从黄色调到深红色（图 10-12）。由于 AIE 和两亲性，**P3** 和 **P4** 可以被设计成聚合物点（Pdots），用于递送抗癌药物紫杉醇，并通过黄色或红色的荧光信号显示其位置。特别是，**P4** 的 Pdots 在体内表现出与临床抗癌药物 Abraxane 相似的抗肿瘤效果，而没有发光特性。这项工作证明了具有 D-A 型结构的 AIE 共轭聚合物在设计自发光药物输送系统中的应用意义。

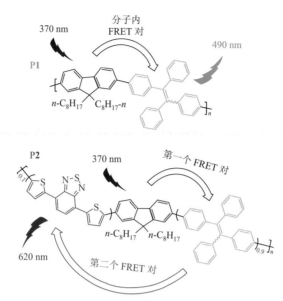

图 10-11　颜色可调的红色和近红外荧光成像

通过调谐其分子内 FRET 对的两种颜色可调的 AIE 共轭聚合物，P1 包含一个绿色发射的 FRET 对，发射在 490 nm 处，当第二个分子内 FRET 对添加到 P2 中时，具有红色荧光发射（620 nm）

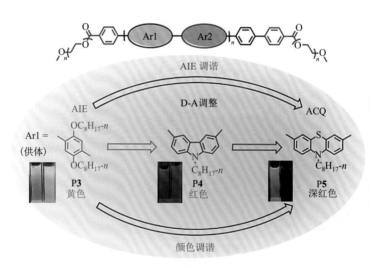

图 10-12　三种 AIE 共轭聚合物 P3～P5 的示意图，通过调整供体结构使其具有 AIE 和彩色调谐能力

　　上面提到的 AIE 聚合物是白光发射的，仅用于体外成像。对于体内成像，必须考虑组织的光子散射和自发荧光。近红外光（NIR）可以减少光子散射和组织的自发荧光，从而在体内实现深度穿透。最近，吴长锋等[33]报道了这样一种 AIE

半导体聚合物。选择吩噻嗪和苯并噻唑分别作为电子供体和受体，通过 Suziki 聚合反应合成 AIE 聚合物 PBT。当噻吩基团插入主链时，得到的 PTBT 几乎没有 AIE 特性 [图 10-13（a）]。这可以归因于增强的平面性导致强烈的 ACQ 效应。PBT 聚合物具有 NIR 荧光发射和高 Φ_F。当它被制成 Pdots 时，Φ_F 可以从 9% 提高到 23%。由于出色的荧光特性和生物相容性，PBT-Pdots 被进一步用于体内成像。如图 10-13（b）和（c）所示，注射 PBT-Pdots 后 12 h，由于增强的渗透性和保留（EPR）效应，可以清楚地观察到肿瘤中的强荧光信号和可辨别的肿瘤边缘。同时，注射 48 h 后的离体荧光图像表明，PBT-Pdots 主要通过肝胆途径和粪便排泄出去。

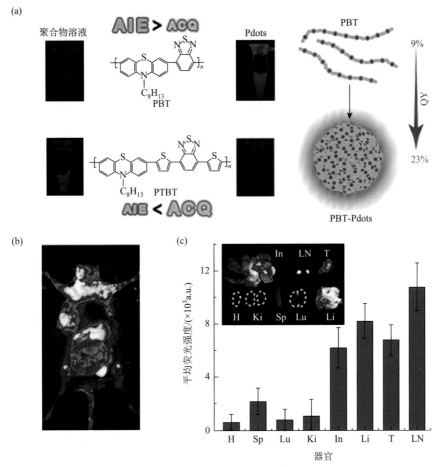

图 10-13 （a）具有 AIE 性质的 PBT 和具有 ACQ 性质效应的 PTBT 的结构，当 PBT 制备成 PBT-Pdots 时，Φ_F 可以从 9% 提高到 23%；（b）在注射 PBT-Pdots 后 48 h 打开腹部皮肤后的体内成像，（c）心脏（H）、脾（Sp）、肺（Lu）、肾脏（Ki）、肠（In）、肝脏（Li）、肿瘤（T）和淋巴结（LN）的离体组织成像，以及它们的平均荧光强度

与 NIR 荧光成像相比，用于体内荧光成像的第二个近红外窗口（NIR-Ⅱ，1000～1700 nm）由于最小的组织光散射和自发荧光而更具吸引力。具有 π 共轭结构的半导体聚合物更容易构建 NIR-Ⅱ AIE 聚合物。唐本忠和丁丹等[34]提供了这样的策略来合成 NIR-Ⅱ AIE 聚合物。一般，刚性平面 π 共轭结构在孤立物种中具有很强的吸收和发射。但在聚集态下，发射很容易猝灭。虽然扭曲结构可以提供高 Φ_F 但吸收能力低。因此，将平面化和扭曲结构结合到一种聚合物中，可以同时获得高吸收能力和高 Φ_F。在此基础上，合成了 pNIR-1、pNIR-2、pNIR-3 和 pNIR-4 [图 10-14（a）]。具有平面结构的 pNIR-1 具有 ACQ 特性。具有扭曲结构的 pNIR-2 具有 AIE 特性，但其吸收和发射均发生蓝移。将 TPA 单元变为 TPE 单元，由于 TPE 的弱给电子能力，pNIR-3 与 pNIR-2 相比具有更多的蓝移吸收和发射。此外，pNIR-3 显示出部分 ACQ 特征，可能是由于 NPs 内 TPE 单元的主动分子内运动。一部分平面结构和一部分扭曲结构的 pNIR-4 同时具有 NIR-Ⅱ 发射和 AIE 特性。此外，pNIR-4 NPs 在 1040 nm 处具有发射峰，尾部延伸至 1400 nm，适用于 NIR-Ⅱa 成像（1300～1400 nm）。在 1300 nm 后没有荧光信号的 pNIR-3 NPs 作为对照 [图 10-14（b）]。小鼠大脑和后肢脉管系统的图像显示 pNIR-4 NPs 可以提供 NIR-Ⅱa 区域中详细的小毛细血管，而 pNIR-3 NPs 仅对模糊的主血管进行成像 [图 10-14（d）]。为了提高肿瘤细胞摄取效率，pNIR-4 被 pH 响应性 PCL-*b*-PAE 和 PCL-*b*-PEG 的混合基质包裹 [图 10-14（c）]。如图 10-14（e）所示，在非引导下手术切除的结节是大直径（>1 mm）。在 pNIR4-PAE NPs 的帮助下，可以在 NIR-Ⅱ 术中成像下切除亚毫米肿瘤结节。此外，在 pNIR-4 NPs 的 NIR-Ⅱa 成像的指导下，可以准确检测前哨淋巴结（SLN），并且可以精确解剖最小的 SLN（约 1 mm）[图 10-14（f）]。总体而言，pNIR-4 NPs 作为 NIR-Ⅱa 探针在临床手术导航方面具有巨大潜力。

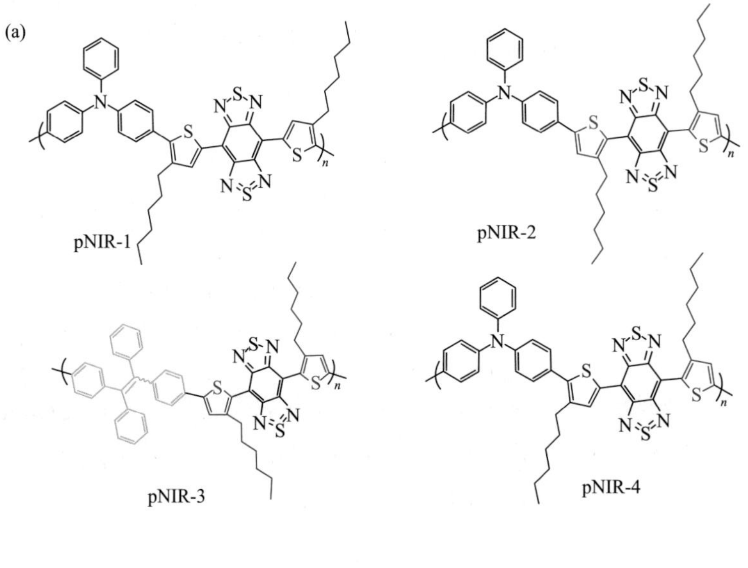

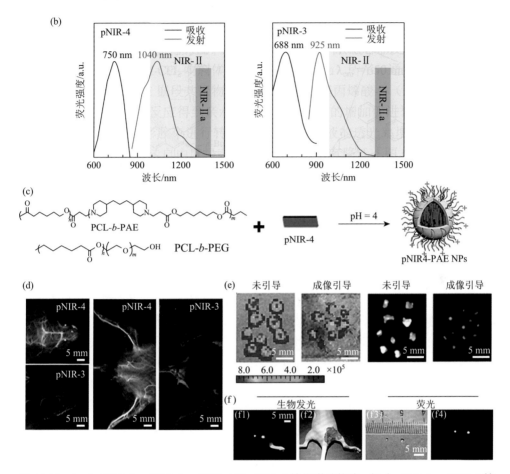

图 10-14　（a）pNIR-1、pNIR-2、pNIR-3 和 pNIR-4 的化学结构式；（b）pNIR-3、pNIR-4 的吸收和发射光谱；（c）具有 pH 响应和靶向特性的 pNIR4-PAE NPs 的制备；（d）分别注射 pNIR-4和 pNIR-3NPs 后大脑皮层和后肢质量的 NIR-Ⅱa 荧光成像；以及它们沿红色虚线的相应横截面强度分布；（e）未引导和 pNIR4-PAE NPs 引导组切除结节的生物发光和 NIR-Ⅱa 成像；（f）pNIR-4 NPs 的前哨淋巴结（SLN）的 NIR-Ⅱa 荧光图像（f1），亚甲蓝的共定位彩色图像（f2）、（f3）和（f4）分别为在 pNIR-4 NPs 的 NIR-Ⅱa 荧光成像引导下从小鼠身上取出的淋巴结的明场图像和 NIR-Ⅱa 荧光

10.3 治疗

由于 AIE 聚合物易于构建和修饰，目前已合成了具有多种功能的材料，并广泛应用于成像引导的光动力治疗、光热治疗、化疗等。下面将重点介绍 AIE 聚合物在抗菌和抗肿瘤领域的应用。

10.3.1　光动力治疗

光动力治疗（PDT）因具有良好的生物相容性且副作用低，能减轻患者的痛苦而引起研究人员的广泛关注。光、氧、光敏剂是影响处理效果的主要因素。考虑到 PDT 的生物安全性，已探索多种有机材料用于光动力治疗。与小分子光敏剂（PSs）相比，AIE 聚合物特别是 AIE 共轭聚合物具有捕光能力强、活性氧生成能力强、易于后修饰等优点，保证 AIE 聚合物作为有效的诊断和治疗 PSs 用于抗菌和抗肿瘤治疗。

1. 抗菌治疗

细菌感染是危害人类健康的最严重的危害之一。由致病菌引起的疾病可引起轻到重的症状，甚至死亡。光动力抗菌治疗由于卓越的时空准确性、无创性和抗多药耐药特性，引起了人们的广泛关注。研究者设计并合成了相应的基于 AIE 聚合物的 PSs。目前，AIE 聚合物 PSs 的构建方法主要有三种。

第一种是直接修饰聚合物侧链上的小分子 AIE 光敏剂。王海波和刘公岩等[35]报道了一种两亲性离子聚氨酯（PU）纳米胶束，该胶束在水溶液中以羧基甜菜碱为外壳，AIE 光敏剂为核心 ［图 10-15（a）］。在中性和无光照条件下，PU 纳米胶束具有良好的生物相容性和长的循环时间。然而，在白光照射和酸性条件下，这些 PU 纳米胶束可以用于成像并杀死所有的金黄色葡萄球菌、多药耐药菌（MRSA）和大肠杆菌 ［图 10-15（b）］。这主要是由于 PU 纳米胶束在酸性条件下带正电荷，通过静电相互作用增强了 PU 纳米胶束与细菌的相互作用，从而在白光照射下实现有效成像和抑制细菌生长。

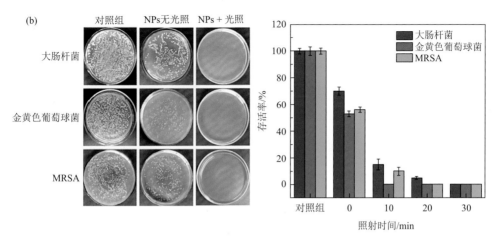

图 10-15　（a）直接在聚合物链上共价修饰 PU 纳米胶束的分子结构；
（b）细菌的平板杀伤实验及其柱状图

　　与第一类 AIE 聚合物 PSs 不同，第二类是由具有 AIE 性质的 D-π-A 共轭聚合物构建的。与传统的小分子 PSs 相比，AIE 共轭聚合物具有高的光捕获能力且 ROS 生成能力增强。唐本忠和秦安军等[36]报道了一种具有 D-π-A 结构的苯并噻二唑和 TPE 的共轭聚合物 PTB-APFB［图 10-16（a）］。PTB-APFB 具有较高的 ROS 生成能力，当其在水溶液中形成聚集体时，ROS 生成能力显著增强。与 Ce 6 和单体小分子 MTB-APFB 相比，PTB-APFB 的 ROS 产生效率分别提高了 11 倍和 13 倍［图 10-16（b）］。此外，PTB-APFB 不仅能有效地与金黄色葡萄球菌、大肠杆菌和白色念珠菌结合，特别是与金黄色葡萄球菌结合效果更好［图 10-16（c）］，并且能选择性地将微生物与哺乳动物细胞区分开来［图 10-17（d）］，具有良好的生物相容性，有利于其用于靶向性抗菌。PTB-APFB 对细菌的靶向性主要是由于 PTB-APFB 的结构。PTB-APFB 带正电荷的侧链使它们很容易通过静电相互作用与微生物结合。这种聚合物的亲疏水性基本保持平衡，阻碍了与哺乳动物细胞的相互作用。基于以上优点，PTB-APFB 在白光或阳光照射下能有效抑制金黄色葡萄球菌的生长［图 10-16（e）］，在炎症模型实验中，PTB-APFB 的愈合速度要快于商品头孢菌素［图 10-16（f）］。总之，作为一种具有良好生物相容性和高活性氧生成能力的 AIE 共轭聚合物，该聚合物具有典型的代表性。

　　第三类是细菌模板聚合物。细菌可以选择性地结合自己的单体，并在其表面合成相应的聚合物。刘斌等[37]选择了三种特定的单体作为细菌模板，即有机阳离子、AIE 基团和两性离子磺基甜菜碱，可以确保它们与细菌细胞表面有效地相互作用，同时具有 AIE 特性和光敏化［图 10-17（a）］。随后，通过铜催化原子转移自由基聚合（ATRP）从细菌表面得到细菌模板聚合物。这些聚合物在水溶液中不

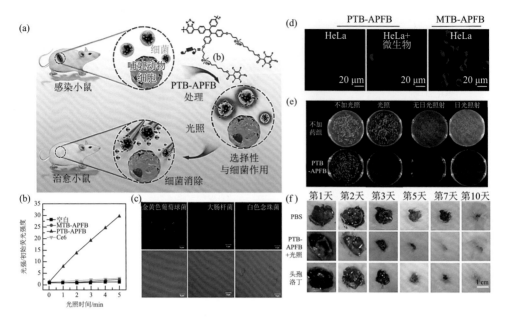

图 10-16 （a）PTB-APFB 的化学结构及其选择性抗菌应用；（b）2′, 7′-二氯荧光素（DCFH）的相对荧光强度，添加 PTB-APFB、MTB-APFB 和 Ce6 后暴露于白光（10 mW/cm² ）；（c）金黄色葡萄球菌、大肠杆菌和白色念珠菌的共聚焦荧光图像；（d）分别与 PTB-APFB 或 MTB-APFB 孵育的 HeLa 细胞和混合样品（HeLa 细胞 + 微生物）的共聚焦荧光图像；（e）NB 琼脂平板的照片；（f）分别用 PBS、PTB-APFB + 光照和头孢洛丁处理的小鼠金黄色葡萄球菌感染皮肤的照片

发光。然而，当它们与独有的细菌孵育时，即使在 600 ng/mL 的低浓度下也能检测到强烈的荧光信号。在白光照射下，产生的 ROS 能够杀死细菌。如果细菌和模板聚合物不匹配，就观察不到荧光信号和选择性杀伤。在实际应用中，这些细菌模板聚合物不仅实现了对大肠杆菌（*E. coli*）和铜绿假单胞菌（*P. aeruginosa*）的有效检测和杀伤 [图 10-17（b）]，而且也适用于多药耐药菌 BAK085 和 SGH10。因此，这种细菌模板法将是开发具有特定治疗材料的新策略。

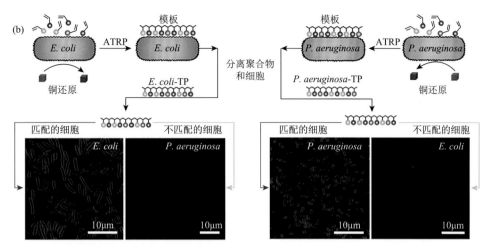

图 10-17 （a）细菌模板合成聚合物过程的示意图；（b）选择大肠杆菌和铜绿假单胞菌作为模板，通过 ATRP 指导细菌模板聚合物的合成，大肠杆菌和铜绿假单胞菌在分别与浓度为 600 ng/mL 的模板化聚合物和不匹配聚合物孵育后的共聚焦荧光图像

2. 抗肿瘤治疗

癌症是当前威胁全世界人类生命健康的一类重大疾病。人们长期致力于探索高效、便捷、低毒副作用的癌症诊断和治疗方法。目前除化疗、放疗和手术这三种常规癌症治疗手段外，PDT 近年已成为癌症治疗的另一种选择。在体内肿瘤消融的应用中，光敏剂的光敏效率、对应的光穿透深度及在肿瘤部位的富集情况是关键的科学问题。而 AIE 聚合物为解决这些问题提供了多种切实可行的途径。

1）聚合增强光敏作用

成像引导下的 PDT 已经成为 PDT 研究领域中最有吸引力的方向之一。因为这种方式可以实现肿瘤的精确定位和药物的实时追踪，这将高效地指导医生在适当的时间点施加光照治疗。而有效的图像引导 PDT 离不开性能优异的光敏剂。其中，稳定的 FIR/NIR 荧光和高效的 ROS 生成能力是两个关键指标。AIE 聚合物可通过合理的结构设计满足图像引导 PDT 对荧光和 ROS 生成能力的要求。常见的可用作 PSs 的 AIE 聚合物一般是具有强电子供体（D）和电子受体（A）单元的 AIE 共轭聚合物。刘斌等[38]报道了一种以 TPE 和蒽醌（AQ）分别为 D、A 单元的 FIR/NIR 共轭聚合物，并通过两种方式将该聚合物制备为纳米颗粒：将 PEG 作为侧链引入聚合物结构，再通过自组装得到 PTPEAQ-PEG-NP；直接使用 PEG 封装聚合物得到 PTPEAQ-PEG-NP［图 10-18（a）和（b）］。结果显示，这两种纳米颗粒的荧光强度和 ROS 生成能力相比于原聚合物均得到了明显的增强，且 PTPEAQ-NP 相比 PTPEAQ-PEG-NP 表现出更为突出的性质［图 10-18（c）和（d）］，这是由于直接封装法可以更加有效地减小光敏结构和环境的相互作用。基于此，该工作进一步在 PTPEAQ-NP 表面修饰抗 HER2 黏附体（PTPEAQ-HER2），以实现肿瘤靶向性和荧光图像引导的 PDT 治疗。细胞实验结果显示，PTPEAQ-HER2 可选择性地在 SKBR-3 癌细胞中累积，并在白光照射下将其破坏 [图 10-18（e）]。这是首次用于图像引导 PDT 的 FIR/NIR-AIE 共轭聚合物的报道。

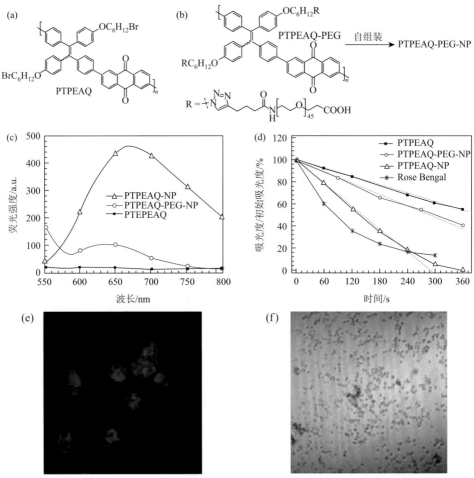

图 10-18　与小分子光敏剂相比，AIE 共轭聚合物具有 FIR/NIR 发射和更高的 $^1O_2$ 生成能力，用于成像引导的 PDT，（a，b）PTPEAQ 和 PTPEAQ-PEG 的分子结构及其用表面活性剂包裹形成的纳米颗粒。（c）PTPEAQ、PTPEAQ-NP、PTPEAQ-PEG-NP 三者的荧光发射光谱；（d）在白光的照射下，PTPEAQ、PTPEAQ-NP、PTPEAQ- PEG-NP 和玫瑰红产生的活性氧对 ABDA 的降解速率；用 PTPEAQ-NP-HER2 对 SKBR-3 癌细胞进行成像（e）和治疗（f）。（e）的比例尺为 30 μm，（f）的比例尺为 200 μm

为了提高有机光敏剂的光敏效率，刘斌等提出了一种"聚合增强光敏作用"的策略[39]。该策略旨在说明共轭聚合物具有比对应小分子更高的光敏效率，因为共轭聚合物大量的重复单元和紧凑的空间结构可以降低高能级激发态（S_n 和 T_n）的能级，使其更为接近最低激发态（S_1 和 T_1），为系间窜越过程提供更多通道，进而提高三线态产率，同时延长的共轭骨架也可以增强光捕获能力[图 10-19（a）]。为了验证该策略，该工作合成了一系列小分子光敏剂（SM1～SM4）及其相应的共轭聚合物（CP1～CP4）。如图 10-19（b）所示，共轭聚合物 CP1～CP4 的 $^1O_2$ 产率相比其相应的小分子 SM1～SM4 分别高出 5.06 倍、5.07 倍、1.73 倍和 3.42 倍。值得注意的是，SM1～SM3 和 CP1～CP3 具有 AIE 特性，而 SM4 和 CP4 不具有 AIE 特性。这些结果证实了无论是不是 AIE 体系，"聚合增强光敏化"策略都是可行的和普遍的。此外，CP1 的单线态氧的产生能力是商用光敏剂 Ce6 的 3.71 倍，具有实际应用潜力。经 DSPE-PEG 包封后，CP1 NPs 具有良好的生物相容性和水溶性。与 SM1 NPs 和 Ce6 相比，在白光照射下，CP1 NPs 能更加高效地杀伤 4T1 癌细胞[图 10-19（c）]。体内实验进一步证明 CP1 可用于成像引导 PDT 并有效抑制肿瘤的生长 [图 10-19（d）～（f）]。总体而言，该工作对合理设计光敏剂具有参考价值。

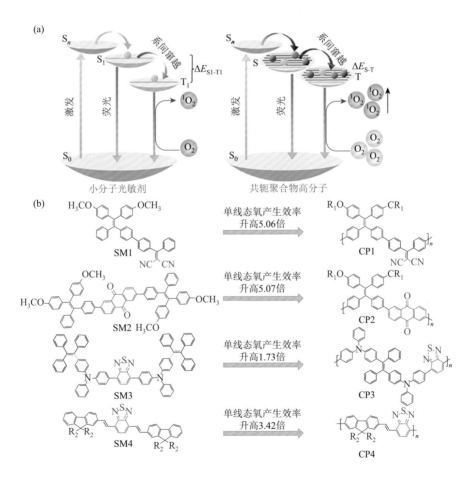

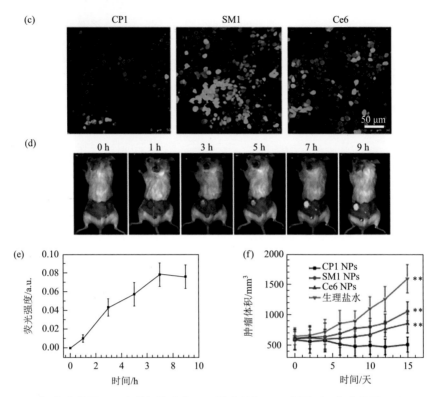

图 10-19 （a）小分子 PSs 和共轭聚合物 PSs 的光敏机理示意图；（b）小分子 SM1～SM4 和
共轭聚合物 CP1～CP4 的化学结构式；（c）分别用 CP1 NPs、SM1 NPs 和 Ce6 处理的 4T1 癌
细胞的活/死细胞染色图（绿色：活细胞；红色：死细胞）；（d）4T1 小鼠注射 CP1 NPs 后不同
时间点下的体内荧光图像；（e）肿瘤部位平均荧光强度；（f）经 CP1 NPs、SM1 NPs 和
Ce6 NPs 光照治疗后小鼠的肿瘤体积变化曲线

  此外，唐本忠等[40]发现 D 和 A 单元的数量可以调控光敏剂的光敏效率。如
图 10-20（a）所示，该工作设计合成了一系列基于三苯胺（T）供体和苯并噻二
唑（B）受体的 AIE 分子。研究结果显示，从 TB 到聚合物 P1，随着给受体单元
数量的增加，AIE 分子单线态氧的量子产率（Φ_O）从 3.8%增加到 14%，同时荧光
量子产率（Φ_F）从 87%减少到 7%［图 10-20（b）］。Φ_O 和 Φ_F 之间的负相关表明，
聚合延长共轭主链是增强系间窜越的有效方法。并且，该工作发现给受体单元对
Φ_O 和 Φ_F 的影响存在奇偶效应。通过利用聚合方法和奇偶效应两种策略的调控，
可以实现光敏效率的增强。这归因于系间窜越效率的增强。

  2）双光子激发光动力治疗

  目前，影响 PDT 在肿瘤治疗方面应用的一个重要制约因素是光在组织中的穿
透深度。双光子激发的 PDT（2PE-PDT）是解决这一问题的有效方法之一。因为

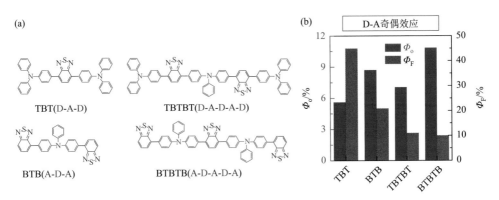

图10-20 具有不同 D-A-D 到 A-D-A 结构的光敏剂可增强体内成像引导 PDT 的光敏作用，TBT、TBTBT、BTB、BTBTB 的化学结构式（a）和 Φ_o、Φ_F 值对比（b）

长波激发光[41, 42]具有较深的穿透深度和较高的时空分辨率，所以 2PE-PDT 近年来备受学界关注。一般，光敏剂的双光子吸收（2PA）截面（σ_2）和 $^1O_2$ 产生效率是影响 2PE-PDT 有效性的主要因素。对于小分子双光子光敏剂，同时提高 σ_2 和 $^1O_2$ 产生效率具有较高难度。刘斌等[43]设计合成了两个 AIE 共轭聚合物（PTPEDC1 和 PTPEDC2）[图 10-21（a）]，并以小分子 TPEDC 为对照，证明了聚合物可以有效地实现光敏效率和双光子吸收截面的提高 [图 10-21（b）和（c）]。此外，它们的 $^1O_2$ 产生效率均高于商业染料 Ce6。理论计算（TD-DFT）结果表明，与 TPEDC 相比，PTPEDC2 和 PTPEDC1 由于 π 共轭结构，具有更致密的单线态和三线态能级，可以增加系间窜越（ISC）通道，促进 $^1O_2$ 的生成。与 PTPEDC1 相比，PTPEDC2 具有更平坦的共轭结构和更接近的能级，从而具有比 PTPEDC1 更高的 $^1O_2$ 产生效率和 σ_2。经过细胞穿透肽（TAT-SH）修饰后，PTPEDC2-TAT 纳米点对癌细胞的杀伤作用强于 PTPEDC1-TAT 纳米点和 TPEDC-TAT 纳米点 [图 10-21（d）]。此外，PTPEDC2-TAT 纳米点实现了斑马鱼肝肿瘤模型的肿瘤消融 [图 10-21（e）]。总体而言，与小分子 PSs 相比，AIE 共轭聚合物在 2PE-PDT 的应用上具有更大的潜力和优势。

3）靶向性光动力治疗

通过引入细胞器的定位基团，可以设计出具有细胞器靶向性的 AIE 聚合物。赵祖金和娄筱叮等[44]报道了一系列新型红光 AIE 共轭聚合物（CPEs），其中的主

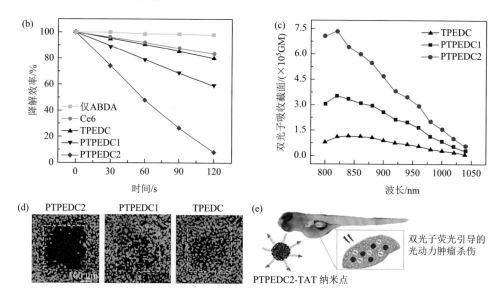

图 10-21 （a）TPEDC、PTPEDC1 和 PTPEDC2 的化学结构式；（b）在 PS 点存在的情况下，ABDA 水性介质在白光照射（50 mW/cm² ）下的降解效率；（c）TPEDC、PTPEDC1 和 PTPEDC2 的双光子吸收截面光谱；（d）PTPEDC2、PTPEDC1、TPEDC 点的双光子激发的细胞 PDT，激发波长：488 nm（对于二乙酸荧光素）和 559 nm（对于碘化丙啶）；（e）用 PTPEDC2-TAT 纳米点处理的斑马鱼肝肿瘤模型的体内双光子肝肿瘤 PDT 示意图

链结构包括四苯乙烯、噻吩和苯并噻二唑，侧链结构为三苯基膦 [图 10-22（a）]。这些聚合物具有溶酶体靶向能力，使它们能够在体内进行长达 20 天的长效示踪 [图 10-22（b）]。此外，这些 AIE 共轭聚合物在白光照射下具有良好的生物相容性和较强的 ROS 生成能力，可以有效抑制皮下肿瘤的生长，延长肝癌荷瘤小鼠的生存时间。因此，在 AIE 聚合物中引入细胞器靶向基团是构建靶向 AIE 聚合物光敏剂用于荧光成像引导的光动力治疗的一种简便策略，既可以提高 ROS 的利用率，又能减少对正常组织的损伤。

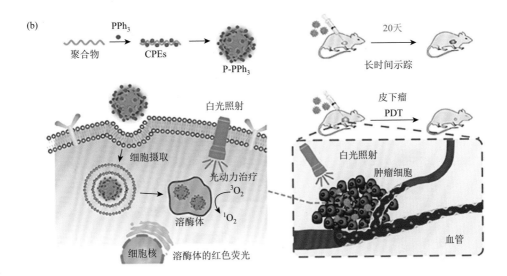

图 10-22　（a）CPEs 的分子结构式；（b）CPEs 用于肿瘤的体外荧光成像、体内长期追踪和光动力治疗的示意图

　　基于肿瘤组织的乏氧环境，李继山等[45]设计了乏氧介导的聚乙二醇化 AIE 聚合物 PSs（PEG-azo-PS4）。其中，AIE 光敏剂部分（AAPS）通过偶氮键偶联至聚乙二醇链上。整个分子表现出良好的水溶性。因此，在水相中，PEG-azo-PS4 由于分子内运动较为活跃，荧光效率和 $^1O_2$ 产率都相对有限。而在肿瘤组织的乏氧条件下，偶氮键断裂，从而释放出疏水的 AAPS 片段。相应地，AAPS 在水相中聚集点亮乏氧部位，并产生 $^1O_2$ 实现癌细胞杀伤（图 10-23）。由于酸性环境，AAPS 末端的氨基可以被质子化，这有助于它们靶向线粒体并进行肿瘤特异性成像。这种乏氧环境介导的肿瘤靶向成像和消融也可以实现肿瘤的特异性诊断和治疗。

PEG-azo-PS4

PEG链：亲水性

偶氮基团：乏氧敏感

PS4:AIE光敏剂

AAPS

还原酶
乏氧

³O₂
¹O₂

还原酶
乏氧

³O₂
¹O₂

荧光"关"
光敏性"关"

荧光"开"
光敏性"开"

★ 或 ⭐ PS4　　　⬭ 偶氮基团　　　〰 PEG链

图 10-23　PEG-azo-PS4 分子的裂解反应和乏氧介导的荧光发射/光敏化的示意图

10.3.2　近红外二区荧光成像引导的 PTT

除了光动力治疗，AIE 共轭聚合物还可以通过结构设计产生光热效果。2020 年，唐本忠、蔡林涛和张鹏飞等[46]合成了近红外二区（NIR-Ⅱ）AIE 共轭聚合物 PBPTV，并用自然杀伤性细胞膜包裹得到 NK@AIEdots［图 10-24（a）］。由于具有 AIE 特性，NK@AIEdots 具有较高的 NIR-Ⅱ 荧光强度，Φ_F 为 7.9%，光热转换率高达 45.3%。自然杀伤性细胞膜不仅能改善 NK@AIEdots 的血脑屏障（BBB）通透性，还能增强胶质瘤细胞对 NK@AIEdots 的摄取。这主要归因于自然杀伤性细胞膜作为紧密连接（TJ）调节剂，引起 TJ 中断，肌动蛋白细胞骨架重组，形成细胞间"绿色通道"，便于 NK@AIEdots 悄悄地穿过血脑屏障［图 10-24（b）］。在静脉注射 NK@AIEdots 后 6 h，观察到脑基质中明亮的穿透颅骨 NIR-Ⅱ荧光信号，并在注射后 24 h 接近最大值。而 AIEdots 对照组则未发现荧光信号。注射后 24 h，在 NIR-Ⅱ 显像指导下，用 808 nm 激光照射进行肿瘤杀伤。与其他对照组相比，NK@AIEdots 加 808 nm 激光组表现出明显的肿瘤抑制作用。因此，模拟自然杀伤性细胞的纳米机器人提供了高效的血脑屏障穿透能力，为脑相关疾病的靶向药物递送提供了潜在的平台。

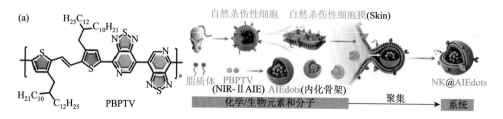

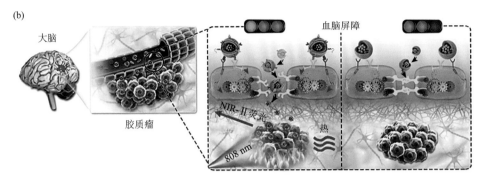

图 10-24　NIR-Ⅱ荧光成像引导的光热治疗：（a）NIR-Ⅱ AIE 聚合物 **PBPTV** 的化学结构式及 **NK@AIEdots** 的制备和组装过程；（b）**NK@AIEdots** 的"智能"紧密连接调制血脑屏障渗透，用于脑肿瘤靶向成像和抑制

10.3.3　AIE 聚合物药物

　　化疗是除光动力治疗和 PTT 外的一种传统的对抗疾病的治疗方法，它主要受药物的疗效和到达靶点的剂量的限制。因此，精确给药是一个亟待解决的科学问题。一般地，两亲性 AIE 聚合物容易形成胶束，这使得它们可以通过非共价或共价相互作用来装载药物。在此基础上，在 AIE 聚合物的主链或侧链中引入一些肿瘤微环境（TME）响应键，从而可将药物释放到肿瘤部位，既保证了生物相容性，又实现了药物的可视化和靶向性。因此，探索 AIE 聚合物与药物的相互作用是非常有必要的。

1. 单一刺激响应药物释放

　　开发靶向药物释放的"可见"给药系统是药物释放聚合物领域的研究热点之一。AIE 聚合物不仅可以用于各种刺激响应胶束的设计，而且可以实现其可视化。众所周知，TME 的 pH 低，乏氧，与正常组织相比有大量的还原酶和高 H_2O_2 含量。基于 TME 的这些特性，许多 TME 响应性 AIE 聚合物被设计用于递送药物。

　　TME 响应性 AIE 聚合物装载药物的一种策略是通过非共价相互作用。朱健和潘向强等[47]报道了一种通过自由基聚合的 AIE 聚合物凝胶（$SeSe_y$-PAA-TPE_x）[图 10-25（a）]。该凝胶含有二硒烯交联剂，在 H_2O_2 或二硫苏糖醇（DTT）存在下可被裂解。该 $SeSe_y$-PAA-TPE_x 凝胶可负载 DOX，负载效率为 62.1%。在 H_2O_2 或氧化还原剂条件下，随着 DOX 的释放，蓝色荧光逐渐增强，实现药物释放的可视化。卢忠林和何兰等[48]还报道了一种含 TPE 和苯基的 H_2O_2 响应性 AIE 聚合物（TPG1）。他们很好地证实了苯甲酸基可以通过 Baeyer-Villiger 型反应与 H_2O_2 反应生成 TPG2，苯甲酸残基在 H_2O_2 存在时仍不稳定 [图 10-25（b）]。该 AIE 聚合物在水溶液中可以自组装成胶束，负载 DOX 的效率（按质量计）可达 59%。苯基部分被 H_2O_2 裂解，导致 TPG1 胶束分解，从而释放 DOX。同时，由于 FRET 效应的干扰，TPE 的荧光增强，可以监测 DOX 的释放过程。

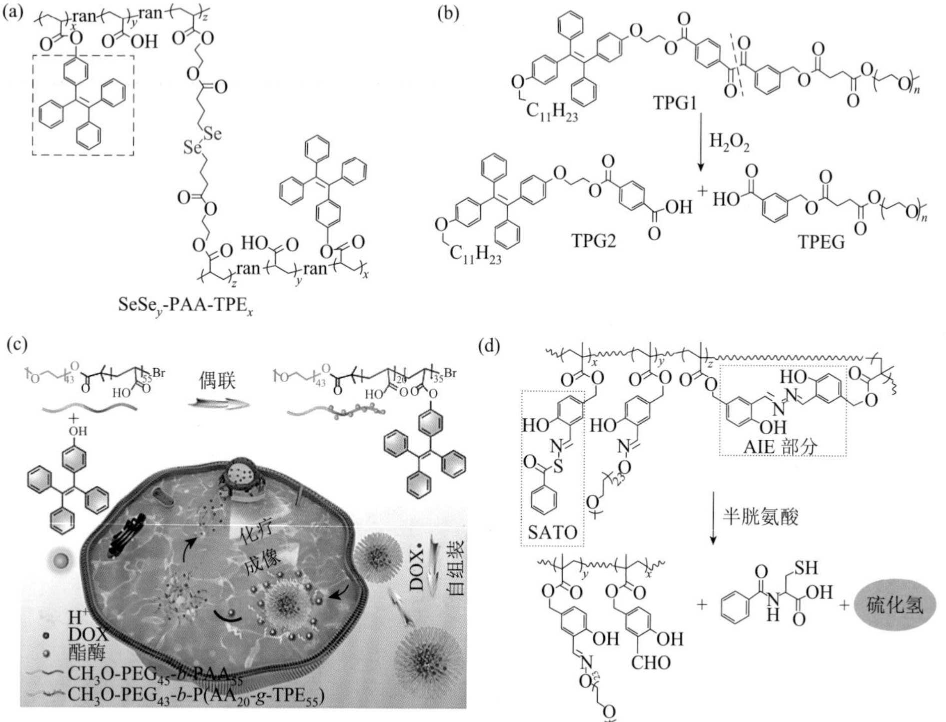

图 10-25 （a）氧化还原反应的 AIE 聚合物凝胶 SeSe$_y$-PAA-TPE$_x$；（b）H_2O_2 反应性 AIE 聚合物 TPG1 可被 H_2O_2 切割成 TPG2 和 TPEG；（c）嵌段共聚物的合成、自组装及聚合物胶束的酶促释药；（d）荧光聚合 H_2S 供体的结构及其在半胱氨酸触发下 H_2S 的释放

除了 H_2O_2 和氧化还原响应性 AIE 聚合物，赵旭波和张攀科等[49]报道了一种两亲性嵌段共聚物 [CH$_3$O-PEG$_{43}$-b-P(AA$_{20}$-g-TPE$_{55}$)]［图 10-25（c）］，通过酯化改性 TPE 部分。TPE 片段作为功能疏水链可以诱导该聚合物自组装成胶束，并进一步发光用于 DOX 的递送和跟踪。同时，酯键使聚合物胶束具有酯酶响应性。在酯酶存在的情况下，该聚合物可以降解并释放 DOX 以实现靶向治疗。

H_2S 作为一种重要的信号分子，在血管舒张、抗炎、抗癌等方面发挥着关键作用。卢江等[50]首次报道了通过 RAFT 聚合和后修饰的自荧光聚合 H_2S 供体体系 PFHMA-g-PEG/SBTHA。自身荧光的性质来自水杨醛吖嗪 AIE 荧光素的形成，使得这种聚合物在溶液和活细胞中可见。由于 PEG 侧链的存在，这种聚合物具有水溶性和生物相容性。在半胱氨酸和谷胱甘肽（1 mmol/L）的条件下，该聚合物能缓慢释放 H₂S，峰值时间分别约为 55 min 和 70 min。释放速率与半胱氨酸的浓度有关。这表明 H₂S 的释放需要高浓度的半胱氨酸或谷胱甘肽，超过了真实血浆中半胱氨酸的平均浓度（10 μmol/L）。因此，需要开发更灵敏的 H₂S 供体探针。

2. 多刺激响应药物输送

与单刺激反应相比，多刺激反应在实现药物传递之外所具有的多种功能受到越来越多的关注。李高参和王云兵等[52]还报道了通过 RAFT 聚合合成对 GSH 和 pH 双响应的聚合物胶束 P(TPE-co-AEMA)-PEG（图 10-26）。AIE 活性的 TPE 单元通过二硫键修饰到聚合物链上进行 GSH 氧化还原反应，得到可视化纳米载体。甲基丙烯酸乙酯-2-氮杂环庚烷乙酯（AEMA）是 pH 敏感性材料。当 pH 低于 6.8 时，疏水 AEMA 可以通过质子化作用迅速转化为亲水基，这有利于在肿瘤中积累。该聚合物通过 TPE 与 DOX 之间的 π-π 堆积和疏水作用包裹 DOX，实现双色药物释放和示踪。封装后的 DOX 可靶向释放，减轻药物副作用，提高利用率。

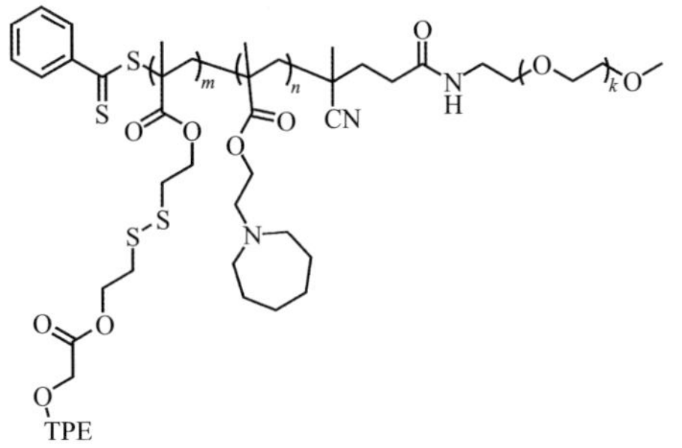

图 10-26　P(TPE-co-AEMA)-PEG 的化学结构式

为了提高穿透深度，他们将 TPE 单元改为具有 AIE 性质的双光子荧光团。此外，二甲基马来酸酐（DA）的 pH 响应性电荷转化单元也通过引入 PEI 链到共轭聚合物中，获得 PAEEBlink-DA 胶束（图 10-27）[53]。这些胶束可以将 DOX 包裹进入血液循环中，使其具有隐形特性。当这些胶束通过 EPR 效应在肿瘤酸性环境中积累时，DA 单元由带负电荷触发到带正电荷，从而增强内化。同时，将 PAEMA 链由疏水性转变为亲水性，以加速胶束尺寸的扩大和 DOX 的释放。这种肿瘤反应性药物释放可以减少副作用，实现靶向治疗。由于其双光子特性，在未添加 DOX，800 nm 双光子激发的 CLSM 下，可观察到肝脏和肾脏在 150 μm 深度的荧光。因此，这种加载 DOX 的 PAEEBlink-DA 系统在癌症治疗方面有很大的应用前景。

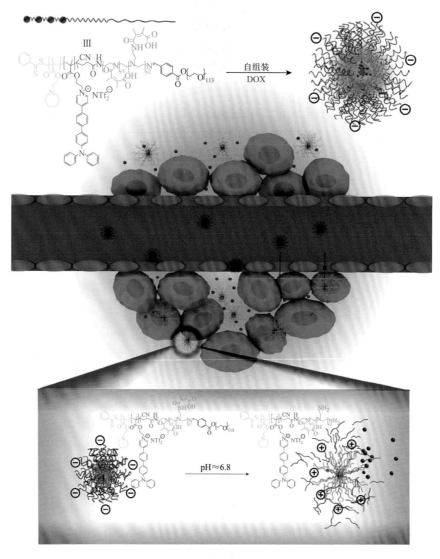

图 10-27　P(TPMA-*co*-AEMA)-PEI(DA)-PEG 胶束负载具有 pH 触发电荷转换特性的 DOX
用于药物递送和双光子生物成像的图示

　　进一步通过 RAFT 聚合合成了另一种 AIE 聚合物，即 PMPC-*b*-P(DEMA-*co*-SS-
GEM-*co*-TPMA)（图 10-28）[54]。这种聚合物通过 GSH 还原性二硫键与侧链中的
吉西他滨（GEM）药物共价连接。PDEMA 是一种 pH 响应性基团，在溶酶体 pH
触发下可以将溶解性从疏水性转换为亲水性。由于两亲性，这种共聚物在生理条
件下可以自组装成 53.4 nm 大小的胶束，这有利于通过 EPR 效应被动靶向肿瘤。

随后，肿瘤微环境中的低 pH 和高 GSH 浓度使这些胶束更容易被癌细胞内化并释放出 GEM，从而使双光子激发的荧光成像引导的化疗具有较高的抑制率并减少副作用。总体来讲，加载药物的肿瘤微环境响应性 AIE 聚合物可以实现药物输送过程的可视化，并在很大程度上提高体外和体内的治疗效果，这对于探索药物与疾病过程的相互作用具有重要意义。

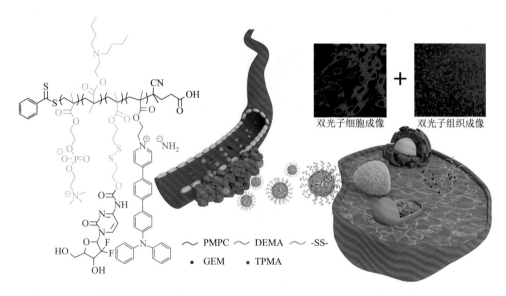

图 10-28　氧化还原和 pH 响应 PMPC-*b*-P(DEMA-*co*-SS-GEM-*co*-TPMA)共聚物胶束用于
AIE 活性双光子成像和化疗

10.3.4　铂类药物的光响应递送策略

结合上述 AIE 聚合物和药物之间的非共价和共价作用，周东方、李继贞和喻志强等[55]设计并合成了 PtAIECP 的多药聚合物（图 10-29）。将可见光发射的 Pt(Ⅳ)前药和 TPE 通过共聚嵌入 PtAIECP 的骨架，两端的 PEG 链使这种聚合物具有水溶性。然后，DOX 可以通过与 TPE 的 π-π 相互作用被包裹在纳米颗粒中，形成 PtAIECP@DOX NPs。由于 TPE 和 DOX 之间的 FRET 效应和 DOX 的 ACQ 效应，无法观察到荧光信号。在白光照射后，Pt(Ⅳ)前药的光还原得到 Pt(Ⅱ)，诱导 PtAIECP@DOX NPs 的解离，从而释放 DOX，点亮 TPE 的蓝色荧光和 DOX 的红色荧光，实现了双色监测药物输送。此外，PtAIECP@DOX NPs 具有可见光激活的特性，并结合 Pt(Ⅳ)和 DOX 的化疗，在体外和体内实现了比 PtAIECP 单药化疗更好的治疗效果。

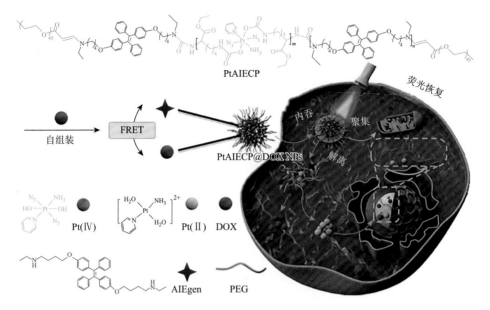

图 10-29 光活化 Pt(IV)前药 PtAIECP 与 AIE 性质负载阿霉素双色监测双药释放和联合治疗

10.3.5 氧化还原响应递送化疗药物和光敏剂

不同治疗方式的结合也是抗击癌症的有效策略。然而，细胞内药物输送系统的局限性限制了联合化疗-光动力治疗的疗效。为了突破这一障碍，2021 年，娄筱叮、夏帆和唐本忠等[56]报道了一种基于化疗药物紫杉醇（PTX）和 PDT 自我引导光动力治疗的联合治疗（图 10-30）。以两亲性嵌段聚合物 PEG-*b*-PMPMC（PM）为骨架，通过 Cu(Ⅰ)催化的叠氮炔点击反应，将具有氧化还原反应性能的 PTX 和 AIE PSs（λ_{em} = 583 nm）引入聚合物中，最终得到聚合前药 PEG-*b*-PMPMC-*g*-PTX-*g*-PyTPE（PMPT）。由于其两亲性，这种聚合物原药可以自组装成胶束，用于装载另一种 AIE 光敏剂 TM（λ_{em} = 684 nm）以获得 TM@PMPT 胶束。这些胶束在无光照条件下具有良好的生物相容性。当它们被动靶向肿瘤部位时，第一道白光（L1）照射 6 min，ROS 可以有效破坏细胞膜，促进细胞对 TM@PMPT 胶束的摄取。随后，肿瘤细胞胞浆中丰富的 GSH 可以裂解二硫键以释放 PTX，从而降低这些聚合物的疏水性，导致这些胶束的溶解和 TM 的释放。在这个过程中，PyTPE的分散促进了自由旋转，从而降低了荧光发射。而对于 TM，荧光的发射几乎不受影响。基于 ITB/IPyTPE 荧光比例的提升，可以引导第二道白光（L2）对肿瘤细胞再进行 18 min 的照射。癌细胞可以被有效地杀死，但对正常细胞不会造成伤害。此外，体内联合化疗-光动力治疗结果也表明，TM@PMPT 胶束（L1 + L2）比其他对照组有更好的抑制效果。总体来讲，PTX 的氧化还原反应性释放和

TM@PMPT 的双级光照射策略的化疗-光动力治疗增强，这将为克服联合治疗中的障碍启发更多有价值的想法。

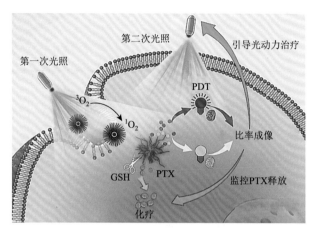

图 10-30　自我引导的联合化疗-光动力疗法，从第一次光照促进细胞摄取到第二次光照的自我引导 PTX 和 PDT 联合治疗的说明

10.3.6　杀灭细胞内细菌

细胞内细菌（ICB）的治疗是抗菌剂面临的另一个问题，要求药物必须被细胞摄取，然后杀伤细菌。为了解决这些问题，李孝红等[57]报道了一种含甘露糖的 AIE 聚合物 Man-*g*-P(EPE-*r*-TPE)来负载靶向抗生素去铁胺-环丙沙星共轭物（$D_{Fe}C$），得到 mPET@$D_{Fe}C$ NPs。主链上的 TPE 单元使该聚合物具有 AIE 活性和疏水性。甘露糖基团作为靶向基团通过 PEG 链接枝到该聚合物。当这种聚合物自组装成胶束时，这些基团在表面上可以封装 $D_{Fe}C$ [图 10-31（a）]。由于 FRET 效应，TPE 的蓝色荧光被 $D_{Fe}C$ 猝灭。众所周知，当细胞被细菌感染时，细胞内脂肪酶和 ALP 水平会增加。因此，mPET@$D_{Fe}C$ 的酯键和磷酸酯键可以被这些脂肪酶和 ALP 裂解，从而释放出 $D_{Fe}C$，并有助于 TPE 单元的释放。如图 10-31（b）所示，细菌感染的巨噬细胞的蓝色荧光随着培养时间的延长而逐渐增加，而正常巨噬细胞的蓝色荧光很少。随着培养时间的延长，正常巨噬细胞的蓝色荧光很少，这表明 mPET@$D_{Fe}C$ 可以通过甘露糖介导的内吞作用锁定 ICB 并进一步释放药物。由于 FRET 效应的消失，TPE 的荧光恢复。此外，与其他对照组相比，PET@$D_{Fe}C$ 可以大幅提升金黄色葡萄球菌感染的 Raw 264.7 细胞存活率 [图 10-31（c）]，这主要归功于有效的细胞内摄取和酶响应性药物递送。另外，注射金黄色葡萄球菌的小鼠在用 mPET@$D_{Fe}C$ 治疗后的存活率约为 100%，而注射 PET@$D_{Fe}C$ 的小鼠只有 66%的存活率，这表明 mPET@$D_{Fe}C$ 可以有效地消除感染引起的组织毒

性［图 10-31（d）］。此外，mPET@D_{Fe}C 对其他组织，特别是肝脏和肾脏具有良好的生物相容性和生物安全性。因此，这将是一个可用于 ICB 治疗的酶响应性和可追踪的抗生素释放的有效策略。

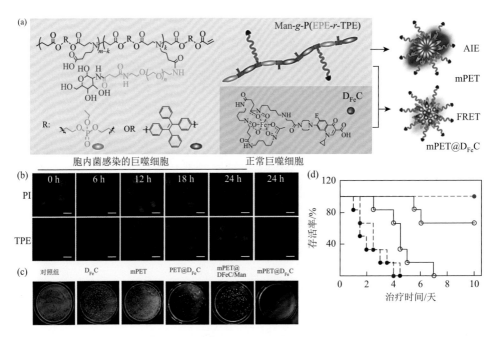

图 10-31 （a）Man-*g*-P(EPE-*r*-TPE)和 D_{Fe}C 的化学结构式，以及其在 mPET 和 D_{Fe}C 中组装 mPET@D_{Fe}C 纳米颗粒，mPET 纳米颗粒由于 TPE 链段的 AIE 而呈现蓝色荧光，mPET 与 D_{Fe}C 之间的 FRET 效应导致 mPET@D_{Fe}C 纳米颗粒的荧光猝灭；（b）ICB 感染的巨噬细胞和正常巨噬细胞分别孵育 mPET@D_{Fe}C 之后，在不同的时间点的荧光共聚焦图像，比例尺是 10 μm。其中，PI 染色细胞内死的 ICB 细菌为红色；由于 TPE-OH 的释放，细胞的蓝色荧光逐渐增强。（c）LB 琼脂平板法计数经过不同处理 24 h 后从巨噬细胞中提取的细菌菌落数，比例尺是 10 μm。（d）分别经过 PBS（实心的黑色圆圈）、游离的 D_{Fe}C（空心的黑色圆圈）、mPET（实心的蓝色圆圈）、PET@D_{Fe}C 纳米颗粒（空心的蓝色圆圈）、mPET@D_{Fe}C 纳米颗粒（红色的实心圆圈）治疗之后的 ICB 感染小鼠的存活率

10.3.7 抗菌肽

抗菌肽（antimicrobial peptide，AMP）聚合物近年来取得了很大的研究进展，主要集中在肽与细菌细胞膜的相互作用。然而，含有一层肽聚糖的细菌细胞壁直接影响着抗菌药物与细菌的相互作用。壳聚糖因易修饰、生物相容性好及潜在的抗炎、抗氧化等优点而受到人们的广泛关注。此外，壳聚糖还具有非传统的发光特性，这是由聚集导致的发光效应导致的。基于上述性质，Li、Wang 等[58]选择低

分子量的壳聚糖（COS）作为骨架，将赖氨酸和缬氨酸共聚物接枝到其氨基上，得到 COS-AMP [图 10-32（a）]。COS 和 AMP 的结合赋予了这种阳离子聚合物多肽多糖多色发射和抗菌作用。如图 10-32（b）所示，COS-AMP 孵育 12 h 后，在 405 nm、488 nm、561 nm 激光激发下，大肠杆菌和金黄色葡萄球菌分别出现了蓝色、绿色、红色荧光，表明 COS-AMP 实现了多色成像。此外，平板涂层法显示 COS-AMP 对大肠杆菌、金黄色葡萄球菌和铜绿假单胞菌的抗菌效率高达 99%以上 [图 10-32（b）]。SEM 的结果也显示其对细菌的细胞壁和细胞膜具有破坏性

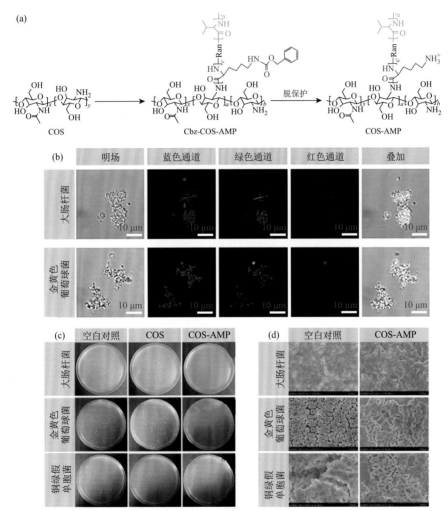

图 10-32 （a）COS-AMP 的合成路线；（b）用 COS-AMP（300 μg/mL）孵育 12 h 后大肠杆菌和金黄色葡萄球菌共聚焦荧光成像的图像；（c）COS 和 COS-AMP 处理前后大肠杆菌、金黄色葡萄球菌和铜绿假单胞菌形成的菌落及形貌，比例尺为 500 μm；（d）大肠杆菌、金黄色葡萄球菌和铜绿假单胞菌分别用 PBS 或者 COS-AMP 处理前后的形貌图

[图 10-32 (d)]。这种杀伤作用主要归因于：一方面，COS-AMP 具有带正电荷的表面和独特的拓扑结构，使其吸附在细菌表面，增强了抗菌活性；另一方面，COS-AMP 的疏水缬氨酸与肽聚糖具有相似的结构，促进 COS-AMP 穿透细菌的细胞壁和细胞膜，进一步导致细菌的破坏。更重要的是，由于 COS-AMP 的两亲性结构，它难以渗透到哺乳动物细胞中，因此具有良好的生物相容性。这种非常规的发光成像引导的抗菌治疗具有实际的临床应用潜力。

10.3.8 细胞内聚合杀伤癌细胞

细胞是构成人类生命的最小单元。数以万计的化学或生物反应每天都在细胞中高效地进行着。因此，细胞是无金属高效化学反应的天然反应器，可以实现直接成像和化学作用。唐本忠和秦安军等[59]报道了一种细胞内反应策略，利用自发氨基-炔点击聚合来合成 AIE 聚合物。这种聚合物可实现水溶液中无金属催化的高效反应。在细胞内聚合实验中，含二胺的 TPE（**1**）和双端酮炔（**2**）在细胞内自发聚合，得到了分子量为 7300 的 AIE 聚合物 PAA [图 10-33 (a)]。有趣的是，细胞内合成的 PAA 可以点亮细胞。相比之下，如果只用单体 **1** 或单体 **2** 与预先制备的 PAA 孵育，细胞无法被点亮 [图 10-33 (b)]。除此之外，细胞内形成的 PAA 对细胞具有杀伤作用。为了研究细胞死亡的机理，使用 Phalloidin 和 Alexa Fluor-546 抗体对细胞中的肌动蛋白和微管蛋白结构分别进行染色。与预先制备的 PAA 相比，细胞内合成的 PAA 可以破坏细胞质中的肌动蛋白和微管蛋白，导致细胞坏死。因此，细胞内氨基-炔点击聚合可作为一种通过合理给药实现无药治疗的新策略。

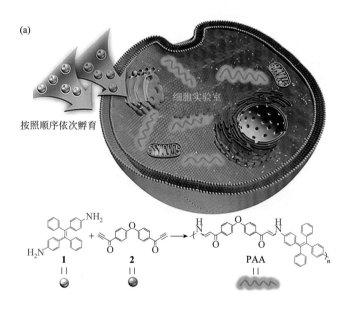

(a)

按照顺序依次孵育　细胞实验室

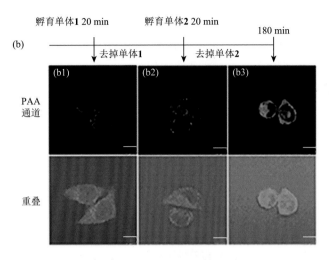

图 10-33　（a）细胞内自发的氨基-炔点击聚合，以及合成聚（β-氨基丙烯酸酯）（PAA）的路线；（b）HeLa 细胞内聚合的 CLSM 图像，用单体 1 孵育 20 min（b1），然后去除单体 1，用单体 2 孵育 20 min（b2），去除单体 2 后继续孵育 140 min（b3）。比例尺为 10 μm

上述细胞内反应是细胞内自发发生的外源性聚合。与之相反，娄筱叮和夏帆等[60]报道了另一种通过内源性 H_2O_2 和髓过氧化物酶介导的细胞内聚合的策略。两个含酪氨酸（Tyr）基团的 TPE 衍生物（TT）作为反应底物 [图 10-34（a）]，TPE 为中间的荧光发射核心，两端酪氨酸具有 ROS 活性。经酪氨酸改性后，TT 在水溶液中亲水性好，荧光微弱。当 H_2O_2 和髓过氧化物酶（MPO）存在时，它们通过双酪氨酸键相互交联形成 AIE 聚合物，实现 AIE 特性。由于 H_2O_2 和 MPO 在炎症细胞中过表达，与正常细胞相比，TT 孵育后的炎症细胞可以被选择性地点亮和杀伤。为了验证其细胞毒性，将 TT 分别与 HeLa 细胞、RAW264.7 细胞和正常人肺成纤维细胞（HLF）共同孵育。细胞毒性结果证实，与 HLF 细胞相比，TT 对 HeLa 和 RAW264.7 细胞具有更高的细胞毒性。为了进一步探索其抑制作用，将 RAW264.7 与 HLF 细胞共培养 [图 10-34（b）]，并选择具有红色荧光信号的碘化丙啶（PI）检测细胞的死亡情况。结果显示，RAW264.7 细胞可以同时被 TT（蓝色）、MTG（绿色，线粒体染色）和 PI 染色，而对于 HLF 细胞，除了 MTG 染色的绿色荧光外，没有观察到蓝色和红色荧光。这说明 TT 可以有效抑制 RAW264.7 细胞的 H_2O_2 和 MPO 过表达能力，但对正常细胞无损伤。这些结果证实了 H_2O_2 响应和 MPO 介导的 TT 可以通过线粒体损伤过程选择性成像并抑制炎症细胞。综上所述，这种基于 H_2O_2 和髓过氧化物酶特异性催化的 TT 有望广泛应用于生物医学系统中的其他炎症治疗。

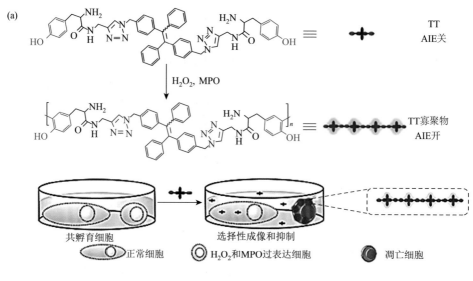

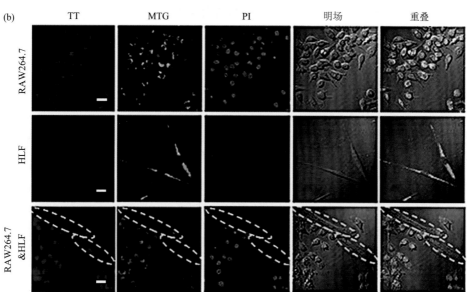

图 10-34 （a）弱荧光发射的 **TT** 在 **H₂O₂** 和 **MPO** 存在下通过双酪氨酸键相互交联形成聚集体，激活 AIE 过程实现荧光"开启"；（b）RAW264.7 细胞、HLF 细胞及与 **TT**（24 h）、MTG 和 **PI**（30 min）共同培养的 RAW264.7 和 HLF 细胞的 CLSM 图像。比例尺为 **20 µm**

10.4 总结与展望

    不同结构的 AIE 聚合物对于不同的应用具有各自独特的性能。对于荧光成像，本章回顾了用于靶向细胞或细胞器成像的 AIE 聚合物在肿瘤微环境（CO_2、H_2O_2、GSH、pH、乏氧）响应性细胞成像，近红外及 NIR-Ⅱa 肿瘤和淋巴结成像。在治疗方面，AIE 聚合物在光动力治疗、PTT、肿瘤微环境响应性给药、联合化疗和光动力治疗、细胞内聚合用于抗菌和抗肿瘤等方面显示出其优势。根据肿瘤微环境的特点，AIE 聚合物可以通过在主链或侧链中引入 pH、H_2O_2、GSH、乏氧响应键（—C=N—、二硫键、二硒化物键、偶氮键等）来进行响应成像。这是因为特殊键的断裂改变了 AIE 聚合物的亲水性，促使 AIE 基团聚集在一起，导致荧光发射增强。基于荧光的"开与关"，肿瘤微环境响应的 AIE 聚合物已被用于非共价或共价结合药物的药物跟踪。此外，通过这些设计策略，还可以实现联合化疗和光动力治疗。特别是 AIE 共轭聚合物，通过构建 D-π-A 共轭骨架，可以促进 ROS 的生成，从而有效地杀死细菌和肿瘤细胞。

生物应用的 AIE 聚合物通常是两亲性和生物相容性的。但是，它们的生物降解性，特别是共轭聚合物的降解性，还需要进一步研究。在体内荧光成像和治疗中，组织穿透深度是一个关键因素。在本章中，已经阐述了许多蓝光或白光发射的 AIE 聚合物，但它们主要局限于体外成像和治疗。近红外二区荧光成像（NIR-ⅡFLI）降低了光子散射和组织自身荧光的干扰，但具有 NIR-Ⅱ荧光发射的 AIE 聚合物只有少量报道。如何降低合成难度，提高其产量和良好的生物降解性是今后要解决的问题。此外，AIE 聚合物的多模态成像，如 NIR 或 NIR-ⅡFLI 与磁共振成像、光声成像、正电子发射断层扫描、计算机断层扫描等成像模式结合可以提供更有说服力的诊断信息，但鲜有报道。将 AIE 聚合物与其他成像探针或造影剂有机结合成一种复合材料，具有多模态成像引导联合治疗的巨大潜力。与典型的 AIE 聚合物相比，具有良好生物相容性和抗菌能力的非传统发光聚合物具有消除多药耐药细菌的潜力，但相关聚合物种类较少，限制了其进一步的生物探索。总体来讲，应用于生物医药领域的新型和多功能的 AIE 聚合物仍然需要进一步探究与开发。我们希望本章能为研究者提供更多的应用场景，启发研究者设计更多更新的 AIE 聚合物，为临床转化铺平道路。

（王俪蓉　秦安军）

参 考 文 献

[1]　Luo J，Xie Z，Lam J W Y，et al. Aggregation-induced emission of 1-methyl-1, 2, 3, 4, 5-pentaphenylsilole. Chemical Communications，2001（18）：1740-1741.

[2]　Mei J，Leung N L C，Kwok R T K，et al. Aggregation-induced emission：together we shine，united we soar！. Chemical Reviews，2015，115（21）：11718-11940.

[3]　Kang M，Zhang Z，Song N，et al. Aggregation-enhanced theranostics：AIE sparkles in biomedical field. Aggregate，

2020, 1 (1): 80-106.

[4] Cai X, Liu B. Aggregation-induced emission: recent advances in materials and biomedical applications. Angewandte Chemie International Edition, 2020, 59 (25): 9868-9886.

[5] Wang D, Tang B Z. Aggregation-induced emission luminogens for activity-based sensing. Accounts of Chemical Research, 2019, 52 (9): 2559-2570.

[6] Hu R, Leung N L C, Tang B Z. AIE macromolecules: syntheses, structures and functionalities. Chemical Society Reviews, 2014, 43 (13): 4494-4562.

[7] Hu Y B, Lam J W Y, Tang B Z. Recent progress in AIE-active polymers. Chinese Journal of Polymer Science, 2019, 37: 289-301.

[8] Qiu Z, Liu X, Lam J W Y, et al. The marriage of aggregation-induced emission with polymer science. Macromolecular Rapid Communications, 2019, 40 (1): 1800568.

[9] Zhan R, Pan Y, Manghnani P N, et al. AIE polymers: synthesis, properties, and biological applications. Macromolecular Bioscience, 2017, 17 (5): 1600433.

[10] Feng X, Zhang J, Hu Z, et al. Pyrene-based aggregation-induced emission luminogens (AIEgen): structure correlated with particle size distribution and mechanochromism. Journal of Materials Chemistry C, 2019, 7 (23): 6932-6940.

[11] Hu R, Qin A, Tang B Z. AIE polymers: synthesis and applications. Progress in Polymer Science, 2020, 100: 101176.

[12] Wang L, Hu R, Qin A, et al. Conjugated polymers with aggregation-induced emission characteristics for fluorescence imaging and photodynamic therapy. ChemMedChem, 2021, 16 (15): 2330-2338.

[13] Hu R, Yang X, Qin A, et al. AIE polymers in sensing, imaging and theranostic applications. Materials Chemistry Frontiers, 2021, 5 (11): 4073-4088.

[14] Chen J, Xie Z, Lam J W Y, et al. Silole-containing polyacetylenes. Synthesis, thermal stability, light emission, nanodimensional aggregation, and restricted intramolecular rotation. Macromolecules, 2003, 36 (4): 1108-1117.

[15] Zhan R, Pan Y, Manghnani P N, et al. AIE polymers: synthesis, properties, and biological applications. Macromolecular Bioscience, 2017, 17 (5): 1600433.

[16] Xu Q, Guo Y, Xu T, et al. AIE-active fluorescent polymeric nanoparticles about dextran derivative: preparation and bioimaging application. Journal of Biomaterials Science, Polymer Edition, 2020, 31 (4): 504-518.

[17] Qiao F, Ke J, Liu Y, et al. Cationic quaternized chitosan bioconjugates with aggregation-induced emission features for cell imaging. Carbohydrate Polymers, 2020, 230: 115614.

[18] Liu C, Bai H, He B, et al. Functionalization of silk by AIEgens through facile bioconjugation: full-color fluorescence and long-term bioimaging. Angewandte Chemie International Edition, 2021, 60 (22): 12424-12430.

[19] Hu R, Zhou T, Li B, et al. Selective viable cell discrimination by a conjugated polymer featuring aggregation-induced emission characteristic. Biomaterials, 2020, 230: 119658.

[20] Zheng Z, Zhou T, Hu R, et al. A specific aggregation-induced emission-conjugated polymer enables visual monitoring of osteogenic differentiation. Bioactive Materials, 2020, 5 (4): 1018-1025.

[21] Dineshkumar S, Raj A, Srivastava A, et al. Facile incorporation of "aggregation-induced emission"-active conjugated polymer into mesoporous silica hollow nanospheres: synthesis, characterization, photophysical studies,

and application in bioimaging. ACS Applied Materials & Interfaces，2019，11（34）：31270-31282.

[22]　Saftig P，Sandhoff K. Killing from the inside. Nature，2013，502（7471）：312-313.

[23]　Wang Y，Yao H，Zhuang Z，et al. Photostable and biocompatible AIE-active conjugated polyelectrolytes for efficient heparin detection and specific lysosome labelling. Journal of Materials Chemistry B，2018，6（40）：6360-6364.

[24]　Ma C，Han T，Kang M，et al. Aggregation-induced emission active polyacrylates via Cu-mediated reversible deactivation radical polymerization with bioimaging applications. ACS Macro Letters，2020，9（5）：769-775.

[25]　Ma H，Qin Y，Yang Z，et al. Positively charged hyperbranched polymers with tunable fluorescence and cell imaging application. ACS Applied Materials & Interfaces，2018，10（23）：20064-20072.

[26]　Li Y，Wu X，Yang B，et al. Synergy of CO_2 response and aggregation-induced emission in a block copolymer：a facile way to "see" cancer cells. ACS Applied Materials & Interfaces，2019，11（40）：37077-37083.

[27]　Saha B，Ruidas B，Mete S，et al. AIE-active non-conjugated poly(N-vinylcaprolactam) as a fluorescent thermometer for intracellular temperature imaging. Chemical Science，2020，11（1）：141-147.

[28]　Zhao Y，Wu Y，Chen S，et al. Building single-color AIE-active reversible micelles to interpret temperature and pH stimuli in both solutions and cells. Macromolecules，2018，51（14）：5234-5244.

[29]　Wang B，Li C，Yang L，et al. Tetraphenylethene decorated with disulfide-functionalized hyperbranched poly(amido amine)s as metal/organic solvent-free turn-on AIE probes for biothiol determination. Journal of Materials Chemistry B，2019，7（24）：3846-3855.

[30]　Shen J，Shao K，Zhang W，et al. Hypoxia-triggered in situ self-assembly of a charge switchable azo polymer with AIEgens for tumor imaging. ACS Macro Letters，2021，10（6）：702-707.

[31]　Wang Z，Wang C，Fang Y. et al. Color-tunable AIE-active conjugated polymer nanoparticles as drug carriers for self-indicating cancer therapy via intramolecular FRET mechanism. Polymer Chemistry，2018，9：3205-3214.

[32]　Wang Z，Wang C，Gan Q，et al. ACS Applied Materials & Interfaces，2019，11（45）：41853-41861.

[33]　Zhang Z，Chen D，Liu Z，et al. Near-infrared polymer dots with aggregation-induced emission for tumor imaging. ACS Applied Polymer Materials，2019，2（1）：74-79.

[34]　Liu S，Ou H，Li Y，et al. Planar and twisted molecular structure leads to the high brightness of semiconducting polymer nanoparticles for NIR-II a fluorescence imaging. Journal of the American Chemical Society，2020，142（35）：15146-15156.

[35]　Ren B，Li K，Liu Z，et al. White light-triggered zwitterionic polymer nanoparticles based on an AIE-active photosensitizer for photodynamic antimicrobial therapy. Journal of Materials Chemistry B，2020，8（47）：10754-10763.

[36]　Zhou T，Hu R，Wang L，et al. An AIE-active conjugated polymer with high ROS-generation ability and biocompatibility for efficient photodynamic therapy of bacterial infections. Angewandte Chemie International Edition，2020，59（25）：9952-9956.

[37]　Qi G，Hu F，Chong K C，et al. Bacterium-templated polymer for self-selective ablation of multidrug-resistant bacteria. Advanced Functional Materials，2020，30（31）：2001338.

[38]　Wu W，Feng G，Xu S，et al. A photostable far-red/near-infrared conjugated polymer photosensitizer with aggregation-induced emission for image-guided cancer cell ablation. Macromolecules，2016，49（14）：5017-5025.

[39]　Wu W. High-performance conjugated polymer photosensitizers. Chem，2018，4（8）：1762-1764.

[40] Liu S, Zhang H, Li Y, et al. Strategies to enhance the photosensitization: polymerization and the donor-acceptor even-odd effect. Angewandte Chemie International Edition, 2018, 57 (46): 15189-15193.

[41] Gu B, Wu W, Xu G, et al. Precise two-photon photodynamic therapy using an efficient photosensitizer with aggregation-induced emission characteristics. Advanced Materials, 2017, 29 (28): 1701076.

[42] Croissant J G, Zink J I, Raehm L, et al. Two-photon-excited silica and organosilica nanoparticles for spatiotemporal cancer treatment. Advanced Healthcare Materials, 2018, 7 (7): 1701248.

[43] Wang S, Wu W, Manghnani P, et al. Polymerization-enhanced two-photon photosensitization for precise photodynamic therapy. ACS Nano, 2019, 13 (3): 3095-3105.

[44] Yao H, Dai J, Zhuang Z, et al. Red AIE conjugated polyelectrolytes for long-term tracing and image-guided photodynamic therapy of tumors. Science China Chemistry, 2020, 63: 1815-1824.

[45] Li J, Liu W, Li Z, et al. PEGylated AIEgen molecular probe for hypoxia-mediated tumor imaging and photodynamic therapy. Chemical Communications, 2021, 57 (38): 4710-4713.

[46] Deng G, Peng X, Sun Z, et al. Natural-killer-cell-inspired nanorobots with aggregation-induced emission characteristics for near-infrared-II fluorescence-guided glioma theranostics. ACS Nano, 2020, 14 (9): 11452-11462.

[47] Zhao J, Pan X, Zhu J, et al. Novel AIEgen-functionalized diselenide-crosslinked polymer gels as fluorescent probes and drug release carriers. Polymers, 2020, 12 (3): 551.

[48] Dai Y D, Sun X Y, Sun W, et al. H_2O_2-responsive polymeric micelles with a benzil moiety for efficient DOX delivery and AIE imaging. Organic & Biomolecular Chemistry, 2019, 17 (22): 5570-5577.

[49] Yan K, Zhang S, Zhang K, et al. Enzyme-responsive polymeric micelles with fluorescence fabricated through aggregation-induced copolymer self-assembly for anticancer drug delivery. Polymer Chemistry, 2020, 11 (48): 7704-7713.

[50] Lin L, Qin H, Huang J, et al. Design and synthesis of an AIE-active polymeric H_2S-donor with capacity for self-tracking. Polymer Chemistry, 2018, 9 (21): 2942-2950.

[51] Wang T T, Wei Q C, Zhang Z T, et al. AIE/FRET-based versatile PEG-Pep-TPE/DOX nanoparticles for cancer therapy and real-time drug release monitoring. Biomaterials Science, 2020, 8 (1): 118-124.

[52] Zhuang W, Xu Y, Li G, et al. Redox and pH dual-responsive polymeric micelles with aggregation-induced emission feature for cellular imaging and chemotherapy. ACS Applied Materials & Interfaces, 2018, 10 (22): 18489-18498.

[53] Ma B, Zhuang W, He H, et al. Two-photon AIE probe conjugated theranostic nanoparticles for tumor bioimaging and pH-sensitive drug delivery. Nano Research, 2019, 12: 1703-1712.

[54] Yu T, Zhuang W, Su X, et al. Dual-responsive micelles with aggregation-induced emission feature and two-photon aborsption for accurate drug delivery and bioimaging. Bioconjugate Chemistry, 2019, 30 (7): 2075-2087.

[55] Wu P, Wang X, Wang Z, et al. Light-activatable prodrug and AIEgen copolymer nanoparticle for dual-drug monitoring and combination therapy. ACS Applied Materials & Interfaces, 2019, 11 (20): 18691-18700.

[56] Yi X, Hu J J, Dai J, et al. Self-guiding polymeric prodrug micelles with two aggregation-induced emission photosensitizers for enhanced chemo-photodynamic therapy. ACS Nano, 2021, 15 (2): 3026-3037.

[57] Chen M, He J, Xie S, et al. Intracellular bacteria destruction via traceable enzymes-responsive release and deferoxamine-mediated ingestion of antibiotics. Journal of Controlled Release, 2020, 322: 326-336.

[58]　Dong Z，Wang Y，Wang C，et al. Cationic peptidopolysaccharide with an intrinsic aie effect for combating bacteria and multicolor imaging. Advanced Healthcare Materials，2020，9：2000419.

[59]　Hu R，Chen X，Zhou T，et al. Lab-in-cell based on spontaneous amino-yne click polymerization. Science China Chemistry，2019，62：1198-1203.

[60]　Cheng Y，Dai J，Sun C，et al. An Intracellular H_2O_2-responsive AIEgen for the peroxidase-mediated selective imaging and inhibition of inflammatory cells. Angewandte Chemie International Edition，2018，57（12）：3123-3127.

关键词索引